长三角模具产教联盟系列教材

Moldflow 2023 从入门到精通

◎ 主　编　傅莹龙　张留伟　任建平
◎ 副主编　叶星辉　郑贝贝　褚建忠

电子工业出版社
Publishing House of Electronics Industry
北京·BEIJING

内 容 简 介

本书详细介绍了 Moldflow 2023 塑料模具成型分析的流程、方法和技巧,全书以企业真实案例为基础,既包括软件应用与操作的方法和技巧,又融入了塑料注塑成型的常见缺陷及塑料加工工艺的基础知识和要点。读者通过学习本书内容,能够很好地理解模流分析的理念、方法和技巧。全书共 18 章,详细讲解了模流分析基础知识、Moldflow 2023 操作界面和菜单操作,以及模型导入、网格的划分与处理、浇注系统与冷却系统的创建、分析类型和材料的选择、成型工艺参数设置、分析结果解读等方面的内容。本书还结合实际应用方案,详细介绍了填充+保压分析、冷却分析、翘曲分析、收缩分析、纤维取向分析、气体辅助注射成型分析、双色注射成型分析、嵌件注射成型分析等内容。

未经许可,不得以任何方式复制或抄袭本书之部分或全部内容。
版权所有,侵权必究。

图书在版编目(CIP)数据

Moldflow 2023 从入门到精通 / 傅莹龙,张留伟,任建平主编. -- 北京:电子工业出版社,2025.5.
ISBN 978-7-121-50189-0
Ⅰ. TQ320.66-39
中国国家版本馆 CIP 数据核字第 2025P4J295 号

责任编辑:	孙　伟
印　　刷:	三河市兴达印务有限公司
装　　订:	三河市兴达印务有限公司
出版发行:	电子工业出版社
	北京市海淀区万寿路 173 信箱　　邮编:100036
开　　本:	787×1 092　　1/16　　印张:19.5　　字数:499.2 千字
版　　次:	2025 年 5 月第 1 版
印　　次:	2025 年 5 月第 1 次印刷
定　　价:	69.80 元

凡所购买电子工业出版社图书有缺损问题,请向购买书店调换。若书店售缺,请与本社发行部联系,联系及邮购电话:(010)88254888,88258888。
质量投诉请发邮件至 zlts@phei.com.cn,盗版侵权举报请发邮件至 dbqq@phei.com.cn。
本书咨询联系方式:(010)88254608,sunw@phei.com.cn。

前言

随着现代制造业的快速发展，塑料制品的需求日益增长，Moldflow 作为一款优秀的塑料流动分析软件，在提升产品设计质量、提高生产效率和降低生产成本方面的作用愈发凸显。本书旨在为广大工程师、设计师及塑料模具行业相关从业者提供一份全面、系统、深入的 Moldflow 学习指南，帮助大家更好地掌握这一强大工具，从而为职业发展增添新的动力。

Moldflow 自诞生以来，便以其精准的分析能力和高效的优化手段，赢得了全球众多企业和研究机构的青睐。它不但能够模拟塑料在模具中的流动过程，预测可能出现的缺陷，而且能为设计师提供针对性的优化建议，从而确保最终产品的质量和性能。通过学习和使用 Moldflow，工程师和设计师可以在产品设计阶段就预见潜在问题，从而避免后续生产中的返工和浪费，真正实现"设计即生产"。

本书在编写过程中，充分考虑了初学者的学习需求和行业专家的实际需求，从基础知识入手，详细介绍了 Moldflow 2023 的界面布局、基本操作及各项功能的使用方法。同时，还结合大量的企业真实案例，通过详细的步骤解析和结果展示，让读者能够更直观地理解 Moldflow 2023 在实际工作中的应用。此外，本书还设置了丰富的实践练习，旨在帮助读者提升实际操作能力。

值得一提的是，本书还特别注重理论与实践的结合，不但在理论层面深入剖析了 Moldflow 2023 的各项功能和技术原理，而且通过实际操作演示了如何将这些知识运用到实际工作中。这种"知行合一"的学习方式，能够帮助读者更好地了解 Moldflow 2023，为未来的职业发展奠定坚实基础。

此外，本书还特别关注 Moldflow 2023 的不断更新和发展，及时跟进软件的新版本和新功能，确保读者能够掌握最新的技术动态，与时俱进地提升个人技能。我们相信，通过学习本书内容，您将会成为塑料模具行业中的佼佼者。

在编写本书的过程中，我们得到了许多行业专家的宝贵建议与支持。他们的专业知识和丰富经验为本书质量的提升及内容讲解的深入提供了有力保障。在此，向他们表示衷心的感谢和敬意。

最后，我们衷心希望本书能够成为您学习 Moldflow 的良师益友，为您的职业发展增添新的动力。同时，我们也期待您的反馈，以便不断完善本书。让我们携手共进，共同探索 Moldflow 在塑料模具行业中的无限可能！

目 录

第 1 章 模流分析基础知识 1

1.1 计算机辅助工程 1
1.2 注塑成型基础知识 2
1.3 模流分析及薄壳理论 3
1.4 模流分析软件的未来发展 4
1.5 注塑机 5
1.6 注塑成型模具 7
  #### 1.6.1 概述 7
  #### 1.6.2 冷流道注塑成型模具 7
  #### 1.6.3 热流道注塑成型模具 8
1.7 注塑成型过程及工艺条件 8
  #### 1.7.1 注塑成型过程 8
  #### 1.7.2 工艺条件 9
1.8 注塑常用塑料的主要性质 10
1.9 常见的塑料制品缺陷及其产生原因 15
  #### 1.9.1 飞边 16
  #### 1.9.2 气泡及真空泡 16
  #### 1.9.3 凹陷及缩痕 17
  #### 1.9.4 翘曲变形 18
  #### 1.9.5 裂纹及白化 19
  #### 1.9.6 欠注 19
  #### 1.9.7 银丝 20
1.10 本章小结 20

第 2 章　Moldflow 2023 介绍 21

2.1　概述 21
2.2　Moldflow 2023 操作界面 25
2.3　Moldflow 2023 菜单 27
2.4　本章小结 44

第 3 章　Moldflow 2023 的一般分析流程 45

3.1　创建一个工程 45
3.2　导入或新建 CAD 模型 45
3.3　划分网格 47
3.4　统计及修改网格 48
3.5　选择分析类型 53
3.6　选择成型材料 54
3.7　设置工艺参数 56
3.8　创建浇注系统 57
3.9　分析 62
3.10　分析结果 62
3.11　本章小结 68

第 4 章　Moldflow 2023 的网格相关工具 69

4.1　网格的类型 69
4.2　模型导入 70
4.3　网格的划分 73
4.4　网格的统计 75
4.5　网格的缺陷诊断 77
4.6　网格修复工具 85
4.7　本章小结 96

第 5 章　Moldflow 2023 的几何工具 98

5.1　菜单操作 98
5.2　节点的创建 98
5.3　线的创建 102
5.4　区域的定义 106
5.5　镶件的创建 110
5.6　局部坐标系的创建 110
5.7　移动与复制 111

5.8 其他建模工具的应用 115
5.9 本章小结 119

第6章 浇注系统的创建 120
6.1 浇口设置与浇口网格划分 120
6.2 流道设计与流道网格划分 125
6.3 采用向导创建浇注系统 132
6.4 本章小结 133

第7章 冷却系统的创建 134
7.1 冷却系统的建模 134
7.2 冷却系统网格划分 138
7.3 设置冷却液入口 139
7.4 采用向导创建冷却系统 141
7.5 从外部文件导入冷却系统 142
7.6 本章小结 145

第8章 浇口位置设置 146
8.1 常见的浇口类型 146
8.2 浇口的设置原则与要求 147
8.3 浇口位置分析 148
8.4 浇口位置填充效果评估 152
8.5 浇口位置设置实例 154
8.6 本章小结 160

第9章 Moldflow 2023 的成型窗口分析与填充分析 161
9.1 成型窗口分析 161
9.2 填充分析 169
9.3 分析实例 181
9.4 本章小结 192

第10章 填充+保压分析 193
10.1 概述 193
10.2 分析设置与结果查看 194
10.3 保压优化流程 195
10.4 保压分析与优化实例 198
10.5 流动分析结果 203
10.6 本章小结 206

第 11 章 冷却分析 207

    11.1   概述 207

    11.2   冷却分析工艺设置 208

    11.3   冷却分析结果 210

    11.4   冷却分析应用实例 212

    11.5   初始冷却分析结果 217

    11.6   本章小结 218

第 12 章 翘曲分析 219

    12.1   概述 219

    12.2   翘曲分析工艺设置 222

    12.3   翘曲分析应用实例 224

    12.4   本章小结 230

第 13 章 收缩分析 231

    13.1   概述 231

    13.2   Moldflow 2023 收缩分析 232

    13.3   收缩分析材料的选择 233

    13.4   收缩分析应用实例 239

    13.5   本章小结 245

第 14 章 纤维取向分析 246

    14.1   概述 246

    14.2   纤维取向分析结果 248

    14.3   纤维取向分析实例 248

    14.4   本章小结 255

第 15 章 注塑模流分析完整过程示例 256

    15.1   概述 256

    15.2   分析前的准备 256

    15.3   填充分析及优化 257

    15.4   冷却分析 262

    15.5   保压分析 263

    15.6   翘曲分析 263

    15.7   本章小结 265

第 16 章　气体辅助注射成型分析 266

16.1　概述 266
16.2　分析设置与结果分析 268
16.3　气体辅助注射成型分析应用实例 271
16.4　本章小结 280

第 17 章　双色注射成型分析 281

17.1　概述 281
17.2　双色注射成型分析应用实例 282
17.3　双色注射成型分析结果 289
17.4　本章小结 292

第 18 章　嵌件注射成型分析 293

18.1　概述 293
18.2　嵌件注射成型分析应用实例 294
18.3　本章小结 301

第 1 章

模流分析基础知识

1.1 计算机辅助工程

计算机辅助设计(Computer Aided Design,CAD)是应用计算机协助进行创造、设计、修改、分析的一种技术。计算机辅助工程(Computer Aided Engineering,CAE)是应用计算机分析 CAD 几何模型的技术,可以让设计者进行仿真以研究产品的行为,进一步改良或最佳化设计。目前,在工程应用中比较成熟的 CAE 技术领域包括结构应力分析、应变分析、振动分析、流体流场分析、热传导分析、电磁场分析、机构运动分析、塑料射出成型模流分析等。有效地应用 CAE 技术,能够在建立原型之前或之后发挥功能。

CAE 使用近似的数值方法(Numerical Methods),而不是传统的数学方法求解。数值方法可以解决许多采用纯数学方法无法求解的问题,应用层面相当广泛。因为数值方法需要应用许多矩阵的技巧,适合使用计算机进行计算,所以计算机的运算速度、内存大小和算法的好坏就关系到数值方法的效率与成败。

一般的 CAE 软件架构可以分为三部分:前处理器、求解器和后处理器。前处理器的任务是建立几何模型、切割网格元素与节点、设定元素类型与材料系数、设定边界条件等。求解器读取前处理器的结果档,根据输入条件,运用数值方法求解答案。后处理器将求解后的大量数据有规则地处理成人机接口图形,并制作动画,以方便使用者分析、判读答案。为了方便建立 2D 或 3D 模型,许多 CAE 软件提供了 CAD 功能。许多 CAE 软件还提供了 CAD 接口,可以将 2D 或 3D 的 CAD 图文件直接导入 CAE 软件,并进行挑面与网格切割,以便执行分析、模拟任务。

在应用 CAE 软件时,必须注意到其分析结果未必能够百分百重现所有的问题,其应用重点在于有效率地针对问题提出可行的解决方案,以提高解决问题的时效性。

在应用 CAE 工具时,必须充分了解其理论内涵与模型限制,以区分仿真分析和实际制作过程的差异，这样才不至于对分析结果过度判读。据估计，全球应用 CAE 技术的比例在 25% 左右，其仍有很大的发展空间。

1.2 注塑成型基础知识

人们针对塑料制品的材料性质、用途和外观特征开发了各种成型方法，如挤出成型、共挤出成型、注塑成型、吹塑成型、热压成型、轮压成型、发泡成型、旋转成型、气体辅助注射成型等。

注塑成型是将熔融塑料压挤进模穴，制作出所设计形状塑件的一个循环过程。射出成型根据所使用的塑料不同而有所不同，热塑性塑料必须将射进模穴的高温塑料冷却以定型，热固性塑料必须由化学反应固化定型。

注塑机自 19 世纪 70 年代初问世以来，经历了多次重大的改良，主要的里程碑包括回转式螺杆注塑机的发明，以及塑件计算机辅助设计与制造技术的应用。尤其是回转式螺杆注塑机的发明，对热塑性塑料射出成型的多样性及生产力造成了革命性的冲击。

现今的注塑机，除在控制系统与机器功能上有显著改善以外，最主要的发展是从柱塞式机构改为回转式螺杆机构。柱塞式注塑机本质上具有简单的特色，但是纯粹以热传导方式缓慢地加热塑料，使其普及率受到极大限制。回转式螺杆注塑机凭借螺杆旋转运动所产生的摩擦热可以迅速且均匀地将塑料塑化，并且也可以像柱塞式注塑机一样向前推进螺杆，射出熔胶。图 1.1 所示为回转式螺杆注塑机的示意图。

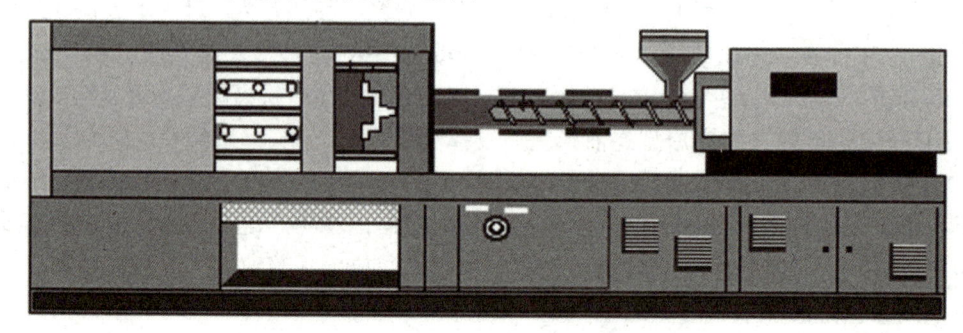

图 1.1 回转式螺杆注塑机的示意图

注塑成型技术最初仅应用于热塑性塑料，随着人类对材料性质的了解加深、成型设备的改良和工业上特殊需求的增多等，注塑成型技术的应用范围不断扩大。在过去的 20 多年里，许多新开发的注塑成型技术被应用于具有特殊结构和材料的塑件设计，使射出成型塑件的设计比传统设计具有更高的结构特征多样性和自由度。这些新开发的注塑成型技术主要包括以下几种。

- 共射成型。
- 核心熔化成型。
- 气体辅助注射成型。

- 射出压缩成型。
- 层状射出成型。
- 活动供料射出成型。
- 低压射出成型。
- 推拉射出成型。
- 反应性射出成型。
- 结构发泡射出成型。
- 薄膜成型。

1.3 模流分析及薄壳理论

塑料射出成型模流分析是指应用质量守恒、动量守恒、能量守恒方程，配合高分子材料的流变理论和数值求解方法，建立一套描述塑料射出成型过程的热力学方程和填充、保压行为模式，并通过人性化接口进行显示，以使分析者可以获知塑料在模穴内的速度、应力、压力、温度等参数的分布，以及塑件冷却凝固和翘曲变形的行为，并且可以进一步探讨成型参数及模具设计参数等的关系。理论上，模流分析可以协助工程师一窥产品设计、模具设计及成型条件的奥秘，能够帮助新手迅速累积经验，协助老手找出可能被忽略的因素。应用模流分析技术可以缩减试模时间、节省开模成本和资源、提高产品品质、缩短产品上市的准备周期、降低次品率。在 CAE 领域，塑料射出成型模流分析已取得显著成效，能协助射出成型从业者获得相当完整的解决方案。

塑料射出成型模流分析所需的专业知识包括以下三个方面。

（1）材料特性：塑料的材料科学与物理性质、模具材料和冷却剂等相关知识。

（2）设计规范：产品设计和模具设计规范，可参考材料供应商提供的设计准则。

（3）成型条件：塑料或高分子材料加工知识及现场实务。

目前，市场上的模流分析软件大多数采用根据 GHS（Generalized Hele-Shaw）流动模型所发展的中间面（Mid-Plane）模型或薄壳（Shell）模型进行 2.5D 模流分析，以减少求解过程中的变量数目，同时应用成熟稳定的数值方法，从而发展出了高效率的 CAE 软件。由于 90%的塑料产品都是所谓的薄件，因此 2.5D 模流分析的结果具有相当高的准确性，佐以应用的实际经验，结合专家系统，2.5D 模流分析仍将主导模流分析的技术市场。由于薄壳模型要求塑件的尺寸与肉厚比在 10 以上，因此要重视塑料的平面流动，而忽略塑料在塑件厚度方向的流动，这样可以简化计算模型。就典型的模流分析案例而言，一般需要用 1000～100000 个三角形元素来建立几何模型。目前，2.5D 模流分析在厚度方向使用有限差分法（Finite Difference Method，FDM）分开进行处理，因此相对而言不会影响计算效率。通常，2.5D 模流分析软件可以读取的文件格式包括 STL、IGES、STEP 等。

目前，市场上的塑料射出成型仿真软件如表 1.1 所示。

表 1.1　市场上的塑料射出成型仿真软件

软件名称	开发单位
C-MOLD	A.C.Tech.（美国）
Moldflow	Moldflow（美国）
SIMUFLOW	Gratfek Inc.（美国）
TM Concept	Plastics & Compute Inc.（意大利）
CADMOULD	I. K. V.（德国）
IMAP-F	丰田中央研究所（日本）
PIAS	Sharp（日本）
TIMON-FLOW	TORAY（日本）
POLYFLOW	SDRC（美国）
CAPLAS	佳能（日本）
MELT FLOW	宇部兴产（日本）
SIMPOE	欣波科技有限公司（中国）
Moldex 3D	科盛科技股份有限公司（中国）
INJECT-3	Phillips（荷兰）
Pro/E Plastics	PTC（美国）

1.4　模流分析软件的未来发展

传统 2.5D 模流分析的最大困扰在于建立中间面模型或薄壳模型。为了便于进行 CAE 分析，工程师往往会在进行分析之前先利用转档或重建的方式建立模型，这相当浪费时间。新一代的模流分析软件舍弃了 GHS 流动模型，直接配合塑件实体模型，求解 3D 的流动、热传导、物理性质模型方程，以获得更真实的解答。3D 模流分析技术的主要问题在于计算量非常大、计算的稳定性差和网格品质造成的数值收敛性差。目前，3D 模流分析技术应用的模型方法及技术主要有以下三种。

（1）双域有限元素法：将塑件相对应的面挑出，以两薄壳面及半厚度近似实体模型，配合连接器的应用，调节流动趋势。该方法对于肉厚变化较大的产品有应力计算误差和适用性的问题。该方法在应用上可能会出现缝合线预测错误、流动长度估算错误等问题。使用该方法的软件有 MPI。

（2）中间面产生技术：可以分为中间轴转换（Medial Axis Transform，MAT）技术和法则归纳法。对于复杂结构的塑件，因为肉厚变化、公母模面不对称、肋与柱等强化原件的设计使得 MAT 技术有实用上的困难，所以此项技术的发展以法则归纳法为主。

（3）高性能有限体积法（High-Performance Finite Volume Method，HPFVM）：应用有限体积法配合快速数值算法（Fast Numerical Algorithm，FNA）、非线性去耦合计算法（Decoupled Solution Procedure for non-Linearity）及高效率的迭代法求解。使用该方法的软件有 Moldex 3D。

1.5 注塑机

注塑机可以用来将颗粒状或粉状塑料经熔融、射出、保压、冷却等循环过程,转变成最终的塑料制品。注塑机通常采用锁模力或注塑量作为简易的机器规格辨识参数,通常标注的其他参数还有注塑速度、注塑压力、螺杆直径、模具厚度和导杆间距等。注塑机的主要辅助设备包括塑料干燥机、塑料处理及输送设备、粉碎机、模具温度控制机、塑件出模的机械手,以及塑件后处理加工设备等。

注塑机的分类方法有很多,按其动力方式可以分为液压式注塑机和电动式注塑机,按其外形特征可以分为立式注塑机、卧式注塑机等,按其注射方式和塑化方式可以分为螺杆式注塑机、柱塞式注塑机、螺杆塑化柱塞注射式注塑机等。

下面介绍螺杆式注塑机、柱塞式注塑机、螺杆塑化柱塞注射式注塑机的相同之处。热塑性塑料的单螺杆式注塑机如图 1.2 所示。

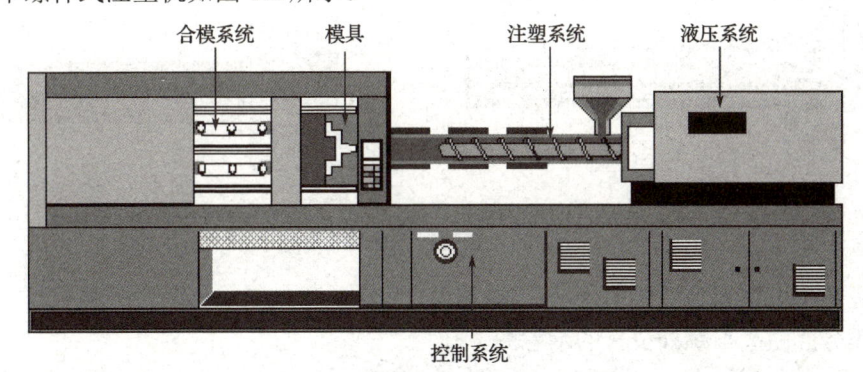

图 1.2 热塑性塑料的单螺杆式注塑机

典型的注塑机主要包括四个系统:注塑系统、液压系统、控制系统、合模系统。

(1)注塑机的注塑系统用于将塑料均匀地塑化,并以一定的压力和速度将一定量的塑料熔体注射到模具的型腔中。它主要由塑化部件、加料装置、计量装置、传动装置、加热和冷却装置等组成。

(2)注塑机的液压系统主要由各种液压元件、回路,以及其他附属装置组成。液压系统可提供压力,把塑料挤入模具。

(3)注塑机的控制系统用于控制注塑成型过程中的参数,如控制熔体温度、注塑压力、注塑速度、冷却时间等。

(4)注塑机的合模系统是注塑机上用于锁紧模具、开启模具、闭合模具和顶出制品的装置。合模系统在结构上应保证模具启闭灵活、准确、迅速且安全。

塑料注射成型加工是包括塑料的塑化、填充、保压、冷却、顶出等阶段的循环过程,其基本操作如下:关闭模具,以便使螺杆开始向前推进,如图 1.3(a)所示;与柱塞式注塑机相同地推进回转式螺杆,填充模穴,如图 1.3(b)所示;螺杆继续推进,进行模穴保压,如图 1.3(c)

所示；当模穴冷却、浇口凝固后，螺杆后退，塑化材料准备下一次射出，如图1.3（d）所示；开启模具，顶出制品，如图1.3（e）所示；关闭模具，开始下一个循环，如图1.3（f）所示。

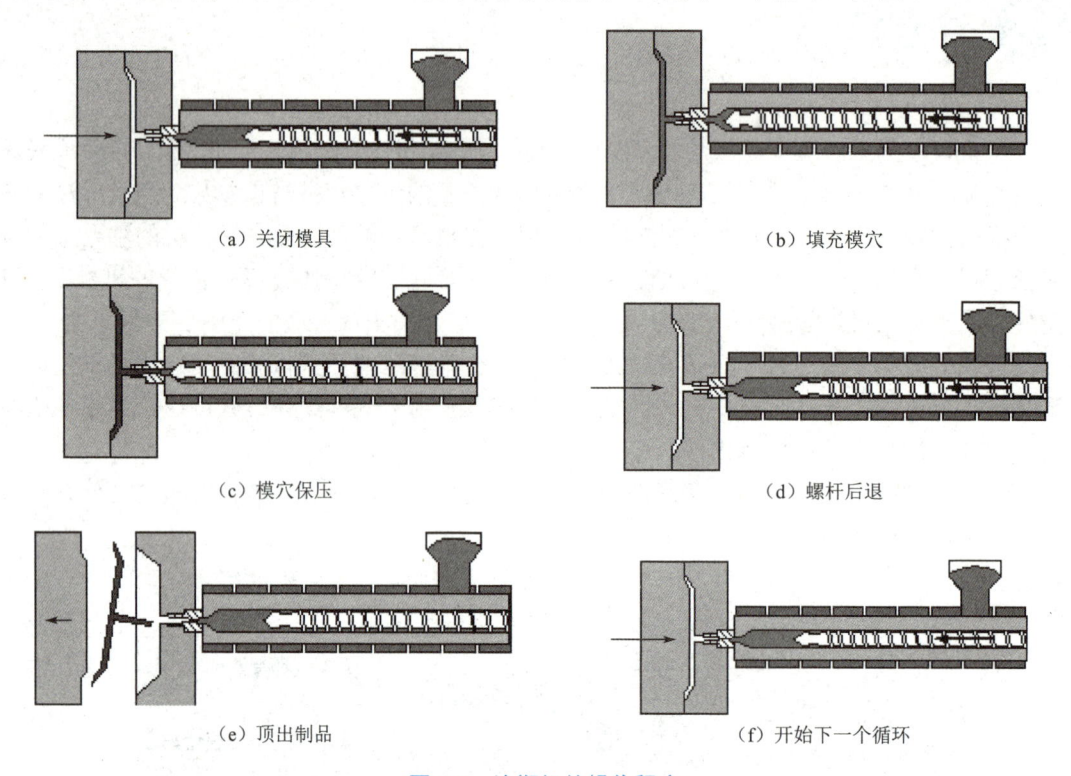

（a）关闭模具

（b）填充模穴

（c）模穴保压

（d）螺杆后退

（e）顶出制品

（f）开始下一个循环

图1.3　注塑机的操作程序

为了进一步说明循环过程中的注塑机动作，图1.4给出了不同阶段的液压压力、模穴压力、公母模分隔距离与螺杆位置的示意图。

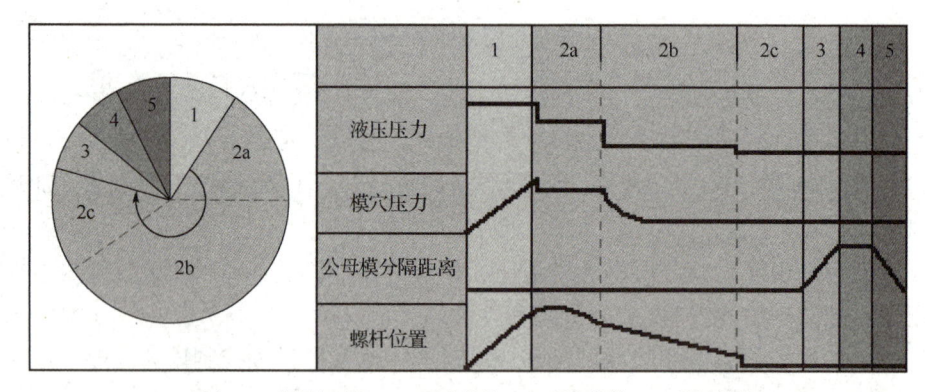

1—填充；2—保压与冷却；3—开启模具；4—顶出塑件；5—关闭模具。

图1.4　典型的注塑机动作循环和各动作所占的时间比例

成型周期根据塑件质量和肉厚、塑料性质、机器设定参数不同而不同，典型的成型周期通常为数秒到数十秒。

1.6 注塑成型模具

注塑成型模具可以看作一个热交换器,通过热交换使熔融塑料在模穴内凝固成需要的形状及尺寸。注塑成型模具的结构是由制品的复杂程度和注塑机的形式等因素决定的。

1.6.1 概述

注塑成型模具主要由定模和动模两部分组成。定模也叫 A 模或母模,动模也叫 B 模或公模。开模时动模和定模分离,取出制品;注射时动模和定模闭合,形成型腔和浇注系统。根据注塑成型模具上各个部件所起的作用,注塑成型模具可分为以下 7 个部分。

(1)成型零部件。它通常由凹模、凸模、成型杆、型芯、镶块等构成。型腔是直接成型塑料制品的部分,注塑成型模具的型腔由动模和定模等有关部分联合构成。

(2)浇注系统。它通常由主流道、分流道、冷料井、浇口等组成,是将塑料由注塑机喷嘴引向型腔的流道。

(3)导向部分。它通常由导柱、导孔或在动模和定模上分别设置的互相吻合的内外锥面组成,是为了确保动模和定模合模时准确对中而设置的。

(4)顶出装置。它通常由顶杆、顶板、顶出底板和主流道拉料杆等联合构成,是在开模过程中将塑料制品从模具中顶出的装置。

(5)分型抽芯机构。当塑料制品有外侧凹或侧孔时,在被顶出以前,必须先进行侧向分型,拔出侧向凸模或抽出侧型芯,方可顺利顶出。

(6)冷却系统和加热系统。冷却系统通常在模具内开设冷却回路;加热系统通常在模具内部或周围安装加热元件。为了使模具温度满足注塑工艺的要求,模具常设有冷却系统和加热系统。

(7)排气系统。为了将注塑成型过程中型腔内的空气排出,通常在分型面处开设排气槽。

注塑成型模具的分类方法有很多,本书按浇注系统的不同将其分为冷流道注塑成型模具和热流道注塑成型模具。

1.6.2 冷流道注塑成型模具

采用冷流道注塑成型模具生产的制品在脱模后通常要人为地把浇注系统凝料从制品上切除(点浇口除外),这部分浇口废料经过粉碎、造粒等工序后再重新加以利用,这样不仅增加了成本,而且浇口废料经过多次加热和冷却可能会引起塑料降解、分解。因此,在设计浇注系统时,在不影响制品质量的前提下应尽量减小浇道尺寸。冷流道注塑成型模具的普通浇注系统主要由主流道、冷料井、分流道、浇口等几部分组成。

(1)主流道是紧接注塑机喷嘴到分流道的那一段流道,熔融塑料首先经过它进入模具。主流道的横截面形状一般为圆形。

(2)冷料井用来除去料流中的前锋冷料。在塑料注射入模的过程中,冷料在料流的最前端。如果冷料进入型腔，就会影响制品的外在质量和内在质量，更严重的情况下可能会堵塞浇口。冷料井可设在主流道末端和分流道末端。

（3）分流道是将主流道中的塑料熔体引入各个型腔的那一段流道。分流道通常开设在分型面上，分流道的横截面形状有圆形、半圆形、U形、矩形、梯形等。

（4）浇口是塑料熔体从分（主）流道末端进入型腔的狭小部分，是浇注系统的关键部位。浇口的横截面积一般比分（主）流道小，长度也很短，其横截面形状一般为圆形、矩形等。浇口起着调节料流速度和补料时间等作用。浇口的形式有主流道浇口、点浇口、侧浇口、潜伏式浇口、扇形浇口、平缝式浇口、护耳式浇口、圆环形浇口、轮辐式浇口、爪形浇口等。

1.6.3 热流道注塑成型模具

热流道内尚未射入模穴的塑料会维持熔融状态，没有浇注系统废料。热流道系统也称为热歧管系统或无流道系统。常用的热流道系统包括绝热流道（Insulated Runners）系统和加热流道（Heated Runners）系统两种。

绝热流道系统，其模具的浇注系统有足够大的通道，在注射成型时，靠近流道壁塑料的绝热效果再加上每次射出熔胶的加热量，就足以维持熔胶流路的畅通。

加热流道系统，用加热的方式保持塑料熔体在浇注系统内的畅通，一般有内部加热和外部加热两种方式。内部加热方式由内部的热探针或鱼雷管进行加热，提供了环形的流动通道，通过熔胶的隔热作用减少热量散失，这种方式需要较大的浇注系统通道。外部加热方式在浇注系统通道的外部进行加热，从外部提供热量给内部的流动通道，并由隔热组件将热量与模具隔离，以减小热损失。

1.7 注塑成型过程及工艺条件

注塑成型是一门工程技术，它能将塑料转变为有用且能保持原有性能的制品。

1.7.1 注塑成型过程

注塑成型过程从表面上看有加料、塑化、注射、冷却和脱模等几个步骤，但是从实质上看只有塑化、流动与冷却两个过程。下面简单介绍一下这两个过程。

1. 塑化过程

塑化过程是指塑料在料筒内经加热达到流动状态且具有良好的可塑性的过程。它是注塑成型的准备过程。塑料的导热性差，这对热传递是不利的，容易引起塑料熔体的热均匀性差，也就是靠近料筒或螺杆壁的塑料温度偏高，而在这两者中间的塑料温度偏低，从而造成温度分布的不均匀。如果塑料受到的剪切作用强，就会产生大量的摩擦热，使塑料升温快，但是也容易使塑料因受到过多的热而降解。

2. 流动与冷却过程

流动与冷却过程是指首先用螺杆或柱塞将具有流动性和温度均匀的塑料熔体注射到模具型腔中并将型腔注满，然后塑料熔体在一定的成型工艺条件下冷却定型，最后将制品从模具型腔中脱出，一直冷却到与所处环境温度一致的过程。这个过程所经历的时间虽然短，但是塑料熔体在其间发生的变化很多，而且这些变化对制品的质量影响很大。

这个过程需要很高的注射压力，因为塑料熔体从料筒注射到模具型腔中需要克服一系列阻力（主要有塑料熔体与料筒、喷嘴、浇注系统、型腔之间的摩擦阻力和塑料熔体之间的摩擦阻力等），还需要对塑料熔体进行压实。塑料熔体进入模具后立即被冷却，这个过程一直持续到制品与所处环境温度一致为止。

1.7.2 工艺条件

在注塑成型过程中，主要的工艺参数有温度、压力、时间和速度等，下面分别介绍这些工艺参数的控制。

1. 温度控制

在注塑成型过程中，需要控制的温度有料筒温度、喷嘴温度和模具温度等。

（1）料筒温度。料筒温度主要影响塑料的塑化和流动。不同塑料具有不同的流动温度（熔化温度）和分解温度。即使是同一种塑料，由于来源或牌号不同，其流动温度（熔化温度）和分解温度也是有差别的，因此设定的料筒温度也不相同。

（2）喷嘴温度。一般把喷嘴温度设定为略低于料筒最高温度，这是为了防止熔体在直通式喷嘴中发生流涎现象，以及防止熔体因过分受热而分解。但是喷嘴温度也不能过低，否则可能会造成熔体的冷凝而将喷嘴堵塞，或者由于冷凝料注入模具型腔而影响制品的外观和性能。

（3）模具温度。模具温度对制品的内在性能和表观质量影响很大。模具温度的高低取决于塑料有无结晶性，制品的结构、尺寸、性能要求，以及其他工艺条件（熔体温度、注射速度及注射压力、成型周期等）。

2. 压力控制

注塑成型过程中的压力主要包括塑化压力、注射压力和保压压力三种，它们直接影响塑料的塑化和制品的质量。

（1）塑化压力（背压）。当采用螺杆式注塑机时，螺杆顶部熔体在螺杆转动后退时所受到的压力称为塑化压力。塑化压力的高低一般是通过液压系统中的溢流阀来调整的。在注塑成型过程中，增加塑化压力会提高熔体的温度，但也会降低塑化的速度。此外，增加塑化压力通常能使熔体的温度均匀、色料的混合均匀，还能排出熔体中的气体。在注塑成型过程中，塑化压力在保证制品质量优良的前提下越低越好，一般都在 10MPa 以下，其具体数值随所使用的塑料品种不同而不同。

（2）注射压力。目前，大多数注塑机的注射压力都是以柱塞或螺杆对塑料所施加的压力为基准的。在注塑成型过程中，注射压力的作用是克服塑料从料筒流向型腔的流动阻力，给予熔体充模的速率，以及对熔体进行压实等。注射压力的高低主要取决于塑料的性能、制品的结构与尺寸、模具的结构与尺寸等综合因素。

（3）保压压力。保压压力是使塑料熔体在冷却的过程中不致产生回流，并且能够继续补充因塑料熔体冷却收缩而不足的空间，从而得到制品所需的最佳压力。在注塑成型过程中，保压压力设定得过高，容易造成制品毛边、过度填充、制品黏模、浇口附近应力集中等不良现象；保压压力设定得过低，容易造成收缩太大、尺寸不稳定等制品缺陷。

3．时间控制

成型周期也称注塑周期，一般以完成一次注塑成型过程所需时间的总和来表示。成型周期直接影响劳动生产率和设备利用率。在整个成型周期中，主要有注射时间、保压时间、冷却时间和开模时间，它们对制品质量的影响很大，下面简要介绍这些时间。

（1）注射时间。注射时间（充模时间）可以理解为与充模速率成反比。在注塑成型过程中，注射时间一般为1～5s。注射时间开始于模具合模，之后螺杆（或柱塞）向前推进，将材料挤入模具，这个过程一般非常快。塑料一接触冷的模具型腔壁，就粘在上面并凝固。流动通道在凝固层之间，注射时间对凝固层的厚度有很大影响，注射时间是影响制品质量的主要因素之一。

（2）保压时间。保压时间是对模具型腔内的塑料施加压力的时间，在整个成型周期内所占的比例较大，一般为5～120s（特厚制品可长达180～600s）。在浇口处熔体完全冻结之前，保压时间的长短对制品质量的影响较大。保压时间的长短取决于塑料的性能、熔体温度、模具温度，以及主流道横截面和浇口的大小。

（3）冷却时间。冷却时间一般是指没有压力作用于材料，制品继续冷却凝固，直至冷却到可以顶出的时间。

（4）开模时间。开模时间是指模具打开、顶出制品和再合模的时间。

4．速度控制

注塑成型过程中的速度主要是指螺杆转速和注塑速度，下面简要介绍这两种速度。

（1）螺杆转速。螺杆转速直接影响注塑物料在螺杆中的输送、塑化和剪切效应，是影响塑化能力、塑化质量和成型周期的重要参数。螺杆转速越高，塑化能力越强。但是，螺杆转速太高，容易引起塑料的热分解，使螺杆或料筒的磨损加速。

（2）注塑速度。控制注塑速度是为了控制塑料熔体填充模具的时间及流动模式，它是影响流动过程的重要条件。注塑速度的设定正确与否对产品外观品质有很大的影响。当塑料熔体在模穴内流动时，按其流动所经过的横截面积大小来调整注塑速度，并且遵守"低—高—低"的原则和"尽量高"的原则。

1.8 注塑常用塑料的主要性质

树脂一般是指由一种或多种简单的单体（Monomers）经过化学聚合（Polymerization）反

应制成的长链状高分子聚合物（Polymers）。塑料一般是指以树脂（或在加工过程中用单体直接聚合）为主要成分，以增塑剂、填充剂、稳定剂、润滑剂、着色剂等添加剂为辅助成分，在加工过程中能流动成型的材料。树脂也常被人们称为塑料。

塑料分子链的结构、规模等都直接影响塑料的化学性质与物理性质。此外，塑料的化学性质与物理性质还受到加工过程的影响。例如，同种塑料熔胶的黏滞性（流动阻力）随着分子量的增加而增大，随着加工温度的上升而减小。同种塑料的玻璃化温度、耐热性、耐冲击性随着分子量的增加而提高。

与金属材料、木材等相比，塑料主要有以下特性。

（1）大多数塑料质轻，密度低，耐冲击性好，化学稳定性好，具有较好的耐磨性和着色性，以及良好的绝缘性和隔热性，导热性低，一般加工性好，加工成本低。

（2）原料丰富，价格低廉，尺寸稳定性较差，容易变形。多数塑料耐低温性差，在低温下会变脆，容易老化，且强度低。大部分塑料耐热性差，热膨胀系数大，易燃烧。

塑料的分类体系比较复杂，各种分类方法也有所交叉，其常规分类方法主要有以下三种。

1. 按使用特性分类

根据使用特性不同，塑料可以分为通用塑料、工程塑料和特种塑料三种类型。

通用塑料一般是指产量大、用途广、成型性好、价格便宜的塑料，如聚乙烯、聚丙烯、聚苯乙烯、聚氯乙烯、酚醛塑料等。

工程塑料通常是指能承受一定外力作用，具有良好的机械性能和耐高、低温性能，尺寸稳定性较好，可以用作工程结构的塑料，如聚酰胺、聚碳酸酯、聚砜等。

特种塑料一般是指具有特种性能，用于特殊领域的塑料。例如，氟塑料和有机硅具有突出的耐高温、自润滑等特殊性能，增强塑料和泡沫塑料具有高强度、高缓冲性等特殊性能，这些塑料都属于特种塑料的范畴。

2. 按成型方法分类

根据成型方法不同，塑料可以分为膜压成型塑料、层压成型塑料、注射成型塑料、挤出成型塑料、吹塑成型塑料、反应注射成型塑料等多种类型。

3. 按理化特性分类

根据理化特性不同，塑料可以分为热塑性塑料和热固性塑料两种类型。

1）热塑性塑料

热塑性塑料是指在特定温度范围内能进行多次加热软化和冷却固化的一类塑料。热塑性塑料的种类很多，下面介绍几种常见的热塑性塑料。

（1）高密度聚乙烯（HDPE）。

聚乙烯是通用塑料中的一种。下面简要地介绍一下高密度聚乙烯的特性和注塑工艺条件。

① 特性。

高密度聚乙烯的密度为 $0.94\sim0.965\text{g/cm}^3$，其具有高结晶性、高抗张力强度、高扭曲温度，以及良好的化学稳定性。高密度聚乙烯具有的抗渗透性较强，抗冲击强度较低，流动性较好。

分子量越大，高密度聚乙烯的流动性越差，但是抗冲击强度越高。高密度聚乙烯的收缩率较大，一般为 1.5%～4%。

② 注塑工艺条件。

干燥处理：一般不需要进行干燥处理。

注射温度：180～280℃，推荐注射温度为 220℃。

模具温度：20～95℃，推荐模具温度为 40℃。

注射压力：700～1050bar（1bar=10^5Pa）。

注射速度：推荐使用高注射速度。

（2）低密度聚乙烯（LDPE）。

下面简要地介绍一下低密度聚乙烯的特性和注塑工艺条件。

① 特性。

低密度聚乙烯的密度为 0.91～0.94g/cm^3，其对气体和水蒸气具有渗透性。低密度聚乙烯的热膨胀系数很大，不适合用于加工长期使用的产品。低密度聚乙烯的收缩率为 1.5%～5%。

② 注塑工艺条件。

干燥处理：一般不需要进行干燥处理。

注射温度：180～280℃，推荐注射温度为 220℃。

模具温度：20～70℃，推荐模具温度为 40℃。

注射压力：700～1350bar。

注射速度：推荐使用高注射速度。

（3）聚丙烯（PP）。

聚丙烯也是通用塑料中的一种，其最突出的特性是具有多面性。聚丙烯有许多加工方法和用途。下面简要地介绍一下聚丙烯的特性和注塑工艺条件。

① 特性。

与聚乙烯相比，聚丙烯有较高的熔化温度和抗张力强度。聚丙烯对化学侵蚀有很强的抵抗力，还是优秀的绝缘体，其介电常数和损耗因数很小。聚丙烯的耐湿性很好，但不是良好的阻隔氧气的材料。

② 注塑工艺条件。

干燥处理：一般不需要进行干燥处理。

注射温度：200～280℃，推荐注射温度为 230℃。

模具温度：20～80℃，推荐模具温度为 50℃。

注射压力：500～1250bar。

注射速度：推荐使用高注射速度。

（4）聚丙烯无规共聚物（PP-R）。

下面简要地介绍一下聚丙烯无规共聚物的特性和注塑工艺条件。

① 特性。

聚丙烯无规共聚物是聚丙烯中的一种。与聚丙烯均聚物相比，聚丙烯无规共聚物改进了光学性能，提高了抗冲击性能，降低了熔化温度。聚丙烯无规共聚物在化学稳定性、水蒸气隔离性能和器官感觉性能方面与聚丙烯均聚物基本相同。

② 注塑工艺条件。

干燥处理：一般不需要进行干燥处理。

注射温度：200～280℃，推荐注射温度为230℃。

模具温度：20～80℃，推荐模具温度为50℃。

注射压力：700～1200bar。

注射速度：推荐使用高注射速度。

（5）聚苯乙烯（PS）。

聚苯乙烯是通用塑料中的一种。下面简要地介绍一下聚苯乙烯的特性和注塑工艺条件。

① 特性。

聚苯乙烯是一种热塑性塑料，其价格低廉且易加工成型。聚苯乙烯的密度为 $1.05g/cm^3$ 左右。聚苯乙烯是一种无色、透明的塑料，具有极好的光学性能，并且具有较高的刚性，但脆性大。

② 注塑工艺条件。

干燥处理：一般不需要进行干燥处理。

注射温度：180～280℃，推荐注射温度为230℃。

模具温度：20～70℃，推荐模具温度为50℃。

注射压力：700～1300bar。

注射速度：推荐使用高注射速度。

（6）聚氯乙烯（PVC）。

聚氯乙烯是通用塑料中的一种。下面简要地介绍一下聚氯乙烯的特性和注塑工艺条件。

① 特性。

聚氯乙烯是应用最广泛的塑料之一。聚氯乙烯的收缩率为0.2%～0.6%。聚氯乙烯是一种非结晶性材料，具有透明性、不易燃性、高强度、耐气候变化性，以及优良的几何稳定性。聚氯乙烯对氧化剂、还原剂和强酸都有很强的抵抗力，但是它能够被浓氧化酸（如浓硫酸、浓硝酸）腐蚀。聚氯乙烯的流动性相当差，其加工温度范围很窄。

② 注塑工艺条件。

干燥处理：通常不需要进行干燥处理。

注射温度：160～220℃，推荐注射温度为190℃。

模具温度：20～70℃，推荐模具温度为40℃。

注射压力：600～1050bar。

注射速度：推荐使用低注射速度。

（7）丙烯腈（A）、丁二烯（B）、苯乙烯（S）树脂三元聚合物（ABS）。

ABS是一种工程塑料，也是通用塑料中的一种。下面简要地介绍一下ABS的特性和注塑工艺条件。

① 特性。

ABS是一种无定形的热塑性塑料，它在一定温度范围内会软化而不是突然熔化。ABS具有吸湿性，在加工前应予以干燥。各种ABS都易于进行常用的二次加工处理，如机械加工、电镀、涂漆、黏合、紧固等。ABS的一个优点就是其加工性能好，ABS的加工操作条件范围宽广且具有良好的剪切稀化流动性。

② 注塑工艺条件。

干燥处理：ABS 具有吸湿性，要求在加工前进行干燥处理。推荐在 80～90℃下干燥 2h 以上，ABS 的湿度应保证小于 0.1%。

注射温度：210～280℃，推荐注射温度为 250℃。

模具温度：30～80℃，推荐模具温度为 50℃。

注射压力：500～1000bar。

注射速度：推荐使用中高注射速度。

（8）聚碳酸酯（PC）。

聚碳酸酯是一种工程塑料。下面简要地介绍一下聚碳酸酯的特性和注塑工艺条件。

① 特性。

聚碳酸酯具有特别好的抗冲击强度、热稳定性、光泽度、抑制细菌特性、阻燃特性及抗污染性。聚碳酸酯具有很好的机械特性，但流动性较差，因此这种材料的注塑成型较困难。

② 注塑工艺条件。

干燥处理：聚碳酸酯具有吸湿性，要求在加工前进行干燥处理。推荐在 100～150℃下干燥 3～4h，聚碳酸酯的湿度应保证小于 0.02%。

注射温度：260～340℃，推荐注射温度为 300℃。

模具温度：70～120℃，推荐模具温度为 95℃。

注射压力：推荐使用高注射压力。

注射速度：对于较小的浇口，推荐使用低注射速度；对于其他类型的浇口，推荐使用高注射速度。

（9）聚酰胺（PA）或尼龙。

聚酰胺是一种工程塑料。聚酰胺有很多不同的产品，其性能差别不是很大。下面主要介绍其中一个产品——聚酰胺 6（PA6）的特性和注塑工艺条件。

① 特性。

PA6 的化学性质和物理性质和 PA66 很相似。但是，PA6 的熔点比 PA66 低，加热温度范围比 PA66 窄，抗冲击性比 PA66 好，吸湿性比 PA66 强。

② 注塑工艺条件。

干燥处理：由于 PA6 容易吸收水分，因此加热前需要进行干燥处理。推荐在 80～105℃下进行 8h 以上的真空烘干。

注射温度：230～280℃，推荐注射温度为 250℃。

模具温度：20～100℃，推荐模具温度为 95℃。

注射压力：750～1250bar。

注射速度：推荐使用高注射速度。

2）热固性塑料

热固性塑料在加热时会软化，随后分子间发生化学键结合，形成高度连接的网状结构。热固性塑料具有较高的机械强度、较高的使用温度和较好的尺寸稳定性。许多热固性塑料是工程塑料。

在成型之前，热固性塑料和热塑性塑料一样具有链状结构。在成型过程中，热固性塑料以热或化学聚合反应，形成交联结构。一旦反应完全，聚合物分子键就形成三维的网状结构。这些交联的键结合会阻止分子链之间的滑动，从而使热固性塑料变成不熔的固体。如果没有发生裂解，那么即使再加热也不能使它们再次软化或熔化以进行再加工。

（1）酚醛塑料（PF）。

酚醛塑料是一种热固性塑料。下面简要地介绍一下酚醛塑料的特性和成型工艺条件。

① 特性。

酚醛塑料是一种硬而脆的热固性塑料，俗称电木粉。酚醛塑料机械强度高，坚固耐磨，尺寸稳定，耐腐蚀，绝缘性优异，密度为 1.5～2.0g/cm^3，收缩率一般为 0.5%～1.0%。

酚醛塑料成型性较好，但其收缩性及方向性一般比氨基塑料强，并且含有水分挥发物。酚醛塑料成型前要预热，成型过程中要排气，若不预热，则应提高模具温度和成型压力。酚醛塑料的硬化速度一般比氨基塑料慢，硬化时放出的热量多。大型厚壁塑件的内部温度容易过高，容易发生硬化不均匀和过热现象。

② 成型工艺条件。

酚醛塑料的成型温度为 150～170℃。模具温度对酚醛塑料的流动性影响较大，一般当模具温度超过 160℃时，酚醛塑料的流动性会加速下降。

（2）氨基塑料（MF、UF）。

氨基塑料是一种热固性塑料。下面简要地介绍一下氨基塑料的特性和成型工艺条件。

① 特性。

氨基塑料具有耐电弧性，绝缘性良好，耐水、耐热性较好，适合进行压缩成型，密度为 1.3～1.8g/cm^3，收缩率一般为 0.6%～1.0%。

氨基塑料流动性好，硬化速度快，故预热及成型温度要适当，涂料、合模及加压速度要快。氨基塑料含水分挥发物多，易吸湿、结块，成型时应预热干燥，并防止再吸湿，但是如果过于干燥，则其流动性会下降。由于成型时有水分及分解物，其呈酸性，因此模具应镀铬以防腐蚀。此外，成型时还应排气。

② 成型工艺条件。

成型温度对塑件质量影响较大，若成型温度过高，则塑件易发生分解、变色、气泡和色泽不均匀现象；若成型温度过低，则易导致流动性差、表面不光泽。氨基塑料的成型温度为 160～180℃。

1.9 常见的塑料制品缺陷及其产生原因

注塑成型过程是一个涉及模具设计与制造、原材料特性与原材料预处理方法、成型工艺、注塑机操作等多方面因素，并且与加工环境条件、制品冷却时间、后处理工艺密切相关的复杂加工过程。同时注塑成型过程中所用的塑料原料多种多样，模具设计的种类和形式也各不相同。

在众多因素的影响下，塑料制品缺陷的产生在所难免。因此，探索塑料制品缺陷产生的内在机理及预测塑料制品可能产生缺陷的位置和种类，并将其用于指导产品和模具设计与改进及注塑成型工艺的调整，归纳这些缺陷产生原因的规律，制定更为合理的工艺操作条件显得非常重要。下面基于影响注塑成型过程的塑料特性、模具结构、注塑成型工艺及注塑设备等主要因素来阐述常见的塑料制品缺陷及其产生原因，并给出排除方法。

1.9.1 飞边

飞边（Flash）又称披风、溢料、溢边等，大多发生在模具合模面上，如模具的分型面、滑块的滑配部位、顶杆的孔隙、镶件的缝隙等位置，如图 1.5 所示。飞边缺陷分析及排除方法如下。

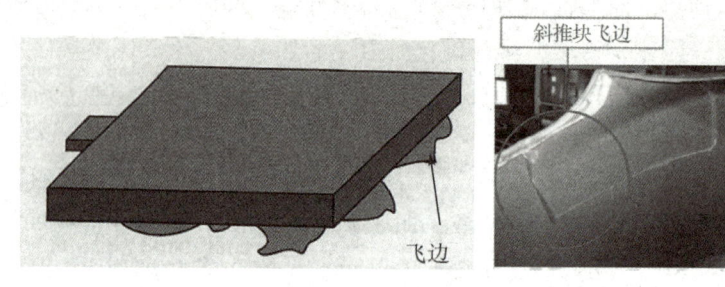

图 1.5 飞边缺陷

1．设备缺陷

注塑机的合模力不足极易导致产生飞边。当注射压力大于合模力使模具分型面密合不良时，容易产生溢料飞边。对此，需要检查是否增压过量及塑料制品投影面积与成型压力的乘积是否超出了注塑机的合模力，或者改用合模力大的注塑机。

2．模具缺陷

当出现较多的飞边时，需要检查模具，如动模与定模是否对中、分型面是否紧密贴合、型腔及型芯部分的滑动件磨损间隙是否超差、分型面上有无黏附物或异物、模板间是否平行、模板的开距是否调节到正确位置、拉杆有无变形、排气槽是否太大或太深等。根据上述内容逐步进行检查，对于检查到的缺陷可进行相应的整改。

3．工艺条件设置不当

熔体温度过高、注射速度太高或注射时间过长、注射压力在型腔中分布不均、充模速率不均衡、加料量过多及润滑剂使用过量都会导致产生飞边。对此，应考虑适当降低料筒温度、喷嘴温度和模具温度，以及缩短注射周期。操作时应针对具体情况采取相应的措施。

1.9.2 气泡及真空泡

塑料中的水分或气体留在塑料熔体中会形成气泡（见图 1.6），塑料制品的体积收缩不均匀引起厚壁部分产生空洞会形成真空泡。气泡或真空泡的出现会使制品产生填充不满、表面不平等缺陷。气泡或真空泡缺陷分析及排除方法如下。

1. 模具缺陷

模具的浇口位置不正确或浇口太大、主流道和分流道长而狭窄、流道内有贮气死角或模具排气不良都会导致产生气泡或真空泡。因此，需要针对具体情况，调整模具的结构，特别是浇口应设置在塑件的厚壁处。

2. 工艺条件设置不当

许多工艺参数对产生气泡或真空泡都有直接的影响。例如，注射压力太低、注射速度太高、注射时间与注射周期太短、加料量过多或过少、保压不足、冷却不均匀或不充分、熔体温度和模具温度控制不当都会导致塑料制品内产生气泡或真空泡。对此，可采用调节注射速度、调节注射时间与保压时间、改善冷却条件、控制加料量等方法避免产生气泡或真空泡。

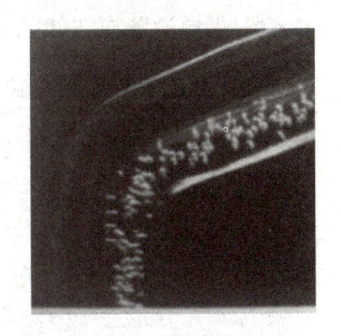

图 1.6　气泡缺陷

在控制熔体温度和模具温度时，若温度太高，则会引起塑料降聚分解，产生大量气体或过量收缩，从而形成气泡或缩孔；若温度太低，则会造成充料压实不足，塑件内部容易产生空隙，形成真空泡。在通常情况下，将熔体温度控制得略低一些，将模具温度控制得略高一些，就不容易产生大量气体，也不容易产生缩孔。

3. 塑料原料不符合成型要求

塑料原料中的水分或易挥发物含量超标、料粒大小不均匀、塑料原料的收缩率太大、塑料原料的熔体指数太大或太小、再生料含量太多都会使塑件产生气泡或真空泡。对此，可采用预干燥塑料原料、筛选料粒、更换塑料原料、减少再生料的用量等方法进行处理。

1.9.3 凹陷及缩痕

凹陷及缩痕（Sink Mark）是由缺料注射引起的局部内收缩造成的，如图 1.7 所示。塑件表面产生凹陷是注塑成型过程中的一个常见问题。凹陷一般是由塑件壁厚不均匀引起的，它可能出现在外部尖角附近或壁厚突变处。产生凹陷的根本原因是材料的热胀冷缩。凹陷及缩痕缺陷分析及排除方法如下。

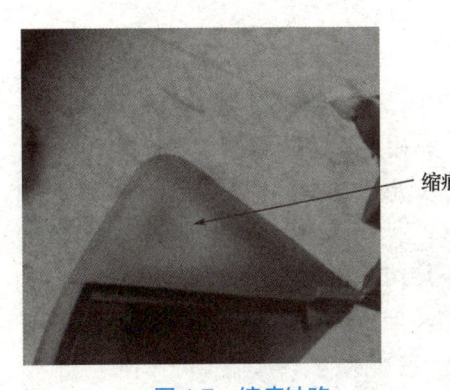

图 1.7　缩痕缺陷

1. 设备缺陷

如果注塑机的喷嘴孔太小或喷嘴处局部堵塞，则会导致注射压力局部损失太大，从而引起凹陷及缩痕。对此，应更换或清理喷嘴。

2. 模具缺陷

模具设计不合理或有缺陷会导致塑件表面产生凹陷及缩痕。这些不合理设计和缺陷包括模具的浇口及流道横截面太小、浇口设置不对称、进料口位置设置不合理、模具磨损过大，以及模具排气不良影响供料、补缩和冷却等。对此，可采取适当加大浇口及流道横截面、浇口位置尽量设置在塑件的对称处、进料口设置在塑件厚壁处等措施。

3. 工艺条件设置不当

工艺条件设置不当也会导致塑件表面产生凹陷及缩痕。例如，注射压力太低、注射时间与保压时间太短、注射速度太低、熔体温度与模具温度太高、塑件冷却不充分、脱模时温度太高和嵌件处温度太低都会导致塑件表面产生凹陷或橘皮状的细微凹凸不平。对此，应适当提高注射压力和注射速度，延长注射时间和保压时间，补偿熔体收缩。又如，塑件在模具内的冷却不充分也会导致塑件表面产生凹陷及缩痕。对此，可适当降低料筒温度和冷却水温度。

4. 塑料原料不符合成型要求

塑料原料的收缩率太大、流动性太差，以及塑料原料内润滑剂不足或塑料原料潮湿都会导致塑件表面产生凹陷及缩痕。对此，可采取选用小收缩率的塑料牌号、在塑料原料中增加适量的润滑剂、对塑料原料进行预干燥处理等措施。

5. 塑件形体结构设计不合理

当塑件各处的壁厚相差很大时，厚壁部位很容易产生凹陷及缩痕。因此，在设计塑件形体结构时，应使壁厚尽量一致。

1.9.4 翘曲变形

翘曲（Warping）变形是指塑件的形状偏离了模具型腔的形状，如图1.8所示。翘曲变形是注塑成型过程中常见的缺陷之一。影响塑件翘曲变形的因素有很多，如模具的结构、塑料的热物理性能、注塑成型过程的工艺条件均对塑件翘曲变形有不同程度的影响。翘曲变形缺陷分析及排除方法如下。

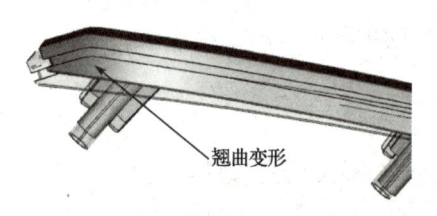

图1.8 翘曲变形缺陷

1. 模具缺陷

在确定浇口位置时，不要使塑料熔体直接冲击型芯，应使型芯受力均匀。在设计模具的浇注系统时，使流料在充模过程中尽量保持平行流动。

模具的脱模系统设计不合理会使塑件产生很大的翘曲变形。如果塑件在脱模过程中受到较大的不均衡外力作用，则会使塑件产生较大的翘曲变形。

模具的冷却系统设计不合理会使塑件冷却不充分或不均匀，引起塑件各部分的冷却收缩不一致，从而使塑件产生翘曲变形。因此，在设计模具的冷却系统时，应使塑件各部位的冷却均匀。

2. 工艺条件设置不当

导致塑件产生翘曲变形的工艺条件有注射速度太低、注射压力太低、不过量填充条件下保压时间及注射时间与注射周期太短、冷却定型时间太短、熔体塑化不均匀、塑料原料干燥处理时烘料温度过高和塑件退火处理工艺控制不当。因此，需要针对具体情况调整对应的工艺参数。

3. 塑料原料不符合成型要求

分子取向不均衡是使热塑性塑件产生翘曲变形的主要原因。塑件径向和切向收缩的差异性就是由分子取向不均衡导致的。通常，在塑件成型过程中，沿熔体流动方向的分子取向大于垂直于流动方向的分子取向。由于在两个相互垂直方向上的收缩不均衡，因此塑件必然会产生翘曲变形。

1.9.5 裂纹及白化

裂纹（Crack）及白化是注塑成型过程中较常见的一种缺陷，其产生主要是由应力导致的，主要包括残余应力、外部应力和外部环境所产生的应力。裂纹及白化缺陷分析及排除方法如下。

1. 模具缺陷

外力作用是导致塑件表面产生裂纹及白化的主要原因之一。塑件在脱模过程中，如果脱模不良，当塑件表面承受的脱模力接近塑料的弹性极限时，就会出现裂纹及白化。出现裂纹及白化后，可以采取适当增大脱模斜度、脱模机构的顶出装置设置在塑件厚壁处、适当增加塑件顶出部位的厚度、提高型腔表面的光洁度、必要时使用少量脱模剂等措施。

2. 工艺条件设置不当

残余应力过大也是导致塑件表面产生裂纹及白化的主要原因之一。在进行工艺条件设置时，应按照减小塑件残余应力的要求来设定工艺参数，可以适当延长冷却时间、缩短保压时间和降低注射压力等。

1.9.6 欠注

欠注（Short Shot）又叫短射、填充不足、充不满、欠料，如图1.9所示，是指料流末端出现部分不完整现象或一模多腔中一部分填充不满，特别易出现在薄壁区域流动路径的末端。产生欠注的主要原因是在熔体流动过程中阻力过大，导致熔体流动性不好。欠注缺陷分析及排除方法如下。

1. 设备问题

设备选型不当会导致产生欠注。在选用设备时，塑件和浇注系统的总质量不能超过注塑机最大注射量的85%。

2. 模具缺陷

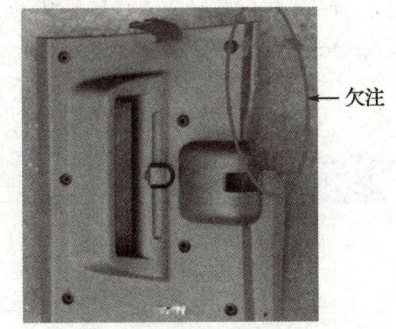

图1.9 欠注缺陷

模具的浇注系统设计不合理会导致产生欠注。对此，可以适当加大浇口及流道横截面，必要时可采用多点进料的方法。模具排气不良也会导致产生欠注。对此，应检查有无设置冷料穴及其位置是否正确。

1.9.7 银丝

银丝（Silver Streaks）是由于塑料中的空气和水蒸气挥发，或者其他塑料混入、分解后烧焦，在塑件表面形成的喷溅状痕迹，如图 1.10 所示。银丝缺陷分析及排除方法如下。

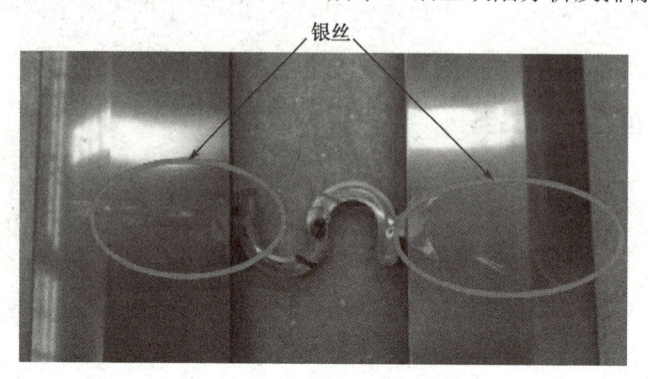

图 1.10　银丝缺陷

1. 模具缺陷

模具冷却水管渗漏会使模具表面过冷结露和潮湿，从而导致产生银丝。对此，可以采取加大浇口、加大主流道及分流道横截面、加大冷料穴和增加排气孔等措施。

2. 工艺条件设置不当

在工艺条件设置方面，需要采用适当提高塑化压力、降低螺杆转速、降低料筒温度和喷嘴温度等方法防止熔体局部过热，也可采用降低注射速度等方法。

3. 塑料原料不符合成型要求

降解银丝是指热塑性塑料受热后发生部分降解。为了避免产生降解银丝，要尽量选用粒径均匀的塑料，减少再生料的用量。水气银丝产生的主要原因是塑料原料中水分含量过高，水分挥发时产生的气泡导致塑件表面产生银丝。为了避免产生水气银丝，必须按照塑料的干燥要求，充分干燥塑料原料。

1.10　本章小结

本章主要介绍了进行模流分析所需要的一些基础知识，主要包括注塑机、注塑成型模具、注塑成型过程及工艺条件、注塑常用塑料的主要性质和常见的塑料制品缺陷及其产生原因等方面的知识。本章学习的重点和难点是掌握注塑成型加工工艺的理论知识和实践经验，掌握常见的塑料制品缺陷及其产生原因与排除方法等方面的理论知识和实践经验。

第 2 章 Moldflow 2023 介绍

本章主要介绍 Moldflow 2023 的作用、功能、主要模块,以及 Moldflow 2023 的操作界面,并详细介绍 Moldflow 2023 菜单的使用方法。

2.1 概述

Moldflow 是全球注塑成型行业中应用最广泛、技术最先进的软件产品之一。Moldflow 2023 是一款用于塑件和模具设计、分析的软件,它提供了强大的分析功能、可视化功能和项目管理工具。

1. 软件简介

塑料产品从设计到成型的过程是一个十分复杂的过程,包括塑件设计、模具结构设计、模具加工制造和注塑生产等几个主要方面,需要产品设计师、模具设计师、模具加工工艺师及操作工人协同努力来完成。这个过程是一个设计、修改、再设计的反复迭代、不断优化的过程。

模具是生产各种工业产品的重要工艺装备,随着塑料工业的迅速发展,以及塑件在航空、航天、电子、机械、船舶和汽车等工业领域的推广应用,人们对模具设计的要求越来越高,传统的模具设计方法已无法适应当今社会的要求。与传统的模具设计相比,CAE 技术无论是在提高生产效率、保证产品质量方面,还是在降低生产成本、减轻劳动强度方面,都具有极大的效用。

Moldflow 2023 是 Autodesk 公司开发的一款用于塑件和模具设计、分析的软件。Moldflow 2023 为企业产品的设计及制造的优化提供了整体的解决方案,可以帮助工程人员轻松地完成整个流程中各个关键点的优化工作。

Moldflow 2023 可以模拟整个注射过程及这个过程对注塑成型产品的影响。Moldflow 2023

提供的工具中融合了一整套设计原理，可以评价和优化组合整个过程，可以在模具制造以前对塑料产品的设计、生产和质量进行优化。

2. 软件功能

（1）优化塑件结构。

运用 Moldflow 2023 可以得到塑件的实际最小壁厚，还可以优化塑件结构、降低生产成本、缩短生产周期，保证型腔被全部充满。

（2）优化模具结构。

运用 Moldflow 2023 可以得到最佳的浇口数量与位置，合理的流道系统与冷却系统，还可以对型腔尺寸、浇口尺寸、流道尺寸和冷却系统尺寸进行优化，在计算机上进行试模、修模，大大提高模具质量，减少实际修模次数。

（3）优化注塑工艺参数。

运用 Moldflow 2023 可以确定最佳的注射压力、保压压力、锁模力、模具温度、熔体温度、注射时间、保压时间和冷却时间，以注射出最佳的塑件。

3. AMS 介绍

AMS（Autodesk Moldflow Synergy）作为数字样机解决方案的一部分，为数字样机的使用提供了一整套先进的塑料工程模拟工具。AMS 凭借其强大的功能，可以深入分析、优化塑料产品和与之相关联的模具，能够模拟当今社会最先进的成型过程。目前，该软件普遍应用于汽车制造、医疗、消费电子和包装行业，可以帮助公司将新产品更快地推向市场。

AMS 支持在确定最终设计之前在计算机上进行不同材料、产品模型、模具设计和成型条件的实验。AMS 这种在整个产品的开发过程中评估不同状况的能力能够使用户获得高质量产品，帮助用户第一时间修改设计，从而避免制造阶段的成本提高和时间延误问题。

AMS 致力于解决与注塑成型相关的设计和制造问题，对生产塑料产品和模具的各种成型方式，包括一些新的成型方式，它都有专业的模拟工具。AMS 不但可以模拟普通的成型过程，而且可以模拟为了满足苛刻的设计要求而采取的独特的成型过程。在材料特性、成型分析、几何模型方面，AMS 具有领先的模拟技术，可以缩短开发周期、降低生产成本，并且可以让设计团队有更多的时间去创新。

AMS 中包含塑胶材料数据库。在 AMS 中，用户可以查到超过 10000 种商用塑胶材料最新、最精确的数据。因此，用户能够放心地使用 AMS 评估不同候选材料或预测最终应用条件苛刻的成型产品的性能。

AMS 赋予工程师更深入的分析能力，以帮助他们解决最困难的制造问题。AMS 的分析结果高度可信，即使面对最复杂的产品模型，AMS 也能够帮助工程师在模具制造前预测制造缺陷，减少费时、费钱的修模工作。AMS 能够将分析结果和实际成型条件精确关联，预测潜在问题并采取改善措施予以避免。一旦分析完成，便可以使用自动报告生成工具生成普通格式（如 DOC 或 PPT 格式）的报告，这样就可以和设计、制造团队的其他人员分享有价值的模拟结果，从而提高协同性，使产品开发更流畅。

4．软件主要模块

（1）中性面。

中性面不但大大缩短了对塑件进行造型的时间，而且可以自动产生网格化的实体中性面，使用户可以致力于进行深入的工艺分析。

（2）双层面。

双层面是处理 CAD 模型最方便的方法，在保证完成流动、保压、优化、冷却和翘曲等分析的基础上，能够减少处理模型的时间。用户在使用 AMS 组件进行热固性塑料模具分析时，也可以使用双层面。使用双层面可以改进塑件和模具设计，确定材料和工艺条件，从而在质量、成本和时间上取得最佳组合。

（3）3D。

3D 技术可以解决以前用传统的有限元方法解决的问题，即对于厚的部件，熔化的塑料可以向各个方向流动的问题。3D 解决方案通过使用基于实体四面体的有限元网格技术，对非常厚的部件进行真正的 3D 模拟。

（4）浇口位置分析。

浇口位置分析可以自动分析出最佳的浇口位置。当模型需要设置多个浇口时，可以对模型进行多次浇口位置分析。当模型已经存在一个或多个浇口时，进行浇口位置分析，系统会自动分析出附加浇口的最佳位置。

（5）成型窗口分析。

成型窗口分析可以定义能够生产出合格产品的成型工艺条件范围。如果成型工艺条件在这个范围内，则可以生产出高质量的产品。

（6）流动模拟模块。

流动模拟模块通过填充+保压可以帮助设计人员确定合理的浇口、流道数目和位置，平衡流道系统，以及估计工艺条件，以获得最佳保压阶段设置，提供一个健全的成型窗口，从而预测注射压力、锁模力、熔体流动前沿温度、熔接线和气穴可能出现的位置，以及填充时间、压力和温度分布，并确定和更正潜在的塑件收缩、翘曲变形等质量缺陷。

流动分析能够分析聚合物在模具中的流动，并且优化型腔的布局、材料的选择、填充和保压的工艺参数。可以在产品允许的强度范围内和合理的充模情况下减小型腔的壁厚，把熔接线和气穴定位在结构与外观允许的位置上，并且定义范围较宽的工艺条件，而不用考虑生产条件的变化。填充+保压能够对注塑成型在塑件设计、模具设计、成型工艺等方面提供全面的解决方案。

（7）冷却分析。

冷却分析是指对模具冷却回路、镶件、网格模型和模板进行建模，以及分析模具冷却系统的效率。冷却分析可以优化冷却系统对流动过程的影响，以及冷却系统的布局和工作条件。

冷却与填充+保压相结合，可以模拟完整的动态注射过程，从而改进冷却系统的设计，使塑件均匀冷却，并由此缩短成型周期，减小产品成型后的内应力和翘曲变形，从而降低模具制造成本。

（8）翘曲分析。

翘曲分析可以分析整个塑件的翘曲变形，同时指出产生翘曲变形的主要原因及相应的改进措施。翘曲分析可以预测由成型工艺引起的应力集中而导致的塑件的收缩和翘曲变形，也可以预测由不均匀的压力分布而导致的模具型芯偏移，明确翘曲变形产生的原因，查看翘曲变形将会发生的区域及翘曲变形的趋势，并且可以优化设计、材料选择和工艺参数，以便在模具制造之前控制塑件的变形。

（9）收缩分析。

收缩分析可以通过对聚合物的收缩数据和流动的分析结果来确定型腔的尺寸。通过收缩分析，可以在较宽的成型条件下及较小的尺寸公差范围内，使型腔的尺寸更准确地同产品的尺寸相匹配，从而使型腔修补加工及模具投入生产的时间大大缩短，并且大大改善产品组装时的相互配合，进一步降低废品率和提高产品质量。通过流动分析结果确定合理的收缩率，可以保证型腔的尺寸在允许的公差范围内。

（10）流道平衡分析。

流道平衡分析可以判断流道是否平衡，并给出平衡方案。对于一模多腔或组合模具来说，熔体在浇注系统中的流动平衡是十分重要的。如果塑料熔体能够同时到达模具的各个型腔，则称此浇注系统是平衡的。平衡的浇注系统不但可以保证良好的产品质量，而且可以保证不同型腔内产品质量的一致性。平衡的浇注系统还可以保证各型腔的填充在时间上保持一致、均衡的保压压力，保持合理的型腔压力，并优化流道的容积，以节省充模材料。

（11）纤维取向分析。

纤维取向分析使用一系列集成的分析工具优化和预测由含纤维塑料的流动引起的纤维取向及塑料/纤维复合材料的合成机械强度；判断和控制含纤维塑料内部的纤维取向，以减小成型产品的收缩不均；判断和控制整个注射过程中的纤维取向，以减小或消除产品的翘曲变形。

（12）结构应力分析。

结构应力分析可以分析塑料产品在受外界载荷情况下的力学性能，并且可以根据注塑工艺条件优化塑件的刚度和强度。结构应力分析还可以预测在外载荷和温度作用下所产生的应力与位移。对于纤维增强塑料，结构应力分析可以根据流动分析和塑料种类的物性数据确定材料的力学特性。

（13）气体辅助成型分析。

气体辅助成型分析可以模拟市场上的气体辅助注塑机的注射过程，对整个气体辅助注射过程进行优化。气体辅助成型方法通常将加入了氮气的气体注入聚合物熔体，由气体推动熔体流进型腔完成填充。将气体辅助成型、冷却、纤维取向和翘曲结合起来，就可以预测熔体的位置和气体入口位置，熔体和气体的比例，以及气道的位置和尺寸等。

（14）工艺优化分析。

工艺优化分析可以根据给定的模具、注塑机、注射材料等参数及流动分析结果自动产生保压曲线，用于对注塑机参数进行设置，从而免除了试模时对注塑机参数的反复调试。工艺优化分析采用用户给定或默认的质量控制标准有效地控制产品的尺寸精度、表面缺陷及翘曲变形。

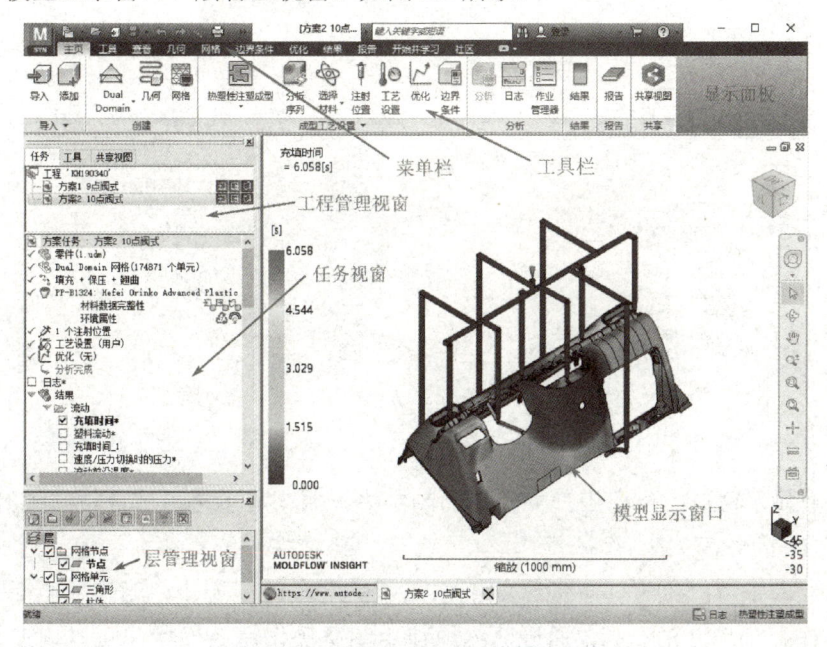

2.2 Moldflow 2023 操作界面

Moldflow 2023 具有集成的用户界面，将全部前、后处理功能整合在同一个界面上，以方便用户进行各种操作。

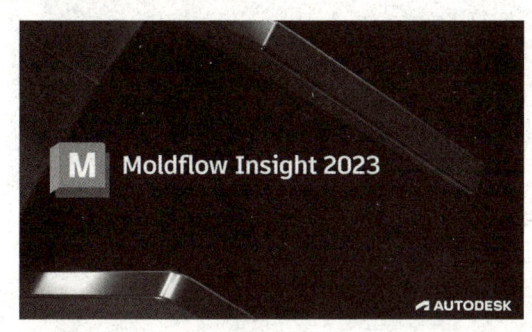

1. Moldflow 2023 启动界面

Moldflow 2023 启动界面如图 2.1 所示。

图 2.1 Moldflow 2023 启动界面

2. Moldflow 2023 用户操作界面

Moldflow 2023 用户操作界面主要由 6 个部分组成，即菜单栏、工具栏、工程管理视窗、任务视窗、模型显示窗口、层管理视窗，如图 2.2 所示。

图 2.2 Moldflow 2023 用户操作界面

（1）菜单栏：位于标题栏下方，包括【主页】【工具】【查看】【几何】【网格】【边界条件】【结果】【报告】等菜单，如图2.3所示。

图2.3　菜单栏

（2）工具栏：位于菜单栏下方，如图2.2所示，可供用户快捷地使用操作命令，包括打开和保存文件、模型的导入和添加、模型的动态操作等。工具栏中的图标可以根据用户的使用习惯进行添加和移除，操作方法如下。在图2.2中的显示面板上右击，弹出如图2.4所示的快捷菜单，可以自行勾选想要的工具，一般默认全部勾选。

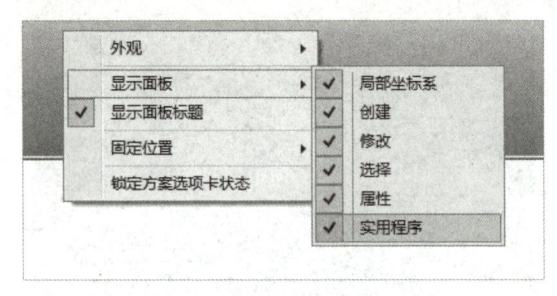

图2.4　勾选想要的工具

（3）工程管理视窗：位于用户操作界面的左上方，用来显示当前工程项目所包含的方案，用户可以对各个方案进行重命名、复制、删除等操作，如图2.5所示。

（4）任务视窗：位于工程管理视窗的下方，用来显示当前方案分析的状态，具体包括导入的模型、网格属性、分析类型、材料、浇注系统、冷却系统、工艺条件、分析结果等，如图2.6所示。

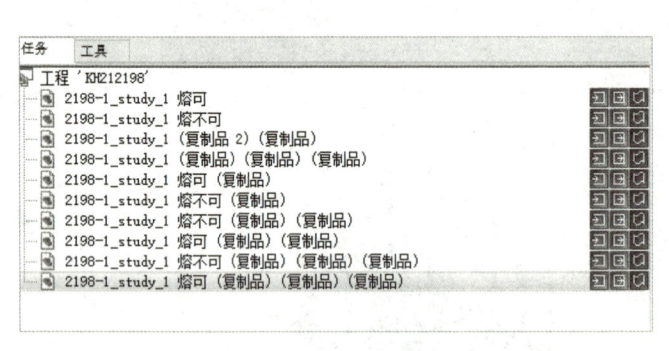

图2.5　工程管理视窗　　　　　　图2.6　任务视窗

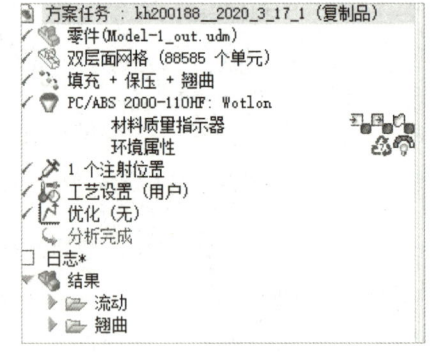

（5）模型显示窗口：位于用户操作界面的中央，用来显示模型或分析结果等，如图2.7所示。

（6）层管理视窗：位于任务视窗的下方，可供用户进行新建、删除、激活、显示、设定图层等操作，如图2.8所示。通过熟练地使用图层操作命令，用户可以快速、方便地操作软件。

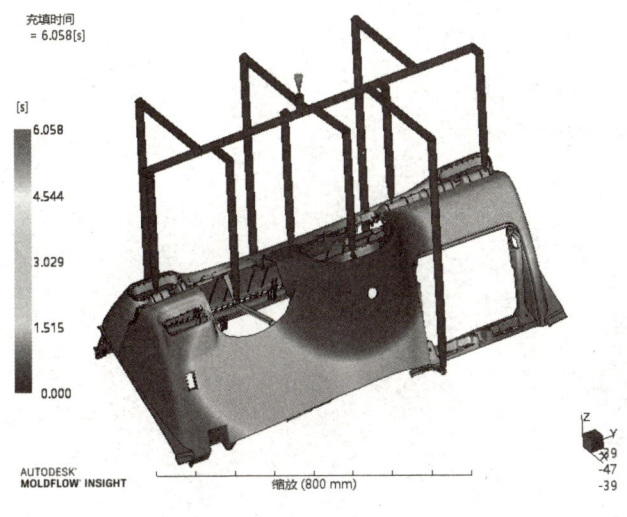

图 2.7　模型显示窗口

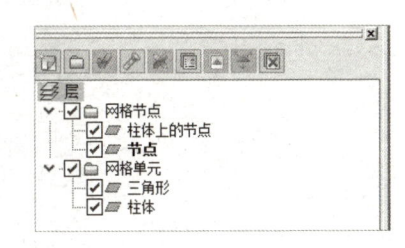

图 2.8　层管理视窗

2.3　Moldflow 2023 菜单

本节将详细介绍 Moldflow 2023 各个菜单的功能和使用方法，为使用 Moldflow 2023 进行模流分析打下坚实的实践操作基础。

1.【选项】菜单

进入 Moldflow 2023 后新建一个工程，单击用户操作界面左上角的 图标，在弹出的对话框中单击【选项】按钮，如图 2.9 所示，弹出【选项】对话框，如图 2.10 所示。该对话框中包括【常规】【目录】【鼠标】【结果】【外部应用程序】【默认显示】【报告】【互联网】【语言和帮助系统】【背景与颜色】【查看器】11 个选项卡，用户可以根据个人习惯和需要设置操作与显示属性。

（1）在【常规】选项卡中，可以进行测量系统激活单位的设置，激活单位包括两个选项：公制单位和英制单位。

在【常用材料列表】选区中，可以设置常用材料的数量。

在【自动保存】选区中，如果勾选【自动保存时间间隔】复选框，则 AMS 将根据指定的时间间隔自动保存当前运行的项目。

在【建模基准面】选区中，可以设置建模平面的栅格尺寸和平面大小。

在【分析选项】选区中，单击【更改分析选项】按钮，弹出如图 2.11 所示的【选择默认分析类型】对话框，可以对分析选项进行更改。

（2）在【目录】选项卡中，可以更改工作目录，按照个人需求设置具体的工作目录来保存工程。

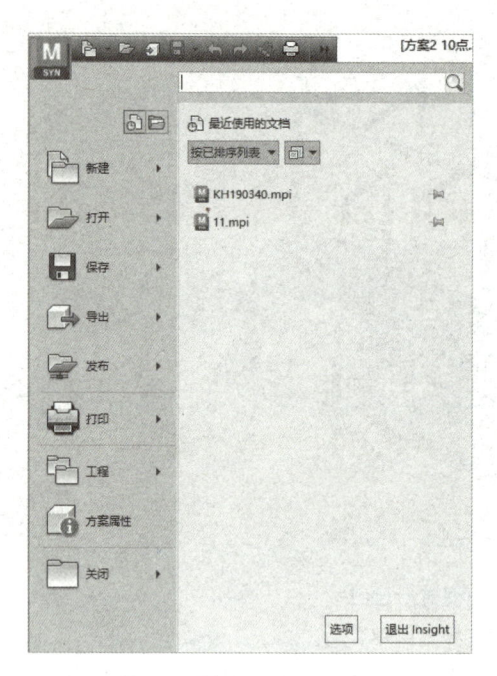

图 2.9　单击【选项】按钮

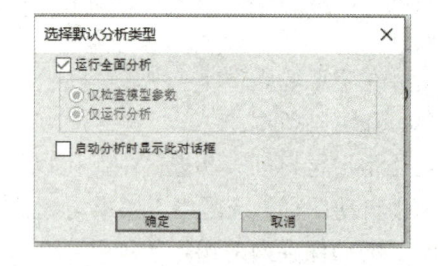

图 2.10　【选项】对话框　　　　　图 2.11　【选择默认分析类型】对话框

　　（3）在如图 2.12 所示的【鼠标】选项卡中，可以根据个人习惯通过设置鼠标右键、中键、滚轮与键盘的组合使用来对操作对象进行旋转、平移、局部放大、动态缩放、按窗口调整大小、居中、重设、测量等操作。

　　（4）在如图 2.13 所示的【结果】选项卡中，可以自定义各个分析类型中具体的分析结果。通过【添加/删除】按钮可以设置输出结果，通过【顺序】按钮可以对分析结果进行排序。

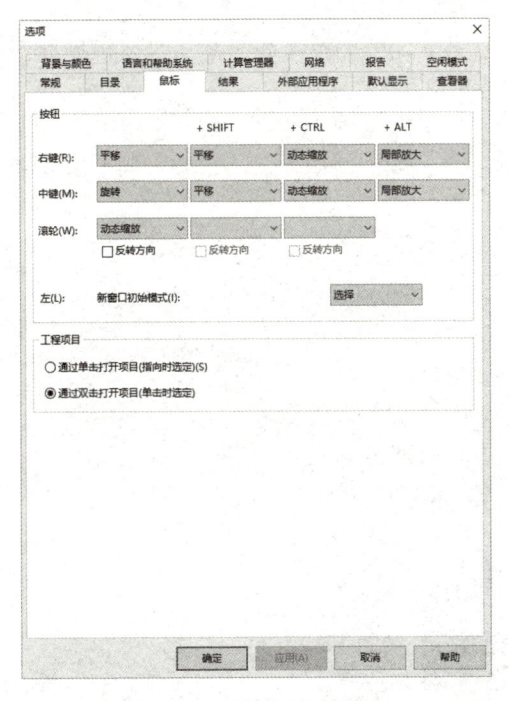

图 2.12 【鼠标】选项卡　　　　　　　　图 2.13 【结果】选项卡

（5）在如图 2.14 所示的【默认显示】选项卡中，可以设置各个图形元素的默认显示状况，其中图形元素包括三角形单元、柱体单元、四面体单元、节点、表面/CAD 面、区域、STL 面和曲线。

（6）图 2.15 所示为【查看器】选项卡。

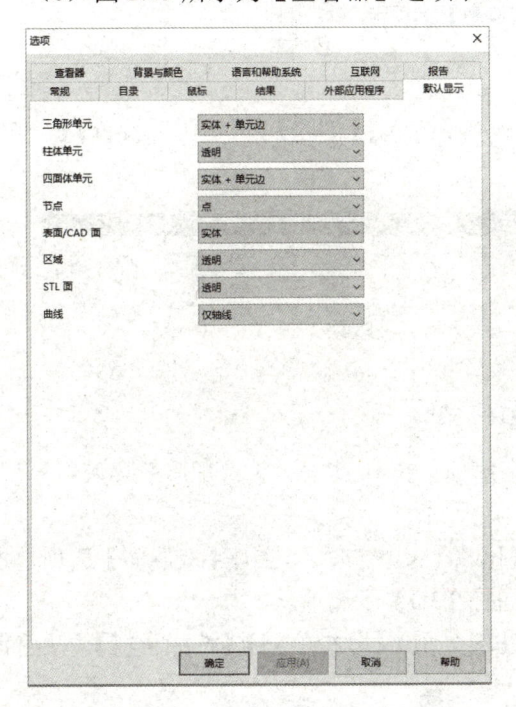

图 2.14 【默认显示】选项卡　　　　　　图 2.15 【查看器】选项卡

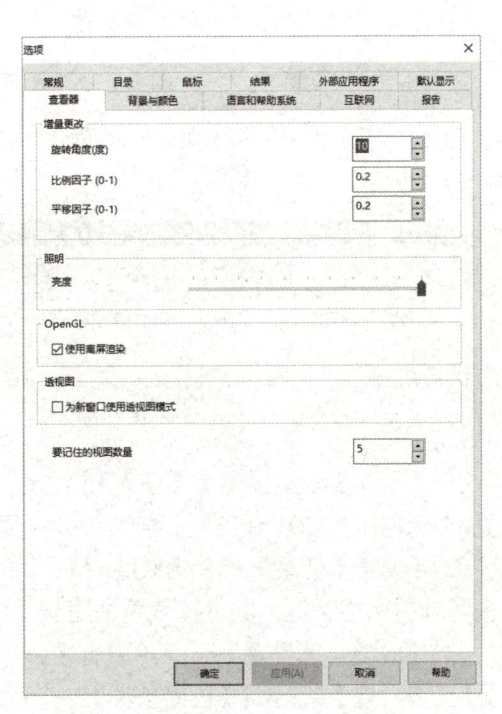

（7）在如图 2.16 所示的【背景与颜色】选项卡中，可以根据个人需要和习惯设置选中单元颜色、未选中单元颜色、颜色加亮和网格线颜色等属性。

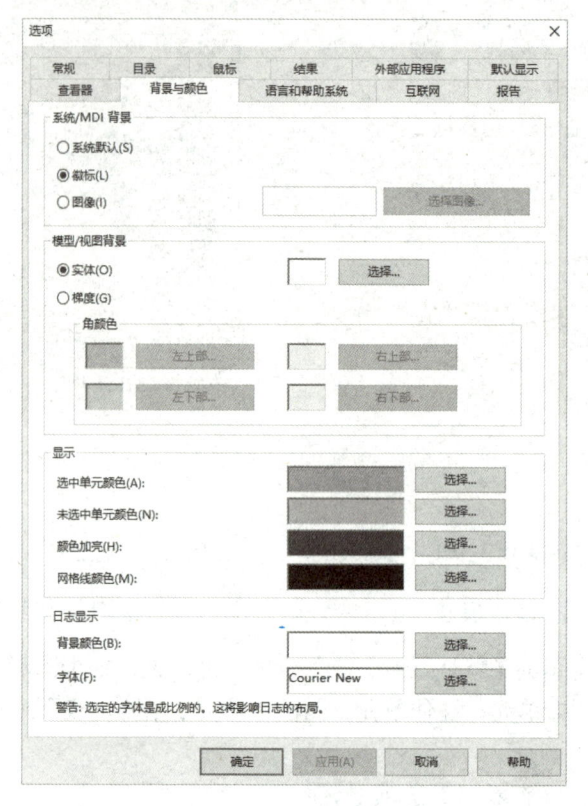

图 2.16 【背景与颜色】选项卡

2.【主页】菜单

图 2.17 所示为【主页】菜单，该菜单中主要包括【导入】【创建】【成型工艺设置】【分析】【结果】【报告】6 个子菜单。

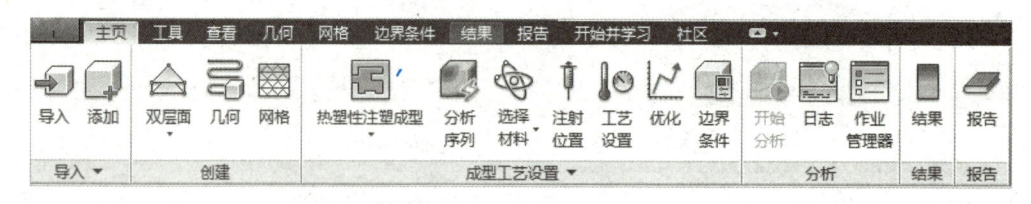

图 2.17 【主页】菜单

（1）【导入】子菜单中有【导入】【添加】2 个选项。其中，【导入】选项用于导入新模型，【添加】选项用于在现有任务下增加新的模型。

（2）【创建】子菜单中有【双层面】【几何】【网格】3 个选项。其中，【双层面】选项是指当前零件的网格类型，其下拉菜单中还有【中性面】【3D】子选项。

（3）【成型工艺设置】子菜单中有【热塑性注塑成型】【分析序列】【选择材料】【注射位置】【工艺设置】【优化】【边界条件】7 个选项。

其中，【热塑性注塑成型】下拉菜单中有 7 种分析类型可选，如图 2.18 所示。

【分析序列】选项主要用于设定分析类型和顺序，选择该选项后会弹出如图 2.19 所示的【选择分析序列】对话框，需要根据模流分析的需要进行分析类型的选择，其中分析类型主要包括【填充】【填充+保压】【快速充填】【冷却】【成型窗口】【浇口位置】等。

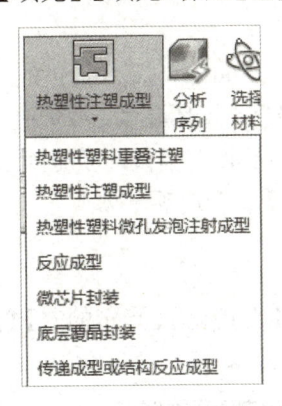

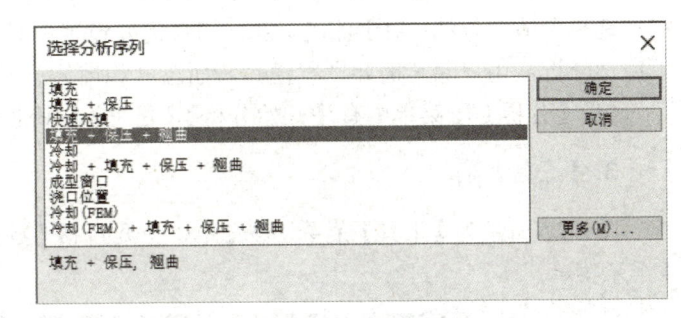

图 2.18　【热塑性注塑成型】下拉菜单　　　　图 2.19　【选择分析序列】对话框

【选择材料】选项用于设定分析材料类型，选择该选项后会弹出如图 2.20 所示的【选择材料】对话框。Moldflow 2023 为用户提供了内容丰富的材料数据库，供用户自主选择需要的材料。材料数据库中包含详细的相关材料的特性信息，能够帮助用户根据成型材料的特性确定成型工艺条件。

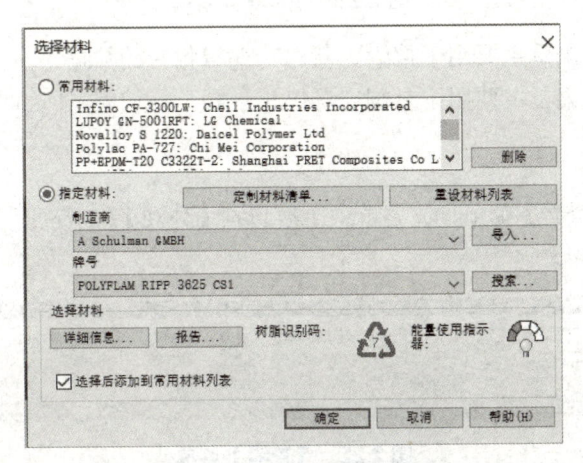

图 2.20　【选择材料】对话框

【注射位置】选项用于设置注射位置。在对模型进行模流分析之前，必须设置注射位置，即浇口位置。浇口位置是熔体通过浇注系统进入型腔的位置，浇口是连接分流道与型腔的一段细短通道，浇口的作用是使从流道流过来的塑料熔体以较快的速度进入并充满型腔，充满型腔后浇口部分的熔体能迅速凝固从而封闭浇口，防止型腔内的熔体倒流。浇口的形状、位置和尺寸对塑件的质量影响很大。选择【注射位置】选项之后，只需要在合适的位置单击就可以完成浇口位置设置。

【工艺设置】选项用于成型工艺条件设置。一般来说，在整个成型周期中具有三大工艺条件，即温度、压力和时间。在 Moldflow 2023 中，对于成型工艺的三大影响因素，以及它们之间的相互关系都有很好的表示和控制方法，在仿真分析过程中基本上能够真实地对其进行表达。

在进行各种分析前，用户需要设置分析工艺条件。对于不同的成型类型，要设置不同的成型工艺条件。在 Moldflow 2023 中，对于不同的分析类型，系统都会提供可行的默认工艺条件，供用户分析参考，可以根据分析的需要对其默认的工艺条件参数进行修改，以得到最佳分析结果。

对于填充分析，用户只需要设置模具温度和熔体温度，并从 Moldflow 2023 提供的控制方法中选择合适的方法；对于流动分析，用户需要设置模具表面温度、熔体温度、冷却时间；对于冷却分析，用户除了需要设置模具表面温度和熔体温度，还需要设置模具开模时间。

（4）【分析】子菜单中有【开始分析】【日志】【作业管理器】3 个选项。

3.【工具】菜单

图 2.21 所示为【工具】菜单，该菜单中主要包括【数据库】【自动化】【指定的宏】【选项】4 个子菜单。

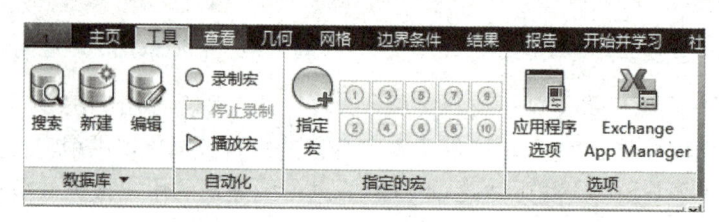

图 2.21　【工具】菜单

（1）【数据库】子菜单主要用于搜索、新建、编辑相应的数据。
（2）【自动化】子菜单主要用于录制宏、停止录制、播放宏。

4.【查看】菜单

图 2.22 所示为【查看】菜单，该菜单中主要包括【外观】【剖切平面】【窗口】【锁定】【浏览】【视角】6 个子菜单。

图 2.22　【查看】菜单

（1）【外观】子菜单中有【实体】【透视图】【模型显示】【公制单位】4 个选项。
（2）【剖切平面】子菜单中有【编辑】【移动】2 个选项，主要用于查看视图。
（3）【窗口】子菜单中有【用户界面】【清理屏幕】【切换】【平铺】【拆分】【层叠】【新建】【关闭】【排列】9 个选项。
（4）【锁定】子菜单中有【锁定视图】【锁定图】【锁定动画】3 个选项。
（5）【浏览】子菜单中有【全导航控制盘】【选择】【平移】【全部缩放】【动态观察】【中心】【测量】【上一视图】【主页视图】【查看面】10 个选项。

5.【几何】菜单

图 2.23 所示为【几何】菜单，该菜单中主要包括【局部坐标系】【创建】【修改】【选择】

【属性】【实用程序】6个子菜单。

图 2.23　【几何】菜单

(1)【局部坐标系】子菜单中有【创建局部坐标系】【激活】【建模基准面】3个选项,主要用于局部坐标系与建模基准面的创建。

(2)【创建】子菜单中有【节点】【曲线】【区域】【柱体】【流道系统】【冷却回路】【镶件】【模具表面】8个选项。

(3)【修改】子菜单中有【表面】【型腔重复】【柱体单元】等选项。

(4)【选择】子菜单中有【按圆形选择】【按多边形选择】【按属性选择】【全选】【反向选择】【取消选择】等选项。

6.【网格】菜单

图 2.24 所示为【网格】菜单,该菜单中主要包括【网格】【网格诊断】【网格修复】【选择】【属性】【实用程序】6个子菜单。

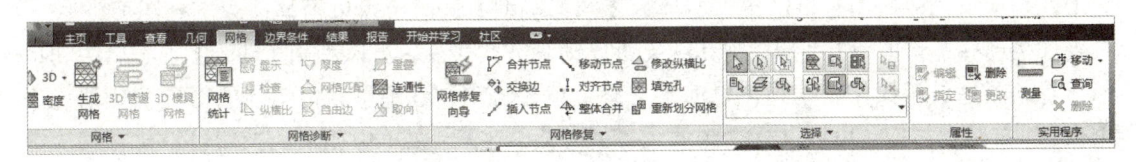

图 2.24　【网格】菜单

7.【结果】菜单

分析结束之后,可以通过【结果】菜单对分析结果进行查询,也可以通过适当的处理结果得到个性化的分析结果。图 2.25 所示为【结果】菜单,该菜单中主要包括【图形】【属性】【动画】【检查】【比例】【翘曲】【导出和发布】【剖切平面】【窗口】【锁定】10 个子菜单。

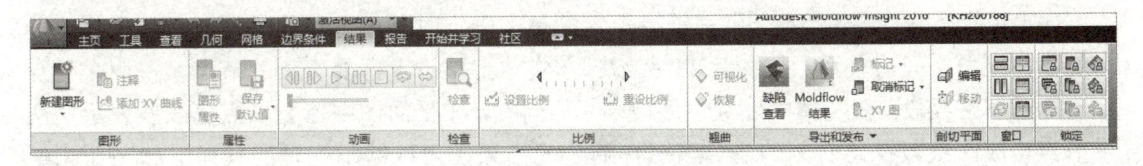

图 2.25　【结果】菜单

(1)【图形】子菜单中有【新建图形】等选项,【新建图形】下拉菜单中有【创建计算的图】【创建定制图】等子选项。

【新建图形】选项用于创建新的结果图,是指在模流分析完成之后,可以根据需要新建一个分析结果。选择【新建图形】选项,弹出如图 2.26 所示的【创建新图】对话框。在左边的【可用结果】选区中可以看到 Moldflow 2023 提供的所有分析结果类型,可以根据分析类型和分析需要创建多种类型的结果图。

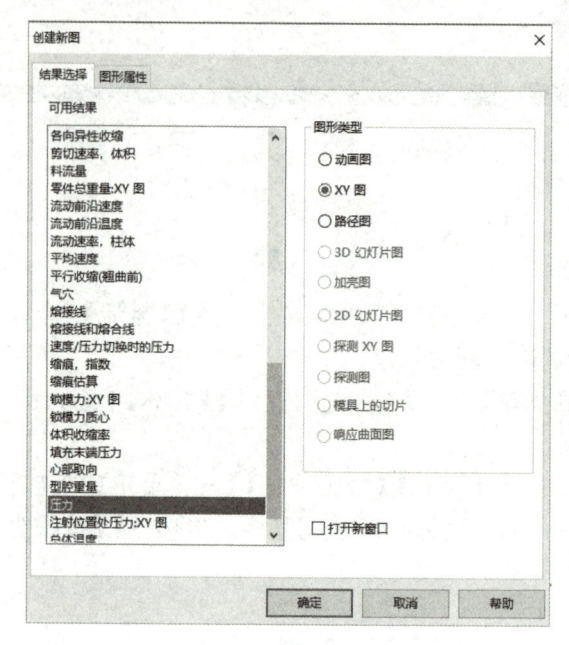

图 2.26 【创建新图】对话框

下面以压力结果图为例进行介绍。在图 2.26 中，选择左边【可用结果】选区中的【压力】选项，表示新创建压力分析结果，右边为【图形类型】选区，可以根据需要选择图形类型。

如果选择【动画图】类型，则其结果可以动画方式表示，可以利用【动画】子菜单中的按钮执行动画播放等操作。动画可以演示在整个填充流动过程中型腔内熔体的密度变化情况，单击 ▷（播放）按钮，可以进行动画演示。单击【动画】子菜单中相应的按钮可以执行相应的操作，如后退、前进、播放、暂停、停止、循环播放等。

如果选择【XY 图】类型，则以 XY 平面坐标折线图的形式来表示压力的变化。此类型结果图需要指定实体节点，在实体上单击选择要查询的节点。对于选择的节点，会以 XY 平面坐标折线图的形式表示该节点处的压力在注射过程中随着时间变化而变化的情况。选择 4 个节点，这 4 个节点处的压力在注射过程中随着时间变化而变化的情况如图 2.27 所示，分别以不同颜色的折线来表示。

如果选择【路径图】类型，则其结果表示的是在确定时刻由选择的节点表示的几何线段的长度与压力之间的关系，如图 2.28 所示。在实体上单击选择要查询的节点，每两个节点相连构成一条线段，在实体中以红色线段表示。同时，在平面图中也会以黑色线段表示这两个节点构成的线段在此时刻的压力情况，通过此结果图可以绘制模型的几何形状与压力属性之间的关系。例如，要想了解沿着塑件底部边缘的压力变形程度，可以沿着塑件底部边缘选择节点，其中以选择的第一个节点作为参考点，构成一段近似塑件底部边缘形状的折线段 1，同时以折线段 2 表示折线段 1 的密度变化情况，从而可以了解塑件底部边缘的压力是否均匀。

【创建计算的图】子选项用于创建新的结果图，可以根据需要自定义图形属性，包括新建图形名称、计算结果函数类型及结果类型等，并且新建的图形会作为新的分析结果图存在于任务视窗中。选择【创建计算的图】子选项，弹出如图 2.29 所示的【创建计算的图】对话框，可以设置新图名。在【数据 A】选区中，【函数】下拉列表中包括很多函数类型，如

Sin、Cos、Tan、Log 等；单击【结果】选项右边的矩形按钮，弹出如图 2.30 所示的【选择结果】对话框，可以选择结果图的类型，包括气穴、温度、压力、翘曲变形等；【时间】选项表示此图形是注射过程中某个确定时刻的结果图，如在注射开始后的第 0.1045s 的结果图。【运算符】下拉列表中包括加、减、乘、除 4 种算法。数据 B 的设置方法同数据 A，可以定义两个绘图数据，也可以只定义数据 A。设置完成后单击【确定】按钮，结果图将会显示在模型显示窗口中。

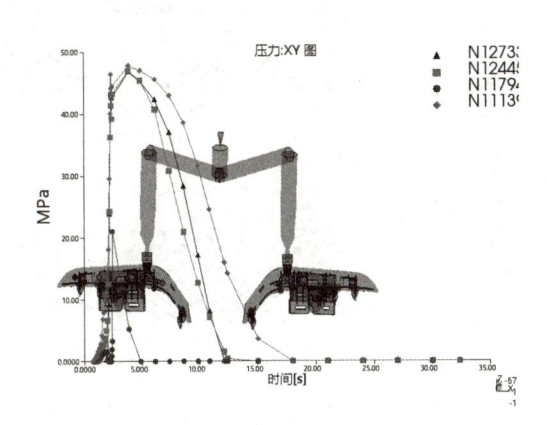

图 2.27　压力:XY 图

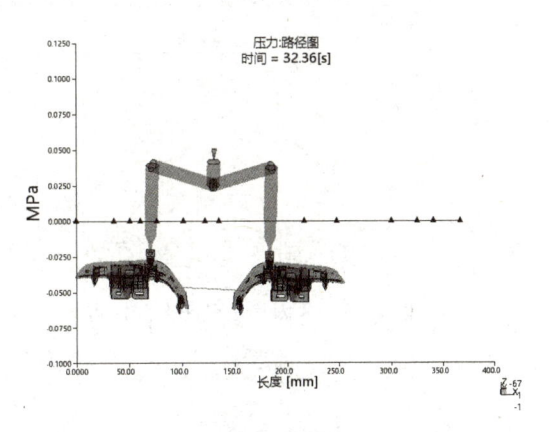

图 2.28　压力:路径图

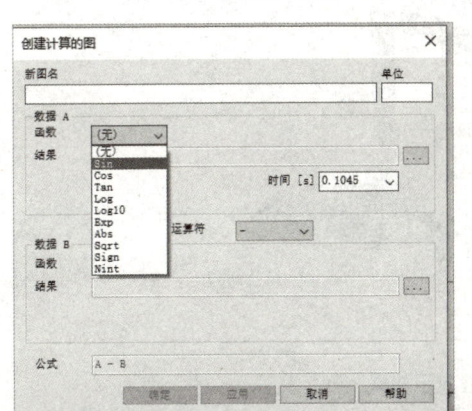

图 2.29　【创建计算的图】对话框

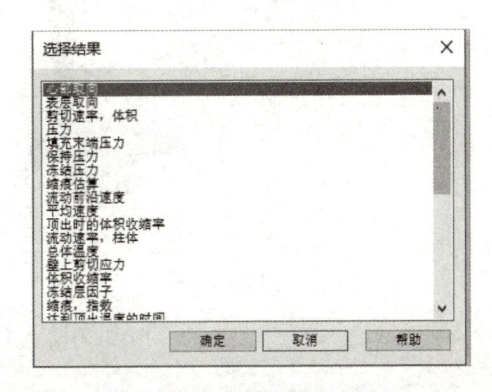

图 2.30　【选择结果】对话框

【创建定制图】子选项也用于创建新的结果图，可以按照向导完成创建过程。选择【创建定制图】子选项，弹出如图 2.31 所示的【创建定制图】对话框，可以自定义图名，以及设置绘图类型及其他绘图参数等，新建的图形同样会作为新的分析结果图存在于任务视窗中。设置完成后单击【确定】按钮，结果图将会显示在模型显示窗口中。

（2）【属性】子菜单中有【图形属性】【保存默认值】2 个选项。

【图形属性】选项用于设置图形的属性。选择【图形属性】选项，弹出如图 2.32 所示的【图形属性】对话框，其中包含 5 个选项卡：【方法】【动画】【比例】【网格显示】【选项设置】。

【方法】选项卡用于定义图形显示的模式，包括【阴影】和【等值线】两种显示模式，如图 2.33、图 2.34 所示。对于【等值线】显示模式，需要对等值线值和等值线数量进行定义，也可以直接勾选【单一等值线】复选框，表示只用单一的等值线来表示。在【等值线值】数值框中可以自定义等值线值，在【等值线数量】数值框中可以自定义等值线数量。

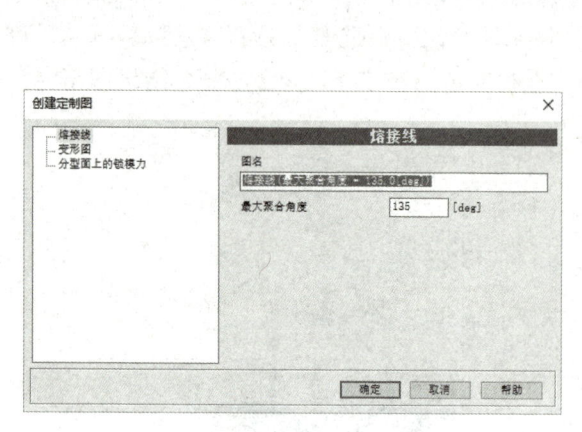

图 2.31 【创建定制图】对话框

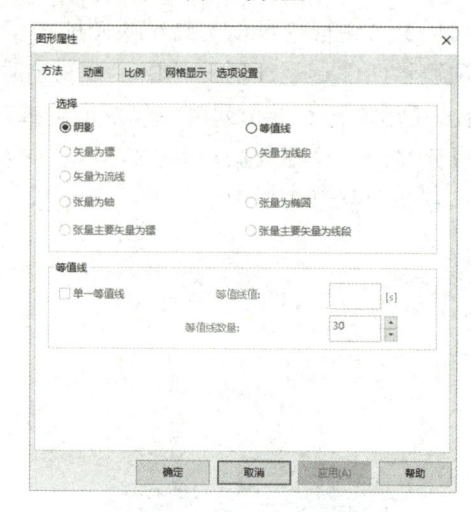

图 2.32 【图形属性】对话框

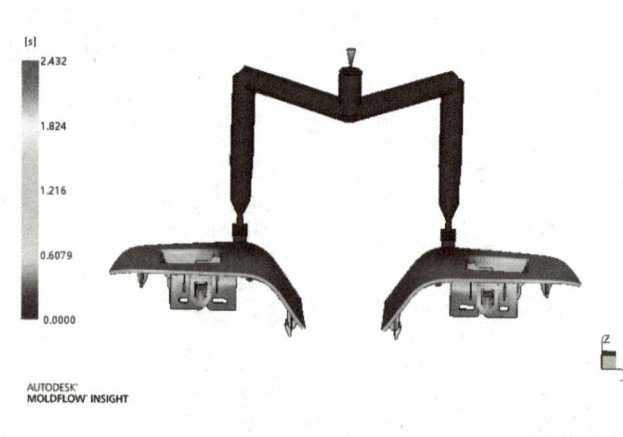

图 2.33 【阴影】显示模式

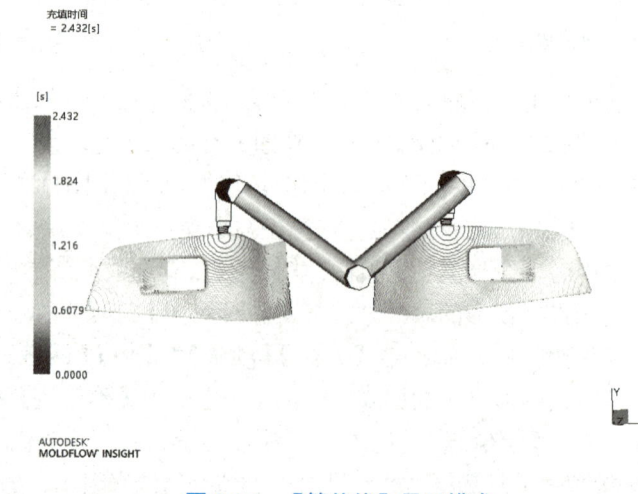

图 2.34 【等值线】显示模式

【动画】选项卡用于定义动画属性,包括动画的帧数、动画显示方法。单击【动画】选项卡,如图 2.35 所示。选中【帧数】单选按钮并自定义动画的帧数。在【单一数据表动画】选区中自定义动画播放的模式,其中【积累】表示集中效果,即动画帧随着时间的增加而增加;【仅当前帧】表示只显示当前填充的帧数,即动画中仅播放此时刻正在填充的一帧,而与前后帧无关。两种显示模式分别如图 2.36 和图 2.37 所示。

图 2.35 【动画】选项卡

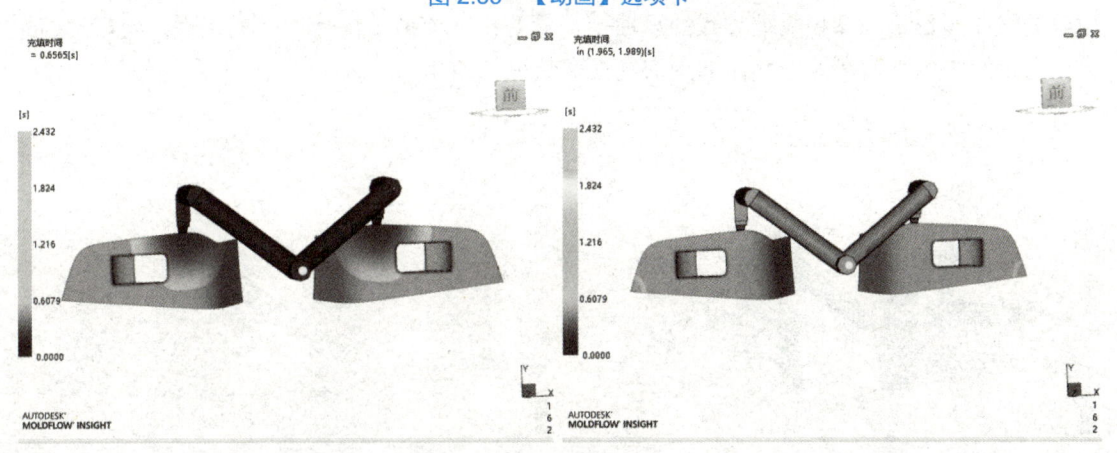

图 2.36 【积累】显示模式　　　　图 2.37 【仅当前帧】显示模式

【比例】选项卡用于自定义结果图的显示范围。单击【比例】选项卡,如图 2.38 所示。

【网格显示】选项卡用于定义网格显示的类型。单击【网格显示】选项卡,如图 2.39 所示,设置对象包括【未变形零件上的边缘显示】【变形零件上的边缘显示】【曲面显示】。【未变形零件上的边缘显示】和【变形零件上的边缘显示】两个选区中都包括【关】【特征线】【单元线】3 个单选按钮,【曲面显示】选区中包括【不透明】和【透明】两个单选按钮,可以在【不透明度】数值框中自定义不透明系数,其值为 0~1。

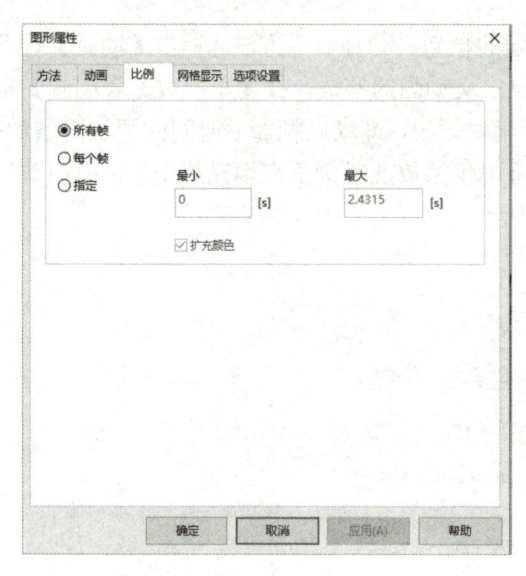

图 2.38 【比例】选项卡　　　　　　图 2.39 【网格显示】选项卡

（3）【动画】子菜单中有【向后一帧】【前进一帧】【播放】【暂停】【循环】等按钮，用于查看结果的动画效果。

（4）【检查】子菜单在分析完成之后使用，可以直接用来查询实体上任意位置、任意分析类型结果的数据。例如，在填充分析完成之后，可以对填充过程进行详细的查询，包括【充填时间】【充填压力】【熔体温度】【体积收缩率】等；在翘曲分析完成之后，可以对翘曲变形量进行详细的查询，包括总体的翘曲变形量，在 X 轴、Y 轴、Z 轴方向的翘曲变形量，分子取向导致的翘曲变形量，体积收缩导致的翘曲变形量等；在流道平衡分析完成之后，可以对流道优化之后的体积收缩率等进行详细查询。查询结果如图 2.40 所示。

（a）【充填时间】查询结果　　　　　　（b）【体积收缩率】查询结果

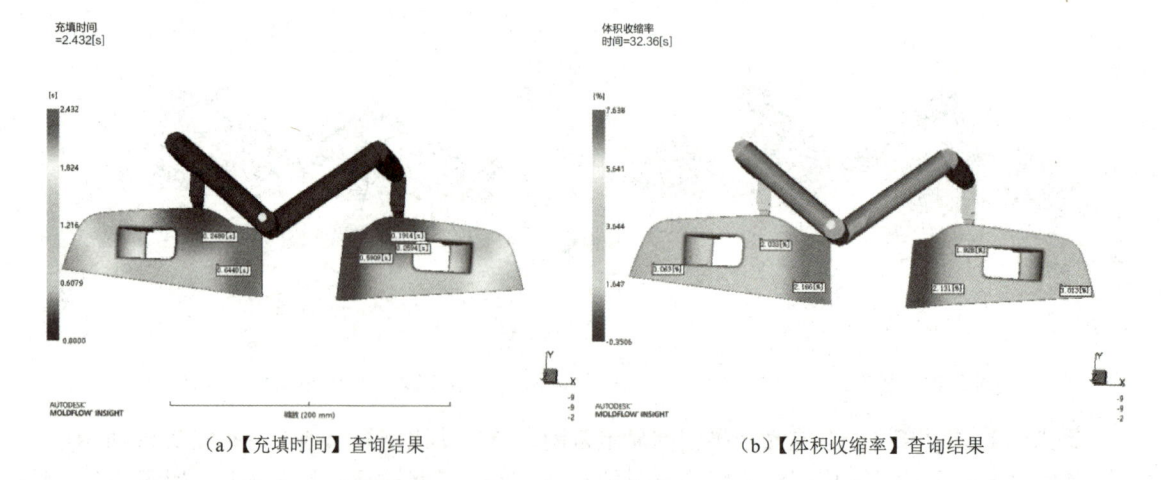

图 2.40　查询结果

提示： 如果需要查询实体上的多个对象或对实体上不同位置的数据进行比较，则可以按住键盘上的 Ctrl 键，单击选择需要查询的多个位置。不但可以对实体进行查询，而且还可以对分析结果图曲线上的数值进行查询。同样地，如果需要查询曲线上的多个点或对曲线上不同点的数据进行比较，则可以按住键盘上的 Ctrl 键，单击选择需要查询的多个点。

（5）【比例】子菜单中有【设置比例】【重设比例】两个选项。

（6）【翘曲】子菜单中有【可视化】【恢复】两个选项。选择【可视化】选项，弹出如图 2.41 所示的【翘曲结果查看工具】对话框。

（7）【导出和发布】下拉菜单中有【翘曲形状】选项。选择【翘曲形状】选项，弹出如图 2.42 所示的【导出翘曲网格/几何体】对话框。【格式】选区中包括【ASCII STL】【二进制 STL】【模型文件】【CAD 文件】4 个单选按钮，【单位】下拉列表中包括公制单位、SI、英制单位 3 种单位。在【方向】选区中可以指定导出模型的方向，包括【实际】和【相反】两个单选按钮。在【比例因子】数值框中可以自定义比例因子系数。设置完成后单击【确定】按钮，保存文件。

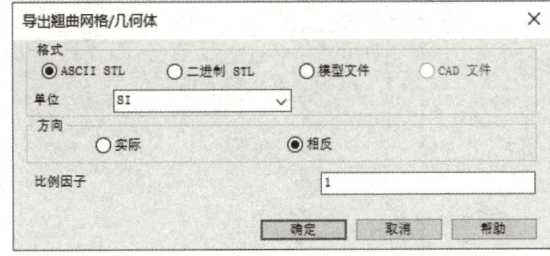

图 2.41　【翘曲结果查看工具】对话框　　图 2.42　【导出翘曲网格/几何体】对话框

8.【报告】菜单

在完成对分析结果的查询及个性化处理之后，可以通过【报告】菜单自动生成图文并茂的分析结果报告。【报告】菜单如图 2.43 所示，该菜单中包括【注释】【图像捕获】【报告】3 个子菜单。

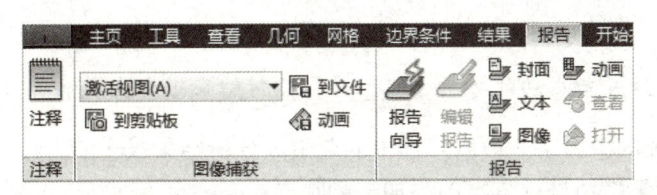

图 2.43　【报告】菜单

（1）在【注释】子菜单中选择【注释】选项，弹出如图 2.44 所示的【注释】对话框，在该对话框中可以添加方案注释或图形注释。

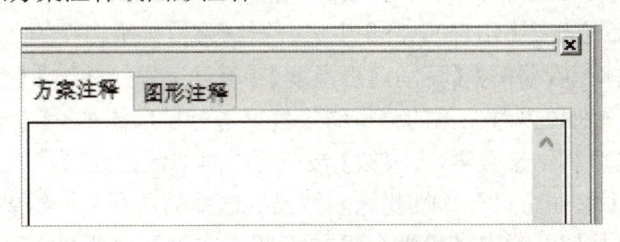

图 2.44　【注释】对话框

（2）【图像捕获】子菜单中有【到剪贴板】【到文件】【动画】等选项。其中，【到剪贴板】选项用于复制当前图片到剪贴板；【到文件】选项用于复制当前图片到某个文件夹；【动画】选项用于制作 GIF 格式的图片或 AVI 格式的视频。

（3）【报告】子菜单中有【报告向导】【编辑报告】【封面】【文本】【图像】【动画】等选项。

【报告向导】选项用于引导用户按照指定步骤生成分析结果报告。选择【报告向导】选项，弹出如图 2.45 所示的【报告生成向导-方案选择】对话框，左侧【可用方案】选区中罗列出了此工程中所有模流分析成功的方案。

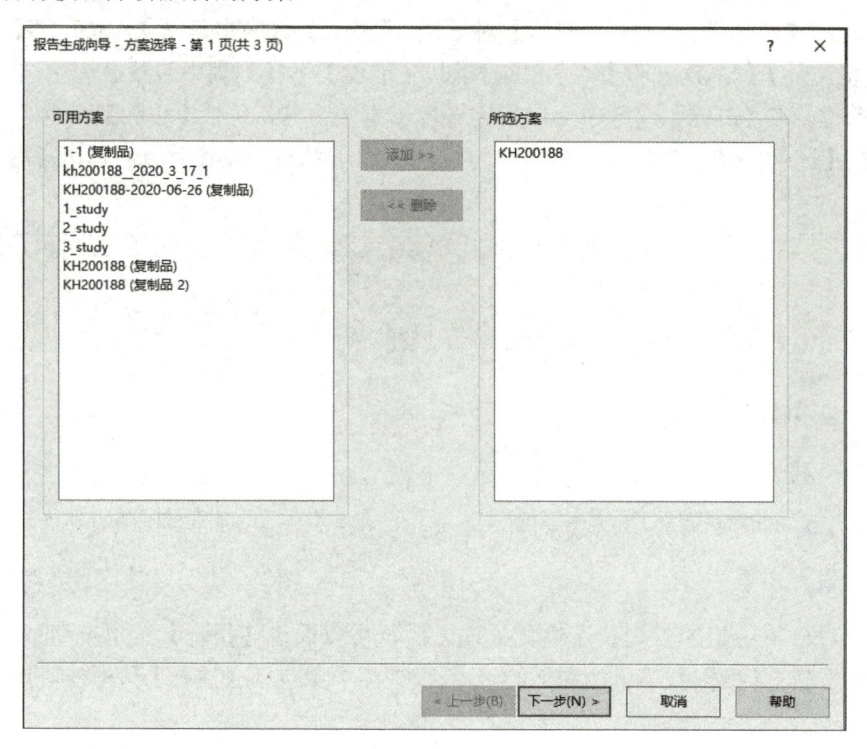

图 2.45 【报告生成向导-方案选择】对话框

说明：只有模流分析成功的方案才可以进行分析结果报告生成操作。

【所选方案】选区中为当前被用户选中的要生成分析结果报告的方案。可以通过单击【添加】按钮和【删除】按钮进行方案的添加与删除。

单击【下一步】按钮，弹出【报告生成导向-数据选择】对话框，如图 2.46 所示。【可用数据】选区中为该方案分析成功之后可供选择的所有分析结果库。【方案】中显示当前选中的分析方案。【选中数据】选区中为当前用户已经选中的方案生成报告的数据。

如图 2.46 所示，对方案【KH200188】生成分析结果报告所选择的分析结果数据包括【充填时间】【顶出时的体积收缩率】【流动前沿温度】【流动速率，柱体】【气穴】【压力】。

其中，【添加】按钮可以对左侧的分析结果数据进行单项添加，【全部添加】按钮可以一次性添加左侧的所有分析结果数据，【删除】按钮可以对右侧已经选择的分析结果数据进行单项删除，【全部删除】按钮可以一次性删除右侧已经选择的所有分析结果数据。

单击【下一步】按钮，弹出【报告生成向导-报告布局】对话框，如图 2.47 所示。【报告格式】用于设置生成的报告格式，包括 HTML 文档、Microsoft PowerPoint 演示。【报告模板】包括【标准模板】和【用户创建的模板】，对于不同的报告格式类型有不同的报告模板。

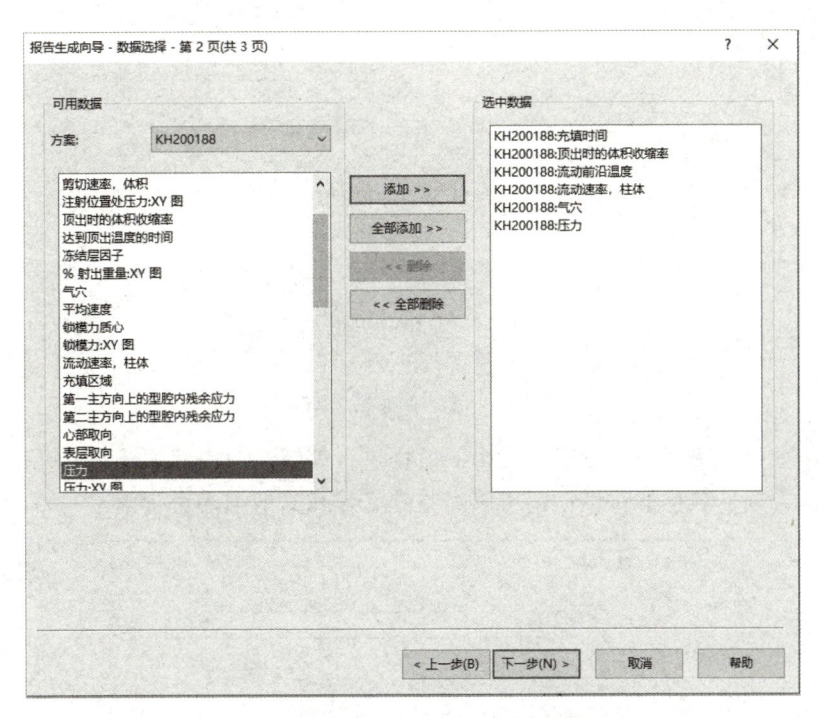

图 2.46 【报告生成向导-数据选择】对话框

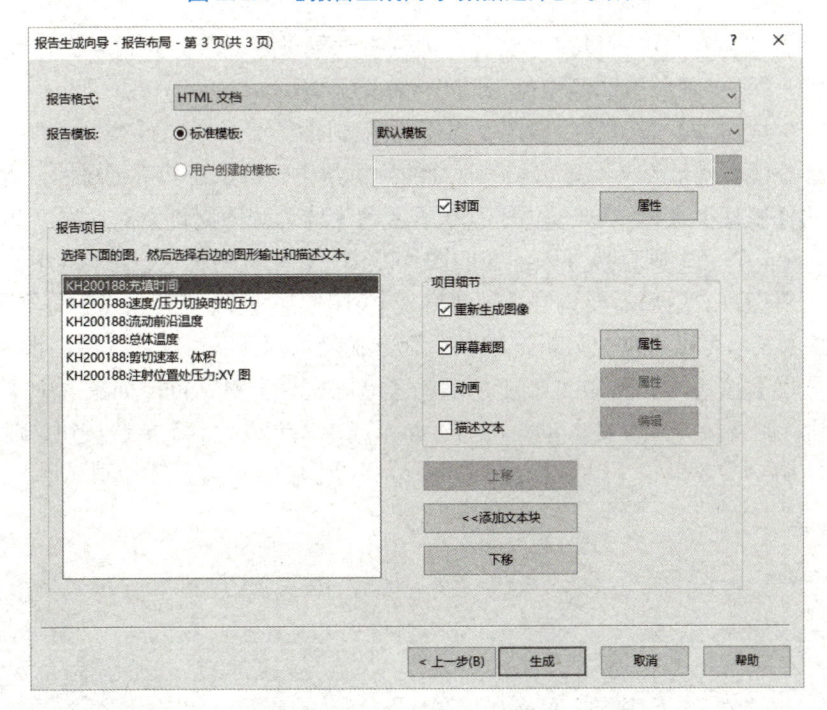

图 2.47 【报告生成向导-报告布局】对话框

勾选【封面】复选框，可以给报告添加封面。单击【封面】后的【属性】按钮，弹出如图 2.48 所示的【封面属性】对话框，可以对标题、准备者、申请者、检查者、公司徽标和封面图片进行设置，设置完成后单击【确定】按钮即可。

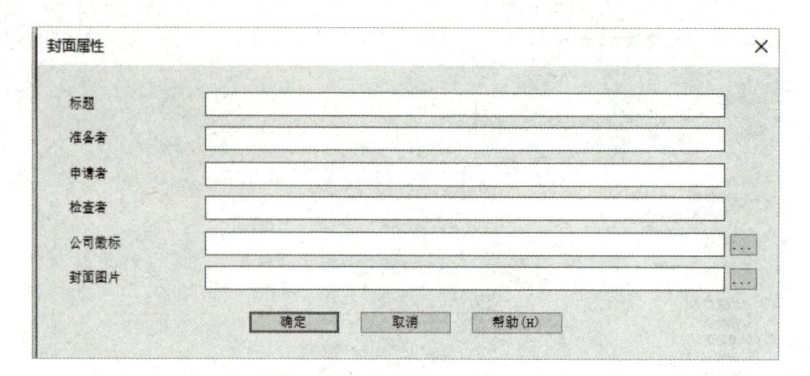

图 2.48 【封面属性】对话框

在【报告项目】选区中可以对区域中的数据进行编辑，双击其中一项，弹出如图 2.49 所示的【编辑报告项目名称】对话框，可以对数据名称和其他描述进行修改。

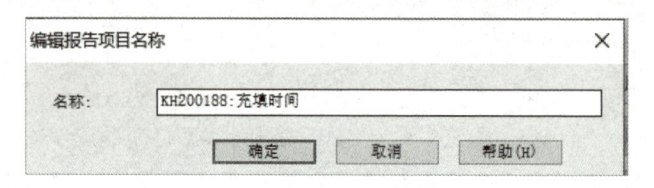

图 2.49 【编辑报告项目名称】对话框

在【项目细节】选区中可以对左侧的每项分析结果进行显示方式设置。首先要选中一项分析结果数据，【项目细节】选区中包括以下 4 个复选项。

① 【重新生成图像】表示系统自动重新生成所需图片。

② 【屏幕截图】表示静态地显示某一时刻的分析结果。可以对其进行属性设置，单击【屏幕截图】后的【属性】按钮，弹出如图 2.50 所示的【屏幕截图属性】对话框。如果选中【使用现有图像】单选按钮，则直接导入存在的图片即可；如果选中【生成图像】单选按钮，则系统自动生成所需图片，用户需要设置【图像格式】【图像尺寸】【旋转角度】等屏幕截图属性。

③ 【动画】表示可以将整个分析过程以动画方式显示。可以对其进行属性设置，单击【动画】后的【属性】按钮，弹出如图 2.51 所示的【动画属性】对话框。如果选中【使用现有动画】单选按钮，则直接导入存在的动画即可；如果选中【生成动画】单选按钮，则系统自动生成所需动画，用户需要设定【动画格式】【动画大小】【旋转角度】等动画属性。

图 2.50 【屏幕截图属性】对话框   图 2.51 【动画属性】对话框

④【描述文本】表示在分析结果图下添加文字说明。单击【描述文本】后的【编辑】按钮,可以对其进行详细的编辑。

【报告生成向导-报告布局】对话框右下方有 3 个按钮,其中【上移】按钮和【下移】按钮用于对左侧的分析结果数据进行顺序调整,【添加文本块】按钮用于在报告中添加文本介绍。

单击【生成】按钮,即可生成分析结果报告,如图 2.52 所示。

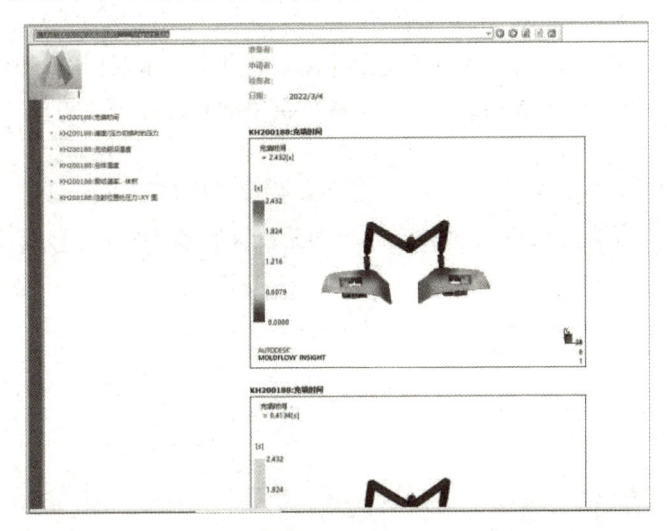

图 2.52　HTML 格式分析结果报告

【报告】子菜单中其他选项的作用如下。
①【封面】选项用于添加报告的封面。
②【文本】选项用于添加文本记录报告信息。
③【图像】选项用于添加图像报告信息。

9.【开始并学习】菜单

【开始并学习】菜单如图 2.53 所示,该菜单中有【启动】【新功能】【学习】3 个子菜单。

图 2.53　【开始并学习】菜单

(1)【启动】子菜单中有【新建工程】【打开工程】2 个选项。
(2)【新功能】子菜单主要用于介绍 Moldflow 2023 新增加的一些功能。
(3)【学习】子菜单中有【这里开始】【教程】【视频】【帮助】4 个选项,可以帮助初学者轻松、快速地掌握 Moldflow 2023 的操作方法,还可以帮助用户更全面地掌握 AMS 2023 的操作方法。

2.4 本章小结

本章主要介绍了 Moldflow 2023 的作用、功能、主要模块，以及 Moldflow 2023 操作界面，并详细介绍了 Moldflow 2023 菜单的使用方法。通过学习本章内容，学生应了解模流分析的各个分析类型，了解并掌握 Moldflow 2023 各个菜单的功能和使用方法，为后续进行详细分析打下基础。

同时，学生应初步了解模流分析的工作步骤，并对工作步骤进行细化。其中，前处理在每个工作步骤中都占据很大的比例，而且前处理的精度又直接影响后面分析的准确性，因此在工作中要特别注意。

第 3 章

Moldflow 2023 的一般分析流程

Moldflow 2023 的分析流程是指完成一个分析任务所需的步骤。本章通过一个案例介绍 Moldflow 2023 的一般分析流程，使读者具有初步的分析思路，并对 Moldflow 2023 的分析过程有一个初步的认识。

3.1 创建一个工程

在 Moldflow 2023 的分析中，首先要创建一个工程，就像创建一个新文件夹一样，用于包含整个分析过程的文件和数据。

启动 Moldflow 2023，选择【文件】→【新建工程】选项，弹出【创建新工程】对话框，如图 3.1 所示。在【工程名称】文本框中输入设定的工程名称，如 ch3。在【创建位置】文本框中输入该工程的文件目录，本例中采用默认设置。单击【确定】按钮，创建该工程。

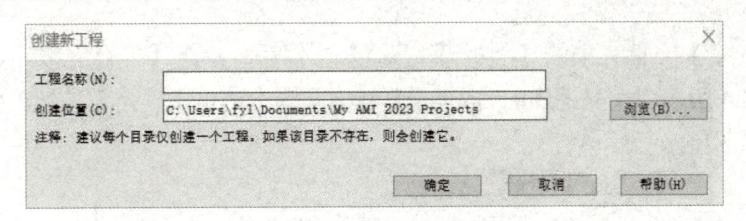

图 3.1 【创建新工程】对话框

3.2 导入或新建 CAD 模型

对于一个 Moldflow 2023 分析项目，必须有一个或多个分析对象，也就是要有一个塑件的三维模型，将塑件的三维模型输入计算机。Moldflow 2023可以创建一个CAD模型（一般不用Moldflow 2023创建），也可以由其他CAD软件生成CAD模型，输入到Moldflow 2023中，也就是导入CAD模型。在工程名称上右击，在弹出的快捷菜单中选择【导入】选项，如图3.2所示，弹出【导入】对话框，如图3.3所示，在此对话框中，可以选择指定文件夹中的某个CAD文件。

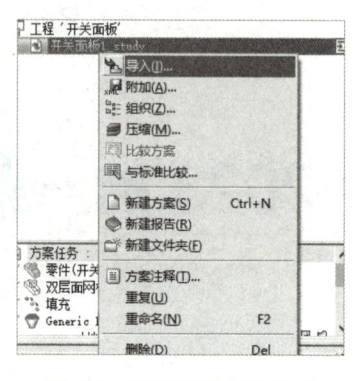

图3.2 选择【导入】选项

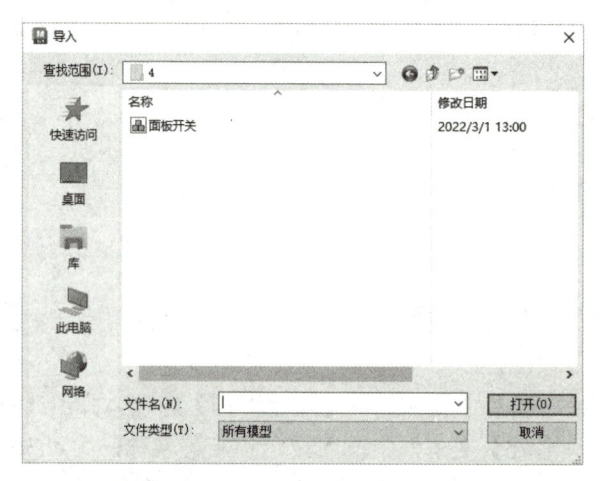

图3.3 【导入】对话框

选择【第3章】文件夹中的【面板开关.x_t】文件后，单击【打开】按钮，弹出【导入】对话框，如图3.4所示。选择【Dual Domain】网格类型，单击【确定】按钮，完成CAD模型的导入，如图3.5所示。

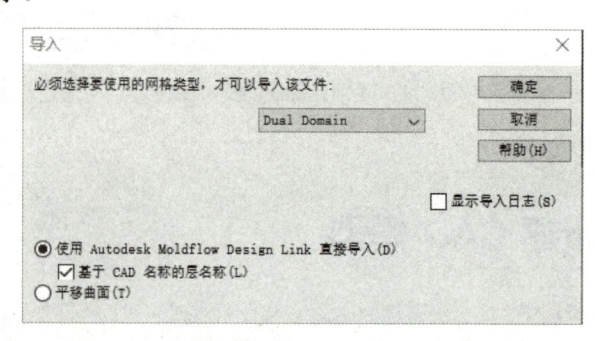

图3.4 【导入】对话框

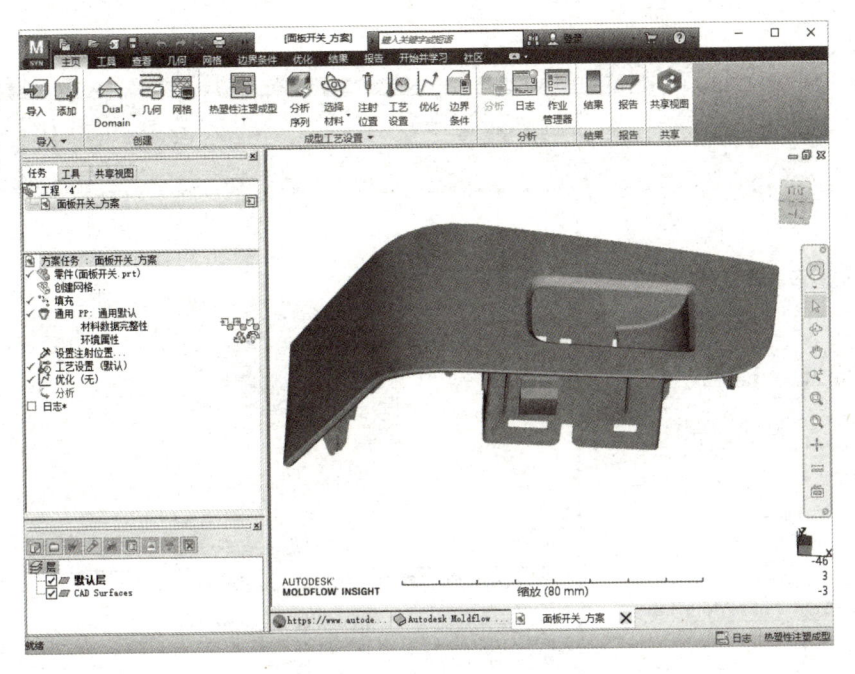

图 3.5　导入的零件 CAD 模型

3.3 划分网格

在导入模型之后，要对未划分网格的模型进行网格划分，以便计算机分析和运算。选择【网格】→【网格】→【生成网格】选项，弹出【生成网格】对话框，如图 3.6 所示。对于小零件来说，将【全局边长】设置为 1.23mm，其他采用默认设置。单击【创建网格】按钮，等待计算机完成网格划分，结果如图 3.7 所示。

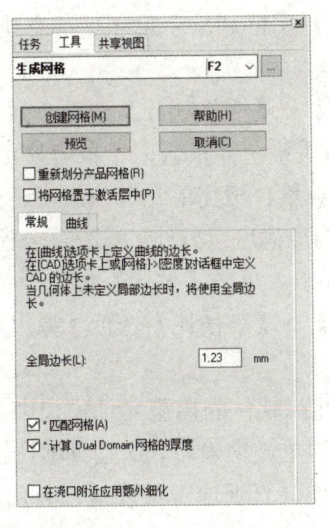

图 3.6　【生成网格】对话框

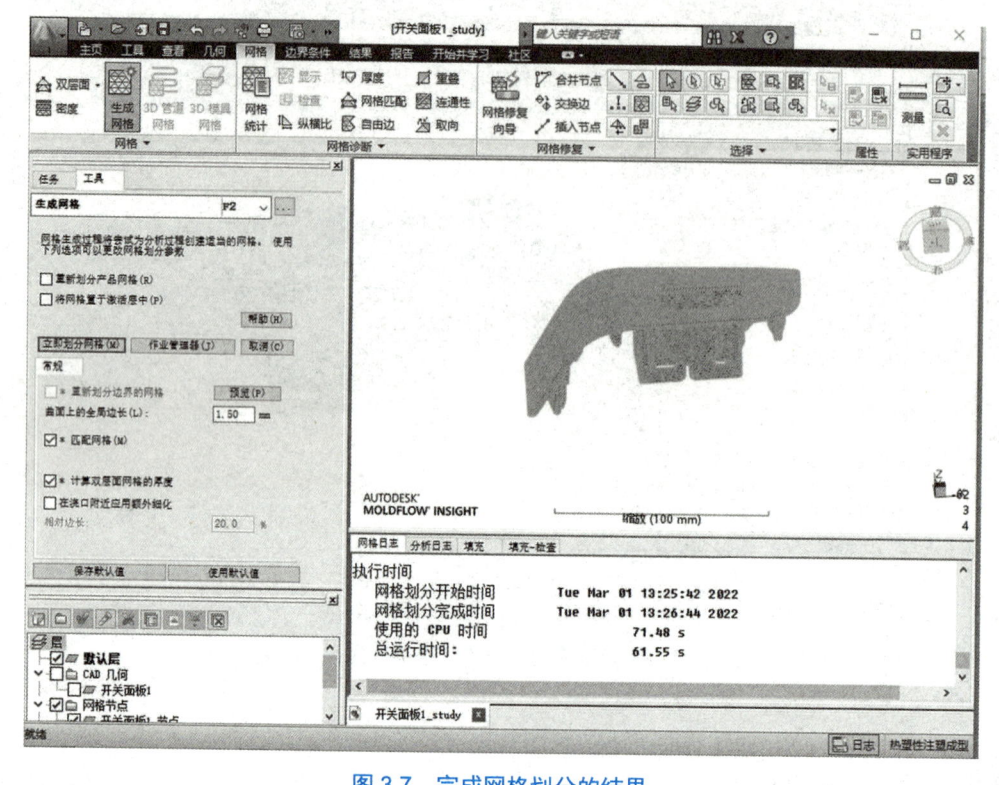

图 3.7 完成网格划分的结果

3.4 统计及修改网格

一般网格划分完成后，可能会存在错误或缺陷。因此，需要检查网格可能存在的问题。需要注意的是，不是每个塑件在进行网格划分后每一项都有错误，本例只针对有错误的地方进行修改。

选择【网格】→【网格诊断】→【网格统计】选项，弹出【网格统计】对话框，如图 3.8 所示。查看如图 3.8 所示的网格质量统计报告，该报告显示了模型的三角形单元个数、节点数、连通区域个数、网格自由边数量、相交单元等信息，还指出网格最大纵横比为 31.86（大于 20），这可能会影响分析结果的准确度。另外，匹配百分比也是很重要的。本例的匹配百分比为 92.7%（大于 86%），符合要求。单击【关闭】按钮，关闭【网格统计】对话框。

选择【网格】→【网格诊断】→【纵横比】选项，弹出【纵横比诊断】对话框，如图 3.9 所示，将【最小值】设置为 20。

单击【显示】按钮，过一会儿在软件的模型显示窗口中显示出纵横比大于 20 的三角形单元，如图 3.10 所示，用带有线条的单元来表示。这些纵横比大于 20 的三角形单元被单独放在一个诊断层中，这样就可以更方便、直观地观察或处理有问题的单元。

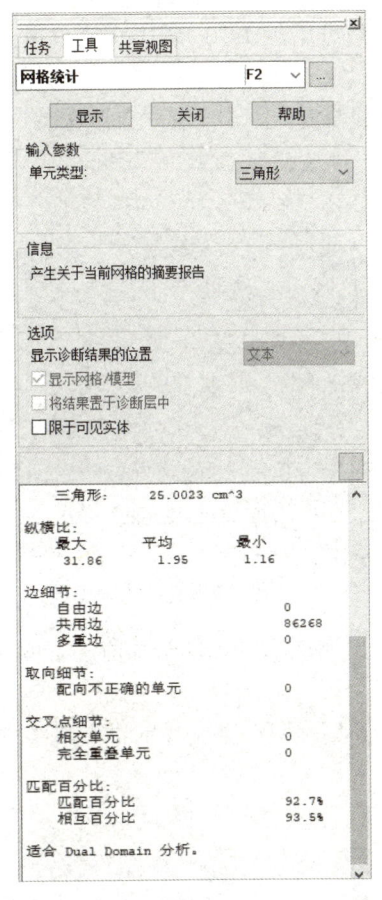

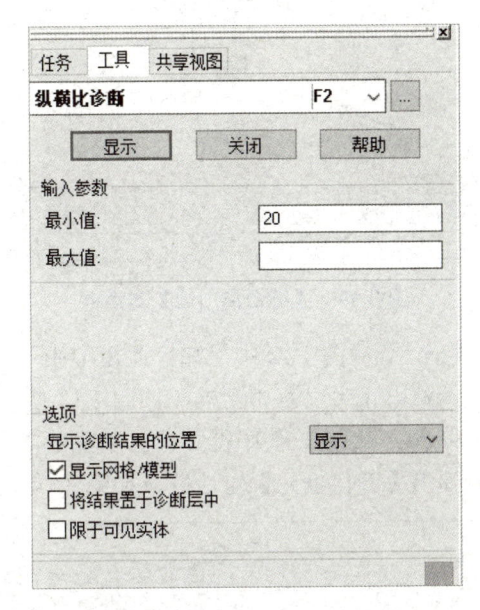

图 3.8 【网格统计】对话框

图 3.9 【纵横比诊断】对话框

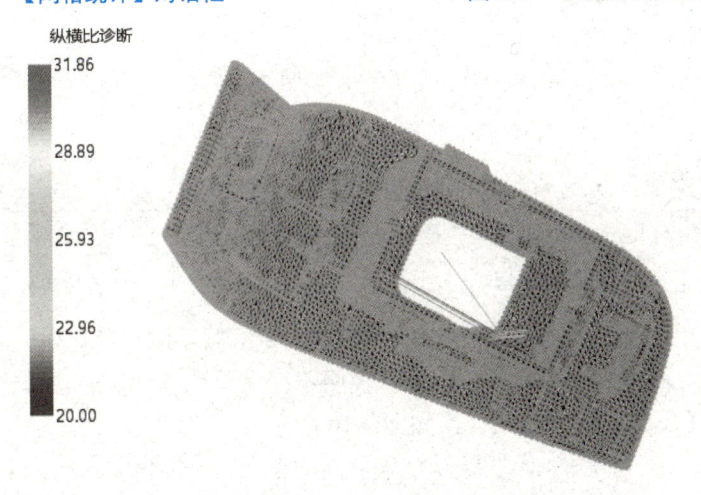

图 3.10 网格的纵横比

网格修复向导工具是使用频率较高的工具，使用它可以提高工作效率。在进行修复之前，它会告诉用户出了什么问题，但要注意的是，在使用这个工具时，处理好一个或几个问题后，可能会产生其他新的问题。

下面介绍如何使用网格修复向导工具处理网格缺陷，操作过程如下。

Step1：选择【网格】→【网格修复】→【网格修复向导】选项，弹出【缝合自由边】对话框，如图 3.11 所示。

Step2：从图 3.11 中得知，已发现 0 条自由边，无须修复。单击【前进】或【跳过】按钮，弹出【填充孔】对话框，如图 3.12 所示。

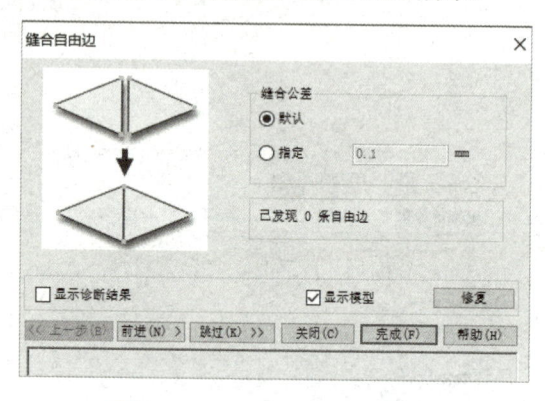

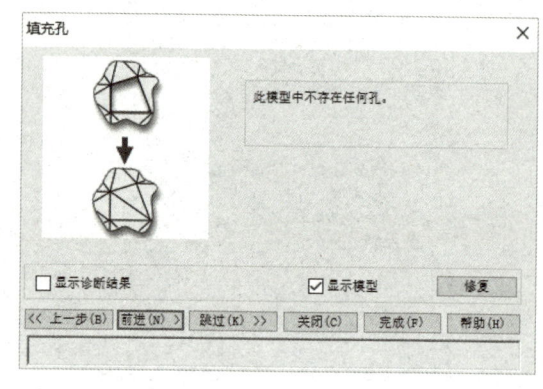

图 3.11 　【缝合自由边】对话框　　　　　图 3.12 　【填充孔】对话框

Step3：从图 3.12 中得知，此模型中不存在任何孔，无须修复。单击【前进】或【跳过】按钮，弹出【突出】对话框，如图 3.13 所示。

Step4：从图 3.13 中得知，已发现 0 个突出单元，无须修复。单击【前进】或【跳过】按钮，弹出【退化单元】对话框，如图 3.14 所示。

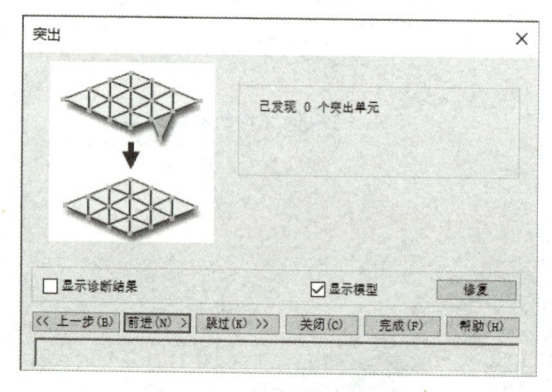

图 3.13 　【突出】对话框　　　　　图 3.14 　【退化单元】对话框

Step5：在图 3.14 中，单击【修复】按钮，等待几秒钟，显示修复退化单元的结果，如图 3.15 所示。从图 3.15 中得知，已修复 0 个单元，说明不存在退化单元问题。单击【前进】或【跳过】按钮，弹出【反向法线】对话框，如图 3.16 所示。

Step6：从图 3.16 中得知，已发现 0 个未取向的单元，无须修复。单击【前进】或【跳过】按钮，弹出【修复重叠】对话框，如图 3.17 所示。

Step7：从图 3.17 中得知，已发现 0 个重叠和 0 个交叉点，无须修复。单击【前进】或【跳过】按钮，弹出【折叠面】对话框，如图 3.18 所示。

Step8：从图 3.18 中得知，模型边界上不存在任何折叠，无须修复。单击【前进】或【跳过】按钮，弹出【纵横比】对话框，如图 3.19 所示。

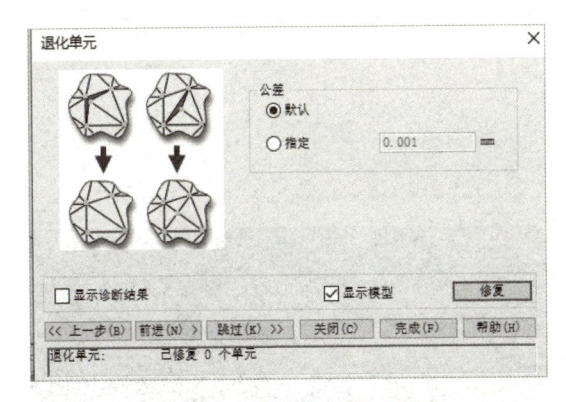

图 3.15 【退化单元】对话框 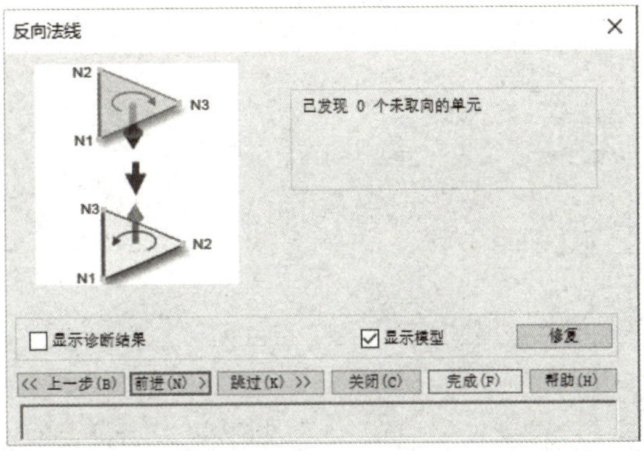　　　　　　　　图 3.16 【反向法线】对话框

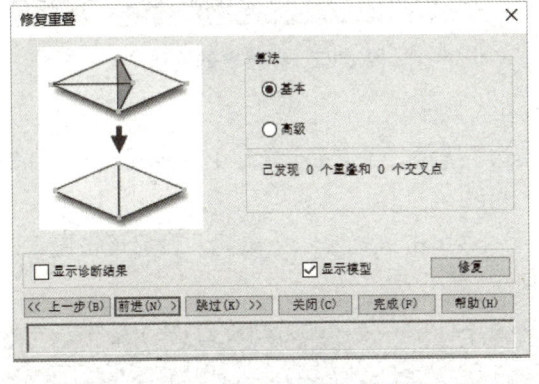

图 3.17 【修复重叠】对话框 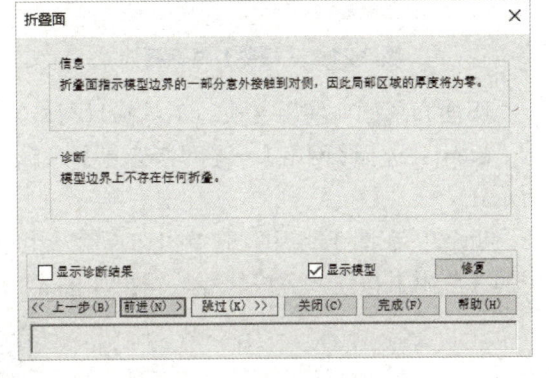　　　　　　　　图 3.18 【折叠面】对话框

Step9：从图 3.19 中得知，该模型的平均纵横比为 1.95，最小纵横比为 1.16，最大纵横比为 31.86。单击【修复】按钮，等待几秒钟，可以发现该模型已修改 2 个单元，如图 3.20 所示。单击【前进】或【跳过】按钮，弹出【摘要】对话框，如图 3.21 所示。从该对话框中可以了解到已经处理了多少个有问题的单元。单击【关闭】按钮，关闭【摘要】对话框。

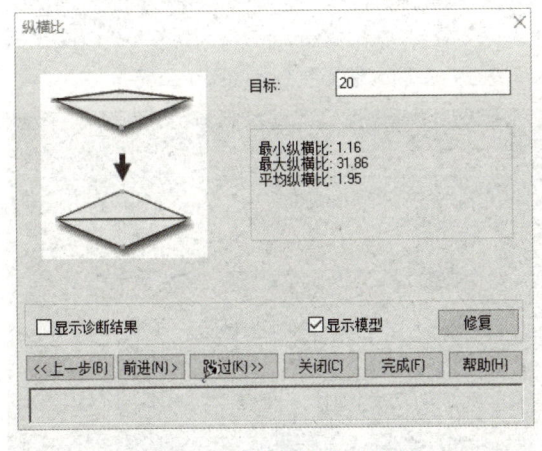

图 3.19 【纵横比】对话框 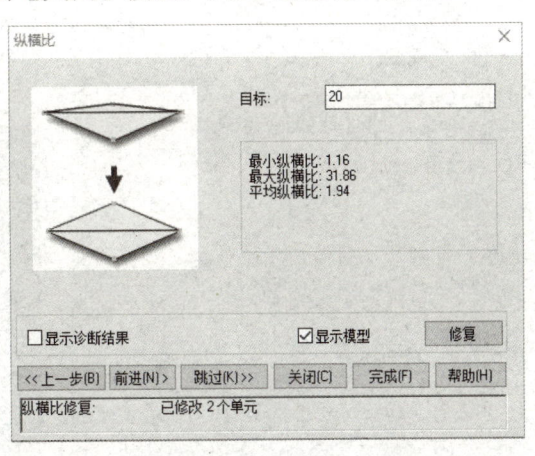　　　　　　　　图 3.20 【纵横比】对话框

此外，还可以使用网格工具减小网格的纵横比，本例使用其中的交换边工具修复网格。图 3.22 显示的网格问题可以使用交换边工具处理。

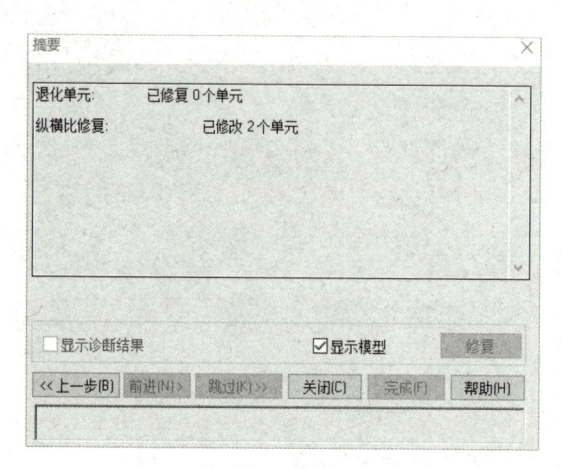

图 3.21 【摘要】对话框

图 3.22 要修复的网格

下面介绍如何使用交换边工具修复网格，操作过程如下。

Step1：选择【网格】→【网格修复】→【交换边】选项，弹出【交换边】对话框，如图 3.23 所示。

Step2：在图 3.24 中，先单击选择第一个单元，再单击选择第二个单元，最后单击图 3.23 中的【应用】按钮，完成修复，结果如图 3.25 所示。

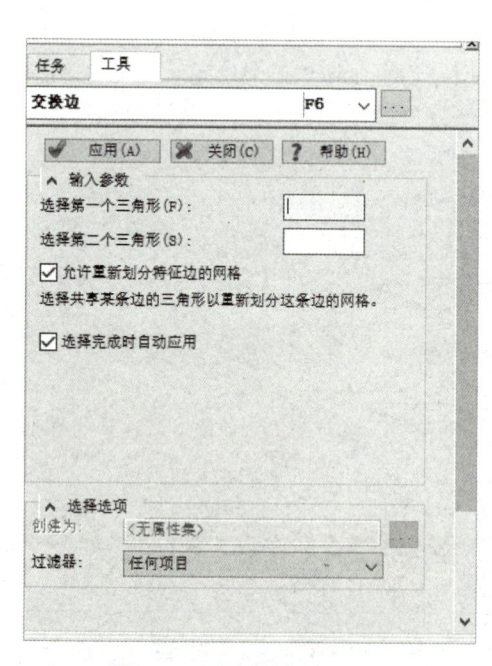

图 3.23 【交换边】对话框

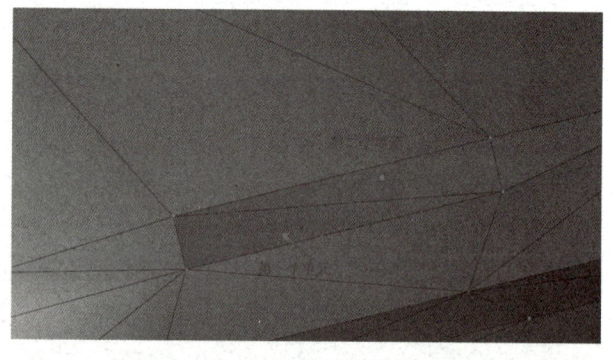

图 3.24 选择要交换的两个单元

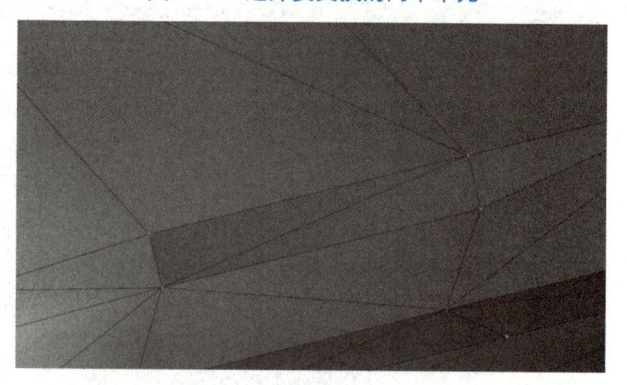

图 3.25 交换边修复后的结果

3.5 选择分析类型

Moldflow 2023 的分析类型有填充、保压、冷却、应力、翘曲，以及它们之间的组合等。本例进行填充+保压+翘曲分析。

在任务视窗中，分析类型默认为填充，双击【填充】选项，弹出【选择分析序列】对话框，如图 3.26 所示。选择【填充+保压+翘曲】选项，单击【确定】按钮。如果打开的分析序列中没有想要的分析类型，则可以单击【更多】按钮，弹出【定制常用分析序列】对话框，如图 3.27 所示。勾选【填充+保压+翘曲】复选框，单击【确定】按钮，关闭【定制常用分析序列】对话框，完成分析类型的设置。填充+保压+翘曲的分析类型如图 3.28 所示。

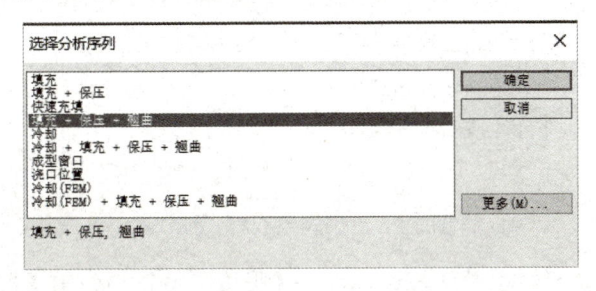

图 3.26 【选择分析序列】对话框

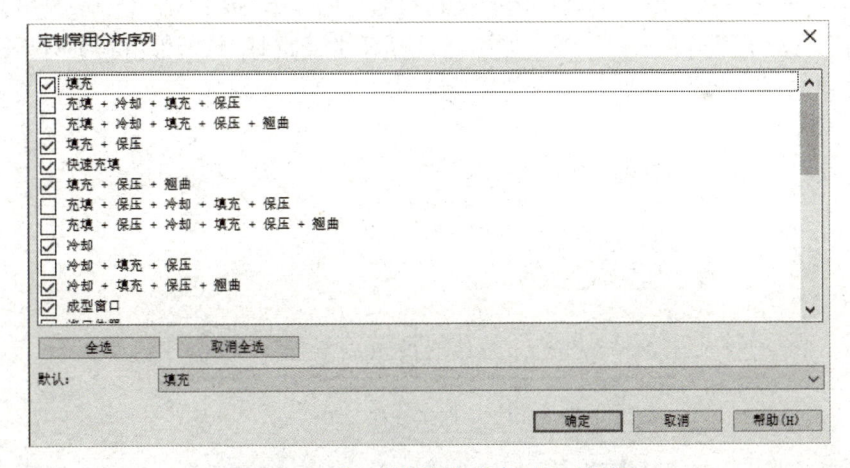

图 3.27 【定制常用分析序列】对话框

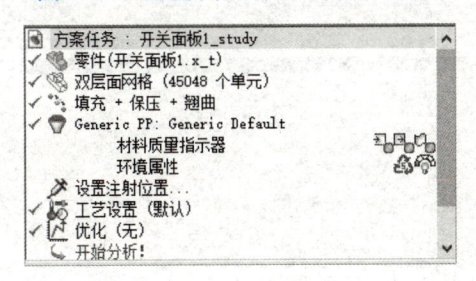

图 3.28 填充+保压+翘曲的分析类型

3.6 选择成型材料

本例选择的材料为汽车内饰件常用的 PC+ABS。

Step1：在任务视窗中双击【材料】选项，弹出【选择材料】对话框，如图 3.29 所示。

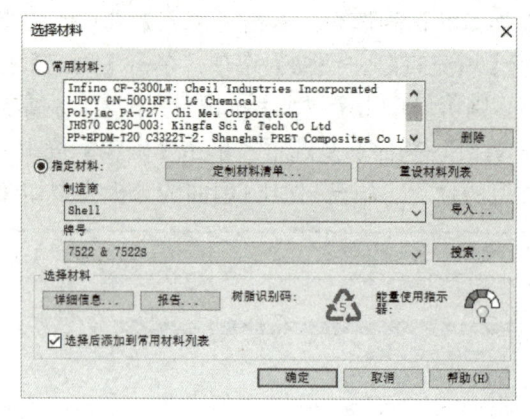

图 3.29 【选择材料】对话框

Step2：选中【指定材料】单选按钮，单击【搜索】按钮，弹出【搜索条件】对话框，如图 3.30 所示。在【搜索字段】选区中选择【材料名称缩写】选项，在【子字符串】文本框中输入【PC】，单击【搜索】按钮，弹出如图 3.31 所示的【选择 热塑性材料】对话框。选中第一个材料，单击【选择】按钮。

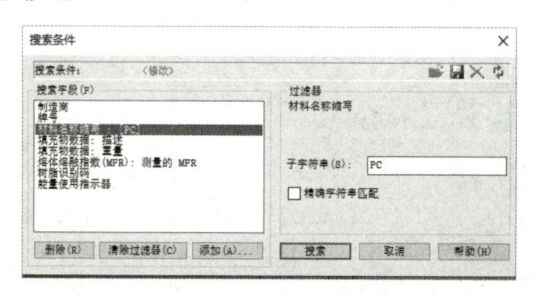

图 3.30 【搜索条件】对话框

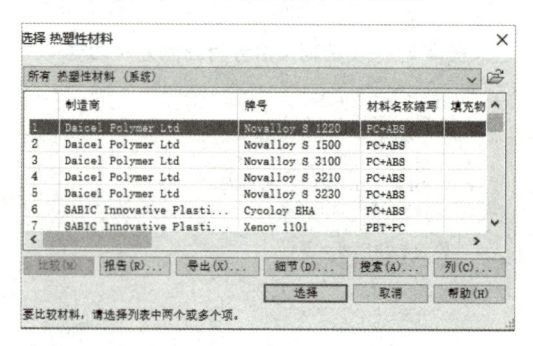

图 3.31 【选择 热塑性材料】对话框

Step3：单击图 3.29 中的【详细信息】按钮，弹出【热塑性材料】对话框，如图 3.32 所示。该对话框中显示了 PC+ABS 材料的成型工艺参数，单击【确定】按钮，完成材料选择。此时，任务视窗如图 3.33 所示。

图 3.32　PC+ABS 材料的成型工艺参数

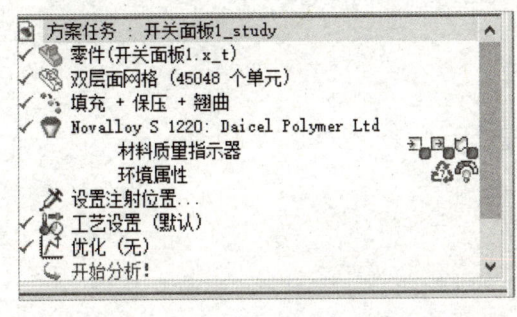

图 3.33　完成材料选择的任务视窗

3.7 设置工艺参数

本例直接采用 Moldflow 2023 默认的成型工艺条件。在任务视窗中双击【工艺设置（默认）】选项，弹出【工艺设置向导-填充+保压设置】对话框，如图 3.34 所示。单击【下一步】按钮，弹出【工艺设置向导-翘曲设置】对话框，如图 3.35 所示。

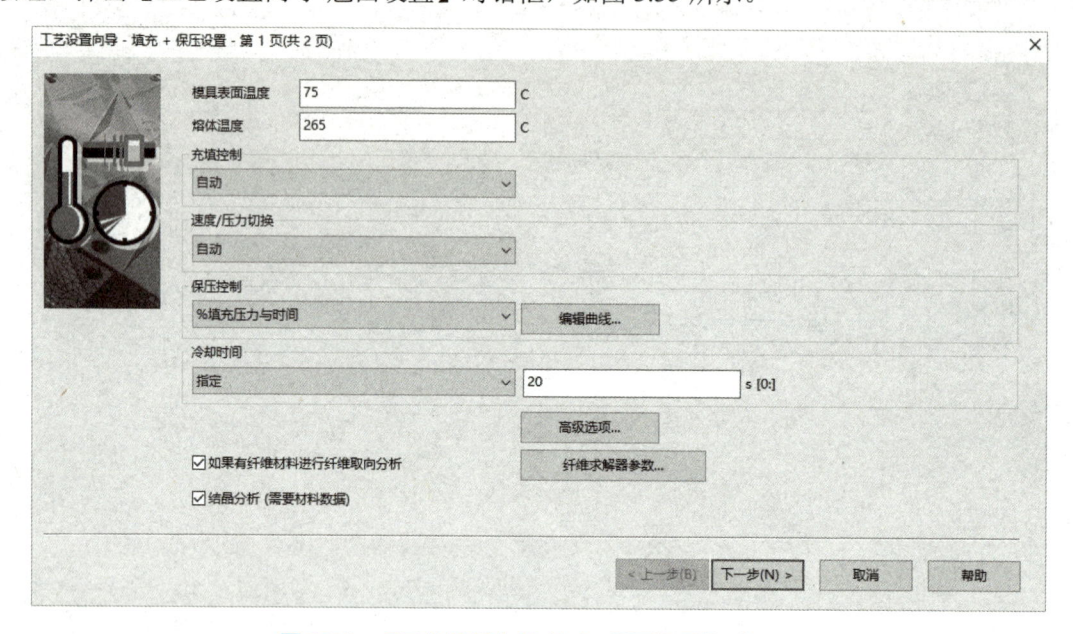

图 3.34　【工艺设置向导-填充+保压设置】对话框

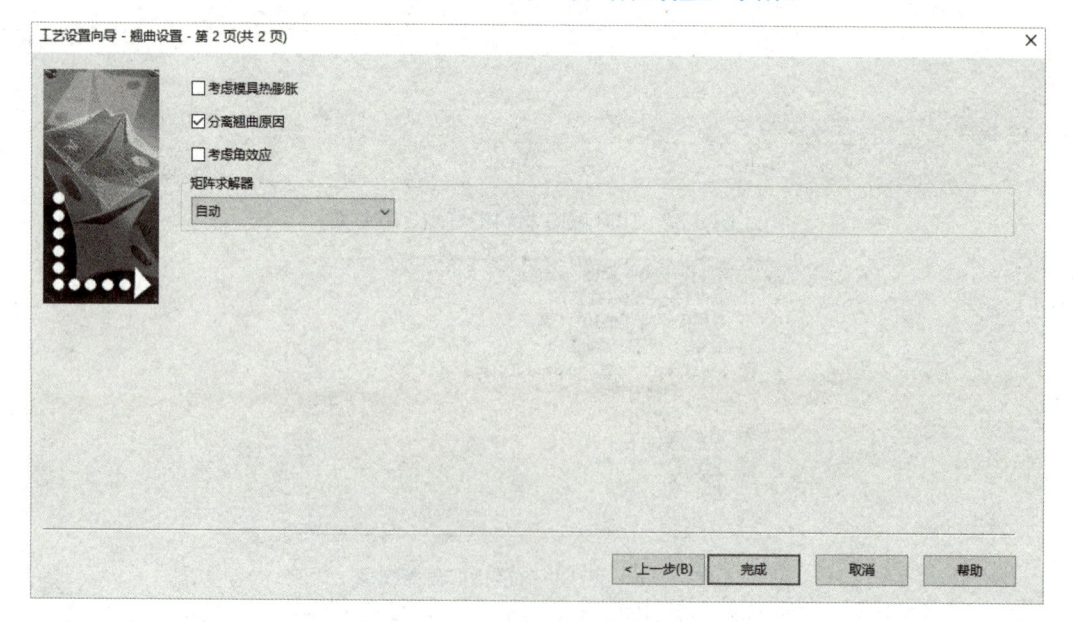

图 3.35　【工艺设置向导-翘曲设置】对话框

3.8 创建浇注系统

本例创建浇注系统采用手动的方法，先创建浇口，再创建分流道，最后创建主流道，具体创建过程如下。

Step1：选择【几何】→【实用程序】→【移动】→【平移】选项，弹出【平移】对话框，如图 3.36 所示。选中【复制】单选按钮，【数量】设置为【1】。

Step2：选中一个节点，在【矢量】数值框中输入【0 4 0】，单击【应用】按钮，结果如图 3.37 所示。

Step3：选择【几何】→【创建】→【柱体】选项，弹出【创建柱体单元】对话框，如图 3.38 所示。坐标选项【第一】设置为图 3.37 中选中的节点，【第二】设置为图 3.37 中复制出的节点。

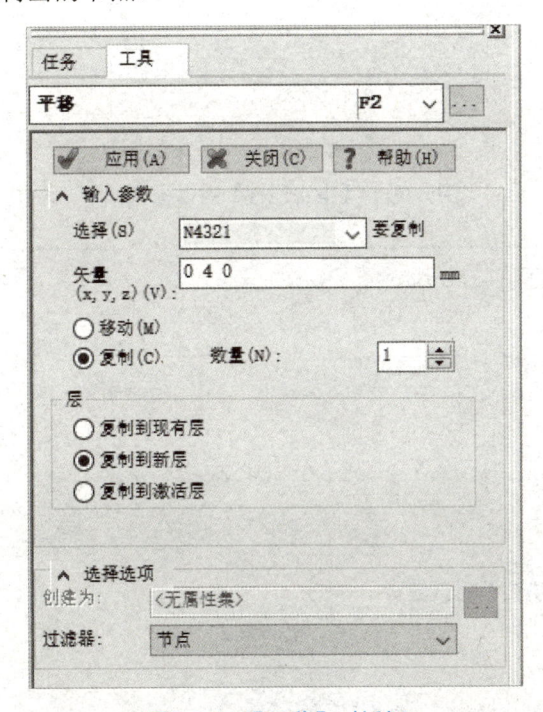

图 3.36 【平移】对话框

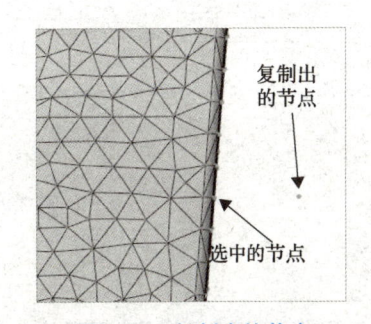

图 3.37 复制出的节点

Step4：单击【创建为】选项右边的矩形按钮，弹出【选择 冷浇口】对话框，如图 3.39 所示。默认选择一个浇口，单击【选择】按钮，弹出【指定属性】对话框，如图 3.40 所示。单击【编辑】按钮，弹出【冷浇口】对话框，如图 3.41 所示。单击【编辑尺寸】按钮，弹出【横截面尺寸】对话框，如图 3.42 所示。在【宽度】数值框中输入【6】，在【高度】数值框中输入【1.5】，单击【确定】按钮，创建的浇口如图 3.43 所示。

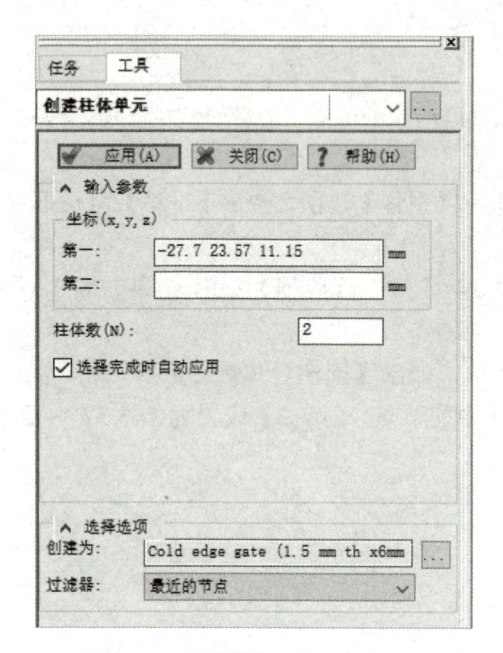

图 3.38　【创建柱体单元】对话框

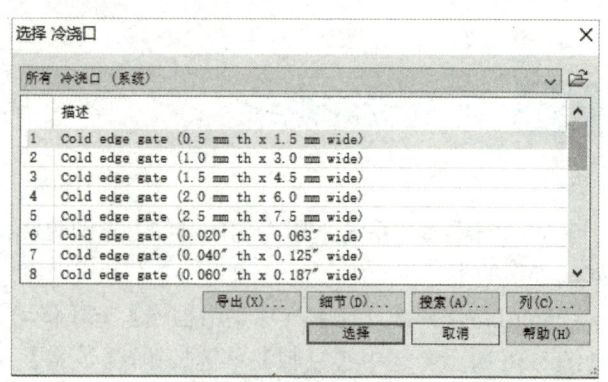

图 3.39　【选择 冷浇口】对话框

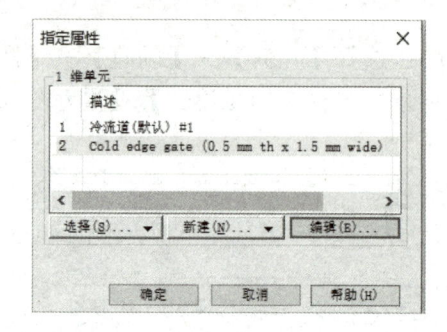

图 3.40　【指定属性】对话框

图 3.41　【冷浇口】对话框

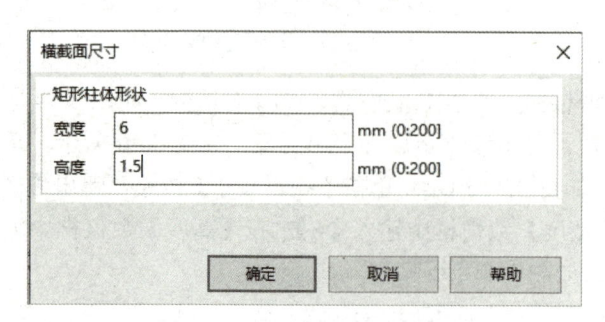

图 3.42　【横截面尺寸】对话框

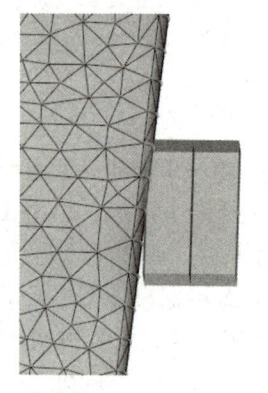

图 3.43　创建的浇口

Step5：选择【几何】→【实用程序】→【移动】→【平移】选项，弹出【平移】对话框，如图3.44所示。选中图3.43中浇口的末端节点，选中【复制】单选按钮，在【数量】数值框中输入【1】，在【矢量】数值框中输入【0 50 0】，单击【应用】按钮，创建流道节点。

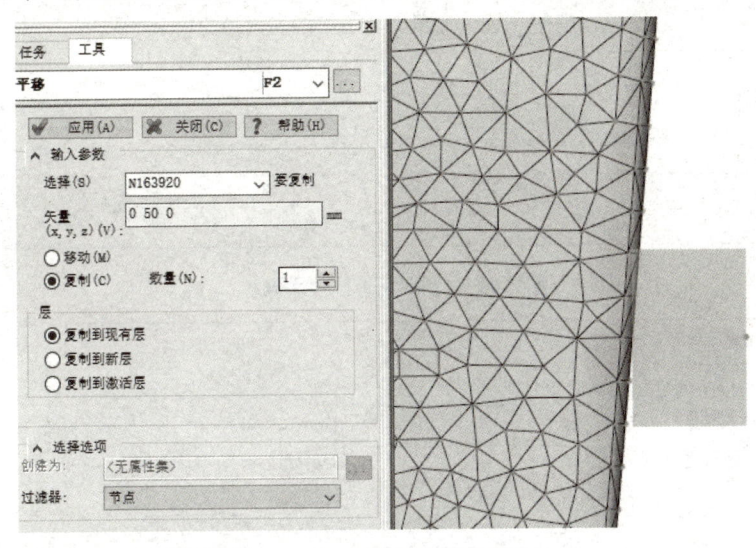

图3.44 创建流道节点

Step6：选择【几何】→【创建】→【柱体】选项，弹出【创建柱体单元】对话框，如图3.45所示。坐标选项【第一】设置为图3.44中选中的节点，【第二】设置为图3.44中复制出的节点。

Step7：单击【创建为】选项右边的矩形按钮，弹出【指定属性】对话框，如图3.46所示。选中【冷流道（默认）#1】选项，单击【编辑】按钮，弹出【冷流道】对话框，如图3.47所示。在【截面形状是】选区的下拉列表中选择【U形】选项，单击【编辑尺寸】按钮，弹出【横截面尺寸】对话框，如图3.48所示。在【宽度】数值框中输入【10】，在【高度】数值框中输入【8】，单击【确定】按钮，创建的冷流道如图3.49所示。

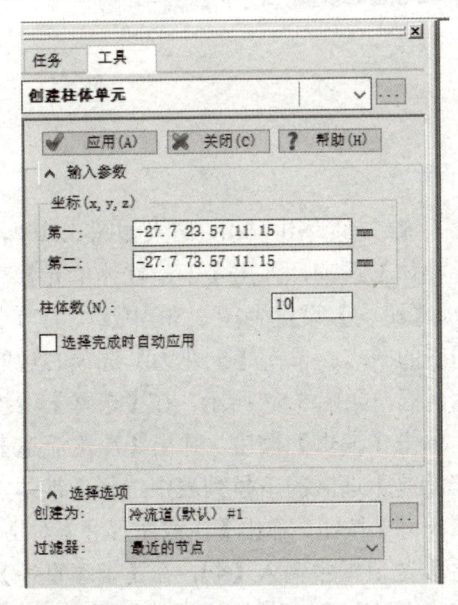

图3.45 【创建柱体单元】对话框　　　　图3.46 【指定属性】对话框

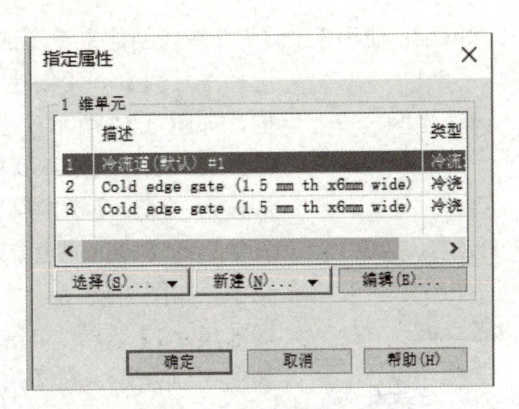

图 3.47 【冷流道】对话框

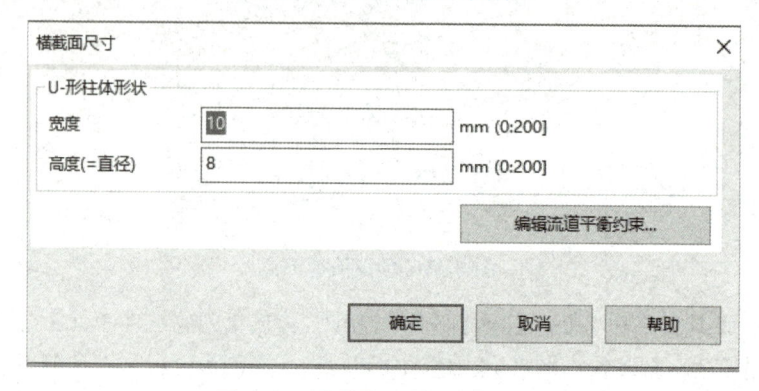

图 3.48 【横截面尺寸】对话框

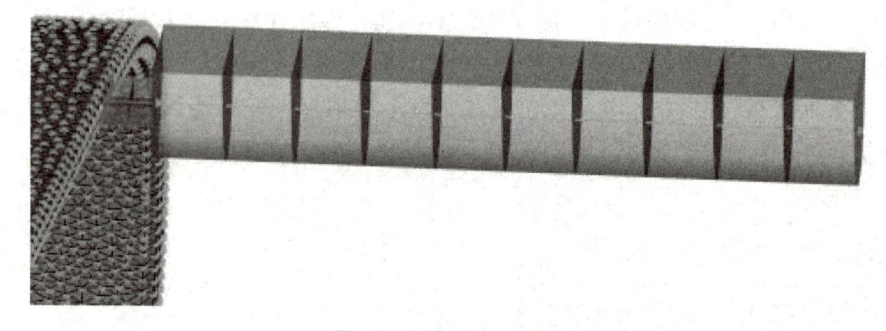

图 3.49 创建的冷流道

Step8：使用【平移】命令，创建主流道的节点，平移矢量为(0 0 60)，结果如图 3.50 所示。
选择【几何】→【创建】→【柱体】选项，弹出【创建柱体单元】对话框，如图 3.51 所示。坐标选项【第一】设置为图 3.50 中选中的节点，【第二】设置为图 3.50 中复制出的节点。单击【创建为】选项右边的矩形按钮，弹出【指定属性】对话框，如图 3.52 所示。在【选择】下拉列表中选择【冷流道】选项，单击【编辑】按钮，弹出【冷主流道】对话框，如图 3.53 所示。在【形状是】选区的下拉列表中选择【锥体（由端部尺寸）】选项，单击【编辑尺寸】按钮，弹出【横截面尺寸】对话框，如图 3.54 所示。在【始端直径】数值框中输入【4】，在【末端直径】数值框中输入【12】，单击【确定】按钮，创建的浇注系统如图 3.55 所示。

图 3.50 主流道节点

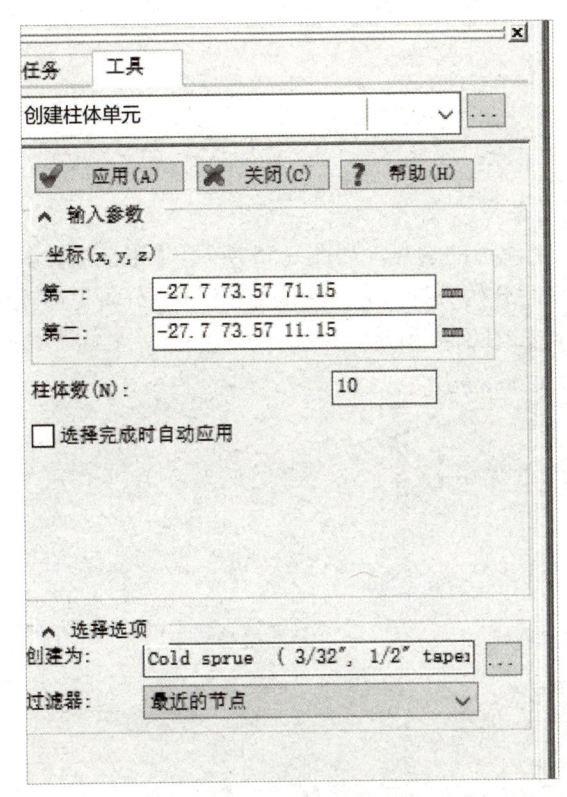

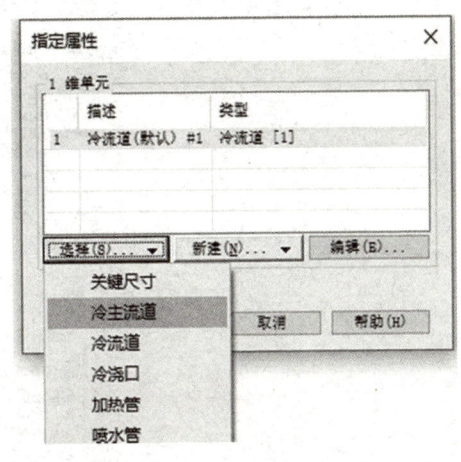

图 3.51 【创建柱体单元】对话框

图 3.52 【指定属性】对话框

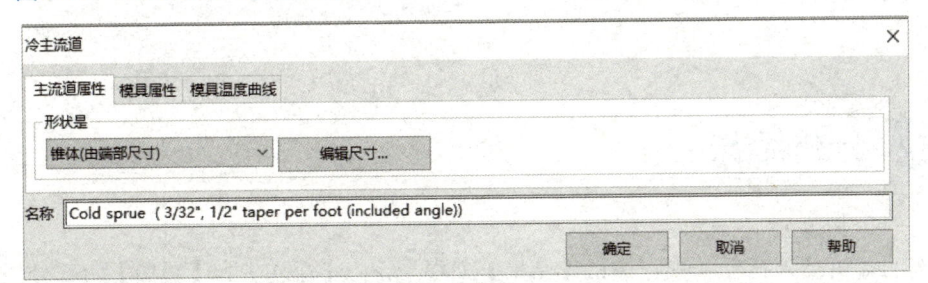

图 3.53 【冷主流道】对话框

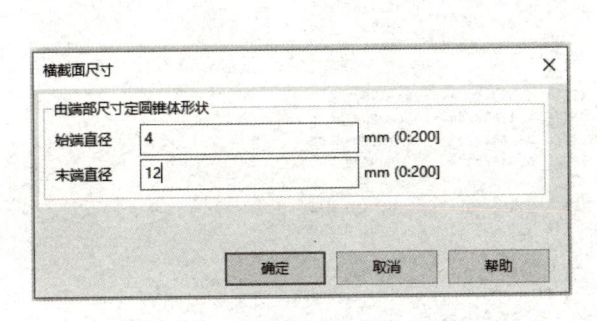

图 3.54 【横截面尺寸】对话框

图 3.55 创建的浇注系统

3.9 分析

在任务视窗中右击【设置注射位置】,选中主流道的端点,如图 3.55 所示,【工艺设置】选项采用默认设置,双击【开始分析】选项,程序开始分析,分析完成后,【开始分析】选项变成【分析完成】选项,并出现【结果】选项,如图 3.56 所示。

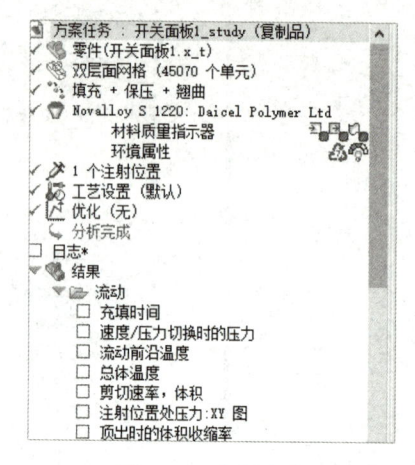

图 3.56　分析完成

3.10 分析结果

本例的分析结果在任务视窗中的【结果】列表下,由【流动】和【翘曲】两部分组成。单击【日志】可以看到填充+保压及翘曲的情况。分析结果摘要如图 3.57 所示。

图 3.57　分析结果摘要

填充分析结果主要包括【充填时间】【速度/压力切换时的压力】【流动前沿温度】【总体温度】【注射位置处压力:XY 图】【锁模力:XY 图】【剪切速率】【冻结层因子】【体积收缩率】【熔接线】【气穴】等。下面介绍填充分析结果。

【充填时间】分析结果如图 3.58 所示。从图 3.58 中得知，0.72s 左右基本可充满型腔，可以接受。

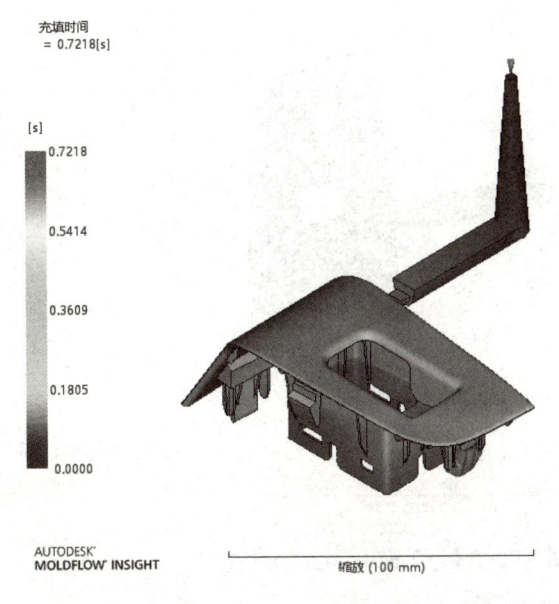

图 3.58　【充填时间】分析结果

【速度/压力切换时的压力】分析结果如图 3.59 所示。图 3.59 中显示了填充过程中型腔内的压力分布情况。

图 3.59　【速度/压力切换时的压力】分析结果

【流动前沿温度】分析结果如图 3.60 所示。从图 3.60 中可以看出，温度分布比较均匀。模型的温差不能太大，合理的温度分布应该是均匀的。

图 3.60 【流动前沿温度】分析结果

【注射位置处压力:XY 图】分析结果如图 3.61 所示。从图 3.61 中得知，当注射时间约为 0.64s 时，压力达到最大值 48.45MPa。

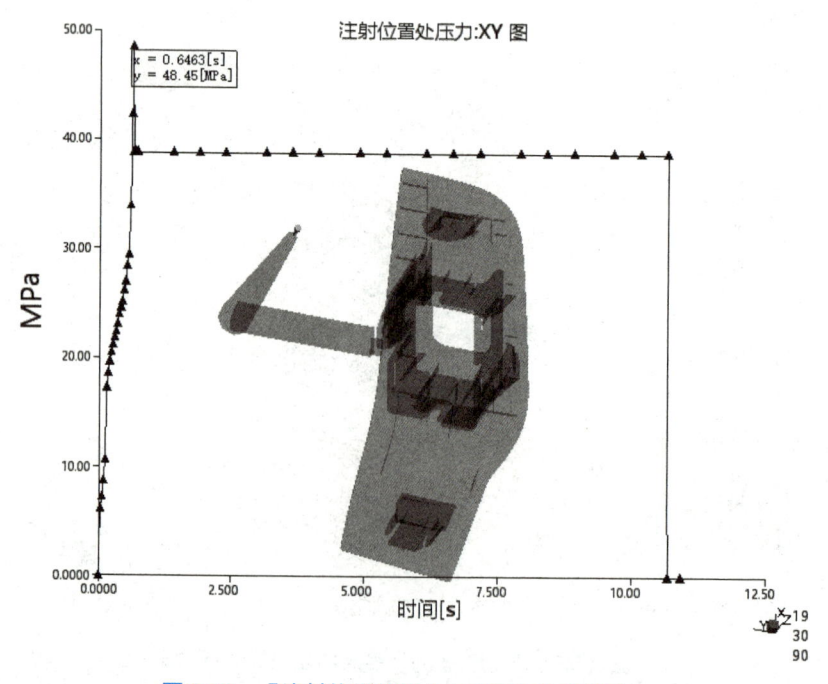

图 3.61 【注射位置处压力:XY 图】分析结果

【锁模力:XY 图】分析结果如图 3.62 所示。从图 3.62 中得知，当注射时间约为 0.83s 时，锁模力达到最大值 23.9t。

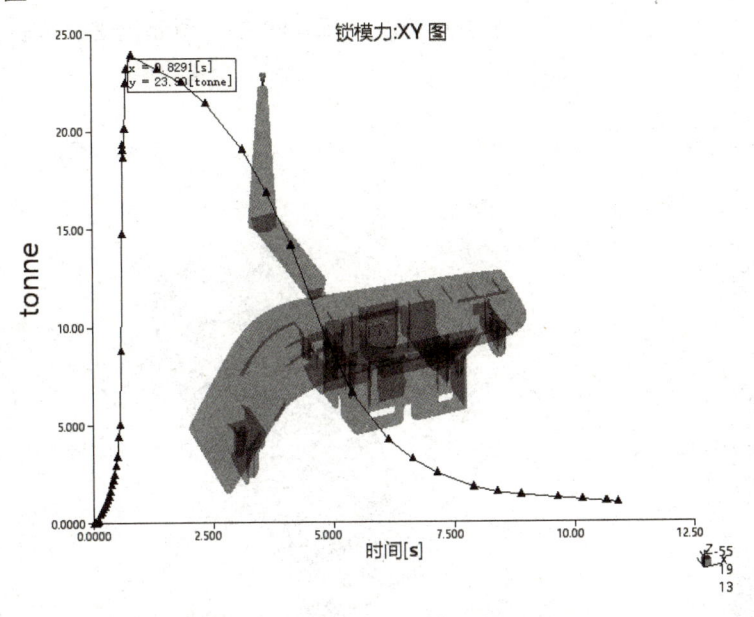

图 3.62　【锁模力:XY 图】分析结果

【熔接线】分析结果如图 3.63 所示。图 3.63 中显示了熔接线在模具型腔内的分布情况。一般情况下，产品外观面应该减少或避免熔接线的存在。常见的解决方法是，适当升高熔体温度或模具温度，也可以修改浇口位置、更改产品的壁厚等。

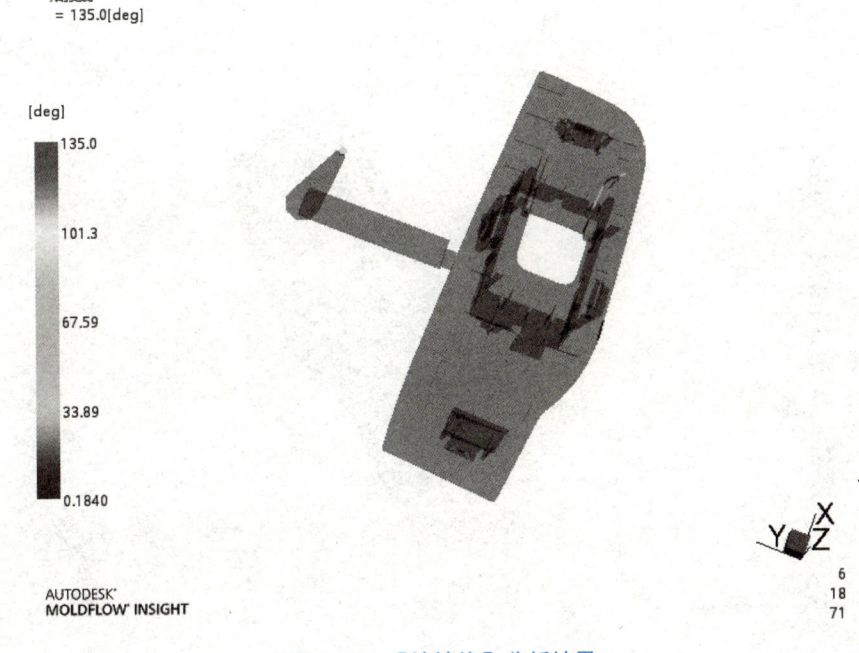

图 3.63　【熔接线】分析结果

下面介绍翘曲分析结果。

图3.64所示为产品总翘曲变形量分析结果,图3.65所示为X方向的翘曲变形量分析结果,图3.66所示为Y方向的翘曲变形量分析结果,图3.67所示为Z方向的翘曲变形量分析结果。

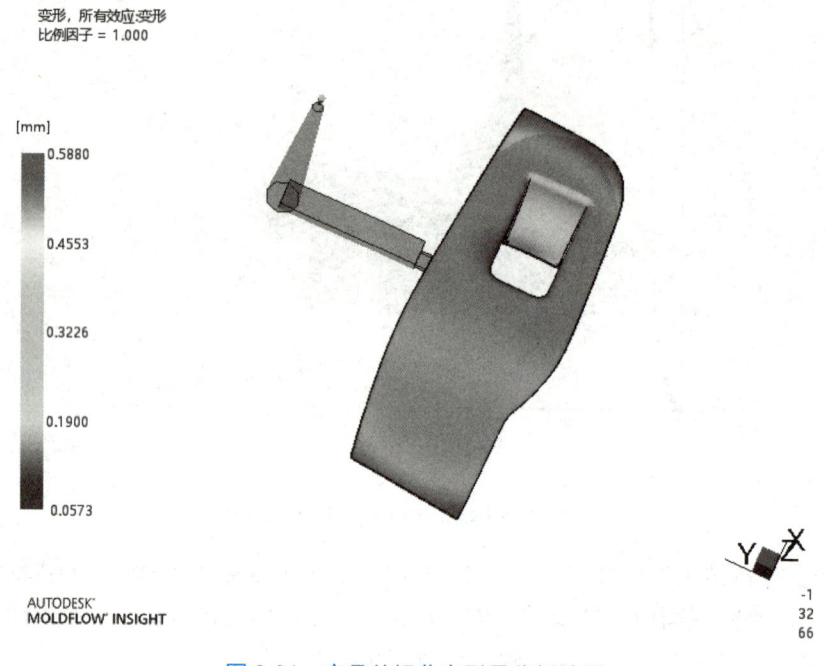

图3.64　产品总翘曲变形量分析结果

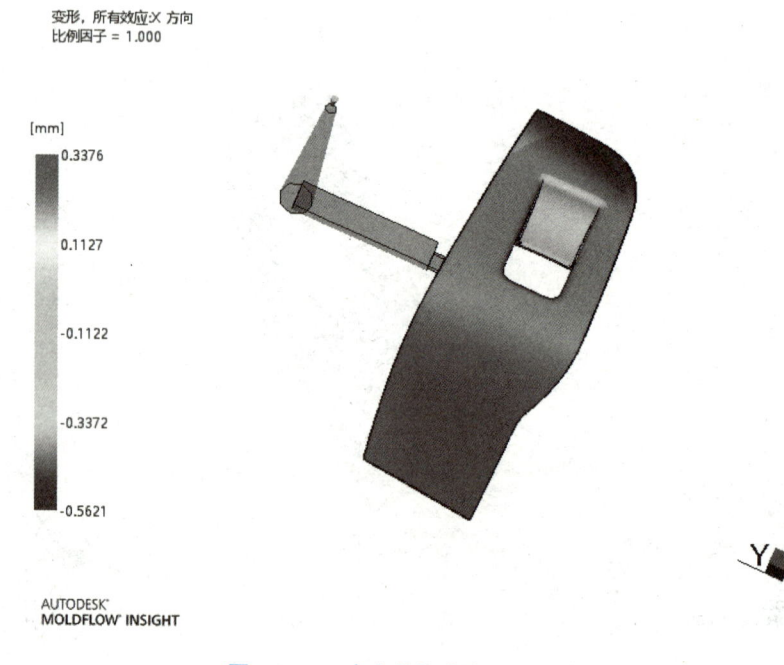

图3.65　X方向的翘曲变形量分析结果

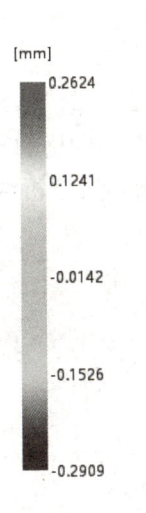

图 3.66　Y 方向的翘曲变形量分析结果

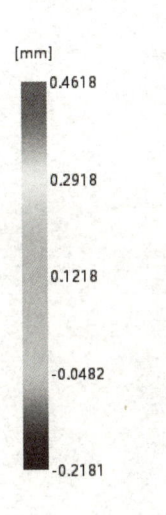

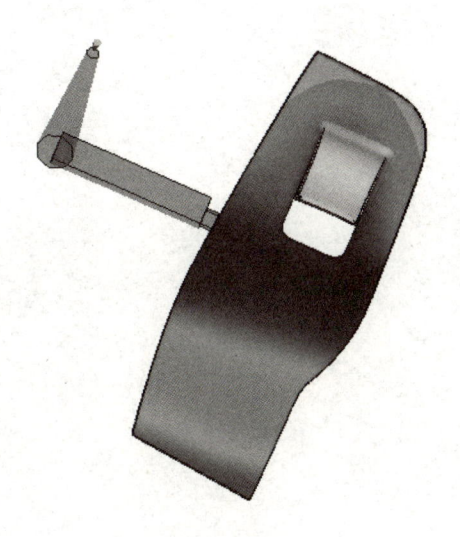

图 3.67　Z 方向的翘曲变形量分析结果

3.11 本章小结

本章通过简单案例操作介绍了 Moldflow 2023 的一般分析流程。本章的重点和难点是掌握 Moldflow 2023 的分析流程，包括 CAD 模型的导入或新建、网格的划分、网格的统计及修改、分析类型及成型材料的选择、工艺参数的设置、浇注系统的创建、分析及分析结果等。

第 4 章

Moldflow 2023 的网格相关工具

本章主要介绍网格的类型、模型导入、网格的划分和网格的统计，并在缺陷诊断的基础上进行网格缺陷修复。CAE 模型的高质量的网格是 Moldflow 2023 进行准确分析的前提，模型网格质量的好坏直接影响到分析结果的准确性。因此，本章是学习 Moldflow 2023 应用分析前处理的基础。

4.1 网格的类型

在应用 Moldflow 2023 进行模流分析之前，必须先创建网格模型，即创建有限元模型。网格是由很多个单元组成的，各个单元之间是通过节点连接的，由节点参数表征单元的特性，由单元表征模型的特性。网格是 Moldflow 2023 分析的基础，Moldflow 2023 分析模型的网格有三种类型。

1. 中性面网格

中性面网格是 Moldflow 2023 最早采用的网格类型，它由三节点三角形单元组成。创建中性面网格的原理是将三维几何模型简化为中间面的几何模型，对中间面进行网格划分，即将网格创建在模型壁厚的中间处，形成单层网格来代表整个模型的网格，也就是以平面流动来仿真三维实体流动，如图 4.1（a）所示。

在创建中性面网格的过程中，要实时提取模型的壁厚信息。中性面网格的优点是分析速度快、效率高，主要用于薄壁塑件。

2. 双层面网格

双层面网格是进行双层面模型分析的基础，它由节点与三角形单元组成。创建双层面网格的原理是将三维几何模型简化为只有上、下表面的几何模型，对两个表面进行网格划分，即将网格创建在模型的上表面,形成双层面网格来代表整个模型的网格,如图 4.1(b)所示。单元之间的距离将确定零件的厚度。零件的厚度会自动在 Synergy 和分析求解器中计算。但是,Synergy 允许用户指定零件的厚度,从而覆盖自动计算的值。

双层面和中性面的流动求解器非常相似,主要区别在于计算零件厚度的方式不同。

3. 3D 网格

3D 网格是三维流动+保压分析的基础,它以由四个节点与四个三角形单元组成的实心四面体为基本元素。创建 3D 网格的原理是用四面体对三维几何模型进行网格划分,以进行真实的三维模拟分析。3D 网格主要用于厚壁塑件和厚度变化比较大的塑件,如图 4.1(c)所示。利用三维模型可以更精确地进行三维流动仿真。四面体网格不需要厚度属性,因为该网格是真正的体积填充网格。可以在 Synergy 中基于双层面网格创建 3D 网格,也可以直接在导入特定 CAD 模型时创建 3D 网格。

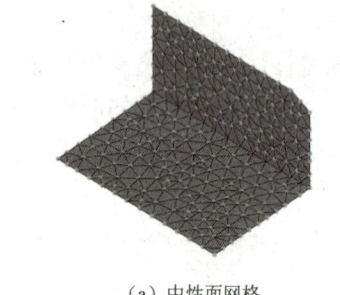

(a)中性面网格 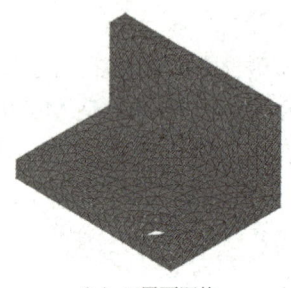　　(b)双层面网格 　　(c)3D 网格

图 4.1　网格类型

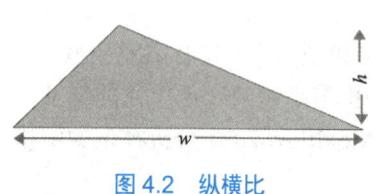

图 4.2　纵横比

网格的密度、纵横比(见图 4.2)都会影响分析结果。在理想情况下,网格的三角形单元应该是等边三角形。要尽量避免长而细的单元,因为在进行流动分析时,其可能会导致流动压力、温度和速度的急剧变化。太大的纵横比可能会导致分析失败。所谓纵横比,是指三角形单元最长边的长度与其高度的比值,如图 4.2 中的 w/h。

提示: 对于双层面网格模型,还必须考虑网格匹配率。双层面网格模型的网格匹配率必须达到 85%或更高才可以进行流动+保压分析,对于翘曲分析,其网格匹配率还要更高。

4.2　模型导入

Moldflow 2023 网格划分的第一步是准备模型文件,既可以在 Moldflow 2023 中创建新的分析模型文件,利用新工程就可以创建一个新的模型文件并进行编辑,也可以直接从其他 CAD 软件中将 CAD 模型文件导入到 Moldflow 2023 中。

Moldflow 2023 与其他 CAD 系统具有很好的数据接口。Moldflow 2023 中可以导入的 CAD

模型文件有 STL 文件、由 ANSYS 或 Pro/E 生成的*.ans 文件、由 Pro/E 或 SDRC.Ideas 生成的 *.unv 文件、STEP 文件、IGES 文件、由 CATIA 或 NX 生成的*.ans 文件和*.bdf 文件、Parasolid 文件。PRT 文件需要通过 Moldflow Design Link（MDL）软件转化后才能够成功地导入到 Moldflow 2023 中。

对于有不同文件格式的同一个产品模型来说，将其导入到 Moldflow 2023 中后，在划分网格时，即使设定的各项参数均相同，划分出来的网格质量也不一样。以 STL、IGS 和 STP 这三种格式的文件为例，IGS 格式的产品模型在划分网格后，其网格匹配率往往较 STL 和 STP 格式高一些。但对于有些产品模型来说，IGS 格式的文件会有很多重叠或缺失的曲面。这一点反而会使网格的缺陷增多。因此，在 IGS 格式的文件质量较好的情况下，建议优先选择 IGS 格式；反之，则建议优先选择 STL 格式。

下面以 UG 软件为例，介绍将模型导入到 Moldflow 2023 中的操作过程。

Step1：启动 UG 软件，打开【第 4 章】文件夹中的【面板开关.prt】文件，如图 4.3 所示。

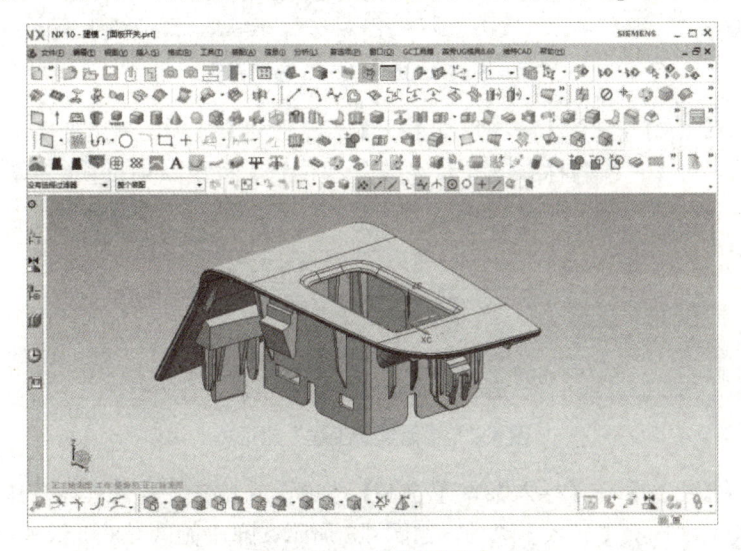

图 4.3　UG 软件界面

Step2：选择【文件】→【导出】→【Parasolid】选项，弹出如图 4.4 所示的【导出 Parasolid】对话框，选中要导出的模型文件，单击【OK】按钮，生成*.x_t 格式的文件。

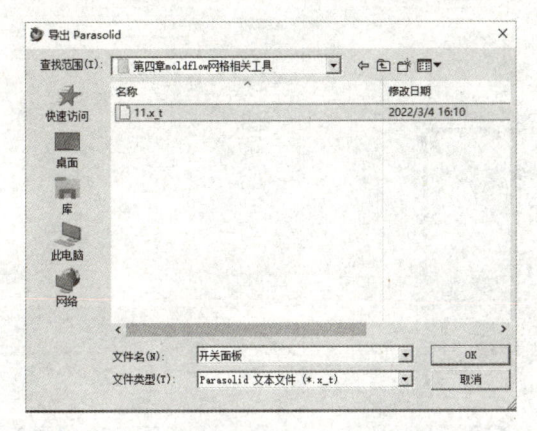

图 4.4　【导出 Parasolid】对话框

Step3：启动 Moldflow 2023，如图 4.5 所示。

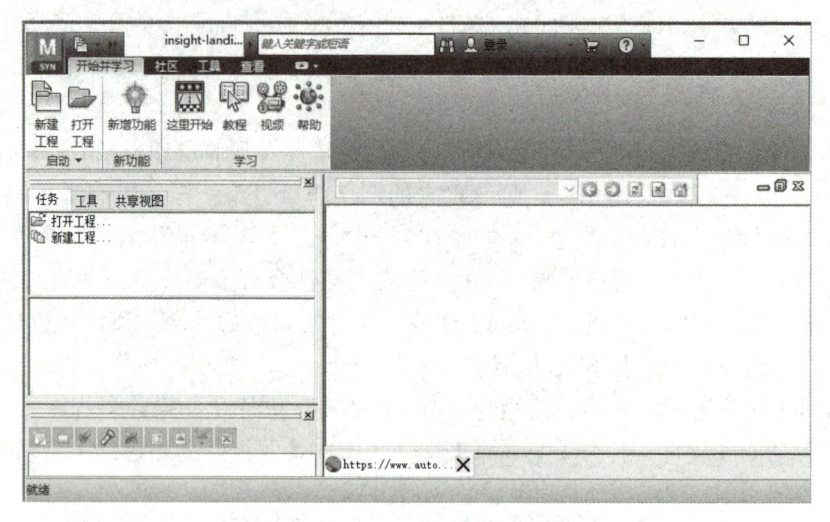

图 4.5　Moldflow 2023 启动界面

Step4：选择【开始并学习】→【启动】→【新建工程】选项，弹出如图 4.6 所示的【创建新工程】对话框，将【工程名称】设置为 4，【创建位置】采用默认设置，单击【确定】按钮。

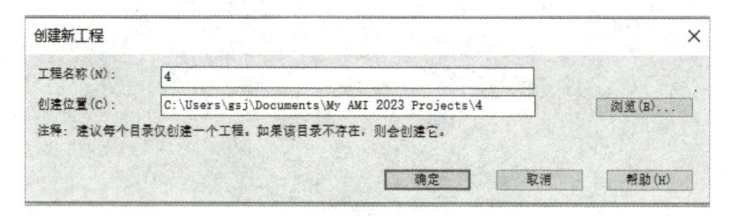

图 4.6　【创建新工程】对话框

Step5：选择【主页】→【导入】→【导入】选项，或者在工程管理视窗中右击工程名称，在弹出的快捷菜单中选择【导入】选项，如图 4.7 所示，弹出如图 4.8 所示的【导入】对话框。选中【面板开关.x_t】文件，单击【打开】按钮，弹出如图 4.9 所示的【导入】对话框。将网格类型设置为【Dual Domain】，模型导入结果如图 4.10 所示。

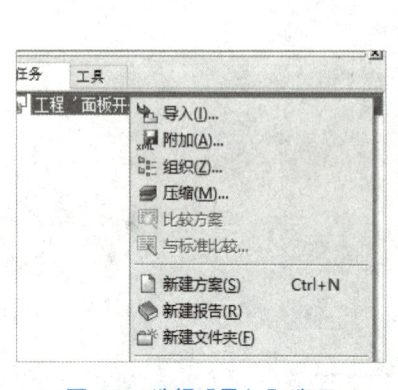

图 4.7　选择【导入】选项　　　　　　　图 4.8　【导入】对话框

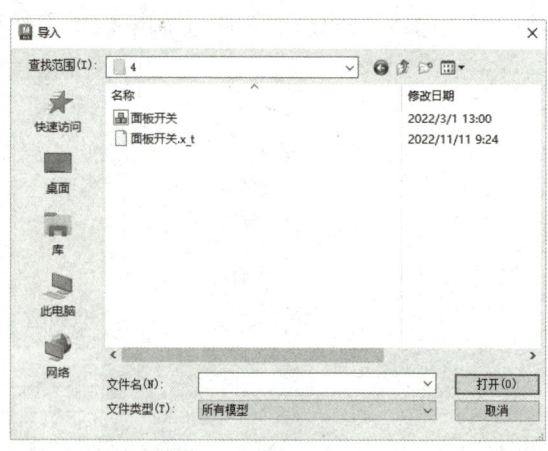

第 4 章 Moldflow 2023 的网格相关工具

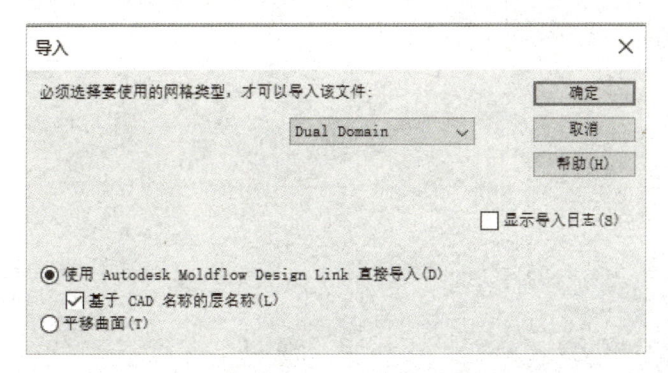

图 4.9 【导入】对话框

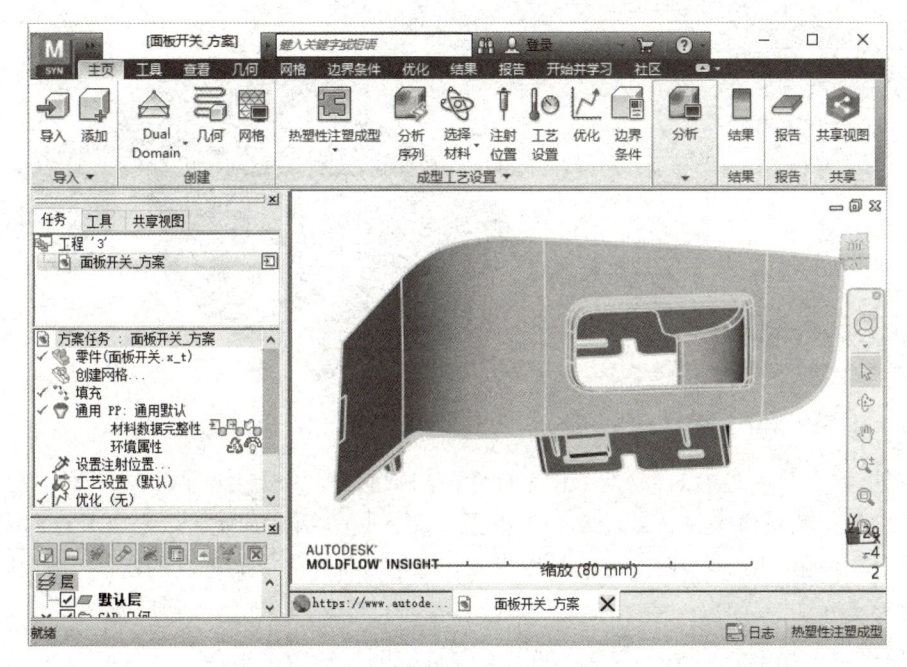

图 4.10 模型导入结果

4.3 网格的划分

对于已经导入到 Moldflow 2023 中的模型，首先要对其进行网格划分。

Step1：选择【网格】→【网格】→【生成网格】选项，弹出如图 4.11 所示的【生成网格】对话框。单击【创建网格】按钮，生成网格。网格的划分结果如图 4.12 所示。

图 4.11 所示的【生成网格】对话框中的内容说明如下。

【重新划分产品网格】复选框：对已经存在的网格模型重新进行网格的划分，默认处于取消勾选状态。很少需要基于已经存在的网格模型重新对零件划分网格。通常，此选项仅在双层面网格和中性面网格之间进行转换时使用。

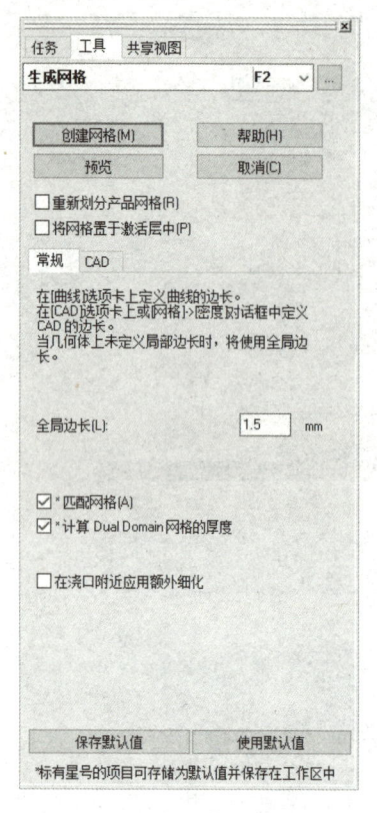

图4.11 【生成网格】对话框   图4.12 网格的划分结果

【将网格置于激活层中】复选框：将划分的网格放置在活动层中，默认处于取消勾选状态。通常，此选项仅在对流道系统或冷却系统的柱体单元划分网格时使用，而不是在对零件划分网格时使用。通常，在对零件划分网格时，将为每个CAD实体创建新的层，一个用于节点，另一个用于单元。

【全局边长】数值框：输入设置生成网格时使用的目标网格单元的长度值。

注意：如果全局边长设置得不正确，则可能会在网格的某些区域忽略此设置。如果用户指定的全局边长较长，则将在网格的直线区域使用目标边长，但可在弯曲区域使用较短边长。

【匹配网格】复选框：用于在Dual Domain网格的两个相应的曲面上对齐网格单元。

提示：对于曲面模型，勾选该复选框可以更好地划分网格而不改变模型形状。

【计算Dual Domain 网格的厚度】复选框（仅适用于Dual Domain网格和3D网格）：当使用Dual Domain技术对模型进行网格划分时，勾选该复选框允许同时计算网格厚度。

【在浇口附近应用额外细化】复选框（仅适用于Dual Domain网格和3D网格）：围绕浇口的较精细网格可以更好地捕获热传导、大剪切速率和其他可在此区域快速更改的关键特性。此选项可以细化浇口周围的网格，以及连接到零件的所有柱体单元周围的网格。在默认情况下，该选项已被启用。

Step2：单击【预览】按钮，可以预览模型生成效果，从而选择合适的全局边长值。

Step3：所有设置完成后，单击【创建网格】按钮，直接生成网格。这时可以通过选择【主页】→【分析】→【作业管理器】选项来查看网格划分的进度。

4.4 网格的统计

网格统计工具用于对划分完毕的网格进行统计，检验已经划分的网格是否符合模型分析的要求。如果不符合要求，则需要对网格单元进行修改，以提高网格的质量，保证模型分析结果的准确性。

选择【网格】→【网格诊断】→【网格统计】选项，弹出如图 4.13 所示的【网格统计】对话框。在【单元类型】下拉列表中选择【三角形】选项。

提示：该对话框中有一部分内容需要拖动滚动条才能看到。

【三角形】区域有以下内容。

【实体计数】：统计网格划分后模型中各类实体单元的个数。

【三角形】：表面三角形单元个数。

【已连接的节点】：节点个数。

【连通区域】：连通区域个数，是指网格划分完成后，整个模型内独立的连通区域个数，其个数应该为 1，否则将提示模型存在问题。图 4.14 所示为不连通区域，存在两个不连通的单元。

提示：对于导入的一些模型，可能会包含不连通区域，即与整个模型不是连接在一起的，这会导致连通区域个数不为 1；不与整体连接在一起的部分要么重新连接到一起，要么移除。另一个关于连通性的问题是由于创建流道系统而产生的，这两个问题的产生都可以通过网格连通性诊断功能来进行诊断。

【网格面积】：统计出模型中网格的总面积。

【网格体积】：统计出模型中网格的总体积。

【自由边】：一个三角形或三维单元的某一条边没有与其他单元共用，如图 4.15 所示。

提示：在双层面网格和 3D 网格中，不允许有自由边，但在中性面网格中自由边条数可以不为 0。

【共用边】：两个三角形或三维单元共用一条边，如图 4.16 所示。

提示：在双层面网格中，只存在共用边。

【交叉边】：两个以上三角形或三维单元共用一条边。

提示：在双层面网格和 3D 网格中，交叉边条数必须为 0，但在中性面网格中交叉边条数可以不为 0。

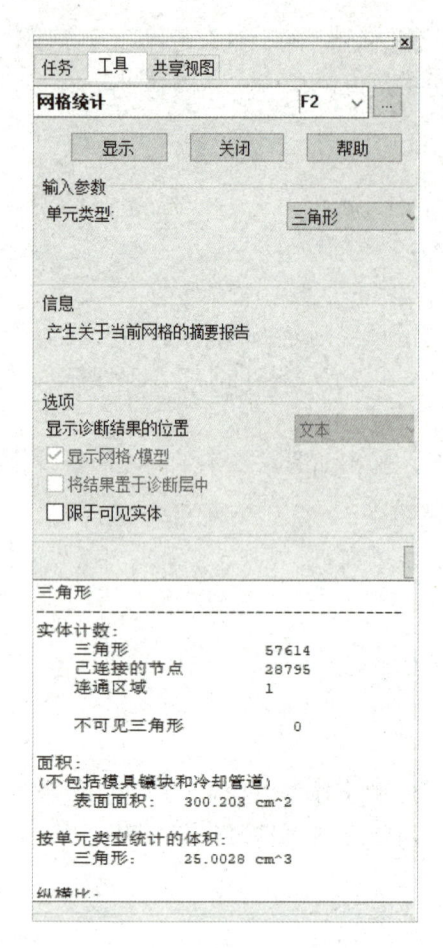

图 4.13 【网格统计】对话框

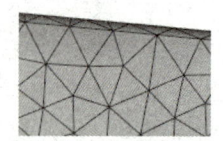

图 4.14 不连通区域

图 4.15 自由边

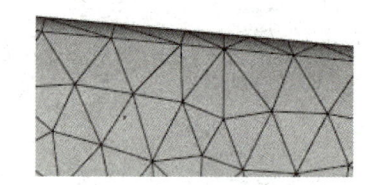

图 4.16 共用边

【取向不正确的单元】：必须保证为 0。

【相交单元】：相交的单元个数，表示不同平面上的单元相交的情况，如图 4.17 所示，单元相交是不允许发生的。

【完全重叠单元】：完全重叠的单元个数，表示单元重叠的情况，如图 4.18 所示，单元重叠也是不允许发生的。

【纵横比】三角形单元最长边的长度与其高度的比值，如图 4.19 中的 w/h。

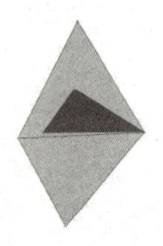

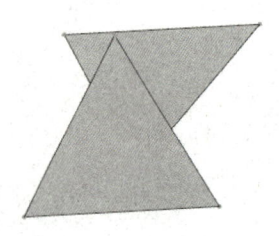

图 4.17 相交单元　　　　图 4.18 完全重叠单元　　　　图 4.19 纵横比

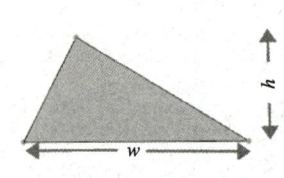

提示：纵横比对分析结果的精确性有很大的影响。大纵横比会导致分析变慢，而且会影

响分析结果。如果最长边是沿着流动方向的，那么大纵横比三角形单元的节点会对前面的流动计算产生一个附加的抵抗力，影响分析速度。

提示：要尽量避免出现大纵横比三角形单元。

提示：一般在中性面网格和双层面网格中，纵横比的推荐最大值为 30；在 3D 网格中，纵横比的推荐最大值、最小值分别为 100 和 5，平均值应该为 15 左右。

【最小纵横比值】：统计整个网格模型中纵横比的最小值。
【最大纵横比值】：统计整个网格模型中纵横比的最大值。
【平均纵横比值】：统计整个网格模型中纵横比的平均值。
【匹配百分比】：网格匹配率，仅针对双层面网格，表示模型上、下表面网格单元的匹配程度。

提示：对于填充+保压分析，网格匹配率应高于 85%，低于 50% 是无法计算的；对于翘曲分析，网格匹配率同样应高于 85%。如果网格匹配率太低，则应重新划分网格。

4.5 网格的缺陷诊断

通常情况下，在网格划分完毕后，网格中会存在缺陷，可通过网格统计工具查看网格属性。网格单元的质量直接影响模流分析的可行性及分析结果的精确性，只有诊断并修复网格，才能够使接下来的分析工作得以顺利且准确地进行，从而保证分析质量。

在【网格】菜单中单击【网格诊断】下拉按钮，调出【网格诊断】工具栏，如图 4.20 所示。

1. 纵横比诊断

纵横比诊断工具用于诊断网格的纵横比，如 4.1 节所述，网格的纵横比指的是三角形单元最长边的长度与其高度的比值。

提示：网格的纵横比越大，三角形单元就越接近一条直线，在分析过程中是不允许存在这样的三角形的。纵横比的推荐最小值为 20，最大值为 50。在一般情况下，推荐最大值一栏为空，这样模型中纵横比比最小纵横比大的单元都将在诊断过程中显示，从而可以消除和修改这些缺陷。

单击【纵横比】按钮，弹出如图 4.21 所示的【纵横比诊断】对话框。在【纵横比诊断】对话框中，可以设置纵横比的最小值和最大值。

【选项】选区中包括【显示诊断结果的位置】【显示网格/模型】【将结果置于诊断层中】【限于可见实体】四部分内容。

【显示诊断结果的位置】下拉列表中包括【显示】和【文本】两个选项。

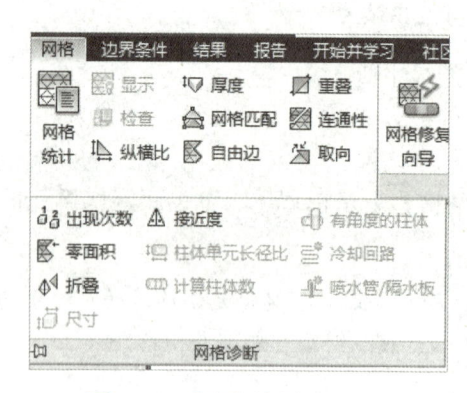

图 4.20 【网格诊断】工具栏

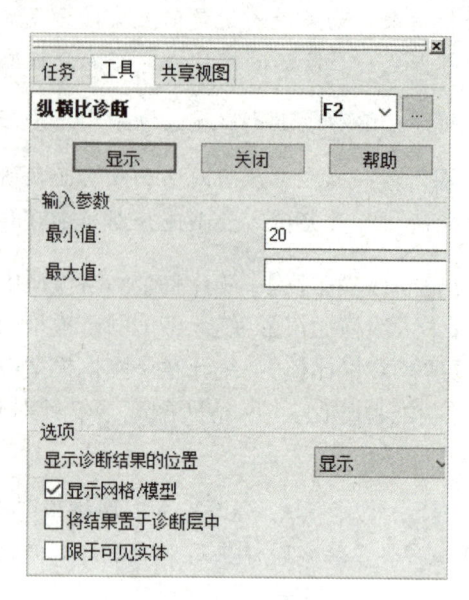

图 4.21 【纵横比诊断】对话框

只有勾选【显示网格/模型】复选框，网格模型才会在模型显示窗口中显示出来。推荐勾选【将结果置于诊断层中】复选框，即将结果单独放入【诊断】层，以方便用户查找诊断结果，如图 4.22 所示。

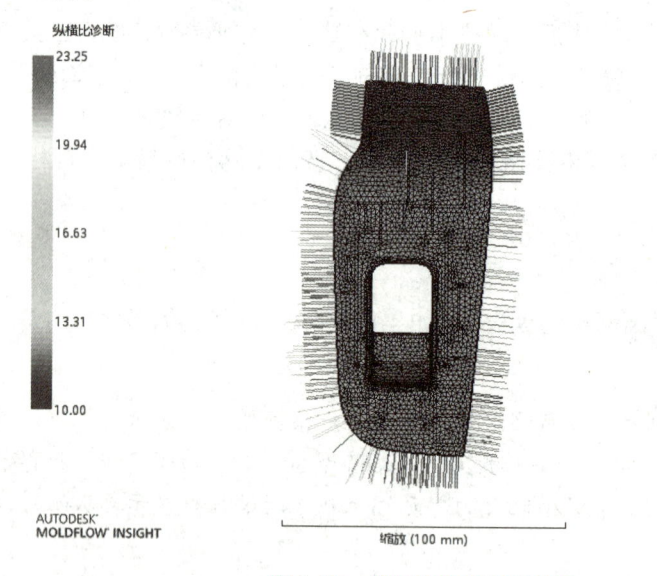

图 4.22 纵横比诊断多层结果

如果勾选【将结果置于诊断层中】复选框，在层管理视窗中仅勾选【诊断结果】复选框，就可以清楚地看到纵横比不符合要求的单元，如图 4.23 所示。

在【显示诊断结果的位置】下拉列表中选择【显示】选项后，系统将针对诊断结果用不同颜色的引出线指出纵横比大小不同的单元。单击引出线，可以选中存在纵横比缺陷的单元。

如果在【显示诊断结果的位置】下拉列表中选择【文本】选项，即采用文本方式，则诊断结果以文本方式在对话框中给出，如图 4.24 所示。

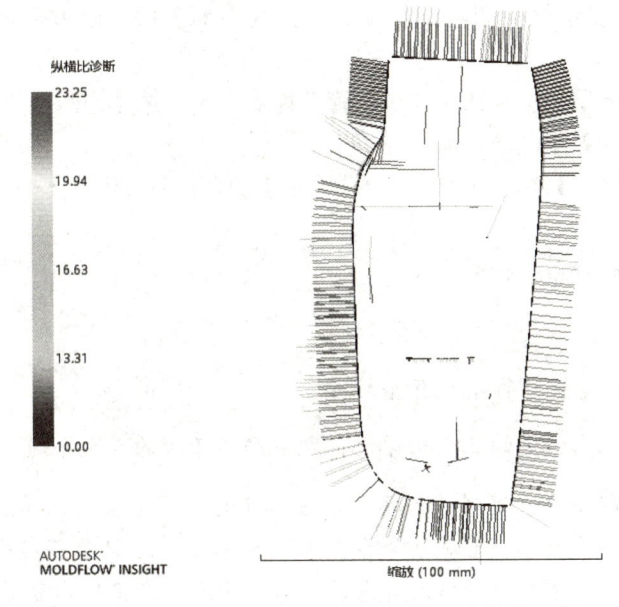

图 4.23 纵横比诊断层结果

2. 重叠单元诊断

重叠单元诊断工具用于诊断交叉和重叠的三角形单元。单击【重叠】按钮，弹出如图 4.25 所示的【重叠单元诊断】对话框。

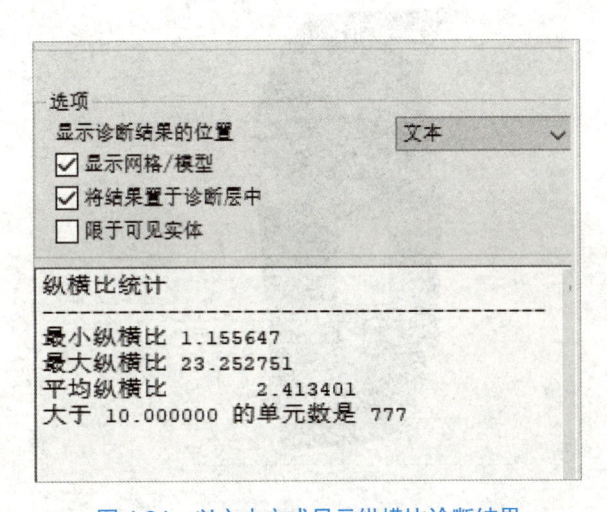

图 4.24 以文本方式显示纵横比诊断结果 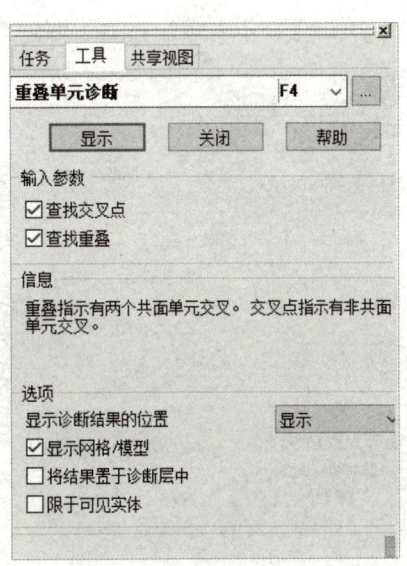　　　图 4.25 【重叠单元诊断】对话框

【输入参数】选区中包括两个复选框：【查找交叉点】和【查找重叠】。

【选项】选区中包括【显示诊断结果的位置】【显示网格/模型】【将结果置于诊断层中】【限于可见实体】四部分内容。

【显示诊断结果的位置】下拉列表中包括【显示】和【文本】两个选项。

只有勾选【显示网格/模型】复选框，网格模型才会在模型显示窗口中显示出来。推荐勾选【将结果置于诊断层中】复选框，即将结果单独放入【诊断】层，以方便用户查找诊断结果。

如果勾选【将结果置于诊断层中】复选框，在层管理视窗中仅勾选【诊断结果】复选框，就可以清楚地看到纵横比不符合要求的单元。

如果在【显示诊断结果的位置】下拉列表中选择【文本】选项，即采用文本方式，则诊断结果以文本方式在对话框给出。

单击【显示】按钮，显示重叠单元诊断结果。

3．取向诊断

取向诊断工具用于诊断网格取向错误的三角形单元。

提示： 网格中不应该存在取向错误的三角形单元，即取向不正确的单元个数应为 0。

提示： 对于中性面网格，单元取向可用于表示并区分网格的上、下表面，并且会以蓝色表示网格的上表面，以红色表示网格的下表面。对于双层面网格，单元取向可用于表示并区分网格的内、外表面，并且会以蓝色表示网格的外表面，以红色表示网格的内表面。

一般来说，无须进行单元取向诊断，因为即使网格模型中存在取向不正确的单元，不管这些单元的数目有多少，都可以直接执行【全部取向】命令，一次性修复这些取向错误单元。

单击【取向】按钮，弹出如图 4.26 所示的【取向诊断】对话框。

单击【显示】按钮，显示取向诊断结果，如图 4.27 所示。

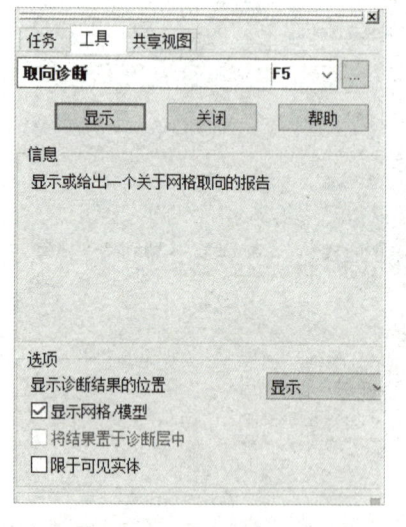

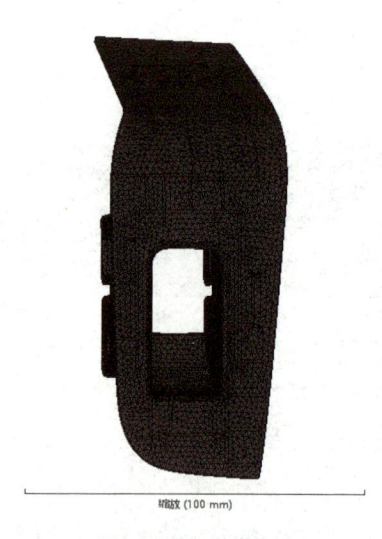

图 4.26 【取向诊断】对话框　　图 4.27 取向诊断结果

4．连通性诊断

连通性诊断工具用于诊断模型显示窗口中对象的连通性，诊断时需要先任选一个单元进行诊断，与选中单元连通的单元显示为红色，不连通的单元显示为蓝色。

提示： 对于非装配体的单个产品来说，它应该仅有一个独立部分。如果一个产品有两个独立部分，则应将其视为两个产品。连通性诊断可用于诊断单个产品是否存在多余的独立部分，也可用于诊断浇注系统与产品是否连通。

单击【连通性】按钮，弹出如图 4.28 所示的【连通性诊断】对话框。

【输入参数】选区中有【从实体开始连通性检查】选项，要求在网格模型中任意选择一个单元，选中的单元显示在【从实体开始连通性检查】右边的文本框中，Moldflow 2023 从选中的单元开始检查整个网格模型的连通性。如果勾选【忽略柱体单元】复选框，则表示忽略网格模型中一维单元的连通性。

【选项】选区中包括【显示诊断结果的位置】【显示网格/模型】【将结果置于诊断层中】【限于可见实体】四部分内容。

【显示诊断结果的位置】下拉列表中包括【显示】和【文本】两个选项。

只有勾选【显示网格/模型】复选框，网格模型才会在模型显示窗口中显示出来。推荐勾选【将结果置于诊断层中】复选框，即将结果单独放入【诊断】层，以方便用户查找诊断结果。

如果勾选【将结果置于诊断层中】复选框，在层管理视窗中仅勾选【诊断结果】复选框，就可以清楚地看到连通性不符合要求的单元。

单击【显示】按钮，显示连通性诊断结果，如图 4.29 所示。

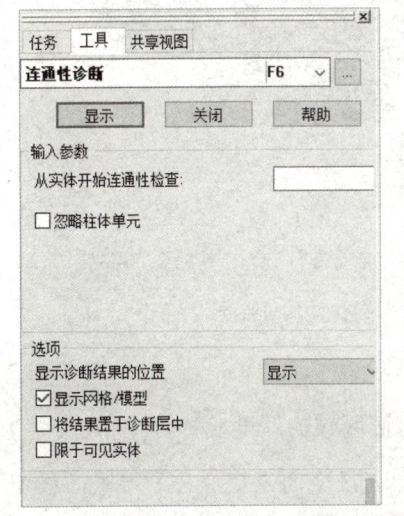

图 4.28 【连通性诊断】对话框　　　　图 4.29 连通性诊断结果

5. 自由边诊断

自由边诊断工具用于诊断自由边。

提示： 自由边的出现主要有两种情况，一种为不与其他三角形单元共享的边；另一种为网格模型中的非结构性孔洞缝隙及周围的边。例如，当去掉一个三角形单元时，就会产生三个自由边。中性面网格具有多个自由边，如沿分型线、零件边或围绕孔的边。在有些情况下，可能会在不应存在自由边的位置出现自由边。分析人员必须手动检查自由边，以确定它们是否应显示。

单击【自由边】按钮，弹出如图 4.30 所示的【自由边诊断】对话框。

在【输入参数】选区中勾选【查找多重边】复选框，表示显示的诊断结果中包含多重边。

【选项】选区中包括【显示诊断结果的位置】【显示网格/模型】【将结果置于诊断层中】【限于可见实体】四部分内容。

【显示诊断结果的位置】下拉列表中包括【显示】和【文本】两个选项。

只有勾选【显示网格/模型】复选框，网格模型才会在模型显示窗口中显示出来。推荐勾选【将结果置于诊断层中】复选框，即将结果单独放入【诊断】层，以方便用户查找诊断结果。

如果勾选【将结果置于诊断层中】复选框，在层管理视窗中仅勾选【诊断结果】复选框，就可以清楚地看到存在自由边的单元。

单击【显示】按钮，显示自由边诊断结果，如图 4.31 所示。

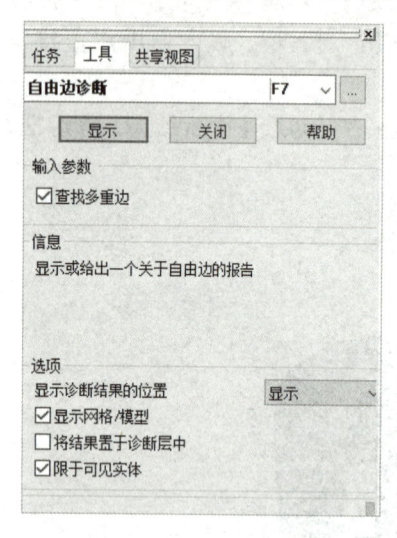

图 4.30　【自由边诊断】对话框　　　　图 4.31　自由边诊断结果

6．厚度诊断

厚度诊断工具用于诊断三角形单元的厚度。模型同一特征区域的厚度应相等或相近。

提示： 当三维产品模型被导入 Moldflow 2023 后，模型部分区域的厚度会与三维产品模型的尺寸有差异。此时需要先通过厚度诊断工具诊断出厚度有差异的单元，然后以手动的方法修复其尺寸。

单击【厚度】按钮，弹出如图 4.32 所示的【厚度诊断】对话框。

在【最小值】和【最大值】文本框中输入要显示的厚度范围值。单击【显示】按钮，显示厚度诊断结果，如图 4.33 所示。

7．网格出现次数诊断

网格出现次数诊断工具用于诊断网格的出现次数，出现次数又称为复数因子。在未手动设置出现次数之前，其值为 1。该工具主要用于一模多腔的分析。

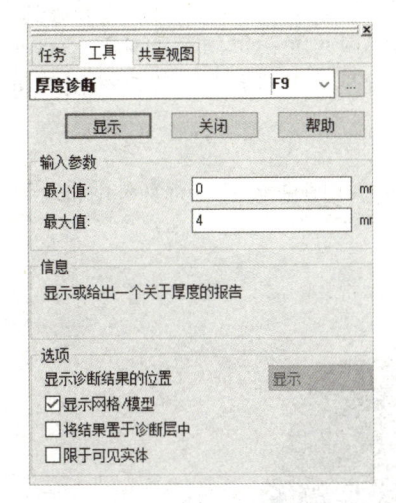

图 4.32　【厚度诊断】对话框 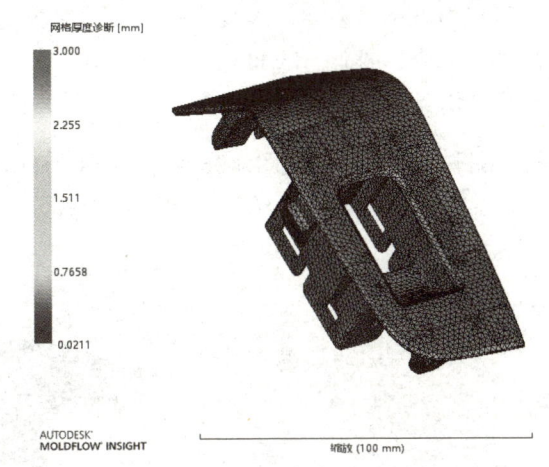　　　　　　　　图 4.33　厚度诊断结果

提示：对于同一产品，当它呈一模多腔对称分布时，可以选择其中一腔并将其出现次数设置为与之对应的型腔数进行替代分析，从而减少分析时间。

如果没有手动设置出现次数，则无须进行出现次数诊断。单击【出现次数】按钮，弹出如图 4.34 所示的【出现次数诊断】对话框。

单击【显示】按钮，显示网格出现次数诊断结果，如图 4.35 所示。

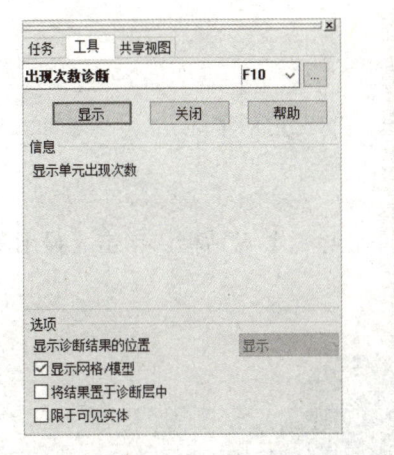

图 4.34　【出现次数诊断】对话框 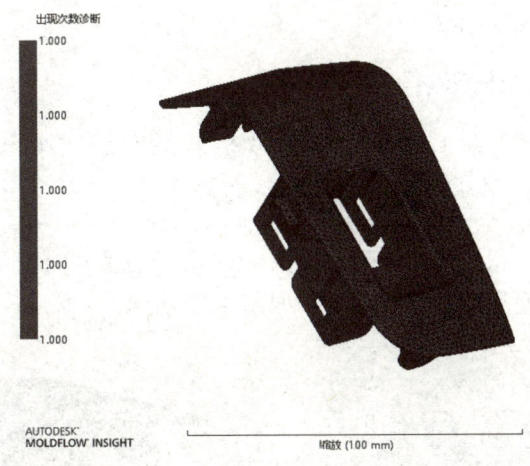　　　　　图 4.35　网格出现次数诊断结果

8．网格匹配诊断

网格匹配诊断工具用于诊断网格的匹配性。

提示：低于 50%的网格匹配率往往会导致分析失败，对于翘曲分析，需要 85%以上的网格匹配率，以便得到准确的分析结果。如果网格匹配率太低，则可以通过选择合适的网格单元边长来重新划分网格，或者使用网格匹配修复工具来修复未匹配的网格单元，以达到提高网格匹配率的目的。

提示：网格匹配率的高低不但与所设置的网格密度、网格单元边长有关，而且与模型形状密切相关。当模型形状比较复杂、厚度变化较大、有较多倒圆角和其他细微特征时,划分出来的网格匹配率往往会比较低。当出现这种状况时,可以在导入模型之前将模型的倒圆角等特征删除,这样可以显著提高网格匹配率。

单击【网格匹配】按钮,弹出如图 4.36 所示的【Dual Domain 网格匹配诊断】对话框。单击【显示】按钮,显示网格匹配诊断结果,如图 4.37 所示。

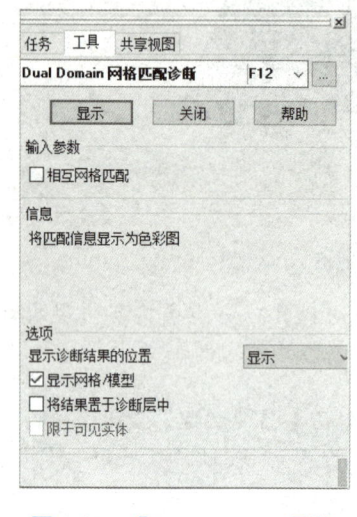

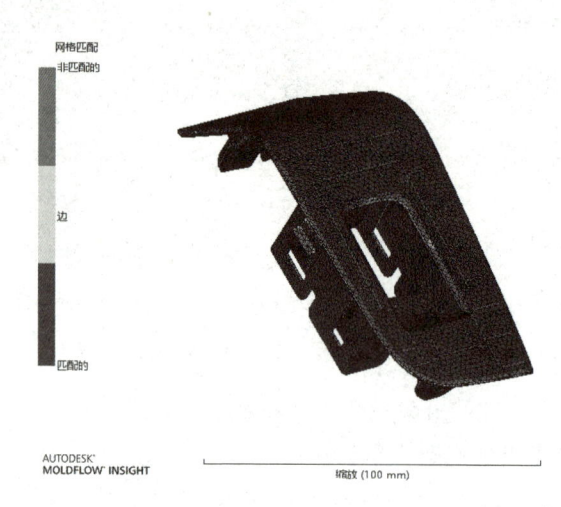

图 4.36　【Dual Domain 网格匹配诊断】对话框

图 4.37　网格匹配诊断结果

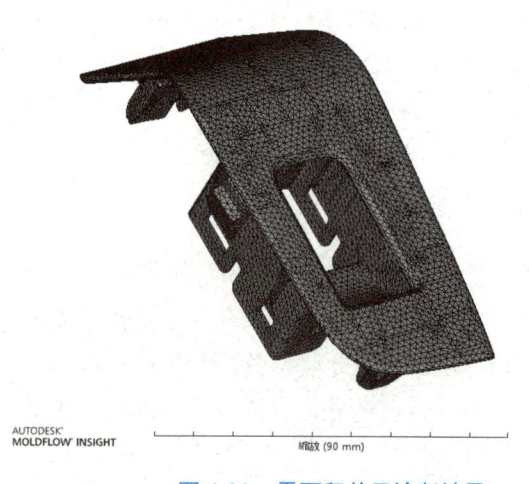

9. 零面积单元诊断

零面积单元诊断工具用于诊断面积极小(接近一条直线)的三角形单元。

提示: 网格模型中不应存在零面积单元。

单击【零面积】按钮,弹出如图 4.38 所示的【零面积单元诊断】对话框。单击【显示】按钮,显示零面积单元诊断结果,如图 4.39 所示。

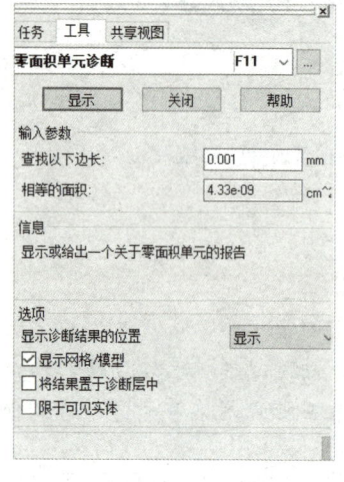

图 4.38　【零面积单元诊断】对话框

图 4.39　零面积单元诊断结果

4.6 网格修复工具

通过 4.5 节的网格缺陷诊断，可以发现划分的网格中存在的缺陷，因为网格的质量直接影响模流分析结果的准确性，所以对网格缺陷进行修复是相当重要的工作。Moldflow 2023 提供了 22 种网格修复工具，熟练掌握这些网格修复工具的使用方法是十分重要的。

在【网格】菜单中单击【网格修复】下拉按钮，调出【网格编辑】工具栏，如图 4.40 所示。

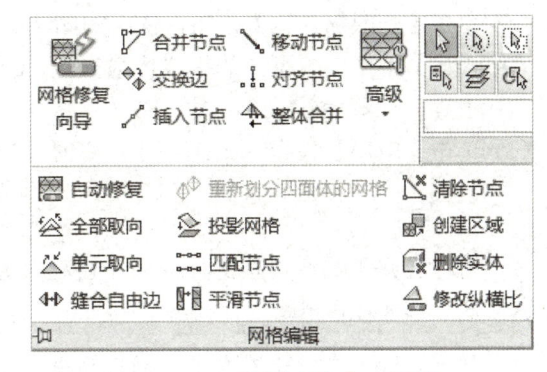

图 4.40 【网格编辑】工具栏

1. 自动修复

自动修复工具主要用于修复网格中存在的交叉与重叠单元问题，可以有效地改进网格的纵横比。该工具对双层面网格很有效。

提示：在使用一次该工具后，再次反复使用，可以提高修复的效率。在手动处理网格中存在的问题之前，一般都要先进行自动修复，以减少工作量，但是不能期待使用该工具解决网格中存在的所有问题。

单击【自动修复】按钮，弹出如图 4.41 所示的【自动修复】对话框。单击【应用】按钮，系统会花一点时间自动修复已划分的网格。自动修复结果如图 4.42 所示。

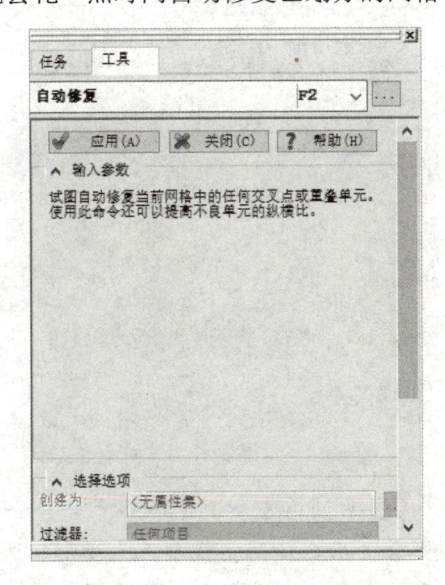

图 4.41 【自动修复】对话框

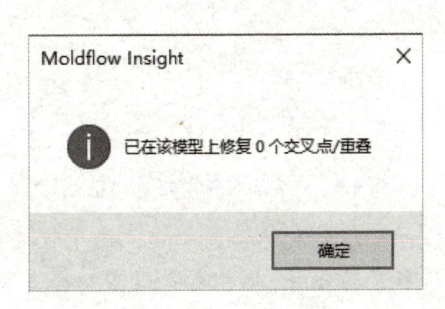

图 4.42 自动修复结果

2. 修改纵横比

修改纵横比工具用于修复纵横比，通过指定最大纵横比来减小网格的最大纵横比。使用该工具后，系统会自动改善一部分三角形单元的纵横比问题。通常在使用该工具后，系统并不能将纵横比修复到所期望的数值。因此，在使用该工具后，有较大纵横比的地方还需要手动进行修复。

单击【修改纵横比】按钮，弹出如图 4.43 所示的【修改纵横比】对话框。其中，【当前最大纵横比】是当前模型中的纵横比最大值，【目标最大纵横比】是期望的纵横比最大值，可以自行设置，一般为 6~20。

单击【应用】按钮，系统会花一点时间自动修复已划分的网格。

3. 整体合并

整体合并工具通过指定合并公差自动合并所有间距小于合并公差的节点，主要用于修复纵横比和零面积区域。

提示：该工具对于存在零面积区域或极小单元的网格来说很有用，同时它又是修复纵横比问题的有力工具，使用该工具可以消除网格中的零面积区域，并且可以大大减少纵横比较大的三角形单元数量。

单击【整体合并】按钮，弹出如图 4.44 所示的【整体合并】对话框。

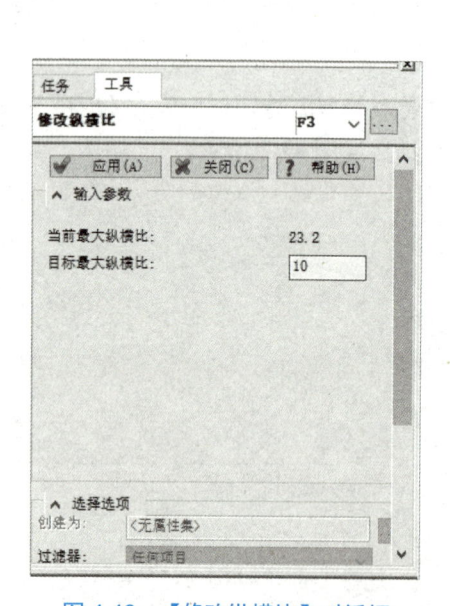

图 4.43　【修改纵横比】对话框　　　　图 4.44　【整体合并】对话框

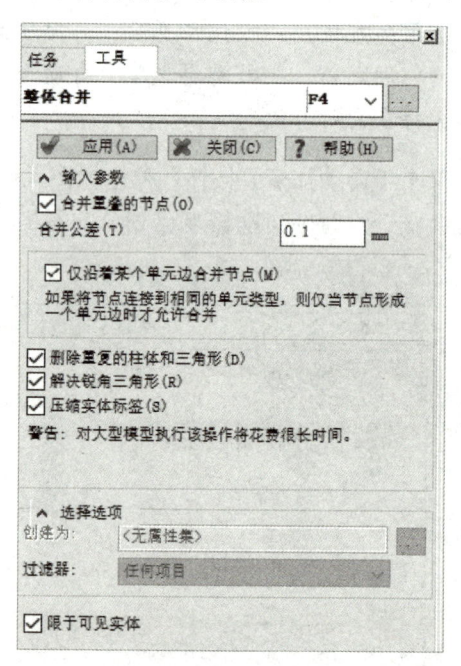

提示：对于整体合并工具，由于软件会根据合并公差对网格中所有间距小于合并公差的节点进行自动合并，所以如果设置的合并公差太大，则合并后会使网格模型产生变形。图 4.44 中合并公差设置为 0.1mm。当然在纵横比较大的三角形单元数量较多的网格模型中，合并公差可以尽可能取较大值，这样可以修复更多纵横比过大的三角形网格，以减少后续修复纵横

比问题的麻烦。

每次使用完整体合并工具后，可以旋转模型，检查一下网格模型特征（如薄肋、倒圆角）处有没有变形现象。

4．合并节点

合并节点工具用于将一个或多个节点合并到一个指定的节点上，常用于修复自由边、纵横比较大及交叉或重叠三角形单元等。

单击【合并节点】按钮，弹出如图 4.45 所示的【合并节点】对话框。

提示：依次选择准备合并的两个节点。其中，【要合并到的节点】是目标节点，【要从其合并的节点】是要合并的一个或多个节点。如果是多个节点，则按住 Ctrl 键，依次选择。

图 4.46（a）所示为节点合并前的网格模型，图 4.46（b）所示为节点合并后的网格模型。由节点合并前、后网格模型的对比图可以看出，节点合并后的网格单元形状比较合理，节点合并后原来区域的纵横比减小了。

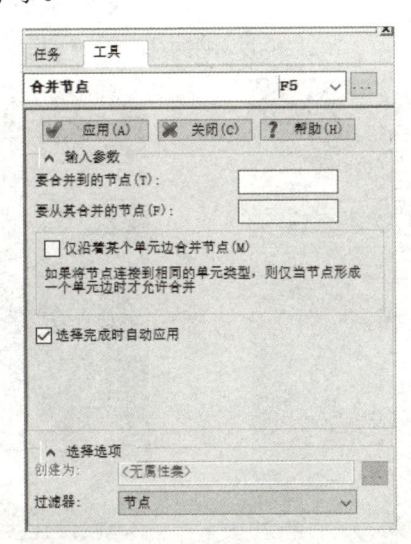

图 4.45 【合并节点】对话框

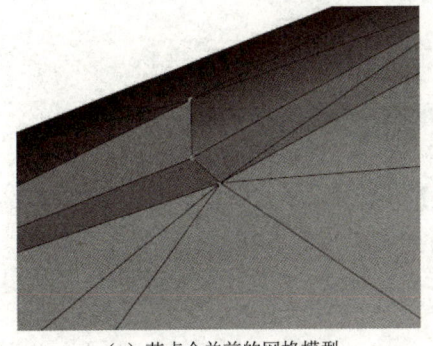

（a）节点合并前的网格模型　　　　　　　　（b）节点合并后的网格模型

图 4.46 合并节点结果

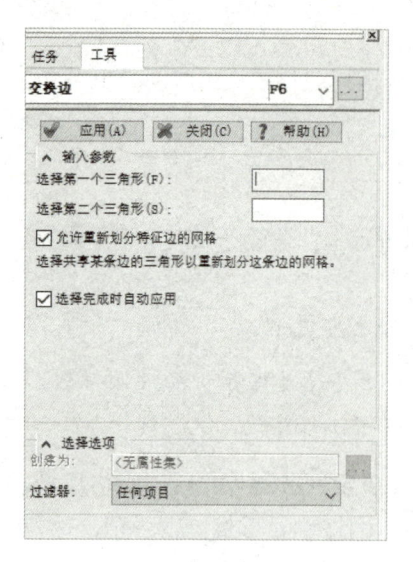

5．交换边

交换边工具用于交换两相邻三角形单元的公共边，但是相邻的三角形单元必须在同一个平面上，否则无法交换。该工具主要在改善网格的纵横比时使用。

单击【交换边】按钮，弹出如图4.47所示的【交换边】对话框。其中，【选择第一个三角形】【选择第二个三角形】两个选项分别用来通过鼠标选择两个相邻的、要交换的三角形单元。

注意：两个要交换的三角形单元必须在同一个平面上且具有共用边才可以交换成功。

同时【允许重新划分特征边的网格】复选框也必须勾选上，否则对于多数交换过程来说，交换往往无法成功。

交换边结果如图4.48所示。从图4.48中可以看出，对两个相邻的三角形单元进行共用边交换之后，提高了网格质量。

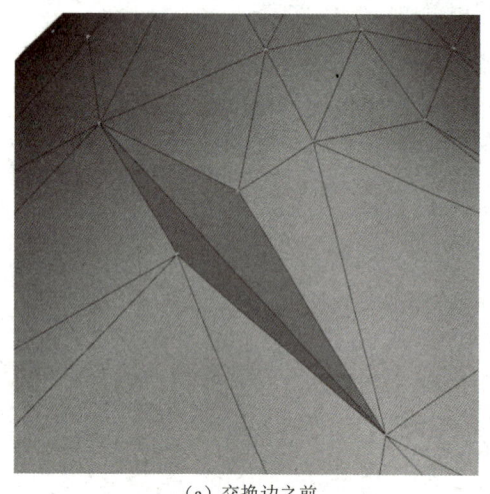

图 4.47　【交换边】对话框

（a）交换边之前　　　　　（b）交换边之后

图 4.48　交换边结果

6．匹配节点

匹配节点工具用于手动修改网格，以获得更好的网格匹配，将网格模型表面上的一个节点投影到另一个平面指定的三角形单元上，可以重新建立良好的网格匹配。

单击【匹配节点】按钮，弹出如图4.49所示的【匹配节点】对话框。其中，【要投影到网格中的节点】用于选择投影节点，【用于将节点投影到的三角形】用于选择投影三角形。

7．重新划分网格

重新划分网格工具用于对某区域重新划分网格，以获得更加合理的网格。在对模型划分完网格的基础上，需要对部分区域重新划分网格，可以在形状复杂或形状简单的模型区域进行网格局部加密或局部稀疏。

单击【高级】→【重新划分网格】按钮，弹出如图 4.50 所示的【重新划分网格】对话框。其中，【选择要重新划分网格的实体】用于选择要重新划分的区域，【边长】用于指定重新划分网格单元的边长，此数值的大小将影响到重新划分后的网格密度。此数值越小，网格密度就越大，将重新划分网格单元的边长设置为 4.5mm。重新划分网格结果如图 4.51 所示。

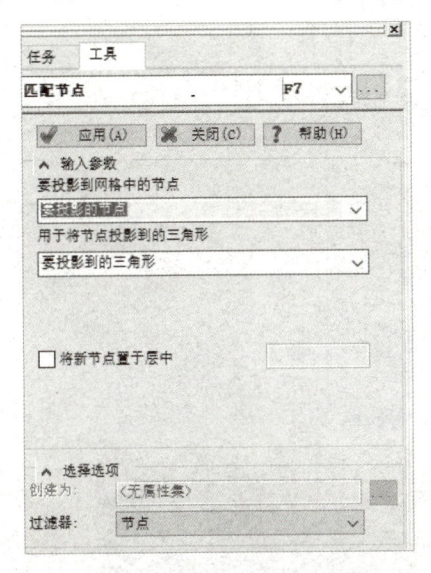

图 4.49　【匹配节点】对话框 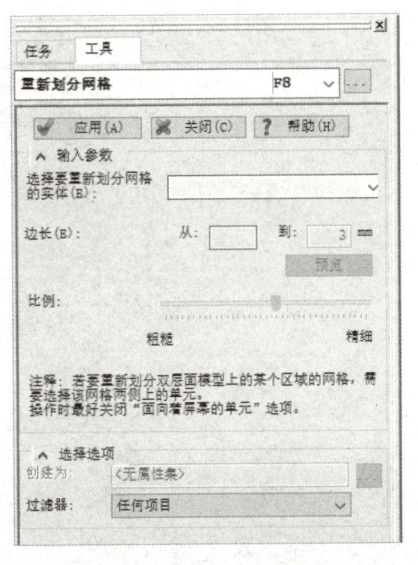　　　　　图 4.50　【重新划分网格】对话框

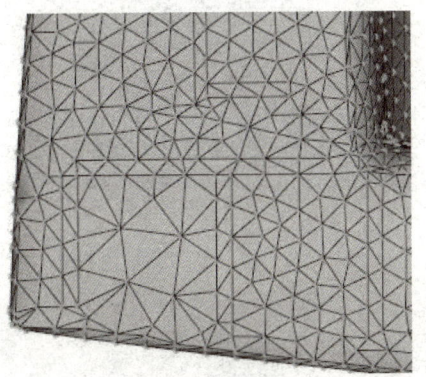

（a）重新划分网格之前　　　　　　　（b）重新划分网格之后

图 4.51　重新划分网格结果

提示：在对网格单元进行重新划分时，应将所划分区域的上、下表面网格同时选中，以避免重新划分网格后影响网格匹配率。

8．插入节点

插入节点工具用于在指定的两个节点之间或指定的三角形单元内创建新的节点，以获得理想的纵横比。

单击【插入节点】按钮，弹出如图 4.52 所示的【插入节点】对话框。

提示：选择的两个节点必须是同一个三角形单元的同一条边上的节点，否则插入节点操作无法完成。同时，推荐选择【过滤器】选项，以免因系统捕捉到其他类型而使操作失败。指定【三角形边的中点】插入节点结果如图 4.53 所示，指定【三角形的中心】插入节点结果如图 4.54 所示。

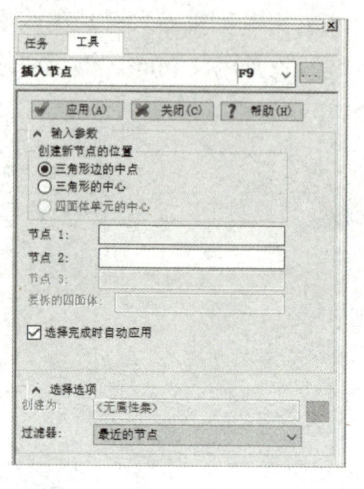

图 4.52 【插入节点】对话框

（a）插入节点之前　　　　　　　　　　（b）插入节点之后

图 4.53 指定【三角形边的中点】插入节点结果

（a）插入节点之前　　　　　　　　　　（b）插入节点之后

图 4.54 指定【三角形的中心】插入节点结果

9．移动节点

移动节点工具用于将指定的一个或多个节点按照指定的绝对或相对坐标移动一定距离。

单击【移动节点】按钮,弹出如图 4.55 所示的【移动节点】对话框。

其中,【要移动的节点】选择要进行移动的节点,在【位置】数值框中输入移动节点的目标位置,即其坐标 X、Y、Z 的值,可以选中【绝对】或【相对】单选按钮。

10. 对齐节点

对齐节点工具用于重新排列一组节点,需要先指定两个节点作为基准节点,然后把需要移动的节点重新排列到两个基准节点所在的直线上。

单击【对齐节点】按钮,弹出如图 4.56 所示的【对齐节点】对话框。

图 4.55 【移动节点】对话框　　　　图 4.56 【对齐节点】对话框

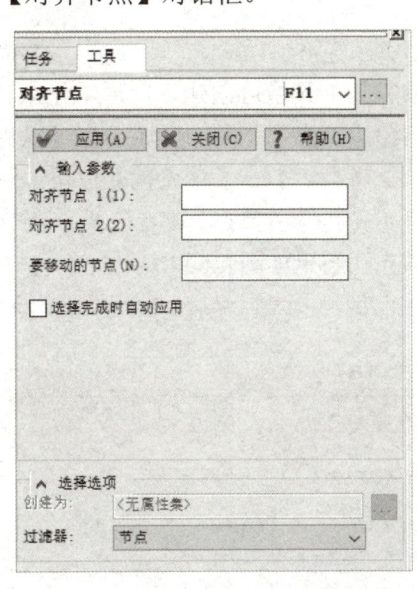

其中,【对齐节点 1】和【对齐节点 2】选择参考点,【要移动的节点】选择要与前两者呈直线排列的节点。如果有需要,可按住 Ctrl 键,依次选择节点,以达到一次性对齐多个节点的目的。对齐节点结果如图 4.57 所示。

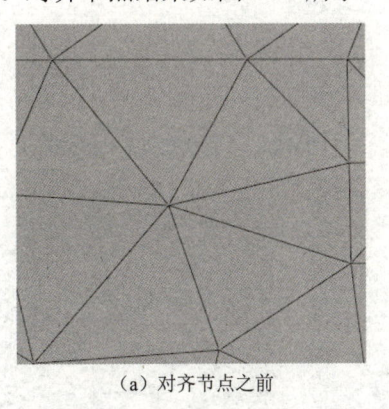

(a) 对齐节点之前　　　　(b) 对齐节点之后

图 4.57 对齐节点结果

11. 单元取向

单元取向工具用于将取向不正确的单元重新定向,它不适用于 3D 网格。

单击【单元取向】按钮,弹出如图 4.58 所示的【单元取向】对话框。

首先选择定向错误的单元,在【要编辑的单元】文本框中显示选中的三角形单元集;然后在【参考】文本框中输入【选择参考单元】,或者直接在模型上选择参考单元;最后单击【应用】按钮。

提示:在修复定向错误的单元时,通常使用全部取向工具,该工具可以一次性修复所有定向错误的单元,速度比较快,所以较少用单元取向工具进行单个修复。

12. 其他网格修复工具

(1) 填充孔。

填充孔工具通过创建三角形单元来填补网格上所存在的非结构性孔洞或缝隙,主要用于修复自由边及出现孔洞的区域,也可以用于建模。

单击【高级】→【填充孔】按钮。弹出如图 4.59 所示的【填充孔】对话框。可以手动依次选择定义孔洞的节点,或者选择一个节点后,单击【搜索】按钮,系统会自动搜索孔洞的边界。填充孔结果如图 4.60 所示。

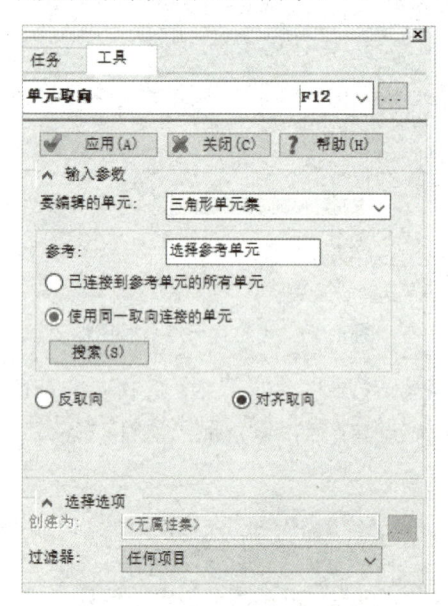

图 4.58　【单元取向】对话框 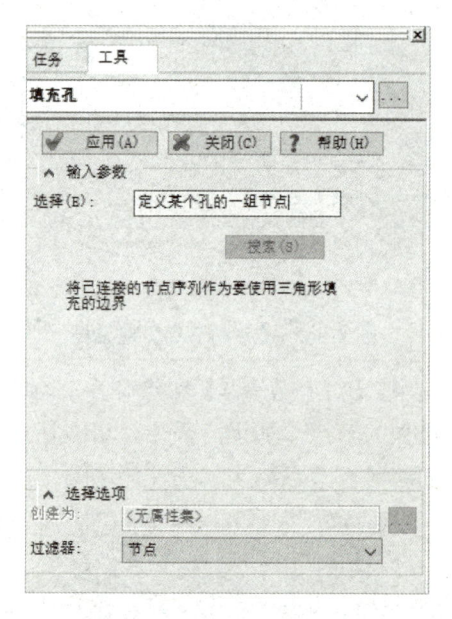　　　　图 4.59　【填充孔】对话框

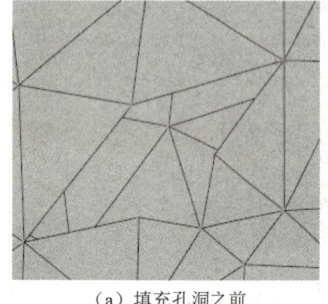

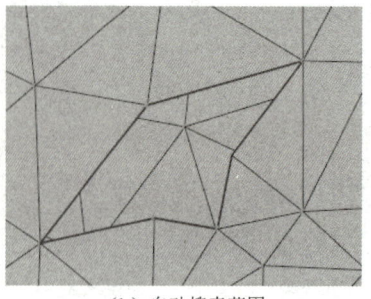

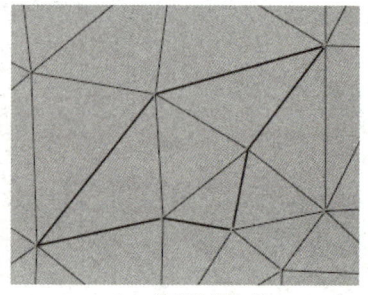

(a) 填充孔洞之前　　　　(b) 自动搜索范围　　　　(c) 填充孔洞之后

图 4.60　填充孔结果

提示：如果有两个或多个自由边区域相邻，或者同一个自由边区域不位于同一个平面上，则使用【搜索】命令可能会导致填充孔洞失败。此时可以按住 Ctrl 键，依次选择自由边上的节点，先填充好一个孔洞或单个三角形单元，再填充其他的孔洞。

（2）缝合自由边。

缝合自由边工具可以用于修复自由边。

单击【高级】→【缝合自由边】按钮，弹出如图 4.61 所示的【缝合自由边】对话框。

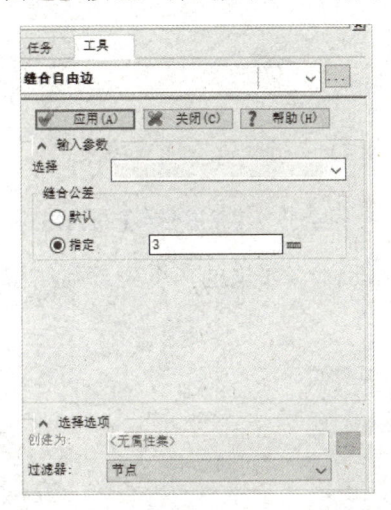

图 4.61 【缝合自由边】对话框

先使用鼠标选中有自由边的区域，然后选中【缝合自由边】对话框中的【指定】单选按钮，并输入参数，单击【应用】按钮，即可缝合自由边。缝合自由边结果如图 4.62 所示。

提示：当无法缝合时，可以先适当将参数改大，再尝试缝合。

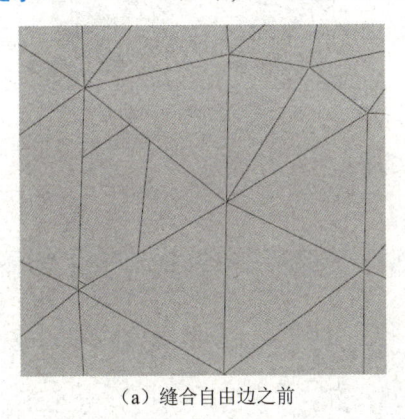

(a) 缝合自由边之前　　　　　　　　(b) 缝合自由边之后

图 4.62 缝合自由边结果

（3）平滑节点。

平滑节点工具用于自动重新划分与选定节点有关联的网格单元，以得到更加均匀、合理的网格，从而有利于计算。

单击【高级】→【平滑节点】按钮，弹出如图 4.63 所示的【平滑节点】对话框。

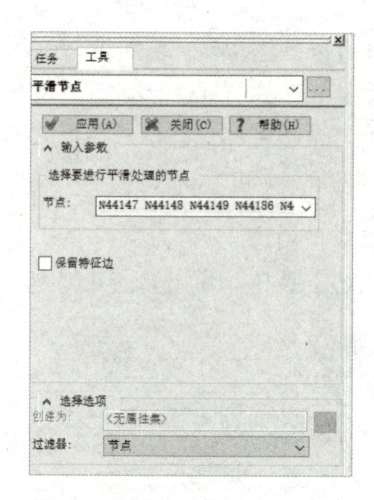

图 4.63 【平滑节点】对话框

先使用鼠标用拖曳的方法框选准备平滑的一系列节点，然后单击【应用】按钮。平滑节点结果如图 4.64 所示。

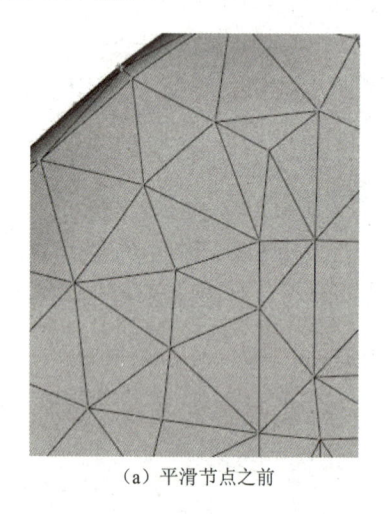

（a）平滑节点之前　　　　　　　　　　　　（b）平滑节点之后

图 4.64　平滑节点结果

（4）投影网格。

投影网格工具用于在某个网格单元严重背离模型表面或不符合网格表面模型时还原网格，使网格遵循模型表面。

注意：如果导入的几何模型为 STL 模型，则该工具无效。

单击【高级】→【投影网格】按钮，弹出如图 4.65 所示的【投影网格】对话框。

（5）删除实体。

删除实体工具用于删除选定的网格单元。

提示：也可以使用键盘上的 Delete 键直接删除选定的网格单元，但是如果选定的对象类型很多，则在使用 Delete 键直接删除对象时会弹出【删除实体】对话框，用于选择实体类型，如图 4.66 所示。删除实体结果如图 4.67 所示。

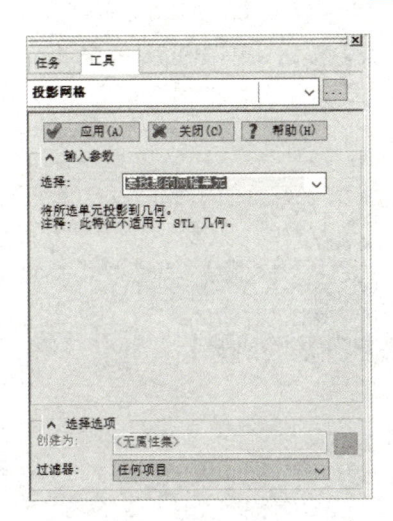

图 4.65　【投影网格】对话框

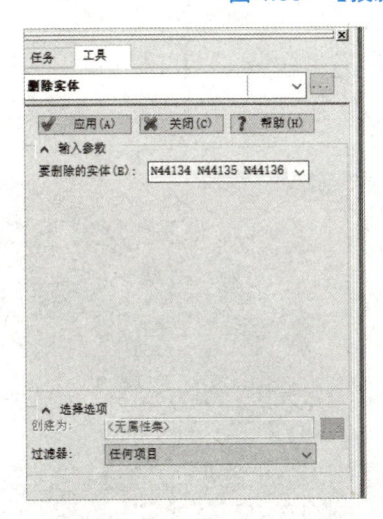

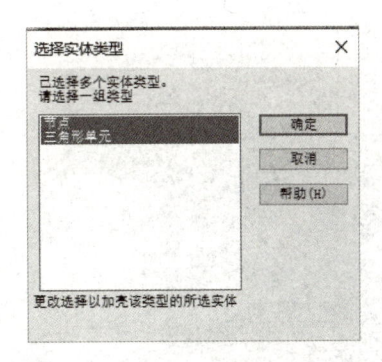

图 4.66　【删除实体】对话框

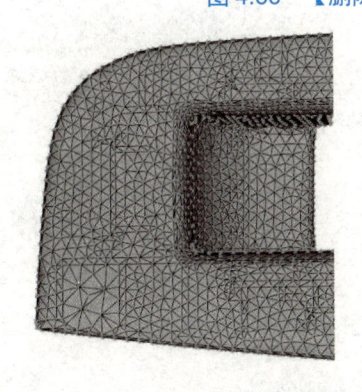

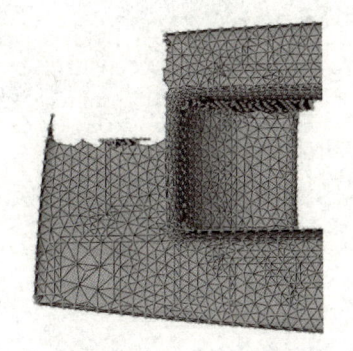

图 4.67　删除实体结果

（6）清除节点。

清除节点工具用于清除网格模型中与其他单元没有任何联系的节点。当网格处理完毕及流道和浇口等对象创建好后，通常会使用此工具清除所有多余的节点。

单击【高级】→【清除节点】按钮，弹出如图 4.68 所示的【清除节点】对话框。单击【应用】按钮，无须进行任何操作，系统会自动清除所有多余的节点。清除节点结果如图 4.69 所示。

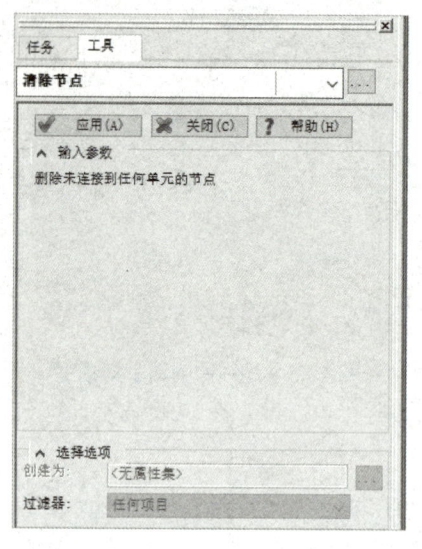

图 4.68　【清除节点】对话框

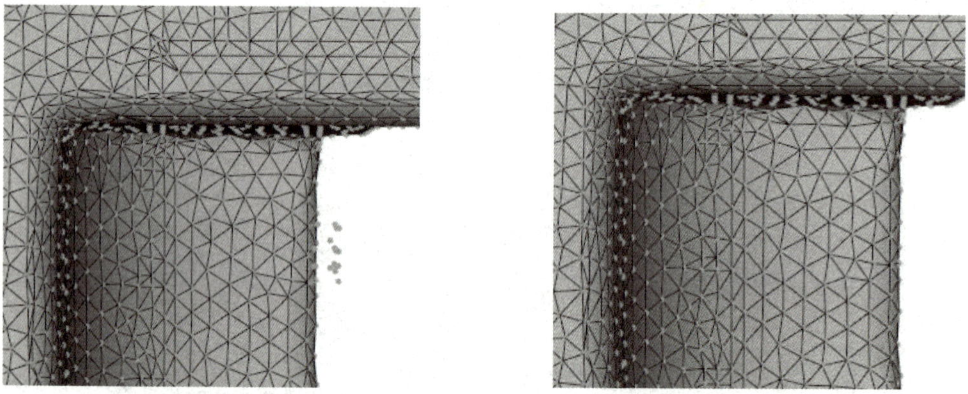

(a) 清除节点之前　　　　　　　　　　　(b) 清除节点之后

图 4.69　清除节点结果

（7）全部取向。

全部取向工具用于对网格的所有单元进行重新定向。单击【全部取向】按钮即可使用该工具。

4.7　本章小结

本章主要介绍了网格类型的确定、模型导入、网格的划分和统计步骤。网格的类型主要根据产品的结构形状确定，网格的密度主要确定了网格匹配率和网格单元数量，通过网格的统计可以知道网格中的哪些问题需要进行修复。总之，网格的质量关系到分析所需的时间和分析的精度，学生必须掌握网格处理的步骤和要求。

本章还介绍了网格的缺陷诊断步骤和网格修复工具，在缺陷诊断的基础上进行网格的修复是模流分析工作前处理中非常重要的步骤，网格质量的好坏会直接影响到分析结果的准确性。

通过学习本章内容，学生应很好地掌握各种网格修复工具的使用方法，能针对各种网格问题运用合适的网格修复工具进行修复，直到满足其分析形式的网格质量要求。

总之，网格修复占据了模流分析工作的很大一部分时间，通过对多个零件的网格进行处理，可以加快网格修复的速度。

第 5 章

Moldflow 2023 的几何工具

本章主要介绍 Moldflow 2023 的几何工具，使用几何工具可以很方便地在模型显示窗口中创建点、线、面等基本图形元素，从而构造出复杂的 CAD 模型，内容包括节点的创建、线的创建、区域的定义、镶件的创建、局部坐标系（Local Coordinate System，LCS）的创建、移动与复制及其他建模工具的应用。

5.1 菜单操作

使用几何工具可以很方便地在模型显示窗口中创建点、线、面等基本图形元素，创建浇注系统、冷却系统等，还可以直接利用建模工具创建原始模型，为 Moldflow 2023 分析准备好模型文件。

【几何】菜单如图 5.1 所示。

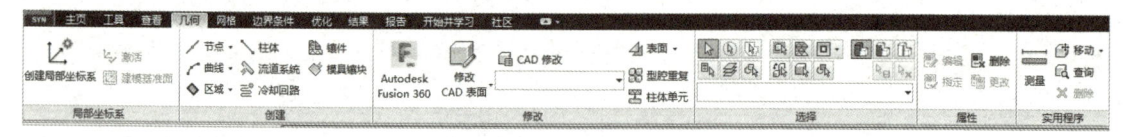

图 5.1 【几何】菜单

5.2 节点的创建

【节点】下拉菜单如图 5.2 所示，一共有 5 种创建节点的方法。

1. 按坐标定义节点

Step1：选择【按坐标定义节点】选项，弹出如图 5.3 所示的【按坐标定义节点】对话框。

Step2：使用直接在【坐标】数值框中输入三维坐标值的方法创建节点。

提示：直接输入三维坐标值和矢量值的方法有两种，一种是坐标值用空格隔开，如【5 5 5】；另一种是坐标值用逗号隔开，如【10，10，10】。

Step3：单击【应用】按钮，结果如图 5.4 所示。

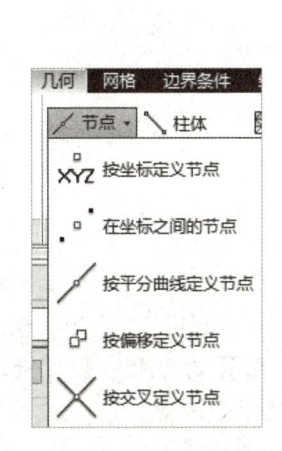

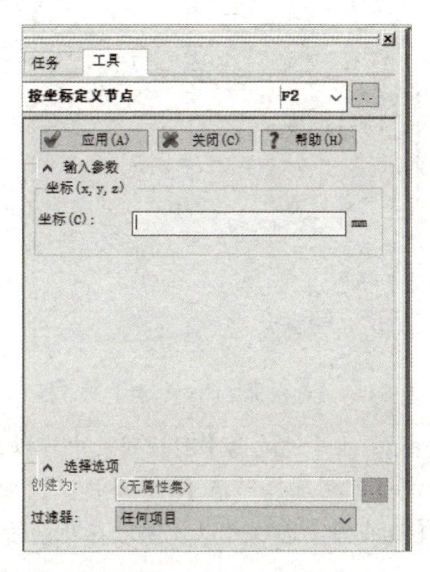

图 5.2 【节点】下拉菜单　　　　　图 5.3 【按坐标定义节点】对话框

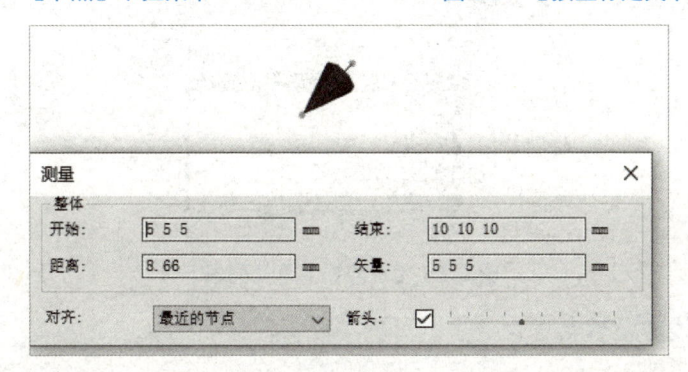

图 5.4 按坐标定义节点的结果

2. 在坐标之间的节点

Step1：选择【在坐标之间的节点】选项，弹出如图 5.5 所示的【在坐标之间的节点】对话框。

Step2：选定两个坐标，可以直接输入三维坐标值，如图 5.6（a）所示，或者直接选定两个基准节点，如图 5.6（b）所示。

Step3：在【节点数】数值框中输入想要创建的节点数目。

Step4：单击【应用】按钮，结果如图 5.6（c）所示。

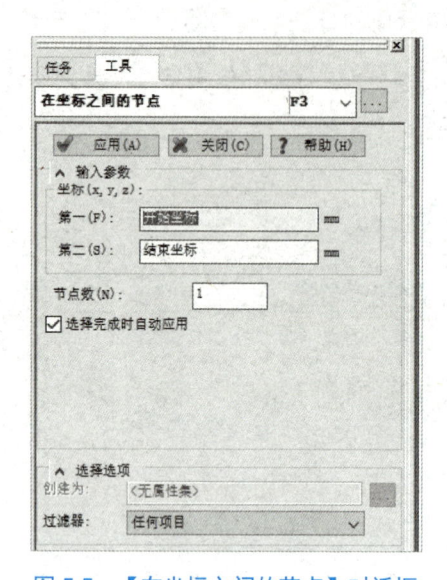

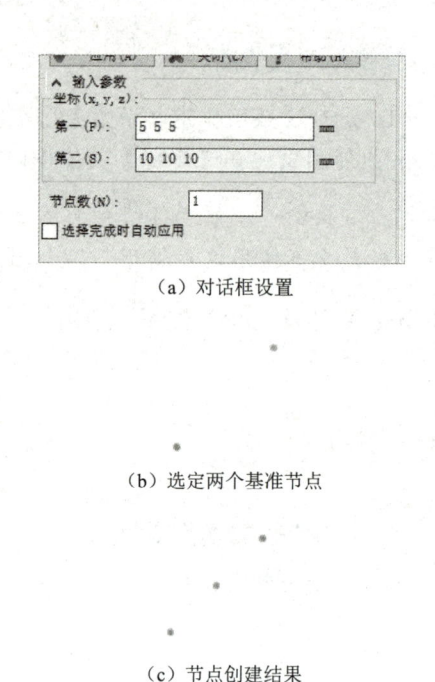

(a) 对话框设置

(b) 选定两个基准节点

(c) 节点创建结果

图 5.5 【在坐标之间的节点】对话框　　　　图 5.6 在已有的两个节点之间创建节点

提示：在【过滤器】下拉列表中可以选择图形元素的类别，如图 5.7 所示，包括【任何项目】【建模基准面】【节点】【圆弧中心】【曲线末端】【曲线中央】【曲线上的点】【最近的节点】。使用【过滤器】选项可以方便地在复杂的模型中选择可用的图形元素。

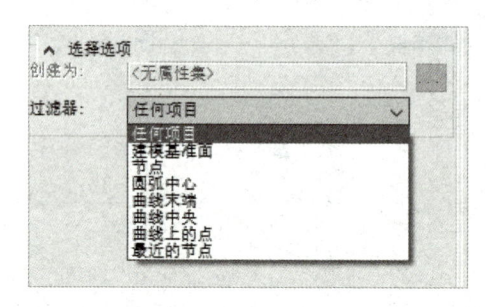

图 5.7 【过滤器】下拉列表

3. 按平分曲线定义节点

Step1：选择【按平分曲线定义节点】选项，弹出如图 5.8 所示的【按平分曲线定义节点】对话框。

Step2：选定要进行平分的曲线，如图 5.9（a）所示，或者直接输入曲线的名称，如 C1。

Step3：在【节点数】数值框中输入想要创建的节点数目。

Step4：对于【在曲线末端创建节点】复选框，可以根据需要选择是否勾选。

提示：是否勾选该复选框，平分曲线的结果是不同的。

Step5：单击【应用】按钮，结果如图 5.9（b）所示。

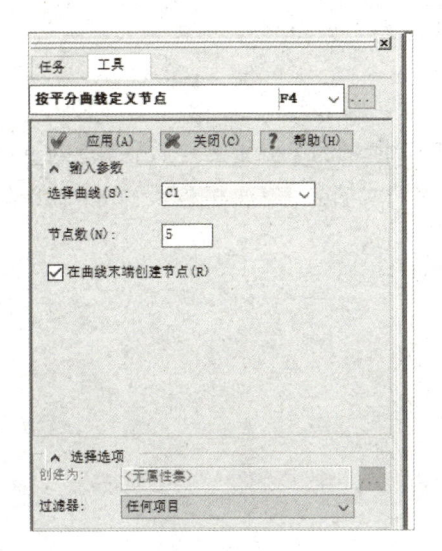

图 5.8 【按平分曲线定义节点】对话框

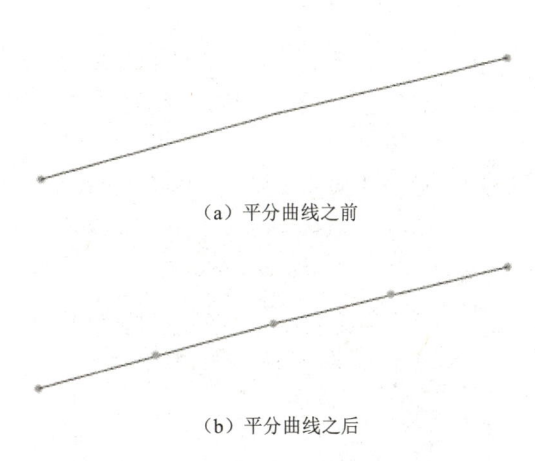

图 5.9 按平分曲线定义节点

（a）平分曲线之前

（b）平分曲线之后

4．按偏移定义节点

Step1：选择【按偏移定义节点】选项，弹出如图 5.10 所示的【按偏移定义节点】对话框。
Step2：选定要进行偏移的节点，或者直接输入节点的三维坐标值，如(20,20,20)。
Step3：在【偏移】数值框中输入要创建的节点偏移的坐标值，即输入相对坐标值。
Step4：在【节点数】数值框中输入要创建的节点数目 4。
Step5：单击【应用】按钮，结果如图 5.11 所示。

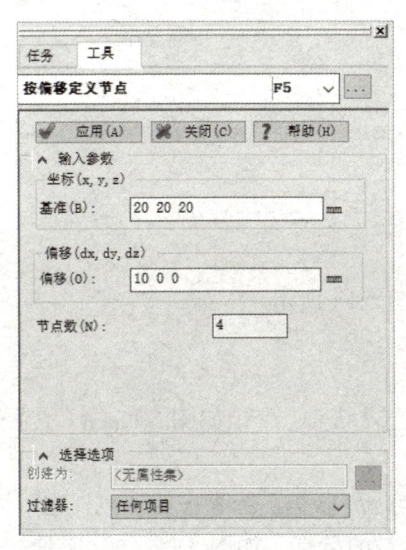

图 5.10 【按偏移定义节点】对话框

图 5.11 按偏移定义节点的结果

基准点

提示：其中基准节点的坐标是(20,20,20)，在【按偏移定义节点】对话框中设置了相对偏移矢量为(10,0,0)，要创建的节点数目为 4，表示的含义是第二个节点向 X 轴正方向移动 10mm，向 Y 轴正方向移动 0mm，向 Z 轴正方向移动 0mm。同理，第三个节点向 X 轴正方向移动 10mm，向 Y 轴正方向移动 0mm，向 Z 轴正方向移动 0mm。在输入目标位置沿 X 轴、Y 轴、

Z 轴方向的增量值时，也可以输入负值，此时代表向坐标轴负方向移动。

5. 按交叉定义节点

Step1：选择【按交叉定义节点】选项，弹出如图 5.12 所示的【按交叉定义节点】对话框。

Step2：选定两条相交曲线，或者直接输入两条相交曲线的名称 C2 和 C3，如图 5.13（a）所示。

Step3：单击【应用】按钮，结果如图 5.13（b）所示。

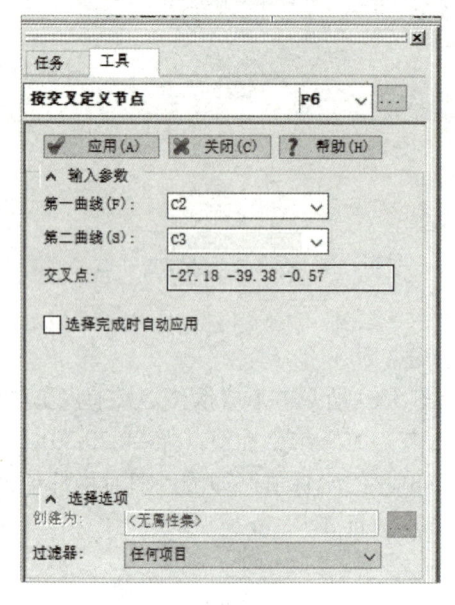

图 5.12 【按交叉定义节点】对话框

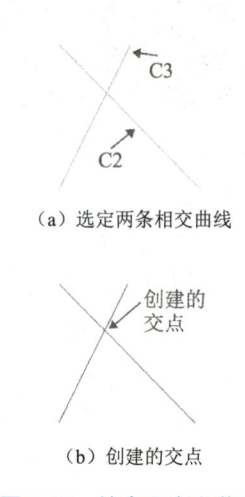

图 5.13 按交叉定义节点

5.3 线的创建

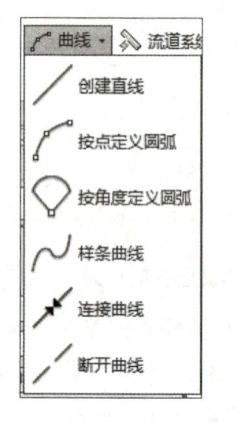

图 5.14 【曲线】下拉菜单

【曲线】下拉菜单如图 5.14 所示。

1. 创建直线

Step1：选择【创建直线】选项，弹出如图 5.15（a）所示的【创建直线】对话框。

Step2：指定两个节点，可以是已经存在的节点，也可以是通过直接输入三维坐标值确定的节点，如图 5.15（b）所示。

Step3：单击【应用】按钮，结果如图 5.16 所示。

提示：在指定第二个节点时，有两种方式，即绝对坐标方式（选中【绝对】单选按钮）和相对坐标方式（选中【相对】单选按钮）。如果选择绝对坐标方式，则可以直接用鼠标在模型显示窗口中取点；如果选择相对坐标方式，则需要注意输入的第二个节点的坐标值是相对于第一个节点的坐标值。为了方便操作，可通过【过滤器】选项选择节点。

【自动在曲线末端创建节点】复选框可根据需要确定是否勾选。

【创建为】选项用来指定创建曲线的属性（如主流道、分流道、冷却管道等），可以单击该选项右边的矩形按钮，弹出【指定属性】对话框，如图 5.17 所示。

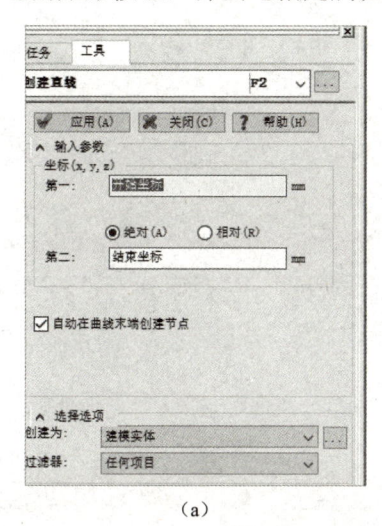

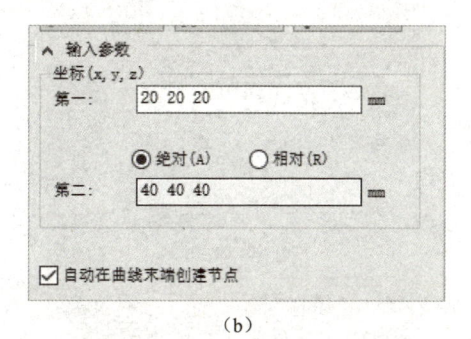

(a)　　　　　　　　　　　　　　(b)

图 5.15　【创建直线】对话框

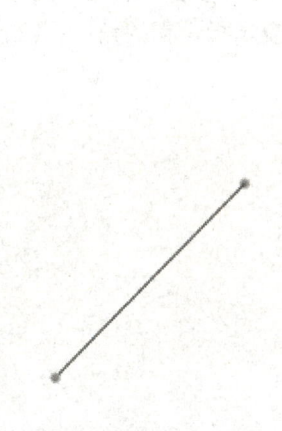

图 5.16　创建直线的结果　　　　图 5.17　【指定属性】对话框

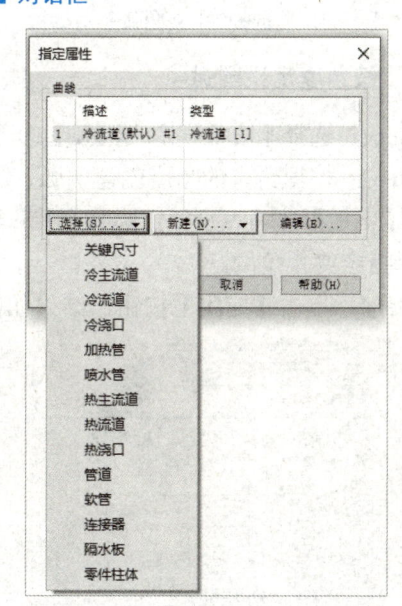

2. 按点定义圆弧

Step1：选择【按点定义圆弧】选项，弹出如图 5.18 所示的【按点定义圆弧】对话框。

Step2：指定三个节点，可以是已经存在的节点，也可以是通过直接输入三维坐标值确定的节点。

Step3：单击【应用】按钮，结果如图5.19所示。

注意：选择的选项不同会产生的不同创建结果。【自动在曲线末端创建节点】复选框可根据需要确定是否勾选。

提示：创建类型包括【圆弧】和【圆形】。【创建为】选项用来指定创建曲线的属性（如主流道、分流道、冷却管道等）。

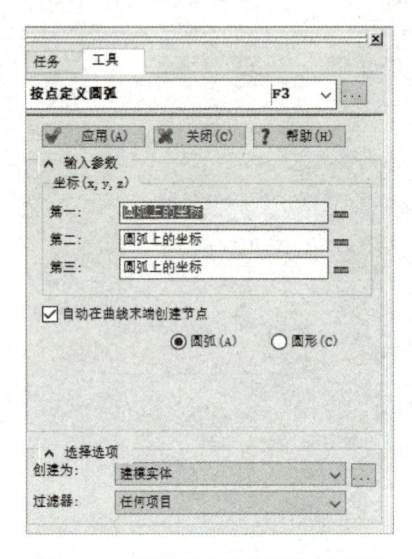

图5.18 【按点定义圆弧】对话框 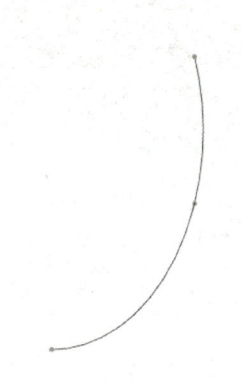　　　　　图5.19 由三点创建的圆弧

3. 按角度定义圆弧

Step1：选择【按角度定义圆弧】选项，弹出如图5.20所示的【按角度定义圆弧】对话框。

Step2：根据给定的角度创建圆弧，需要指定以下参数。【中心】选项表示指定圆弧中心点坐标；【半径】选项表示指定圆弧半径；【开始角度】选项表示指定初始角度；【结束角度】选项表示指定终止角度。

Step3：单击【应用】按钮，结果如图5.21所示。

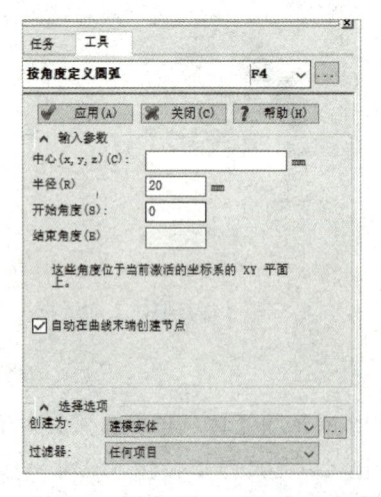

图5.20 【按角度定义圆弧】对话框 　　　　　图5.21 按角度定义圆弧的结果

4. 样条曲线

Step1：选择【样条曲线】选项，弹出如图 5.22 所示的【样条曲线】对话框。

Step2：给定一组节点，在【坐标】数值框中输入节点三维坐标值，单击【添加】按钮可增加节点，单击【删除】按钮可移除节点，系统根据这组节点自动拟合一条样条曲线。

Step3：单击【应用】按钮，结果如图 5.23 所示。

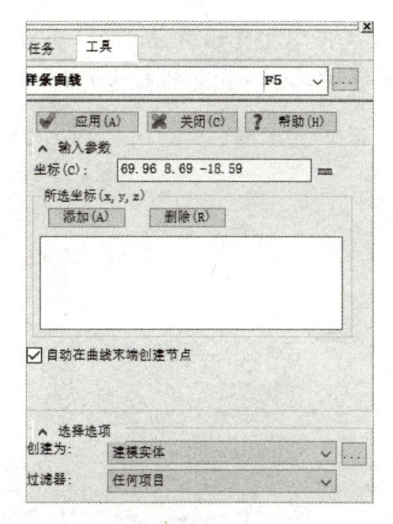

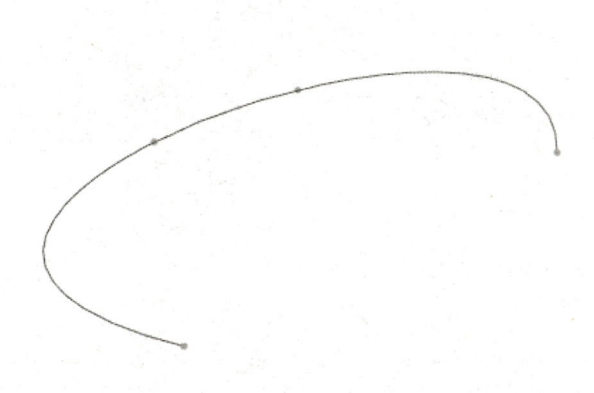

图 5.22　【样条曲线】对话框　　　　　图 5.23　拟合样条曲线的结果

5. 连接曲线

Step1：选择【连接曲线】选项，弹出如图 5.24 所示的【连接曲线】对话框。

Step2：选择要连接的【第一曲线】和【第二曲线】，将【圆角因子】设置为 1。

提示：【圆角因子】限定的输入最大数值为 100。【圆角因子】为 0 时创建一条直线，大于 0 时创建一条曲线，并且随着数值的增大，新曲线与两条已选定曲线之间的距离也增大。

Step3：单击【应用】按钮，结果如图 5.25 所示。

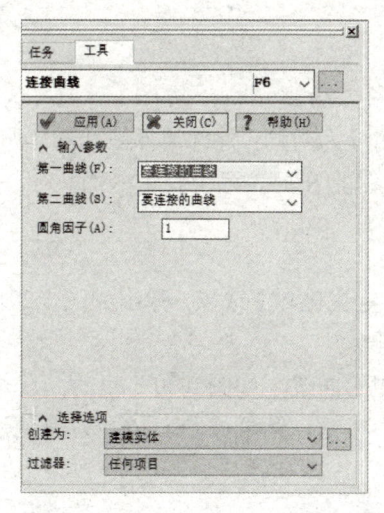

图 5.24　【连接曲线】对话框　　　　　图 5.25　连接曲线的结果

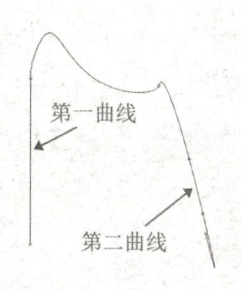

6. 断开曲线

Step1：选择【断开曲线】选项，弹出如图 5.26 所示的【断开曲线】对话框。

Step2：选择要断开的【第一曲线】和【第二曲线】。

Step3：单击【应用】按钮，结果如图 5.27 所示。原来两条相交的曲线，由相交点打断成四条曲线。

提示：如果勾选【选择完成时自动应用】复选框，则在选择完相交的曲线之后，会自动将其打断；如果没有勾选此复选框，则需要单击【应用】按钮，才会将相交的曲线打断。

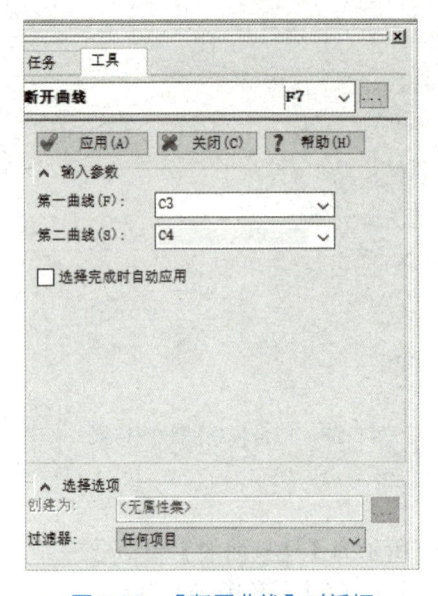

图 5.26 【断开曲线】对话框

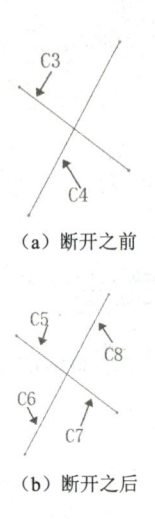

图 5.27 断开曲线

5.4 区域的定义

【区域】下拉菜单如图 5.28 所示，一共有 7 种定义区域的方法。Moldflow 2023 中曲面分为两种：外部边界面和孔。外部边界面是指塑件的外表面，孔是指在外表面上挖空的面。

1. 按边界定义区域

Step1：选择【按边界定义区域】选项，弹出如图 5.29 所示的【按边界定义区域】对话框。

Step2：选择一组封闭的曲线，如图 5.30（a）所示。

Step3：单击【应用】按钮，结果如图 5.30（b）所示。

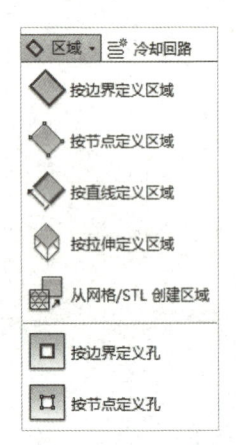

图 5.28 【区域】下拉菜单

(a) 选择一组封闭的曲线

(b) 区域定义的结果

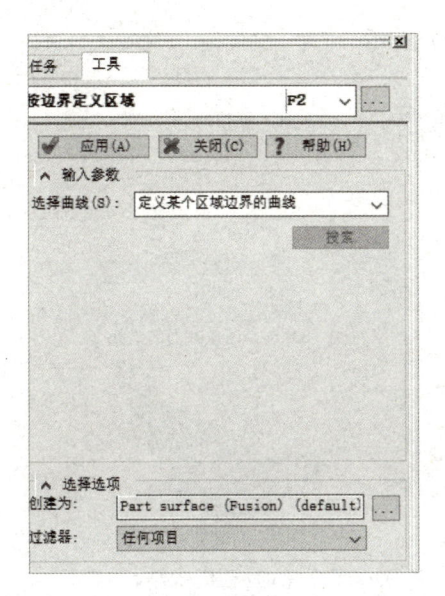

图 5.29 【按边界定义区域】对话框　　图 5.30 按边界定义区域

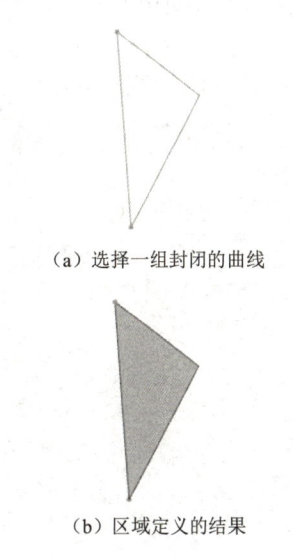

2. 按节点定义区域

Step1：选择【按节点定义区域】选项，弹出如图 5.31 所示的【按节点定义区域】对话框。
Step2：选择一系列节点，如图 5.32（a）所示。
Step3：单击【应用】按钮，结果如图 5.32（b）所示。

(a) 选择一系列节点

(b) 区域定义的结果

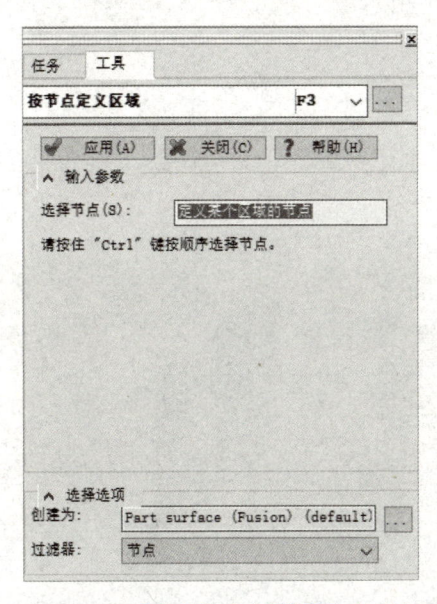

图 5.31 【按节点定义区域】对话框　　图 5.32 按节点定义区域

3. 按直线定义区域

Step1：选择【按直线定义区域】选项，弹出如图 5.33 所示的【按直线定义区域】对话框。
Step2：选择两条共面的直线，如图 5.34（a）所示。

Step3：单击【应用】按钮，结果如图5.34（b）所示。

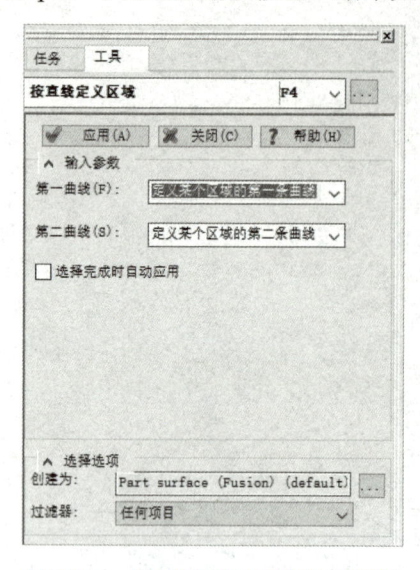

图 5.33　【按直线定义区域】对话框

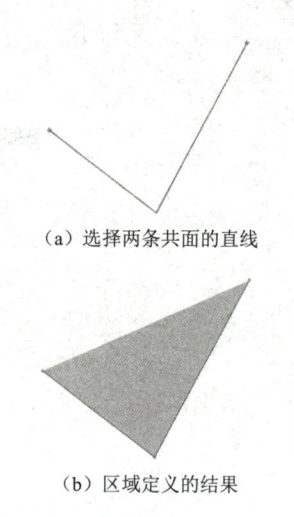

图 5.34　按直线定义区域

（a）选择两条共面的直线

（b）区域定义的结果

4．按拉伸定义区域

Step1：选择【按拉伸定义区域】选项，弹出如图5.35所示的【按拉伸定义区域】对话框。
Step2：选择一条直线，如图5.36（a）所示，通过【拉伸矢量】选项指定拉伸矢量为(0 0 10)。
Step3：单击【应用】按钮，结果如图5.36（b）所示。

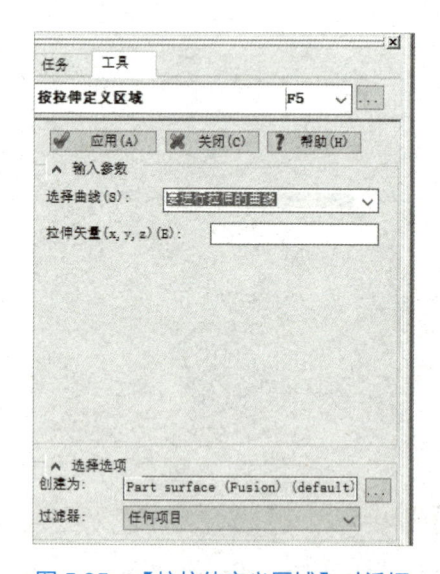

图 5.35　【按拉伸定义区域】对话框

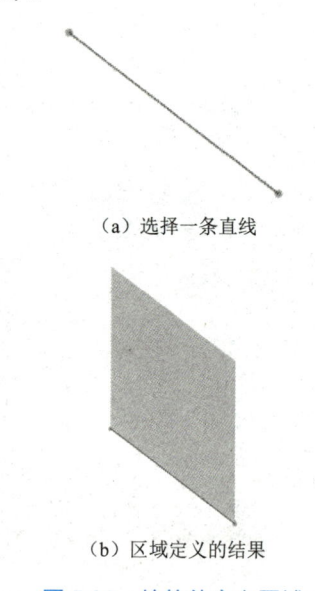

图 5.36　按拉伸定义区域

（a）选择一条直线

（b）区域定义的结果

5．按边界定义孔

Step1：选择【按边界定义孔】选项，弹出如图5.37所示的【按边界定义孔】对话框。
Step2：通过【选择区域】选项选择创建孔所属的区域，通过【选择曲线】选项选择封闭曲线作为边界来创建孔，如图 5.38（a）所示。

Step3：单击【应用】按钮，结果如图 5.38（b）所示。

提示： 如果勾选【启用对已连接曲线的自动搜索】复选框，则只要选择一条曲线，Moldflow 2023 就能自动选择与其相连的所有曲线。

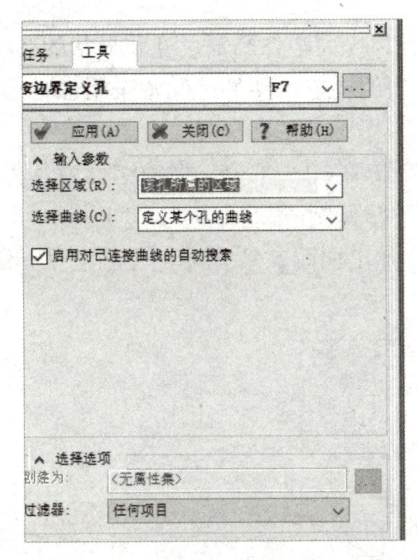

图 5.37　【按边界定义孔】对话框

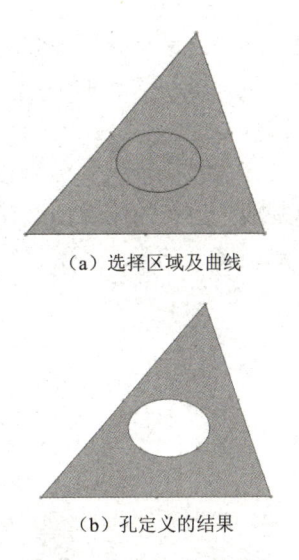

图 5.38　按边界定义孔

（a）选择区域及曲线

（b）孔定义的结果

6．按节点定义孔

Step1：选择【按节点定义孔】选项，弹出如图 5.39 所示的【按节点定义孔】对话框。

Step2：通过【选择区域】选项选择创建孔所属的区域，通过【选择节点】选项选择一系列节点作为边界来创建孔，如图 5.40（a）所示。

Step3：单击【应用】按钮，结果如图 5.40（b）所示。

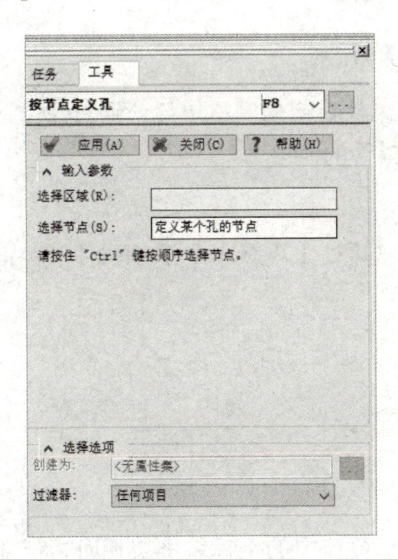

图 5.39　【按节点定义孔】对话框

图 5.40　按节点定义孔

（a）选择区域及节点

（b）孔定义的结果

5.5 镶件的创建

为了提高塑件的局部强度、硬度、耐磨性、导电性，提高塑件局部尺寸和形状的稳定性，提高塑件的精度，减小塑料的消耗，以及满足其他方面的要求，塑件之间常采用各种形状、各种材料的镶件。

镶件通常在注射之前被安装到模具中，注射后成为塑件的一部分。多数镶件由各种有色或黑色金属制成，也有的镶件由玻璃、木材或已成型的塑件制成。

Step1：选择【几何】→【创建】→【镶件】选项，弹出如图 5.41 所示的【创建模具镶件】对话框。

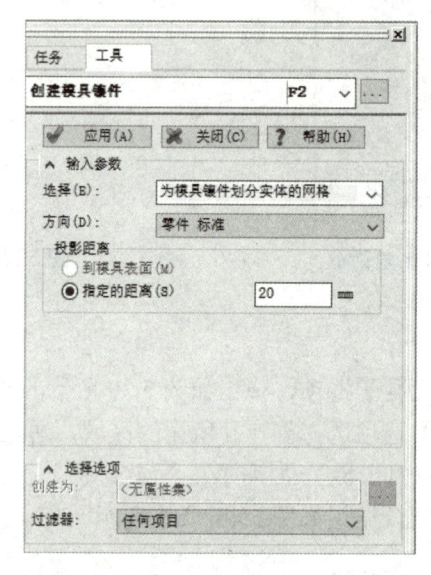

图 5.41　【创建模具镶件】对话框

Step2：通过【选择】选项在划分完的网格上选择镶件对应的网格单元，通过【方向】选项确定镶件生成的方向，在【投影距离】选区中指定镶件的高度。

Step3：单击【应用】按钮，创建完毕。

提示：镶件一般在网格划分完以后再创建，也可以通过【添加】命令从软件外部导入复杂几何体的镶件。

5.6 局部坐标系的创建

创建局部坐标系工具主要用在产品外形与模型显示窗口中的坐标系不协调时，一般很少使用。

Step1：选择【几何】→【局部坐标系】→【创建局部坐标系】选项，弹出【创建局部坐标系】对话框，如图 5.42 所示。

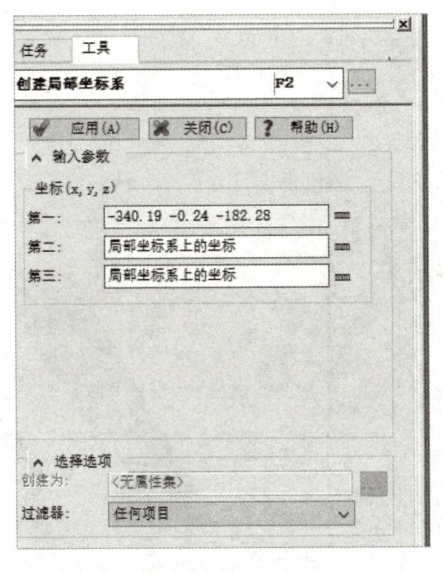

图 5.42 【创建局部坐标系】对话框

Step2：输入参数（三维坐标值），【第一】选项表示新坐标系的原点位置，【第二】选项表示新坐标系 X 轴的轴线与方向，【第三】选项表示与第二个节点组成新坐标系的 XY 平面，由此确定新坐标系 Y 轴的方向。

Step3：单击【应用】按钮，创建完毕。

提示：新创建的坐标系不能作为当前的坐标系使用，其在进行激活操作后才可以使用。如果想把已经创建的本地坐标系删除，则可以先选中坐标系，然后按键盘上的 Delete 键。

5.7 移动与复制

移动与复制工具是建模的重点，Moldflow 2023 提供了 5 种移动/复制实体模型的方法，分别是平移、旋转、3 点旋转、缩放、镜像。

选择【几何】→【实用程序】→【移动】选项，打开【移动】下拉菜单，如图 5.43 所示。

1. 平移

Step1：选择【平移】选项，弹出如图 5.44 所示的【平移】对话框。

Step2：通过【选择】选项选择要平移的模型，通过【矢量】选项定义平移矢量。

根据操作的需要可以选中【移动】或【复制】单选按钮。如果选中【复制】单选按钮，则还需要定义【数量】（指定要复制的个数）。

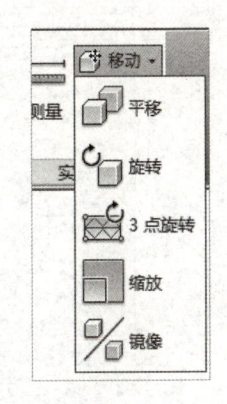

图 5.43 【移动】下拉菜单

选择门把手模型，在【矢量】数值框中输入【100 0 0】，如图5.44所示。

Step3：单击【应用】按钮，结果如图5.45所示。

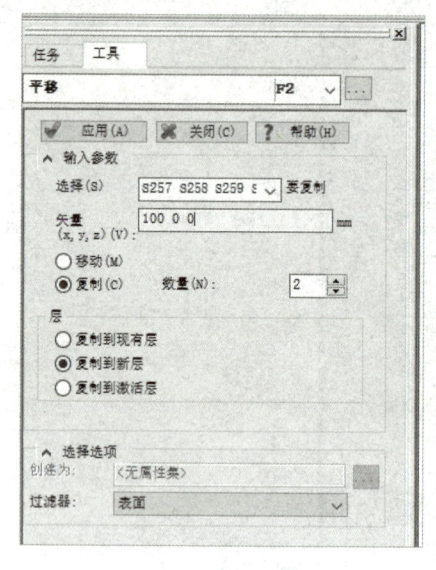

图 5.44　【平移】对话框　　　　　　　　图 5.45　平移的结果

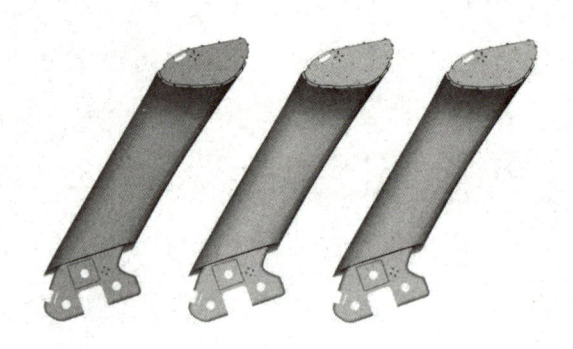

2. 旋转

Step1：选择【旋转】选项，弹出如图5.46所示的【旋转】对话框。

Step2：通过【选择】选项选择要旋转的模型；通过【轴】选项选择旋转轴，可以是 X 轴、Y 轴、Z 轴；通过【角度】选项设置旋转角度；通过【参考点】选项设置旋转参考点。

根据操作的需要可以选中【移动】或【复制】单选按钮。如果选中【复制】单选按钮，则还需要定义【数量】（指定要复制的个数）。

选择门把手模型，参数设置如图5.46所示。

Step3：单击【应用】按钮，结果如图5.47所示。

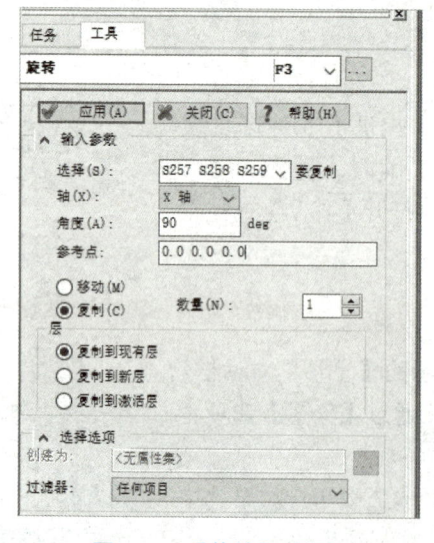

图 5.46　【旋转】对话框　　　　　　　　图 5.47　旋转的结果

3. 3 点旋转

Step1：选择【3 点旋转】选项，弹出如图 5.48 所示的【3 点旋转】对话框。

Step2：通过【选择】选项选择要旋转的模型。

选定三个节点，【第一】选项表示通过定义原点指定所选实体的旋转方式。旋转所选实体，以使【坐标 1】位于坐标轴原点。在【第一】数值框中直接输入坐标值 X、Y、Z，或者在模型显示窗口中的某个位置处单击。如果想要选择捕捉某个特定的模型部分，如一个节点，则可以在单击模型之前在【过滤器】下拉列表中选择一个条目。

【第二】选项表示通过定义 X 轴方向指定所选实体的旋转方式。旋转所选实体，以使【坐标 1】和【坐标 2】之间的直线位于 X 轴上。在【第二】数值框中直接输入坐标值 X、Y、Z，或者在模型显示窗口中的某个位置处单击。如果想要选择捕捉某个特定的模型部分，如一个节点，则可以在单击模型之前在【过滤器】下拉列表中选择一个条目。

【第三】选项表示通过定义 XY 平面指定所选实体的旋转方式。旋转所选实体，以使由【坐标 1】、【坐标 2】和【坐标 3】定义的平面位于 XY 平面内。在【第三】数值框中直接输入坐标值 X、Y、Z，或者在模型显示窗口中的某个位置处单击。如果想要选择捕捉某个特定的模型部分，如一个节点，则可以在单击模型之前在【过滤器】下拉列表中选择一个条目。

选择门把手模型，参数设置如图 5.48 所示。

Step3：单击【应用】按钮，结果如图 5.49 所示。

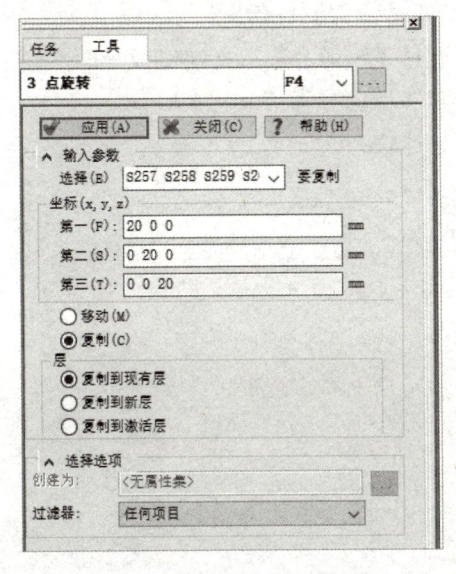

图 5.48 【3 点旋转】对话框

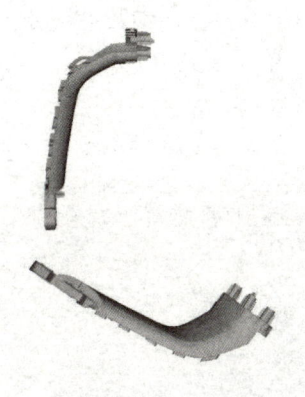

图 5.49 3 点旋转的结果

4. 缩放

Step1：选择【缩放】选项，弹出如图 5.50 所示的【缩放】对话框。

Step2：通过【选择】选项选择要缩放的模型，通过【比例因子】选项指定比例因子，通过【参考点】选项指定参考点坐标。

根据操作的需要可以选中【移动】或【复制】单选按钮。

选择门把手模型，参数设置如图 5.50 所示。

Step3：单击【应用】按钮，结果如图 5.51 所示。

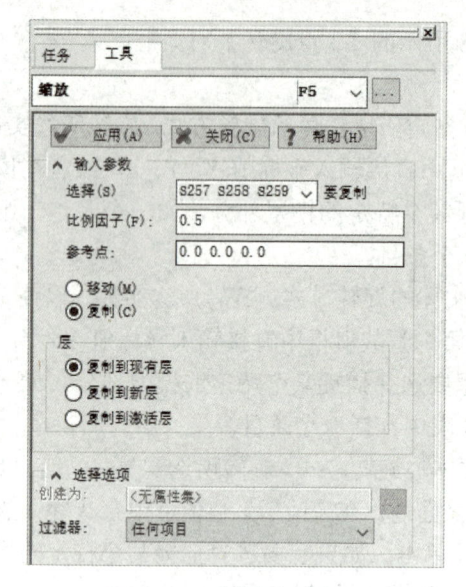

图 5.50　【缩放】对话框

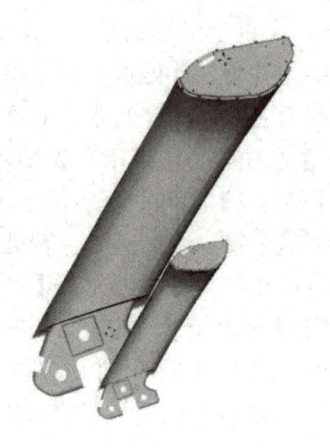

图 5.51　缩放的结果

5. 镜像

Step1：选择【镜像】选项，弹出如图 5.52 所示的【镜像】对话框。

Step2：通过【选择】选项选择要缩放的模型；通过【镜像】选项指定镜像平面，包括 XY 平面、XZ 平面和 YZ 平面；通过【参考点】选项指定镜像面参考点坐标。

根据操作的需要可以选中【移动】或【复制】单选按钮。

选择门把手模型，参数设置如图 5.52 所示。

Step3：单击【应用】按钮，结果如图 5.53 所示。

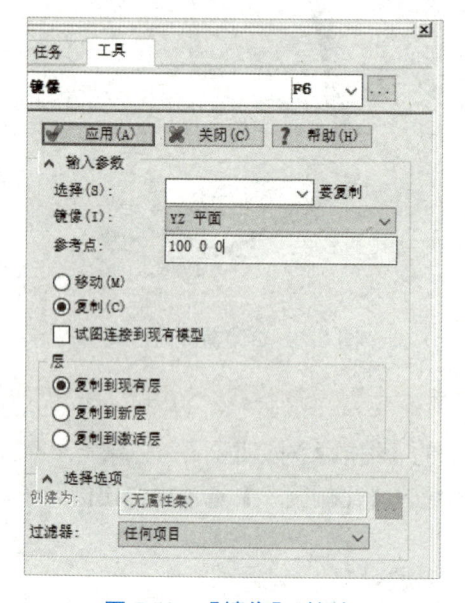

图 5.52　【镜像】对话框

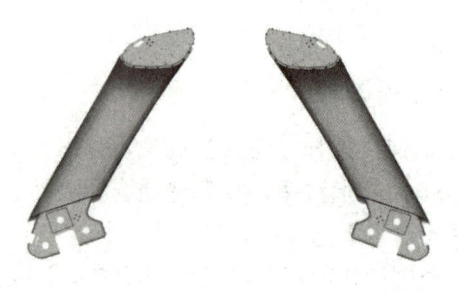

图 5.53　镜像的结果

5.8 其他建模工具的应用

1. 查询实体

选择【几何】→【实用程序】→【查询】选项，弹出如图 5.54 所示的【查询实体】对话框。

查询实体工具用来查询网格模型的单元或节点，在【实体】文本框中输入要查询的单元或节点号，如 T3、N71，单击【显示】按钮，显示查询结果。

如果勾选【将结果置于诊断层中】复选框，在图层区就会自动增加【查询结果】层。

2. 型腔重复向导

选择【几何】→【修改】→【型腔重复】选项，弹出如图 5.55 所示的【型腔重复向导】对话框。其中，【型腔数】选项表示指定创建模型总个数；【列】选项表示指定列数；【行】选项表示指定行数；【列间距】选项表示指定列间距；【行间距】选项表示指定行间距。

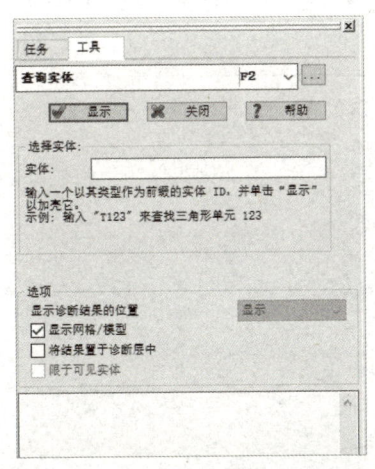

图 5.54　【查询实体】对话框

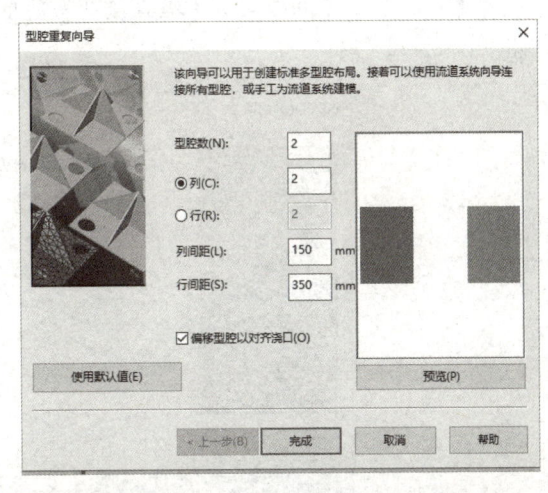

图 5.55　【型腔重复向导】对话框

单击【使用默认值】按钮，对话框内的数值会恢复到系统初始默认状态；单击【预览】按钮，可以预览在以上参数设置条件下型腔的排布情况。

参数设置如图 5.55 所示，单击【完成】按钮，结果如图 5.56 所示。

图 5.56　型腔排布的结果

3．流道系统

流道系统工具可以用来创建流道和浇口等浇注系统，但对于较复杂的浇注系统，流道系统工具有一定的局限性，通常需要通过创建节点、曲线和移动/复制等功能手动创建。

浇注系统的创建将在第 6 章详细介绍。

4．冷却回路

冷却回路工具可以用来创建冷却系统。同浇注系统一样，可以自动创建冷却系统，也可以手动创建冷却系统，还可以在自动创建的冷却系统上进一步手动修改，以满足冷却分析的要求。

冷却系统的创建将在第 7 章详细介绍。

5．模具镶块

模具镶块工具可以用来创建一个包围实体模型的长方体模具外表面，也就是创建模块。

（1）创建模具表面。

选择【几何】→【创建】→【模具镶块】选项，弹出如图 5.57 所示的【模具和镶块向导】对话框。

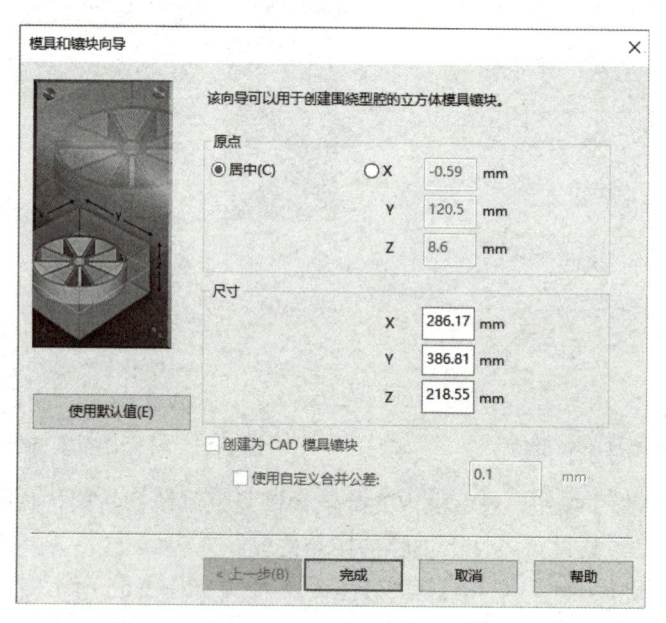

图 5.57 【模具和镶块向导】对话框

需要设置长方体模具的中心和具体尺寸。在【原点】选区中，可以通过直接输入 X、Y、Z 三维坐标值确定中心，也可以直接选中【居中】单选按钮，系统将会自动选择模型中心作为长方体模具的中心；在【尺寸】选区中，可以直接设定长方体模具的尺寸，X、Y、Z 分别代表长、宽、高。

（2）创建模具表面实例。

Step1：打开如图 5.58（a）所示的网格模型。

Step2：选择【几何】→【创建】→【模具镶块】选项，弹出【模具和镶块向导】对话框，参数设置如图 5.57 所示。

Step3：单击【完成】按钮，结果如图 5.58（b）所示。

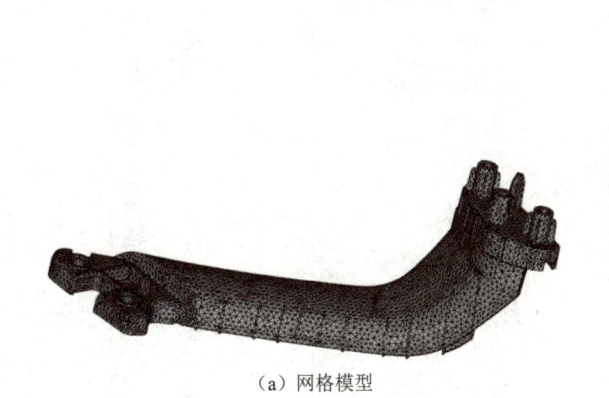

（a）网格模型　　　　　　　　　　　（b）模具表面创建的结果

图 5.58　创建模具表面实例

6. 曲面边界诊断

曲面边界诊断工具用来诊断模型的所有曲面边界是否正确且有效，包括外部边界和内部边界。

选择【几何】→【修改】→【表面】→【曲面边界诊断】选项，弹出如图 5.59 所示的【曲面边界诊断】对话框。勾选【检查外部边界】复选框表示诊断外部边界；勾选【检查内部边界】复选框表示诊断内部边界。单击【显示】按钮，显示诊断结果。

提示：在导入模型以后，可能存在模型曲面边界不匹配的情况。如果发现存在模型曲面边界不匹配的情况，则应检查原始的 CAD 模型或 CAD 模型转化为其他格式时参数的设置。

图 5.59　【曲面边界诊断】对话框

7. 曲面连通性诊断

曲面连通性诊断工具用来检查整个模型面的连通性，以及模型中是否存在自由边或非交叠边。

选择【几何】→【修改】→【表面】→【曲面连通性诊断】选项，弹出如图 5.60 所示的【曲面连通性诊断】对话框。勾选【查找自由边】复选框表示诊断自由边；勾选【查找多重边】复选框表示诊断非交叠边。单击【显示】按钮，显示诊断结果。

8. 查找曲面连接线

曲面连接线是一个表面的边界线和另一个表面的边界线相交的线。查找曲面连接线工具通常用来查看两个表面的边界线是否匹配。

选择【几何】→【修改】→【表面】→【查找曲面连接线】选项，弹出如图 5.61 所示的【查找曲面连接线】对话框。

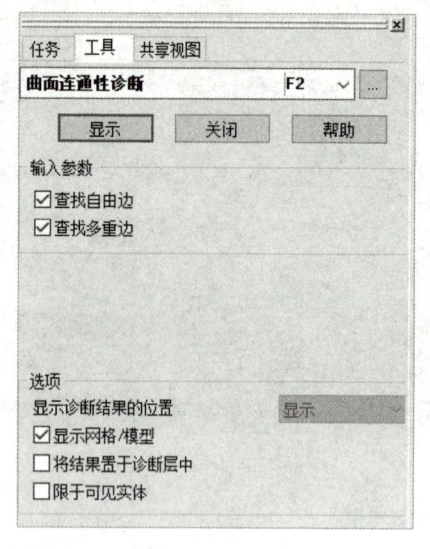

图 5.60　【曲面连通性诊断】对话框 　　　　图 5.61　【查找曲面连接线】对话框

9．编辑曲面连接线

选择【几何】→【修改】→【表面】→【编辑曲面连接线】选项，弹出如图 5.62 所示的【编辑曲面连接线】对话框。

10．删除曲面连接线

选择【几何】→【修改】→【表面】→【删除曲面连接线】选项，弹出如图 5.63 所示的【删除曲面连接线】对话框。

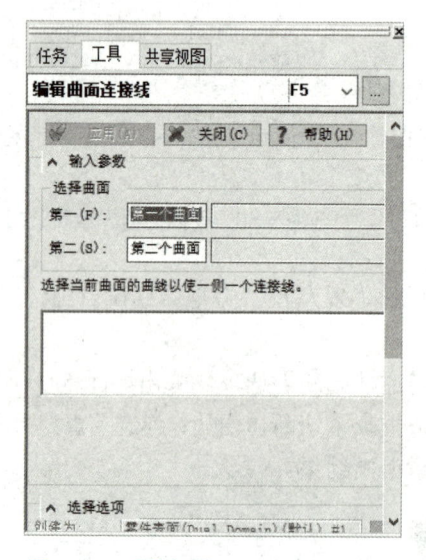

图 5.62　【编辑曲面连接线】对话框 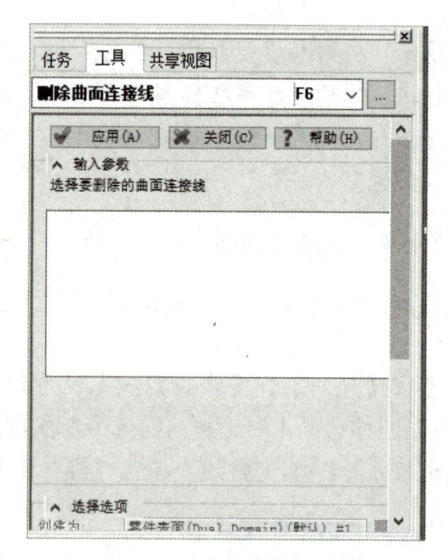　　　　图 5.63　【删除曲面连接线】对话框

5.9 本章小结

本章主要介绍模流分析软件中相关几何工具的应用，学会使用建模工具可以很方便地在模型上创建点、线、面等基本图形元素，并且掌握浇注系统向导应用和冷却系统向导应用的相关程序。掌握并熟练运用建模的所有选项和工具，可以在分析的前处理上节省时间，并且可以更有效、更准确地建立正确的分析模型。

第 6 章

浇注系统的创建

浇注系统的作用是将塑料熔体顺利地充满型腔，从而获得外形符合设计要求、内在品质优良的塑料制品。值得注意的是，浇注系统的网格模型与制品的网格模型不同，浇注系统的网格模型全部都是由柱体单元组成的，要注意其区别。

创建浇注系统有两种方法：一种是直接通过选择【几何】→【创建】→【流道系统】选项创建浇注系统，该方法主要用来对形状、结构、尺寸比较简单的浇注系统进行创建；另一种是通过系统创建点、直线和曲线的工具创建浇注系统，先创建浇注系统的中心线，再对柱体单元进行网格划分。本章将分别介绍如何使用这两种方法创建浇注系统。

6.1 浇口设置与浇口网格划分

浇口设置与浇口网格划分对于一个较全面的分析来说十分重要，对于大部分的分析，如果没有设置浇口位置，那么划分好的网格将无法进行分析。下面将分别介绍如何进行浇口设置与浇口网格划分。

1. 概述

浇口位置是决定产品最终品质的关键因素之一。设置浇口位置可能需要考虑许多要求或限制，如产品的使用、美观、设计和模具结构等方面的要求。没有一个固定的原则用来规定在产品的什么位置可以设置浇口，什么位置不可以设置浇口，这主要需要根据经验判断。最佳的浇口位置是多变的，不是唯一的。

浇口位置应可以获得平衡流动。平衡流动是指产品的末端在相同的时间和压力下填充完成。通常，进行流动分析就是为了获得平衡流动，但是这并不容易实现。

2. 一模多腔的布局

针对注塑产品的一模多腔问题，在完成单个产品的网格划分和处理之后，就可以对多个型腔按照设计思路在 AMS 中进行布局。在 AMS 中，多个型腔的布局方法主要有两种：一种是通过选择【几何】→【修改】→【型腔重复】选项进行布局，该方法适用于对布局比较规则的产品进行复制；另一种是直接利用系统的模型复制功能进行布局，根据产品设计的尺寸，灵活地进行产品的复制分布建模。

在 AMS 中，默认的产品拔模方向是沿 Z 轴的正方向。在对多个型腔进行布局和创建浇注系统之前，要把修好的模型旋转到正确的方向。首先，新建一个工程，直接导入【第 6 章】文件夹中的【开关面板.x_t】文件。

Step1：选择【网格】→【网格】→【生成网格】选项，弹出【生成网格】对话框，如图 6.1 所示。单击【工具】选项卡，将【全局边长】设置为 2mm，单击【创建网格】按钮，结果如图 6.2 所示。

Step2：选择【几何】→【修改】→【型腔重复】选项，弹出【型腔重复向导】对话框，如图 6.3 所示。设置参数，将【型腔数】设置为 2；选中【行】单选按钮，因为只有 2 个型腔数，故行数默认为 2；将【行间距】设置为 150mm；【列间距】不进行设置，保留默认值 258.24mm，对结果没有影响；勾选【偏移型腔以对齐浇口】复选框，单击【预览】按钮。如果认为参数设置得不合理，则可重新设置参数，直到合理为止。

图 6.1 【生成网格】对话框

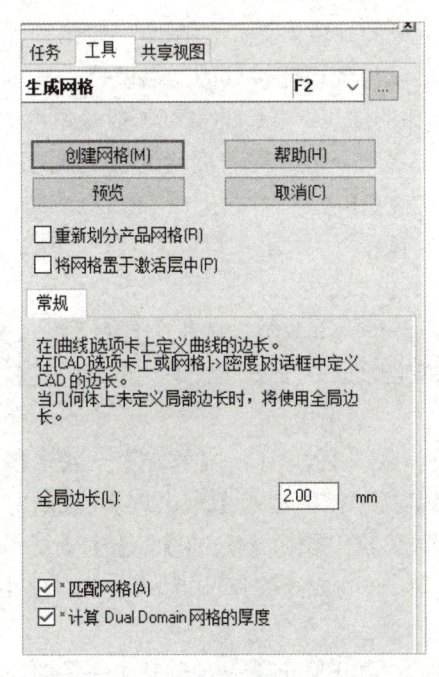

图 6.2 网格划分的结果

Step3：单击【完成】按钮，程序自动运行。程序运行完成后会显示型腔复制的结果，如图 6.4 所示。

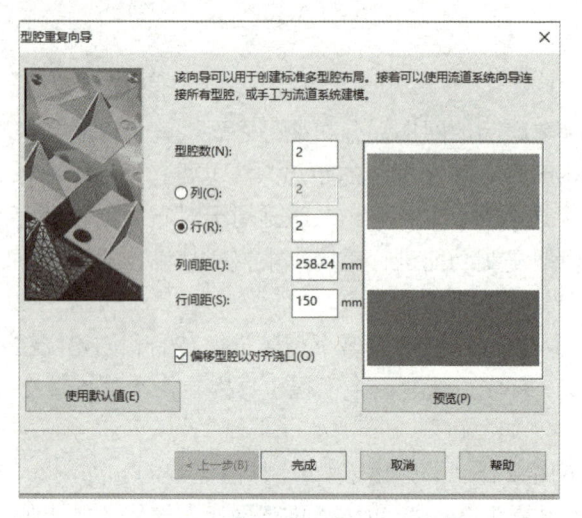

图 6.3　【型腔重复向导】对话框　　　　　图 6.4　型腔复制的结果

3. 浇口的创建与浇口网格划分

本例采用先创建浇口的中心线，再对柱体单元进行网格划分的方法创建浇口。要创建浇注系统，首先要创建浇口。本例采用侧浇口，侧浇口一般具有矩形横截面，与产品在分模面或分割线处相交。侧浇口可以只在分模面的一侧，也可以同时在分模面的两侧。浇口的定义尺寸包括厚度、宽度和长度。

浇口的厚度是指垂直于分模面的尺寸，是通常所说的高度。浇口的厚度一般比宽度小得多。浇口的厚度一般是产品壁厚的 25%～90%，也可以与浇口连接处的产品壁厚一样。浇口越大，熔体剪切速度就越低，产品也就更容易获得足够的保压。浇口的宽度一般是厚度的 1～4 倍。浇口的长度比较小，一般为 0.25～3.0mm。产品越小，浇口的长度就越小。侧浇口一般使用矩形横截面的柱体单元构建，需要定义的尺寸是宽度和高度（厚度）。浇口至少应该有 3 个单元。下面将介绍如何手动创建浇口，操作过程如下。

Step1：在模型显示窗口中放大显示即将创建浇口的区域。

Step2：单击层管理视窗中的【新建图层】图标，新建一个图层，将其命名为【浇口】。先选择【浇口】层，再单击【激活】图标，将其设置为激活层。处于激活状态的图层，其名字是以黑体字显示的，如图 6.5 所示。

Step3：选择平移工具，创建点。选择【几何】→【实用程序】→【移动】→【平移】选项，弹出【平移】对话框，如图 6.6 所示。在【选择】文本框中输入【N56776】（表示要复制的节点，读者可以自行选择其他节点），在【矢量】数值框中输入【0 -3 0】，选中【复制】单选按钮。单击【应用】按钮，完成节点平移 3mm。以同样的方式偏移节点 N48758、N31455、N37985，结果如图 6.7 所示。

Step4：选择创建直线工具，创建浇口的中心线。选择【几何】→【创建】→【曲线】→【创建直线】选项，弹出【创建直线】对话框，如图 6.8 所示。将【第一】选项设置为节点 N56776 的坐标，将【第二】选项设置为节点 N60183 的坐标，不勾选【自动在曲线末端创建节点】复选框。单击【创建为】选项右边的矩形按钮，弹出【指定属性】对话框，如图 6.9 所示。

第 6 章 浇注系统的创建

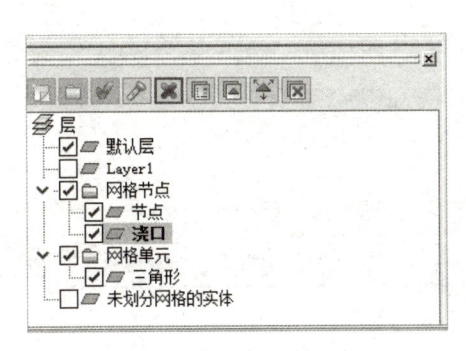

图 6.5 创建【浇口】层

图 6.6 【平移】对话框

图 6.7 节点平移的结果

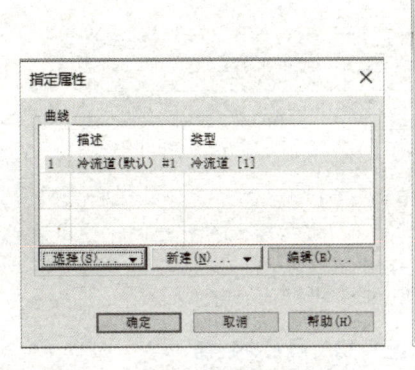

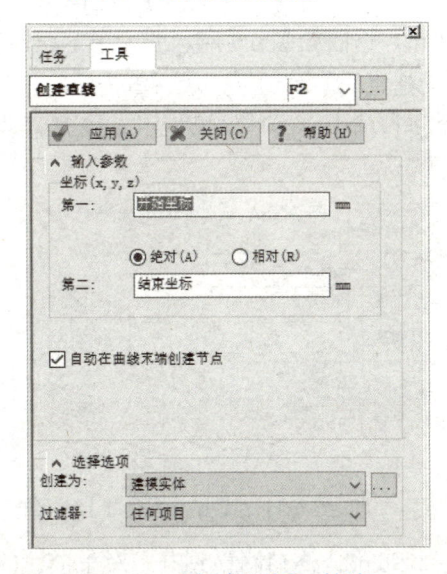

图 6.8 【创建直线】对话框

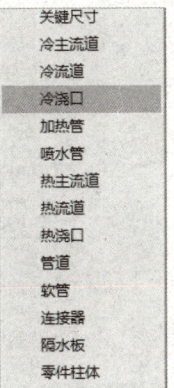

图 6.9 【指定属性】对话框及【新建】下拉列表

Step5：在【指定属性】对话框中，单击【新建】下拉按钮，弹出的下拉列表如图 6.9 所示。选择【冷浇口】选项，弹出【冷浇口】对话框，如图 6.10 所示。设置【截面形状是】为矩形，【形状是】为非锥体。单击【编辑尺寸】按钮，弹出【横截面尺寸】对话框，如图 6.11 所示。在【宽度】数值框中输入【3】，在【高度】数值框中输入【1】。

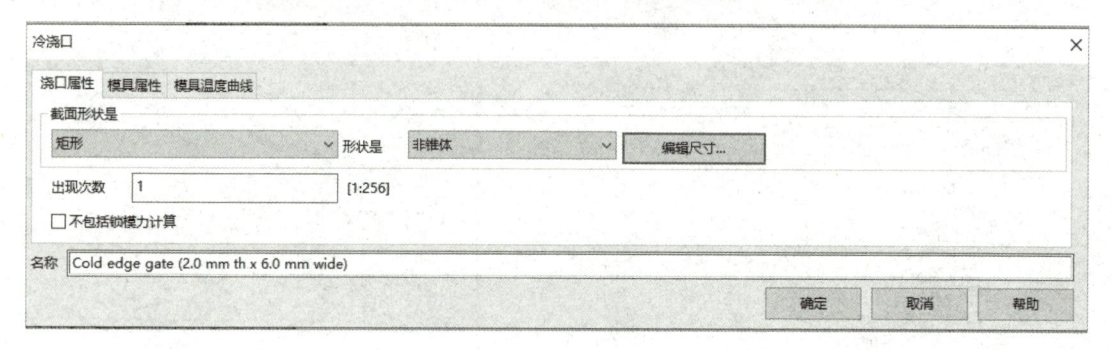

图 6.10　【冷浇口】对话框

Step6：先单击【确定】按钮，返回如图 6.10 所示的【冷浇口】对话框，然后单击【确定】按钮，返回如图 6.9 所示的【指定属性】对话框，再单击【确定】按钮，返回如图 6.8 所示的【创建直线】对话框，最后单击【应用】按钮，生成浇口的中心线。以同样的方式创建其他三个浇口的中心线，结果如图 6.12 所示。

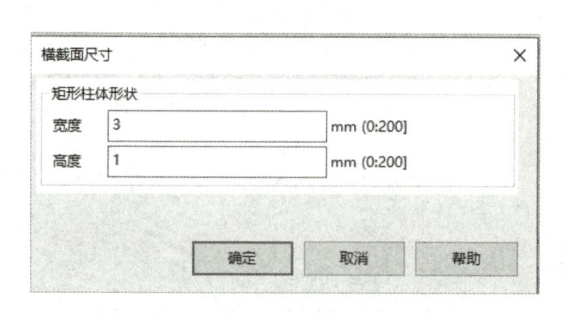

图 6.11　【横截面尺寸】对话框　　　　图 6.12　创建的浇口中心线

Step7：浇口网格划分。对于创建的浇口中心线，要划分网格才能参与分析计算，下面介绍浇口网格划分的操作方法。如图 6.13 所示，在层管理视窗中仅显示【浇口】层，在模型显示窗口中只显示浇口的中心线。

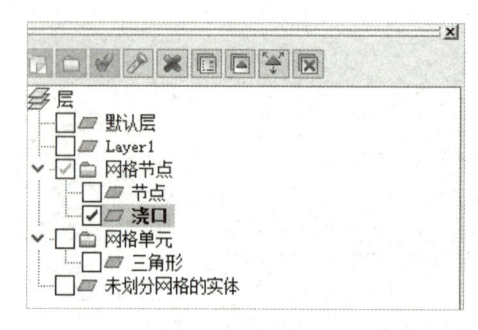

图 6.13　层管理视窗

Step8：选择【网格】→【网格】→【生成网格】选项，弹出【生成网格】对话框，如图 6.14 所示。在【全局边长】数值框中输入【0.5】，勾选【将网格置于激活层中】复选框。单击【创建网格】按钮，生成浇口网格划分的结果，如图 6.15 所示。

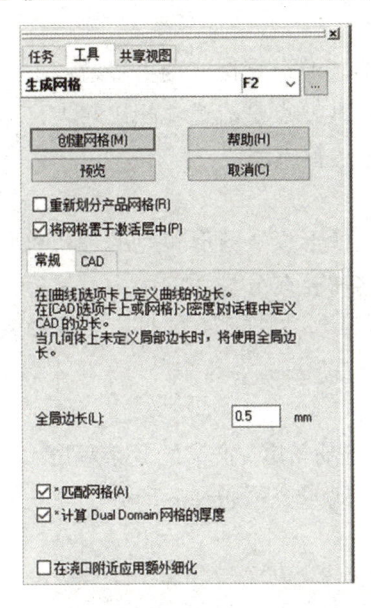

图 6.14　【生成网格】对话框　　　　图 6.15　浇口网格划分的结果

6.2 流道设计与流道网格划分

浇注系统中的流道设计与流道网格划分和 6.1 节介绍的浇口设置与浇口网格划分的思路差不多，理解了 6.1 节的内容，学习本节的内容就要相对轻松一些。下面将介绍浇注系统的流道设计与流道网格划分。

手动创建浇注系统

1. 概述

在设计流道时，主要考虑 3 个方面的因素，即流道的布局、流道的横截面形状和流道的尺寸。

（1）流道的布局。

流道的布局有很多种，但常用的主要有以下 3 种。

① 不平衡型排列的流道。

不平衡型排列的流道在排列时有两排型腔，而且型腔数量通常是 4 的倍数。这种布局不是自然平衡的流道，从主浇道到各型腔的距离是不相等的。如果想实现平衡的填充，则可以改变流道或浇口的尺寸，也可以通过流道平衡分析确定流道或浇口的尺寸。

② H 形布局的流道。

H 形布局的流道是几何平衡的流道，也叫作自然平衡的流道，从主浇道到各型腔的距离是相等的，型腔数量是 2 的倍数。这种类型的流道比不平衡型排列的流道有着更广的成型工艺范围。与不平衡型排列的流道相比，其缺点是流道体积比较大，需要的模型空间也比较大，因此型腔间必须留出足够的空间用来设置流道。

③ 圆形排列的流道。

圆形排列的流道型腔排列在以主浇道为圆心的圆上，流道直接连接主浇道和型腔。这也是一种自然平衡的流道，与不平衡型排列的流道相比，其缺点是流道体积比较大，需要的模型空间也比较大，因此型腔间必须留出足够的空间用来设置流道。

（2）流道的横截面形状。

流道具有多种不同的横截面形状，有圆形、梯形、U 形、半圆形和矩形等。圆形是最好的流道横截面形状，但是其加工成本是最高的，因为它需要在分型面的两面都进行加工。如果分型面不是平面，则一般要使用其他横截面形状的流道，如梯形、U 形、半圆形或矩形的流道。

（3）流道的尺寸。

流道尺寸的确定要考虑很多因素，主要包括材料、流动长度、产品的复杂程度、产品填充所需要的压力等。通常流道的尺寸越小，所消耗的材料就越少。通过流动分析可以帮助读者确定按现在的流道尺寸，产品是否能很好地填充和保压。

2．流道的创建

本例采用先创建流道的中心线，再对柱体单元进行网格划分的方法创建分流道和主流道。在创建浇注系统时，可以使用浇注系统向导，也可以使用手工建模方法。手工创建浇注系统有两种基本的方法。第一种方法是先创建好曲线，然后划分网格。这种方法可以指定一个单元的长度来划分所有流道，这样能保证单元长度的一致性，而且这种方法可以同时创建各种横截面形状和尺寸的流道。第二种方法是直接创建相应的 beam 单元。这种方法需要为每段流道指定单元的数量，还需要根据该段流道的长度计算单元的数量，但是这种方法一次只能创建一种横截面形状和尺寸的流道。这两种方法都可以很好地创建不带拔模角的流道，如果要创建带拔模角的流道，则必须采用第一种方法。本例采用第一种方法创建流道。

下面接着 6.1 节的内容，介绍如何手工创建流道，操作过程如下。

Step1：单击层管理视窗中的【新建图层】图标，新建一个图层，将其命名为【分流道】。先选择【分流道】层，再单击【激活】图标，将其设置为激活层。处于激活状态的图层，其名字是以黑体字显示的。

Step2：选择创建节点工具，创建中间节点。选择【几何】→【创建】→【节点】→【在坐标之间的节点】选项，弹出【在坐标之间的节点】对话框，如图 6.16 所示。分别选择两个浇口末端节点，在【节点数】数值框中输入【1】，不勾选【选择完成时自动应用】复选框。单击【应用】按钮，生成中间节点。以同样的方式生成如图 6.17 所示的 3 个中间节点。

Step3：选择创建直线工具，创建分流道的中心线。选择【几何】→【创建】→【曲线】→【创建直线】选项，弹出【创建直线】对话框，如图 6.18 所示。分别选择浇口末端节点和刚创建的中间节点，不勾选【自动在曲线末端创建节点】复选框。单击【创建为】选项右边的矩形按钮，弹出【指定属性】对话框，在【选择】下拉列表中选择【冷流道】选项，如图 6.19 所示。

图 6.16 【在坐标之间的节点】对话框

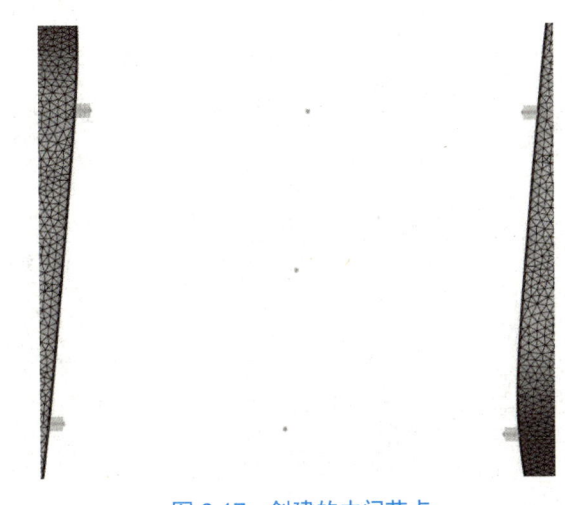

图 6.17 创建的中间节点

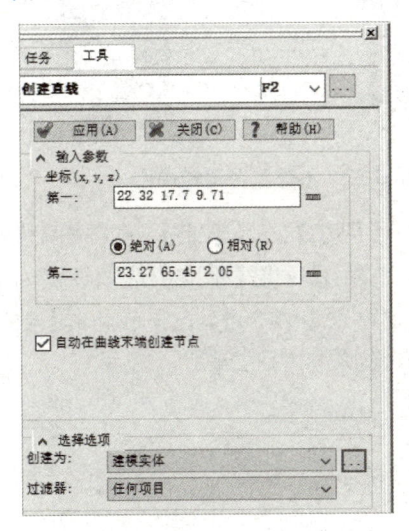

图 6.18 【创建直线】对话框

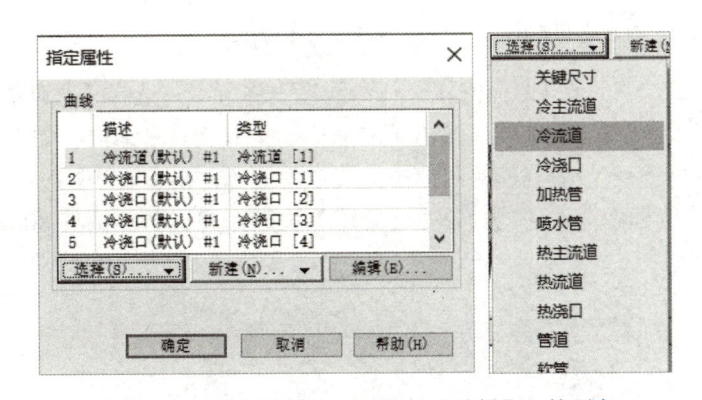

图 6.19 【指定属性】对话框及【选择】下拉列表

Step4：在【指定属性】对话框中，单击【编辑】按钮，弹出【冷流道】对话框，如图 6.20 所示。设置【截面形状是】为梯形，【形状是】为非锥体，【出现次数】为 1。单击【编辑尺寸】按钮，弹出【横截面尺寸】对话框，如图 6.21 所示。在【顶部宽度】数值框中输入【8】，在【底部宽度】数值框中输入【6】，在【高度】数值框中输入【8】。先单击【确定】按钮，返回如图 6.20 所示的【冷流道】对话框，然后单击【确定】按钮，返回如图 6.19 所示的【指定属性】对话框，再单击【确定】按钮，返回如图 6.18 所示的【创建直线】对话框，最后单击【应用】按钮，生成分流道的中心线。以同样的方式创建另一个型腔的分流道中心线，结果如图 6.22 所示。

Step5：单击层管理视窗中的【新建图层】图标，新建一个图层，将其命名为【主流道】。先选择【主流道】层，再单击【激活】图标，将其设置为激活层。处于激活状态的图层，其名字是以黑体字显示的。

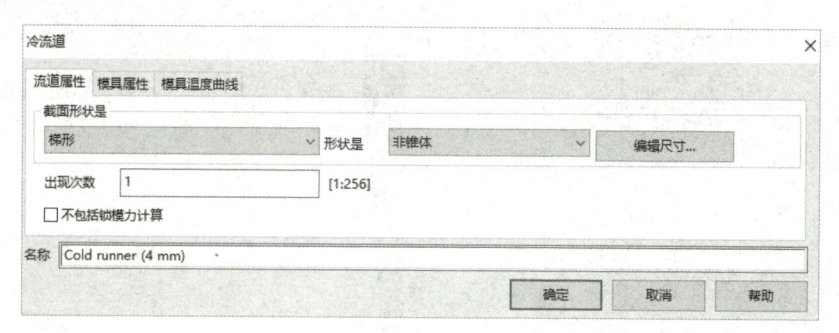

图 6.20　【冷流道】对话框

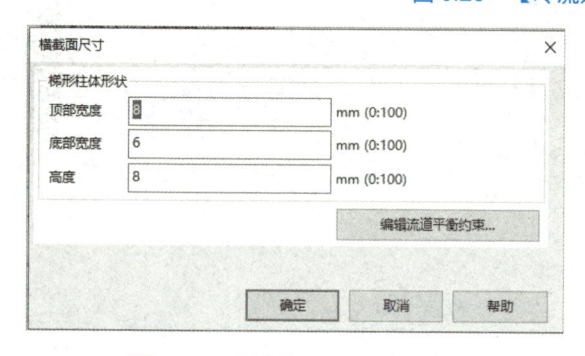

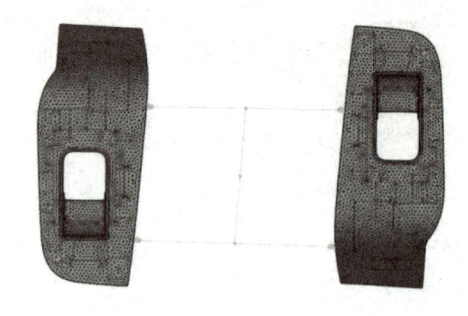

图 6.21　【横截面尺寸】对话框　　　图 6.22　创建的分流道中心线

Step6：选择偏移工具，创建偏移节点。选择【几何】→【创建】→【节点】→【按偏移定义节点】选项，弹出【按偏移定义节点】对话框，如图 6.23 所示。将【基准】选项设置为上一步最后创建的那个中间节点的坐标，在【偏移】数值框中输入【0 0 80】，在【节点数】数值框中输入【1】。单击【应用】按钮，完成节点偏移 80mm，结果如图 6.24 所示。

图 6.23　【按偏移定义节点】对话框　　　图 6.24　创建的偏移节点

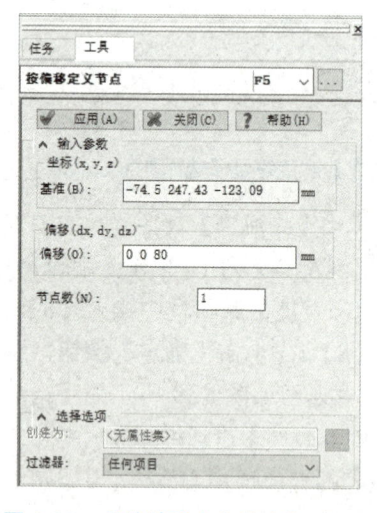

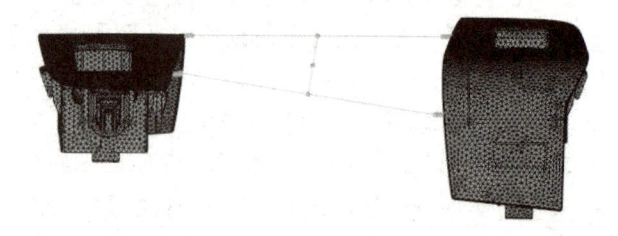

Step7：选择创建直线工具，创建主流道的中心线。选择【几何】→【创建】→【曲线】→【创建直线】选项，弹出【创建直线】对话框，如图 6.25 所示。分别选择创建的中间节点和偏移节点，不勾选【自动在曲线末端创建节点】复选框。单击【创建为】选项右边的矩形按钮，弹出【指定属性】对话框，如图 6.26 所示。

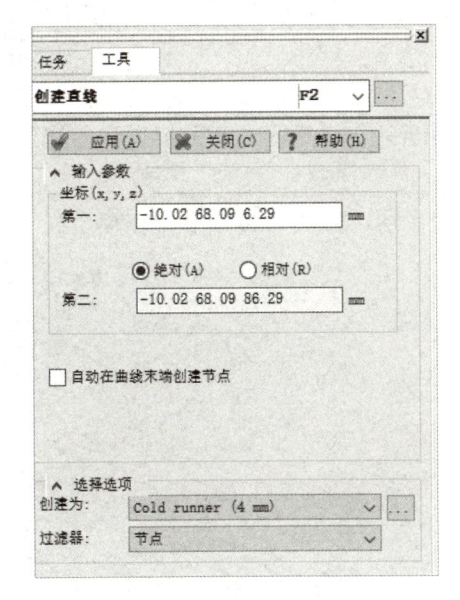

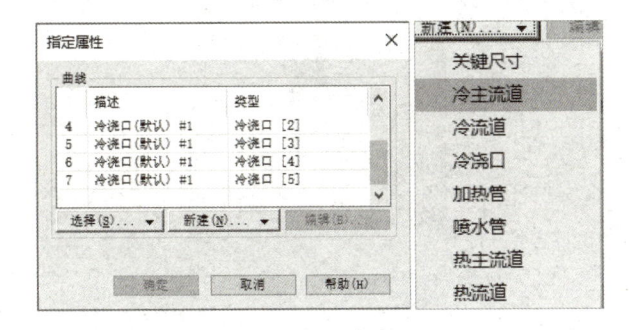

图6.25 【创建直线】对话框　　　图6.26 【指定属性】对话框及【新建】下拉列表

Step8：在【指定属性】对话框中，单击【新建】下拉按钮，弹出的下拉列表如图6.26所示。选择【冷主流道】选项，弹出【冷主流道】对话框，参数设置如图6.27所示。单击【编辑尺寸】按钮，弹出【横截面尺寸】对话框，参数设置如图6.28所示。

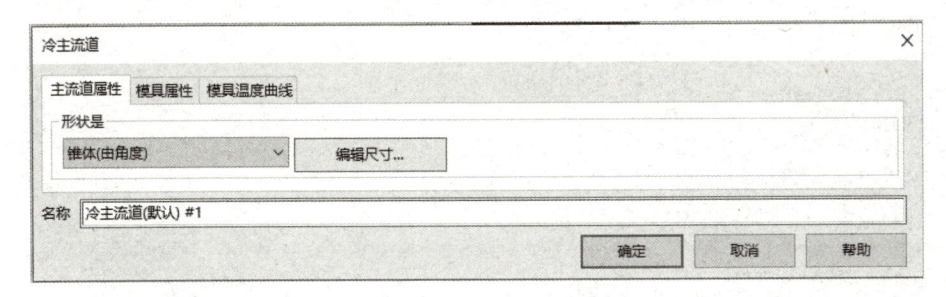

图6.27 【冷主流道】对话框

Step9：先单击【确定】按钮，返回如图6.27所示的【冷主流道】对话框，然后单击【确定】按钮，返回如图6.26所示的【指定属性】对话框，再单击【确定】按钮，返回如图6.25所示的【创建直线】对话框，最后单击【应用】按钮，生成主流道的中心线，结果如图6.29所示。

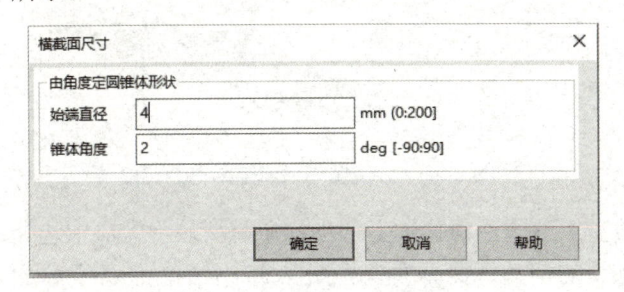

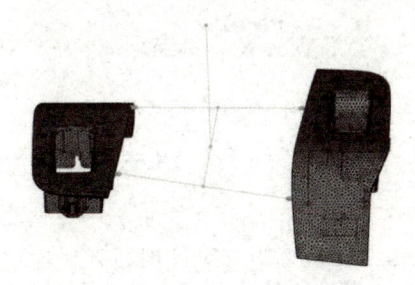

图6.28 【横截面尺寸】对话框　　　图6.29 创建的主流道中心线

3. 流道网格划分

对于创建的浇注系统中心线，要划分网格才能参与分析计算，下面介绍分流道和主流道网格划分的操作方法。

Step1：在层管理视窗中显示【分流道】层和【主流道】层，如图 6.30 所示，在模型显示窗口中显示分流道与主流道的中心线，如图 6.31 所示。

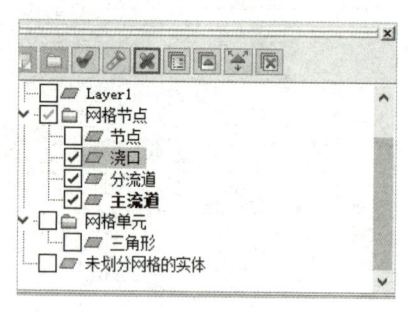

图 6.30　层管理视窗

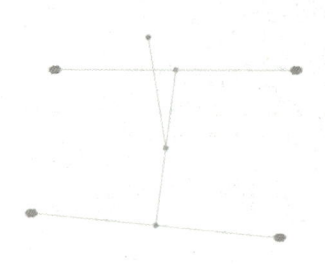

图 6.31　显示的中心线

Step2：选择【网格】→【网格】→【生成网格】选项，弹出【生成网格】对话框，如图 6.32 所示。在【全局边长】数值框中输入【3】，勾选【将网格置于激活层中】复选框。单击【创建网格】按钮，生成流道网格划分的结果，如图 6.33 所示。打开层管理视窗中的各个层，如图 6.34 所示，同时在模型显示窗口中显示模型。

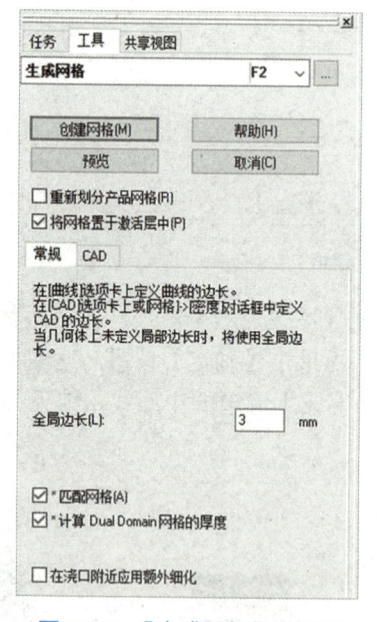

图 6.32　【生成网格】对话框

图 6.33　分流道与主流道网格划分的结果

Step3：选择【主页】→【成型工艺设置】→【注射位置】选项，在模型显示窗口中选择主流道的顶点作为注射位置，完成浇注系统的创建，此时模型如图 6.35 所示，任务视窗如图 6.36 所示。

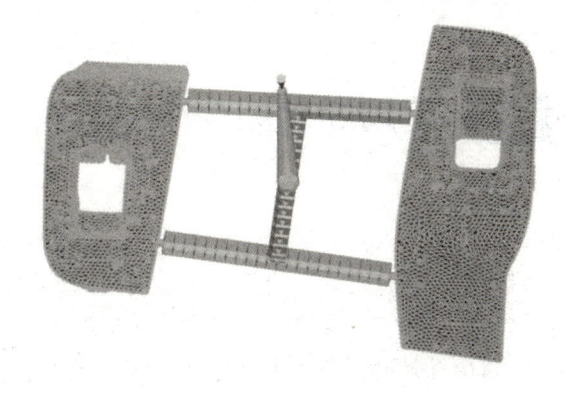

图 6.34　层管理视窗　　　　　　　　　图 6.35　完成浇注系统创建的模型

Step4：浇注系统创建完成后，需要进行连通性诊断，检查从主流道到制品模型是否完全连通。选择【网格】→【网格诊断】→【连通性】选项，弹出【连通性诊断】对话框，如图 6.37 所示。选择流道上的任意一个单元作为连通性诊断的开始单元，采用【显示】模式显示诊断结果。单击【显示】按钮，网格连通性诊断的结果如图 6.38 所示，表示本例网格单元全部连通。

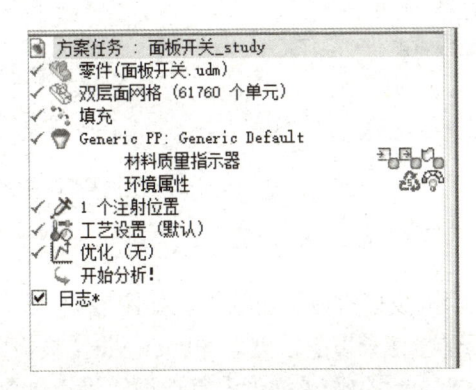

图 6.36　完成浇注系统创建的任务视窗　　　　图 6.37　【连通性诊断】对话框

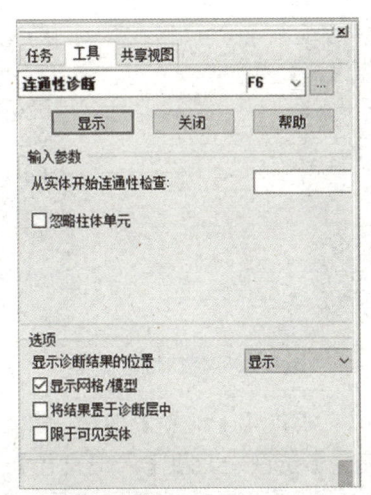

图 6.38　网格连通性诊断的结果

6.3 采用向导创建浇注系统

新建一个工程文件,导入【第 6 章】文件夹中的【开关面板.x_t】文件,参照 6.2 节通过型腔重复工具完成单元的复制。当采用向导创建浇注系统时,首先要指定浇口位置,再根据向导中的提示信息设置相关参数。下面介绍如何采用向导创建浇注系统,其操作过程如下。

Step1:选择【主页】→【成型工艺设置】→【注射位置】选项,在模型显示窗口中选择模型的侧面位置作为注射位置,设置如图 6.39 所示的浇口位置,完成浇口的创建。

Step2:选择【几何】→【创建】→【流道系统】选项,弹出【布局】对话框,如图 6.40 所示。单击【浇口中心】按钮和【浇口平面】按钮,使主流道设计参照浇口中心和浇口平面进行,这样有利于注射压力和锁模力的平衡。不勾选【使用热流道系统】复选框,因为本例采用冷流道设计。

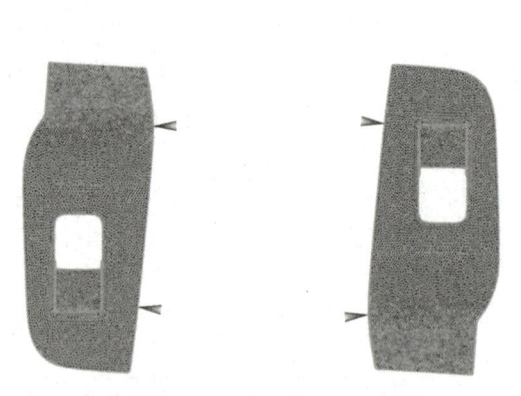

图 6.39　浇口位置设置　　　　　　图 6.40　【布局】对话框

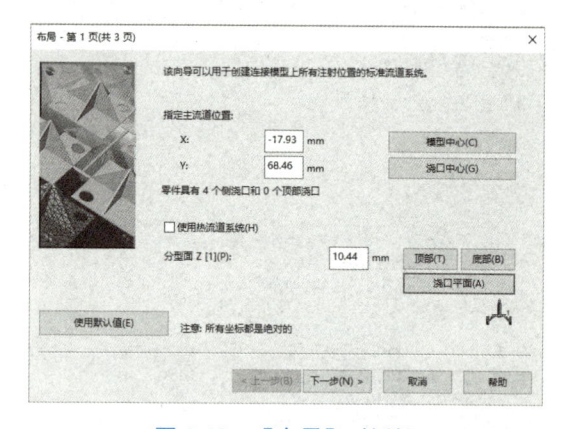

Step3:单击【下一步】按钮,弹出【注入口/流道/竖直流道】对话框,如图 6.41 所示。在【主流道】选区中,将【入口直径】设置为 4mm,将【长度】设置为 80mm,将【拔模角】设置为 2°;在【流道】选区中,将【直径】设置为 8mm,勾选【梯形】复选框,将【包含倾角】设置为 15°,。

Step4:单击【下一步】按钮,弹出【浇口】对话框,如图 6.42 所示。在【侧浇口】选区中,将【入口直径】设置为 3mm。

Step5:单击【完成】按钮,利用向导创建的浇注系统已经生成,如图 6.43 所示。浇注系统创建完成后,需要进行连通性诊断,检查从主流道到制品模型是否完全连通。选择【网格】→【网格诊断】→【连通性】选项,弹出【连通性诊断】对话框,如图 6.44 所示。选择主流道中的一个单元作为连通性诊断的开始单元,采用【显示】模式显示诊断结果。单击【显示】按钮,网格连通性诊断的结果如图 6.45 所示,表示本例网格单元全部连通。

提示:一般在实际企业案例分析中很少采用流道系统工具创建浇注系统,因为自动创建的流道系统与实际所用的流道系统不相符。

第 6 章 浇注系统的创建

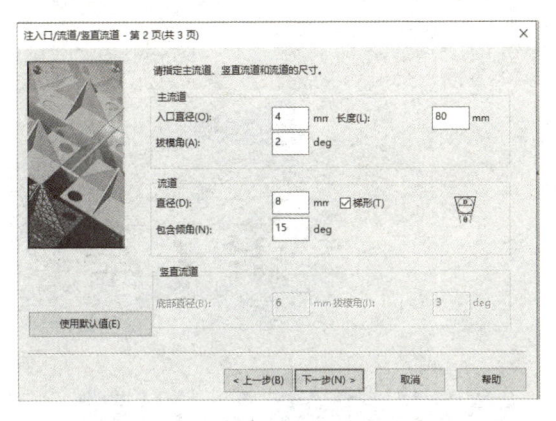

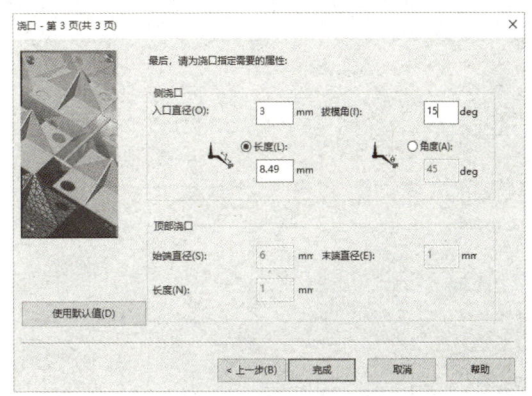

图 6.41 【注入口/流道/竖直流道】对话框

图 6.42 【浇口】对话框

图 6.43 创建的浇注系统

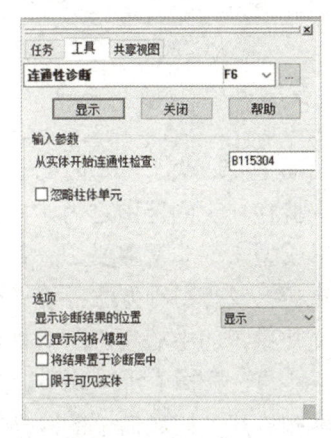

图 6.44 【连通性诊断】对话框

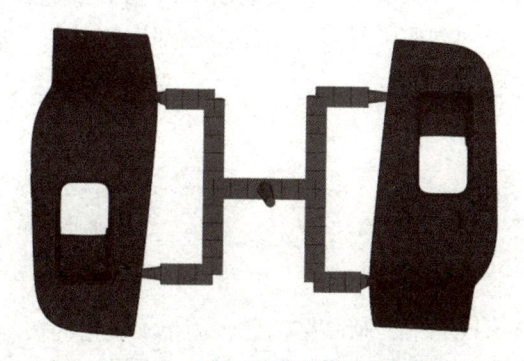

图 6.45 网格连通性诊断的结果

6.4 本章小结

AMS 提供了两种创建浇注系统的方法，分别为手工创建和自动创建。本章通过同一个案例，采用不同的方法创建浇注系统，使读者对浇注系统有一个全面的认识。通过学习本章内容，读者可以掌握这两种创建浇注系统的方法。本章的重点和难点是手工创建浇注系统。

第 7 章

冷却系统的创建

成型周期主要取决于冷却时间。冷却系统将高温塑料传递给模具的热量带走，从而使模具的温度保持在一定的范围之内，并使制品迅速冷却，保持一定的生产周期。因此，冷却系统对于注射成型来说非常重要。

创建冷却系统有三种方法：第一种是采用 Moldflow 2023 中创建点、直线和曲线的工具，先创建出冷却系统的中心线，再对柱体单元进行网格划分，该方法可以创建出复杂的冷却系统；第二种是通过选择【几何】→【创建】→【冷却回路】选项进行创建，该方法主要用来创建形状、结构、尺寸比较简单的冷却系统；第三种是在 CAD 软件中设计模具时先设计好水路，然后创建水路的中心线，再将水路的中心线以 IGS 格式添加到 Moldflow 2023 中，该方法在实际工程中应用最多，因为实际模具的水路一般都比较复杂。本章将分别介绍如何使用这三种方法创建冷却系统。

7.1 冷却系统的建模

采用向导创建冷却系统只适用于制品结构比较简单、规则的情况。在制品结构比较复杂、不规则的情况下，就需要采用手工方式进行冷却系统的创建。

注意：冷却系统的网格模型与制品的网格模型不同，冷却系统的网格模型全部都是由柱体单元组成的，要注意其区别。

手动创建冷却系统

本章的操作接着第 6 章的操作进行。

要进行冷却系统的创建，首先要选择需要的冷却系统分析类型。在默认的填充分析类型下，任务视窗中是没有创建冷却系统的图标的，如图 7.1 所示。因此，需要进行分析类型的转换。选择【主页】→【成型工艺设置】→【分析序列】选项，弹出【选择分析序列】对话框，选择【冷却】选项，完成冷却分析类型的设置，如图 7.2 所示。

第 7 章 冷却系统的创建

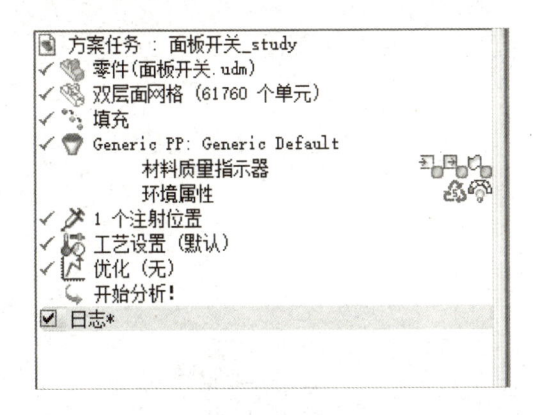

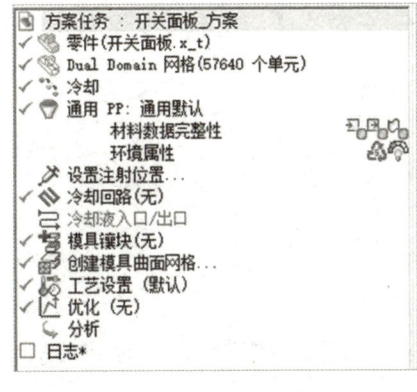

图 7.1 填充分析类型

图 7.2 冷却分析类型

为了达到良好的冷却效果，需要采用手工方式布局冷却系统。首先采用节点的移动和复制方式，设计冷却水管的位置，然后创建冷却水管的中心线，其操作步骤如下。

Step1：单击层管理视窗中的【新建图层】图标，新建一个图层，将其命名为【水路】。先选择【水路】层，再单击【激活】图标，将其设置为激活层。处于激活状态的图层，其名字是以黑体字显示的。

Step2：创建节点。选择【几何】→【实用程序】→【移动】→【平移】选项，弹出【平移】对话框，如图 7.3 所示。将【选择】选项设置为 N44993 节点（读者也可以自行选择该节点附近的节点），节点位置在如图 7.4 所示的圆圈标记处；在【矢量】数值框中输入【50 0 70】；选中【复制】单选按钮，以复制的方式进行平移。单击【应用】按钮，完成节点的平移复制，为叙述方便，复制后的新节点编号为 1。以同样的方式复制节点 2、3，平移【矢量】为(0 40 0)，复制数量为 2，编号结果如图 7.4 所示。

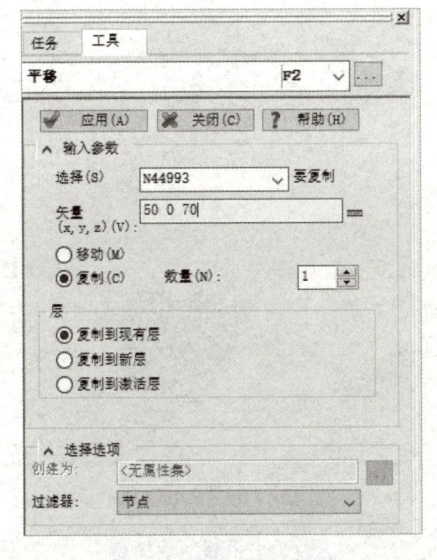

图 7.3 【平移】对话框

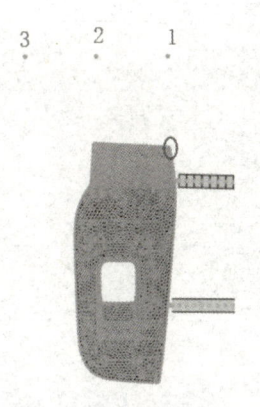

图 7.4 平移节点结果

Step3：将编号为 1、2、3 的节点沿 X 轴方向平移。选择【几何】→【实用程序】→【移动】→【平移】选项，弹出【平移】对话框，如图 7.5 所示。在【选择】文本框中单击并框选节点 1、2、3；在【矢量】数值框中输入【-220 0 0】；选中【复制】单选按钮，以复制的方式进行平移。单击【应用】按钮，完成节点的平移复制，如图7.6所示。

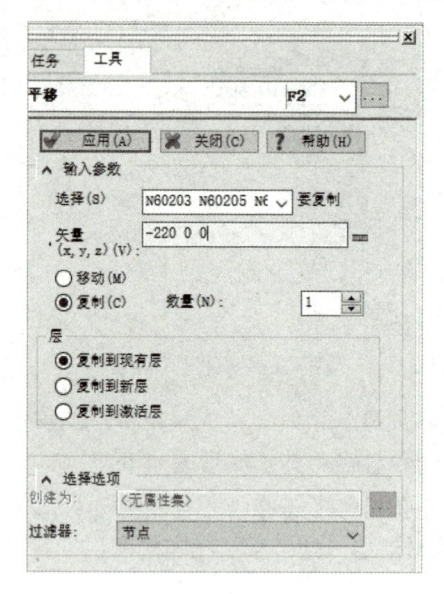

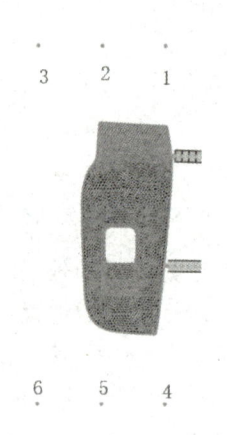

图7.5 【平移】对话框　　　　图7.6 平移节点结果

Step4：将编号为1、2、3、4、5、6的节点沿 Z 轴方向平移。选择【几何】→【实用程序】→【移动】→【平移】选项，弹出【平移】对话框，如图7.7所示。在【选择】文本框中单击并框选节点1、2、3、4、5、6；在【矢量】数值框中输入【0 0 -110】；选中【复制】单选按钮，以复制的方式进行平移。单击【应用】按钮，完成节点的平移复制，如图7.8所示。

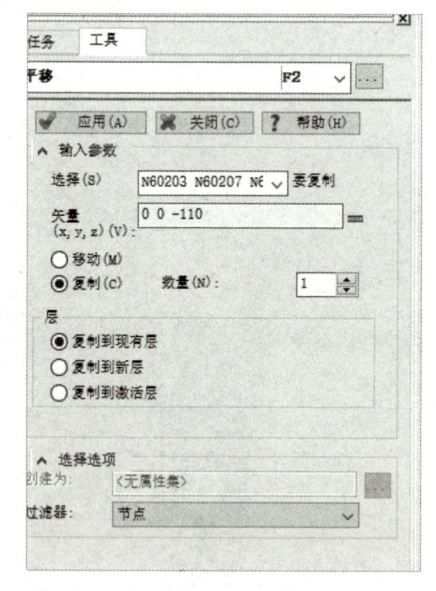

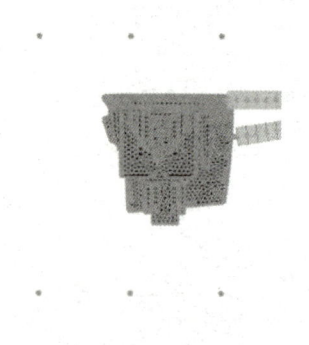

图7.7 【平移】对话框　　　　图7.8 平移节点结果

Step5：将所有节点沿 XZ 平面镜像。选择【几何】→【实用程序】→【移动】→【镜像】选项，弹出【镜像】对话框，如图7.9所示。在【选择】文本框中单击并框选所有节点；在【镜像】下拉列表中选择【XZ 平面】选项；【参考点】选择浇口进胶点；选中【复制】单选按钮，以复制的方式进行镜像。单击【应用】按钮,完成节点的镜像复制,如图 7.10 所示。

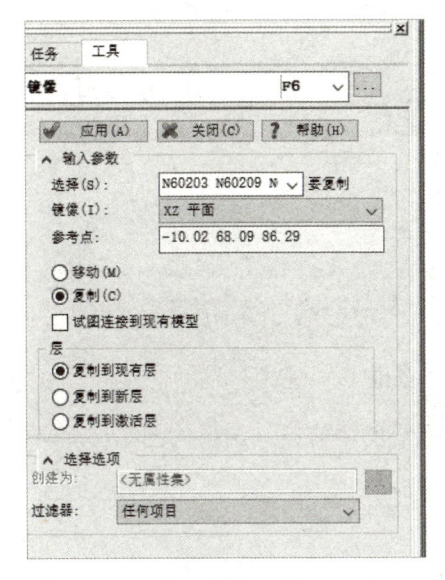

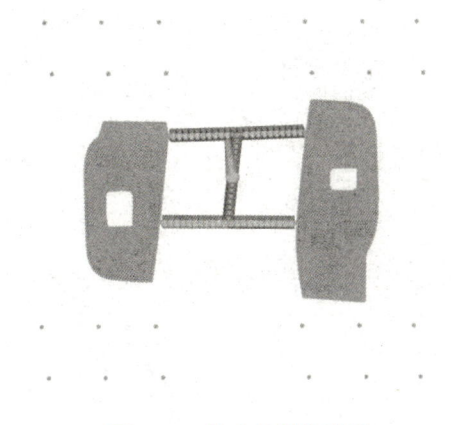

图 7.9 【镜像】对话框

图 7.10 节点的镜像结果

Step6:选择创建直线工具,创建冷却水管的中心线。选择【几何】→【创建】→【曲线】→【创建直线】选项,弹出【创建直线】对话框,如图 7.11 所示。分别选择编号为 1 和 4 的节点,不勾选【自动在曲线末端创建节点】复选框,单击【创建为】选项右边的矩形按钮,弹出【指定属性】对话框,如图 7.12 所示。

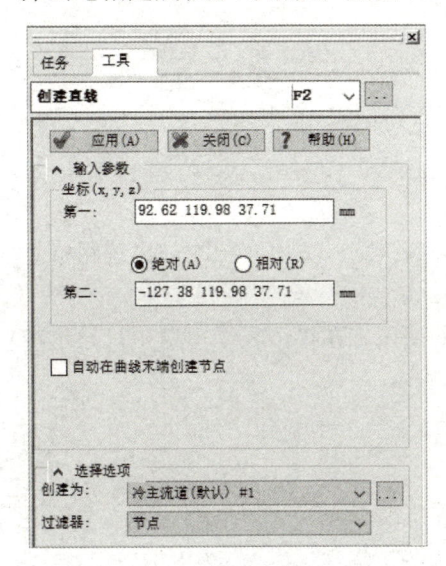

图 7.11 【创建直线】对话框

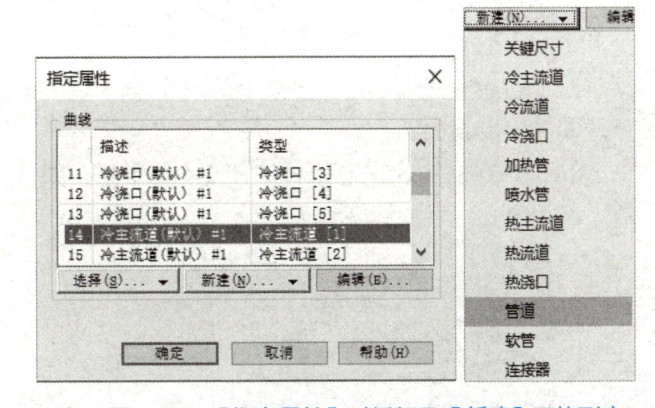

图 7.12 【指定属性】对话框及【新建】下拉列表

Step7:在【指定属性】对话框中,单击【新建】下拉按钮,弹出的下拉列表如图 7.12 所示。选择【管道】选项,弹出【管道】对话框,如图 7.13 所示。设置【截面形状是】为圆形,【直径】为 10mm,【管道热传导系数】为 1,【管道粗糙度】为 0.05mm。先单击【确定】按钮,返回如图 7.12 所示的【指定属性】对话框,然后单击【确定】按钮,返回如图 7.11

所示的【创建直线】对话框，最后单击【应用】按钮，生成第一段冷却水管的中心线，结果如图 7.14 所示。

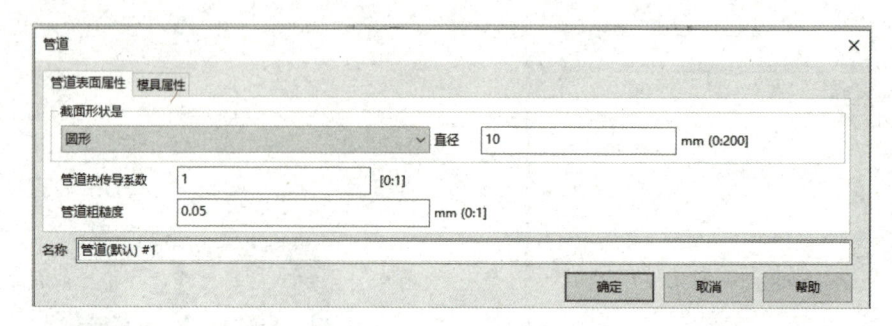

图 7.13　【管道】对话框

Step8：以同样的方式选择各个节点，生成冷却系统的中心线，结果如图 7.15 所示。

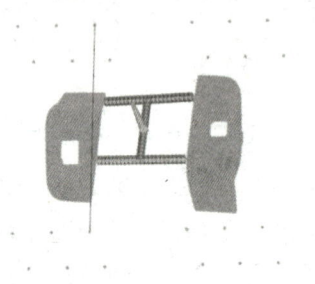

图 7.14　创建的第一段冷却水管的中心线

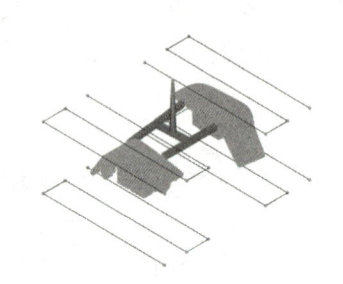

图 7.15　创建的冷却系统的中心线

7.2 冷却系统网格划分

对于创建的冷却系统，要进行网格划分才能参与分析和计算。下面介绍冷却系统网格划分，其操作步骤如下。

Step1：在层管理视窗中只打开【水路】层，如图 7.16 所示，在模型显示窗口中只显示冷却系统的中心线，如图 7.17 所示。

图 7.16　层管理视窗

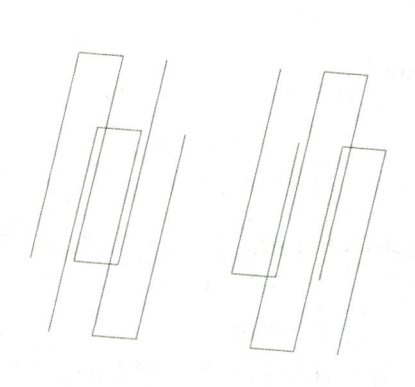

图 7.17　冷却系统的中心线

Step2：选择【网格】→【网格】→【生成网格】选项，弹出【生成网格】对话框，如图 7.18 所示。在【全局边长】数值框中输入【8】，勾选【将网格置于激活层中】复选框。单击【创建网格】按钮，生成冷却系统网格划分的结果，如图 7.19 所示。

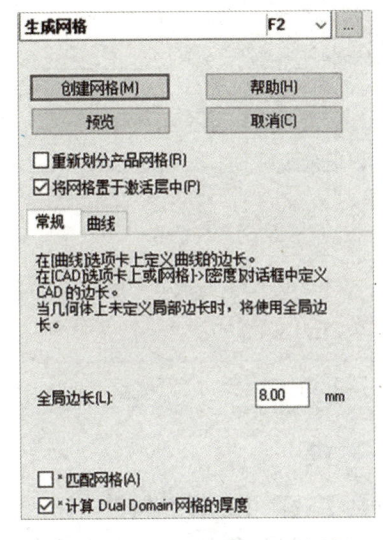

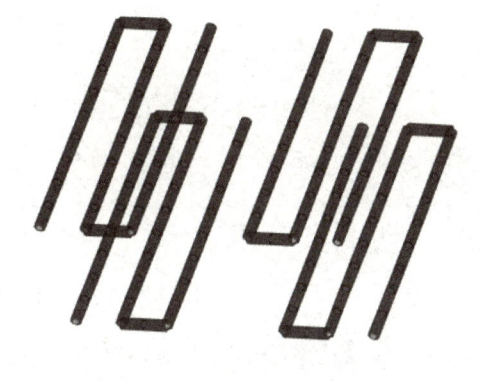

图 7.18　【生成网格】对话框

图 7.19　冷却系统网格划分的结果

Step3：打开层管理视窗中的所有层，模型显示窗口中显示的模型如图 7.20 所示，完成冷却系统网格划分。

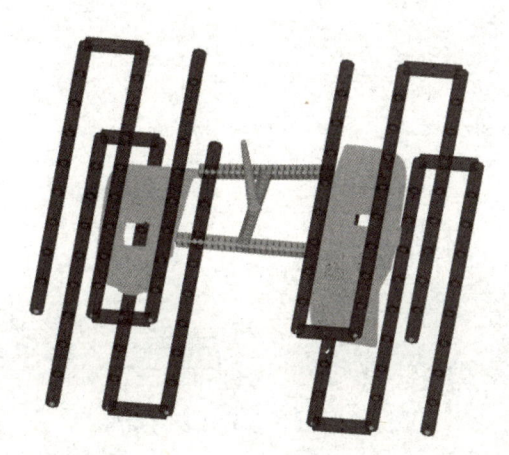

图 7.20　模型显示窗口中显示的模型

7.3　设置冷却液入口

下面介绍设置冷却液入口的操作，其操作步骤如下。

Step1：在任务视窗中右击【设置冷却液入口】，弹出【设置冷却液入口】对话框，如图 7.21

所示，此时鼠标指针变成十字形。如果要对现在的冷却液参数进行修改，则可以单击【编辑】按钮，弹出【冷却液入口】对话框，如图 7.22 所示。

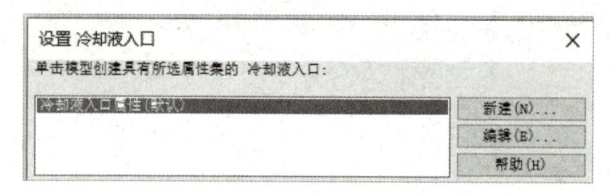

图 7.21　【设置冷却液入口】对话框

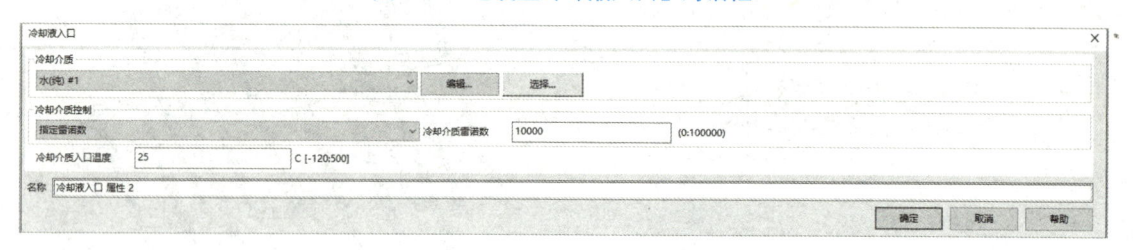

图 7.22　【冷却液入口】对话框

Step2：在【冷却液入口】对话框中，单击【冷却介质】选区中的【编辑】按钮，弹出【冷却介质】对话框，如图 7.23 所示。修改完成后，单击【确定】按钮保存修改值，并返回【冷却液入口】对话框，单击【确定】按钮保存修改值，并返回【设置冷却液入口】对话框。

图 7.23　【冷却介质】对话框

Step3：如果需要更换冷却液，则可以在【冷却液入口】对话框中，单击【冷却介质】选区中的【选择】按钮，弹出【选择 冷却介质】对话框，如图 7.24 所示。在此对话框中，可以选择所需的冷却液和查看冷却液的相关参数。如果有多种冷却液同时对模具进行冷却，则可以在【设置冷却液入口】对话框中，单击【新建】按钮，弹出【冷却液入口】对话框，如图 7.22 所示。操作方法同上。

Step4：选择完成后，返回【设置冷却液入口】对话框。在模型显示窗口中，鼠标指针变成十字形，单击冷却水管的各个入口节点，完成冷却液入口设置，结果如图 7.25 所示。此时，任务视窗如图 7.26 所示。

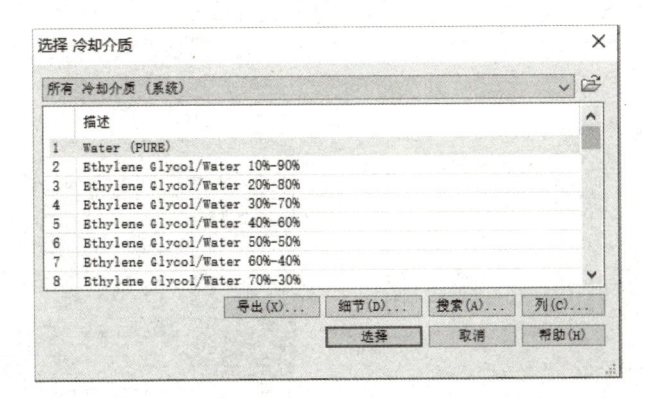

图 7.24 【选择 冷却介质】对话框

图 7.25 手工创建的冷却系统

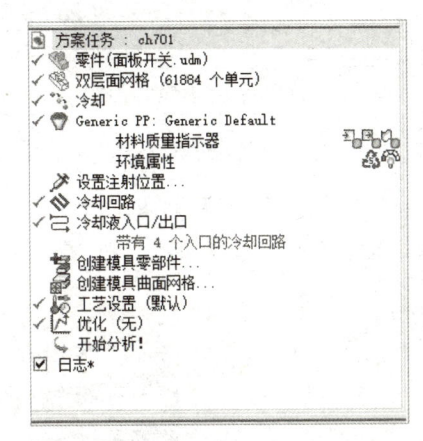

图 7.26 任务视窗

7.4 采用向导创建冷却系统

采用向导创建冷却系统

导入【第 7 章】文件夹中的【面板开关.sdy】文件。在采用向导创建冷却系统时，根据向导中的提示信息设置相关参数。要进行冷却系统的创建，首先要选择需要的冷却系统分析类型。在默认的填充分析类型下，任务视窗中是没有创建冷却系统的图标的，如图 7.1 所示。因此，需要进行分析类型的转换。选择【主页】→【成型工艺设置】→【分析序列】选项，在弹出的【选择分析序列】对话框中选择【冷却】选项，完成冷却分析类型的设置，如图 7.2 所示。下面介绍采用向导创建冷却系统的操作，其操作步骤如下。

Step1：选择【几何】→【创建】→【冷却回路】选项，弹出【冷却回路向导-布局】对话框，如图 7.27 所示。在【指定水管直径】数值框中输入【10】，在【水管与零件间距离】数值框中输入【15】，在【水管与零件排列方式】选项下选中【Y】单选按钮。在此对话框中还显示了制品的长度、宽度和高度尺寸。

Step2：单击【下一步】按钮，弹出【冷却回路向导-管道】对话框，如图 7.28 所示。在【管道数量】数值框中输入【6】，在【管道中心之间距】数值框中输入【45】，在【零件之外距离】数值框中输入【100】，勾选【首先删除现有回路】复选框，不勾选【使用软管连接管道】复选框。

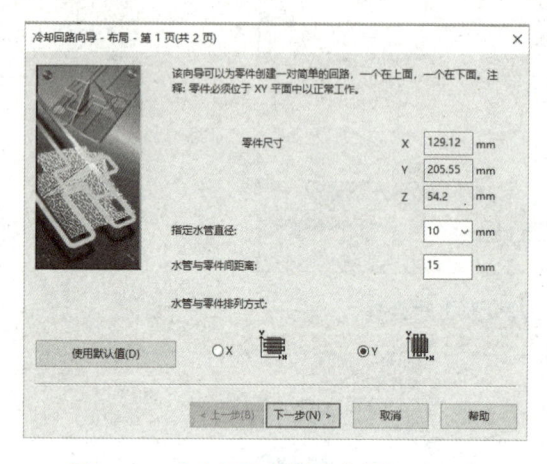

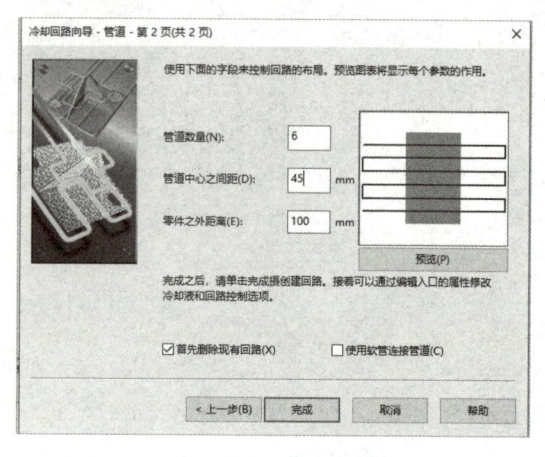

图 7.27　【冷却回路向导-布局】对话框　　图 7.28　【冷却回路向导-管道】对话框

Step3：单击【预览】按钮，可以显示水管布局的基本情况。如果结果不理想，则可以重新设置参数，直到合理为止。单击【完成】按钮，生成采用向导创建的冷却系统，如图 7.29 所示。

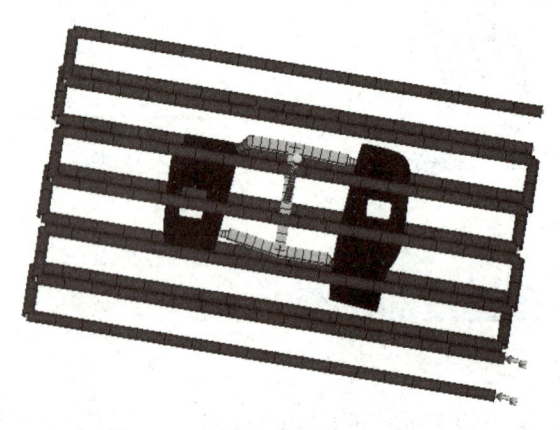

图 7.29　采用向导创建的冷却系统

7.5　从外部文件导入冷却系统

从外部文件导入冷却系统

Step1：新建一个工程，导入【第 7 章】文件夹中的【不同排位面板开关.x_t】文件，其排位方式如图 7.30 所示。

Step2：选择【网格】→【网格】→【生成网格】选项，弹出【生成网格】对话框，如图 7.31 所示。在【全局边长】数值框中输入【2】。单击【创建网格】按钮，生成的网格结果如图 7.32 所示。

图 7.30　面板开关的原始模型

第 7 章　冷却系统的创建

Step3：在层管理视窗中新建一个【水路】层，并单击【激活】图标，使【水路】层处于工作层，如图 7.33 所示。选择【主页】→【导入】→【添加】选项，弹出【选择要添加的模型】对话框，如图 7.34 所示。选择【不同排位面板开关的设计水路.igs】文件，弹出【导入】对话框，如图 7.35 所示。单击【确定】按钮，导入结果如图 7.36 所示。

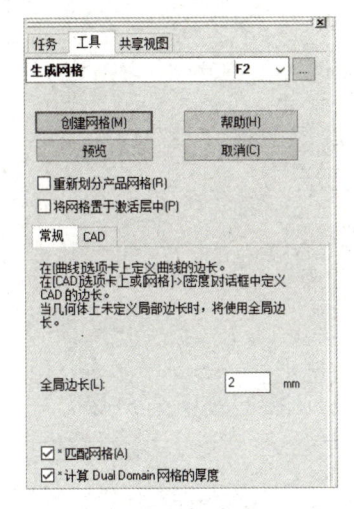

图 7.31　【生成网格】对话框

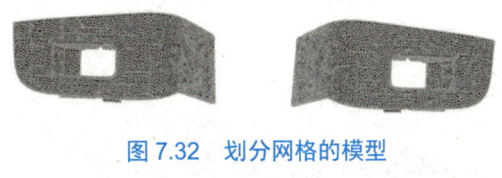

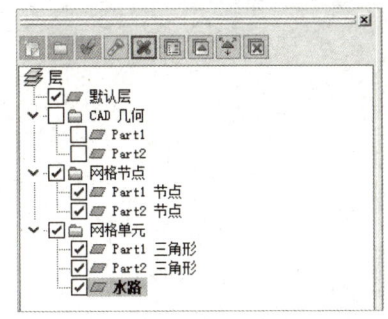

图 7.32　划分网格的模型

图 7.33　新建的【水路】层

图 7.34　【选择要添加的模型】对话框

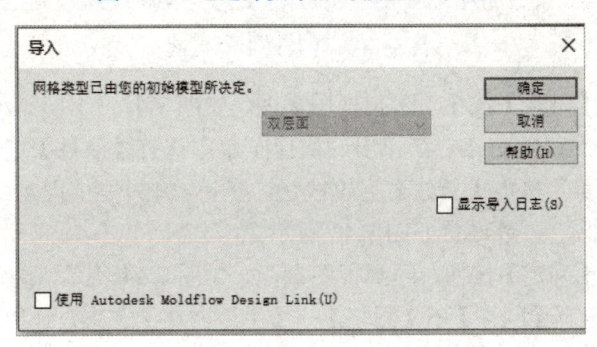

图 7.35　【导入】对话框

Step4：在任务视窗中选择【冷却】分析序列，如图7.37所示。选中图7.36中的所有曲线水路并右击，弹出如图7.38所示的快捷菜单。选择【属性】选项，弹出【指定属性】对话框，如图7.39所示。单击【新建】下拉按钮，在弹出的下拉列表中选择【管道】选项，弹出【管道】对话框，如图7.40所示。在【直径】数值框中输入【8】。

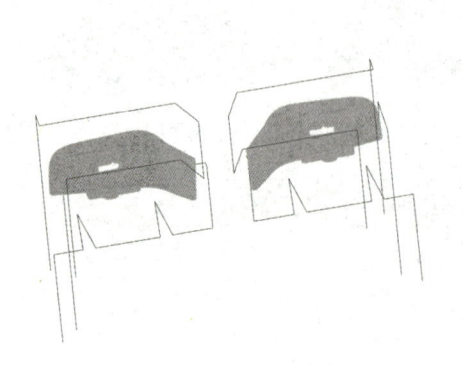

图7.36　导入的水路

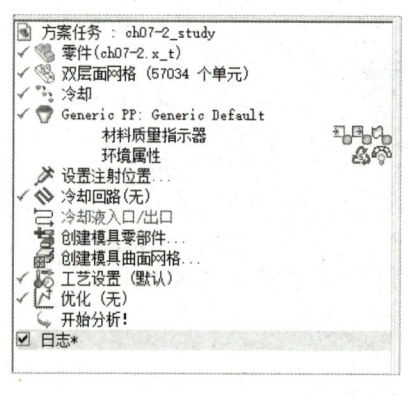

图7.37　选择【冷却】分析序列

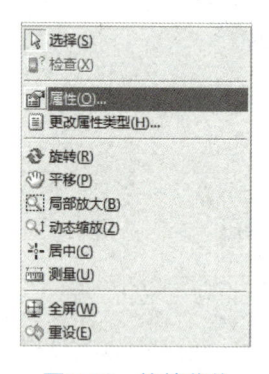

图7.38　快捷菜单

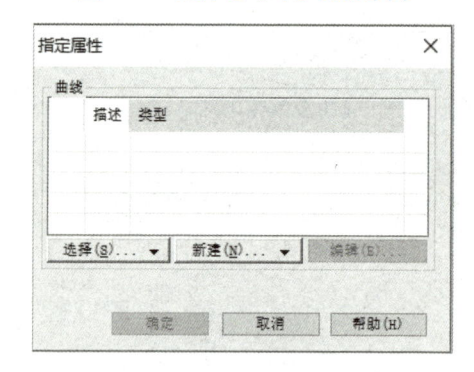

图7.39　【指定属性】对话框

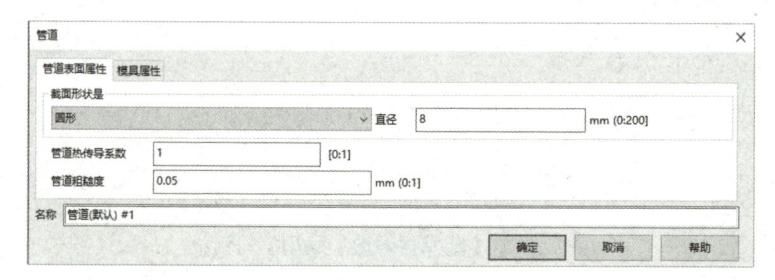

图7.40　【管道】对话框

Step5：连续单击【确定】按钮，回到视图页面，如图7.41所示，此时水路颜色变成蓝色。选中图7.41中尖角的曲线并右击，在弹出的快捷菜单中选择【属性】选项，弹出【指定属性】对话框，如图7.42所示。单击【新建】下拉按钮，在弹出的下拉列表中选择【隔水板】选项，弹出【隔水板】对话框，参数设置如图7.43所示。

Step6：连续单击【确定】按钮，回到视图页面，如图7.44所示，此时水路颜色变成蓝色，隔水板颜色为黄色。选择【网格】→【网格】→【生成网格】选项，弹出【生成网格】对话框，如图7.45所示。在【全局边长】数值框中输入【8】，单击【创建网格】按钮，显示所有层，结果如图 7.46 所示，冷却系统创建完成。

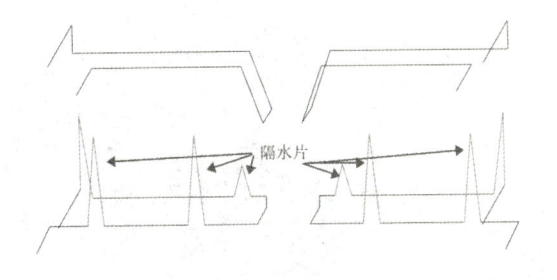

图 7.41　水路视图

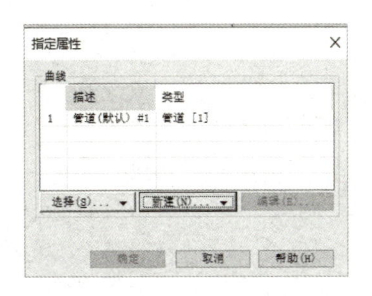

图 7.42　【指定属性】对话框

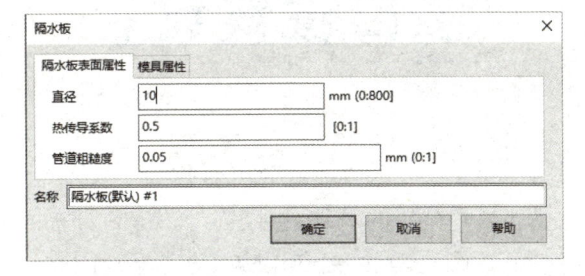

图 7.43　【隔水板】对话框

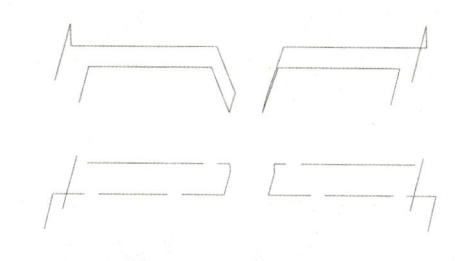

图 7.44　设置好的冷却系统

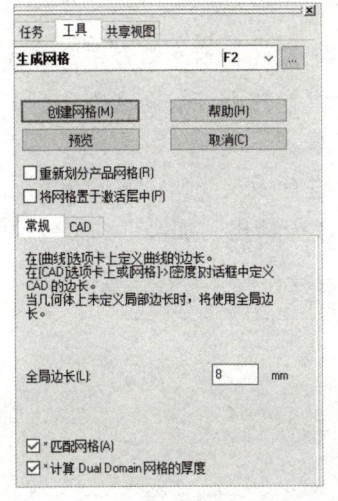

图 7.45　【生成网格】对话框

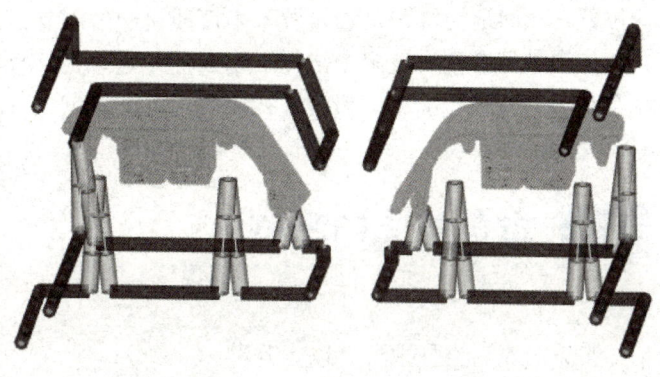

图 7.46　创建好的冷却系统

7.6　本章小结

本章通过实例分别介绍了手工、采用向导及导入 CAD 文件创建冷却系统的操作。通过学习本章内容，读者可以掌握 AMS 中冷却系统的创建方法。本章的重点和难点是掌握手工与导入 CAD 文件创建冷却系统的方法，读者可以通过大量的实践，提高应用水平。

第 8 章

浇口位置设置

分析是 AMS 的核心，对 AMS 进行正确的操作只是分析的基础。对于一个 AMS 分析师来说，还要能对模具或制品成型的好坏有一个判断，而且要能给出合理的改进方案。因此，必须在掌握了 AMS 的正确操作的基础上，结合相关的注塑成型知识和经验，才能灵活地应用 AMS，使模拟分析最大限度地发挥其优越性。

AMS 中的浇口位置优化分析可以根据模型几何形状、相关材料参数及工艺参数分析出浇口的最佳位置。用户可以在设置浇口位置之前进行浇口位置分析，依据这个分析结果设置浇口位置，从而避免浇口位置设置不当可能引起的制品缺陷。

如果模型需要设置多个浇口，那么用户可以对模型进行多次浇口位置分析。如果模型已经存在一个或多个浇口，那么进行浇口位置分析可以自动分析出附加浇口的最佳位置。

8.1 常见的浇口类型

常见的浇口类型主要有以下几种。

侧浇口：最常见的浇口之一，它的厚度一般是制品壁厚的 50%～75%，它的横截面形状可以是长方形，也可以是梯形。用户可以通过创建两点一维单元来制作侧浇口。

点浇口：最常见的浇口之一，是一种尺寸很小的浇口。这种浇口容易使塑料在开模时实现自动切断。

潜伏式浇口：是由点浇口演变而来的，它具有点浇口的特点，其进料位置一般选在制品侧面较隐蔽处，不影响制品的美观。

护耳式浇口：与侧浇口类似，不同的是护耳式浇口通过护耳连接到制品上。这种浇口可以用来减小制品的剪切应力，剪切应力留在护耳中；还可以用来改变料流的方向，避免引起喷射现象。

主流道浇口：直接深入到制品中。这种浇口的尺寸由喷嘴的孔径决定，适用于特别大的塑料制品。用户可以通过创建一维单元制作主流道浇口。

圆环形浇口：根据制品的几何形状可以分为对称环浇口和不对称环浇口两种类型。当需要设置多个浇口时，对称的制品要遵循每个浇口流长相等和填充体积相等的原则；不对称的制品由于本身就不能达到自然平衡，所以每个浇口的填充体积和压力降都不尽相同。不对称的制品可能需要较多的浇口数量，以获得平衡流动或产生合理的熔接线位置，同时降低注塑机压力。

注意：在实际生产中，制品的浇口形状通常都比较复杂，运用 AMS 中的手工创建浇口功能有时也难以达到实际的要求。在这种情况下，可以先将浇口与制品一起在 CAD 软件中构建，然后将其导入 AMS，在浇口位置设置分流道或主流道，或者将浇口位置设置为注射位置，进行分析。

8.2 浇口的设置原则与要求

（1）浇口数量的设置需要考虑充模压力和模具型腔内的平衡流动。

在不考虑流道时，充模压力应低于设备额定压力的一半。若充模压力过高，则应考虑增加浇口数量，缩短流动长度，以降低充模压力，如汽车保险杠这类大型制品就基于此考虑采用多浇口进胶。有时需要增加浇口数量以平衡熔体充模，防止局部过保压。浇口数量的增加会产生额外的熔接线，浇口位置设置应尽可能使熔接线形成在不敏感处。多浇口进胶的浇口位置应尽可能保证各浇口的子模塑区的压力降相等、体积相近。

（2）熔体流动方式。

熔体前沿推进越平稳、越均匀越好，最理想的情况是熔体前沿以单向流动方式充满整个型腔。单向流动能获得一致的分子/纤维取向，有均匀的体积收缩和应力，翘曲变形小，尤其是非结晶聚合物和纤维填充材料。

一般为长端侧进胶，但长端侧进胶流长较大，填充压力高，保压曲线应逐渐下降以减小体积收缩的不一致性。对于较大的非长条状制品，可采用一侧多点进胶实现单向流动。平衡流动能避免局部过保压现象的出现，有利于控制扭曲变形。

中心进胶的平衡性较好，但当制品长宽不一致时也会出现一定程度的潜流（潜流是指表层凝固而厚度中心还在流动的现象）。在先填充区域的近模壁层凝固，其取向也冻结，而厚度中心继续流动以填充其他未填充区域，厚度中心流动方向的改变使得表层和中心的流动方向不一致，容易产生较大的内应力，造成翘曲变形。中心进胶适用于圆形或方形塑件。

两浇口等流长进胶能尽可能实现平衡流动；两料流末端相遇形成熔接线，熔接线质量取决于流动前沿温度和压力；制品中间无过保压，可以减小制品的翘曲变形。

避免喷射。若浇口位置正对较大壁厚区域且无遮挡，则熔体注入型腔时与壁面没形成可靠接触会导致喷射，从而使成型失败。为了避免喷射，可将进胶位置和方向设置为正对型芯或型腔壁，或者适当增大浇口尺寸，保证熔体进入型腔时与壁面形成可靠接触。

（3）壁厚差异较大。

浇口位置宜设置在厚壁区。从厚壁区进胶有利于保压补缩，能获得比薄壁区进胶小得多且一致的体积收缩，尤其适用于半结晶聚合物或一定要避免形成缩痕的制品。

浇口位置应远离薄壁区。若壁厚变化较大，则为了避免滞流，应让滞流区（薄壁区）尽可能后填充，所以应远离薄壁区进胶。

（4）制品结构、外观及使用要求。

浇口的设置需要考虑制品特殊结构的限制。制品的特定结构需要使用特定结构的模具成型，如滑块、镶块等，这些部位就限制了浇口的设置。

当塑件上有加强筋时，可利用加强筋作为改善熔体流动的通道（沿加强筋方向流动）。

浇口位置及类型的选择需要保证制品外观质量的要求。

浇口位置应远离承受弯曲负荷或冲击载荷的区域。通常浇口位置不能设置在塑件承受弯曲负荷或冲击载荷的部位。塑件浇口附近残余应力较大、强度较低，一般只能承受拉应力，而不能承受弯曲应力和冲击力。

（5）模具类型。

浇口的设置与模具的类型选择、模具结构及模具成本也密切相关。

当从中心进胶时，若有外观要求或要求自动切断浇口，则采用点浇口，模具类型为三板模；若无外观要求，则采用直浇口，模具类型为两板模。当从侧边或近侧边进胶时，采用侧浇口或潜伏式浇口，模具类型为两板模。三板模的成本比两板模高。

流道系统类型。流道系统包括冷流道、热流道和热+冷流道组合。浇口的选择也与流道系统类型的选择密切相关。

型腔布局。型腔布局也会影响浇口的设置，多腔模可采用点浇口三板模，也可采用侧浇口或潜伏式浇口两板模。

（6）其他要求。

利于排气。排气不良或困气会导致短射、烧焦、高注射压力及保压压力等问题。浇口位置设置应该尽可能让最后填充位置在型腔边缘，利用分型面排气。对无法避免的困气（气穴）区域设置顶出装置，利用装配间隙排气。

合理处置熔接线和汇熔线。多浇口进胶或制品有孔洞等结构会导致料流汇合形成熔接线（前沿夹角小于135°）和汇熔线（前沿夹角大于135°）。熔接线对制品外观及性能有不良影响，可以通过适当调整浇口位置，将熔接线规划在不影响制品外观及性能的部位。为了增加熔接线处的强度，可以在熔接线处的外侧开设冷料井，使前锋冷料溢出。此外，还可以采用多个阀浇口进行顺序控制，实现多浇口料流的接力，消除熔接线。

防止型芯或嵌件产生挤压位移或变形。对于有细长型芯的圆筒形塑件或有嵌件的塑件浇口，应避免偏心进料，以防止型芯或嵌件产生挤压位移或变形，导致塑件壁厚不均。

注意：浇口的设置有时很难满足上述所有要求，需要针对具体问题具体分析，满足主要的质量要求，并尽可能降低加工、生产成本。

8.3 浇口位置分析

1. 概述

选择合适的浇口数量和合理的浇口位置是模具设计中的重要环节。Moldflow 2023 中有

【浇口位置】分析序列，可用来辅助进行浇口位置设置。需要注意的是，通过浇口位置分析确定的浇口位置可以作为浇口位置设置的重要参考，但不能作为确定浇口位置的唯一依据，浇口位置设置要综合考虑熔体的流动、塑件的外观质量、成型塑件的力学性能及模具设计与制造等方面的因素。

浇口位置分析有两种算法：一种是【浇口区域定位器】，该算法基于所给的制品结构、所选材料及工艺设置，考虑流动阻力、壁厚及可成型性确定一个最佳的浇口位置，若已指定一个或多个浇口位置，则浇口位置分析考虑流动阻力寻求新的浇口位置，以实现流动平衡；另一种是【高级浇口定位器】，该算法可指定浇口数量，在一次分析中基于最小流动阻力确定这些浇口的位置。

2. 分析设置

Moldflow 2023 的浇口位置分析支持中性面、Dual Domain 和 3D 三种网格类型。在准备好 CAE 网格模型和选择好材料后即可开展浇口位置分析。

Step1：选择【主页】→【成型工艺设置】→【分析序列】选项，弹出【选择分析序列】对话框，如图 8.1 所示。在【选择分析序列】对话框的列表中选择【浇口位置】选项，单击【确定】按钮，完成选择。

Step2：设置限制性浇口节点，在运行【高级浇口定位器】算法进行浇口位置分析前，应结合制品、模具多方面的要求考虑浇口的限制性因素。对不想用作注射位置的节点设置约束——限制性浇口节点，以将浇口位置的分析范围缩小到更切实可行的范围。

Step3：选择【边界条件】→【注射位置】→【限制性浇口节点】选项，弹出【限制性浇口节点】对话框，如图 8.2 所示。在模型显示窗口中通过框选等选择方式选择要排除的节点，选中的节点呈红色，同时在对话框的【选择】文本框中罗列出被选中的节点编号，按住 Ctrl 键多次添加选择后，单击【应用】按钮，完成限制性浇口节点的设置。

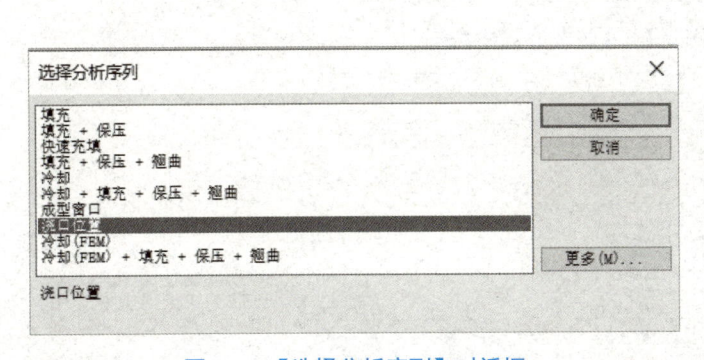

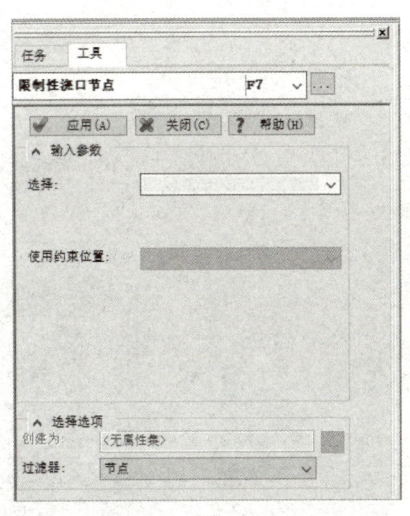

图 8.1　【选择分析序列】对话框　　图 8.2　【限制性浇口节点】对话框

3. 工艺设置

双击任务视窗中的【工艺设置】选项，弹出【工艺设置向导-浇口位置设置】对话框，如

图 8.3 所示。单击【注塑机】选区中的【编辑】按钮,弹出【注塑机】对话框,如图 8.4 所示,其中包括四个选项卡,即【描述】【注射单元】【液压单元】【锁模单元】。可根据实际情况对其进行编辑,也可根据实际情况单击【注塑机】选区中的【选择】按钮,弹出如图 8.5 所示的【选择 注塑机】对话框,在该对话框中选择合适的机型和参数。

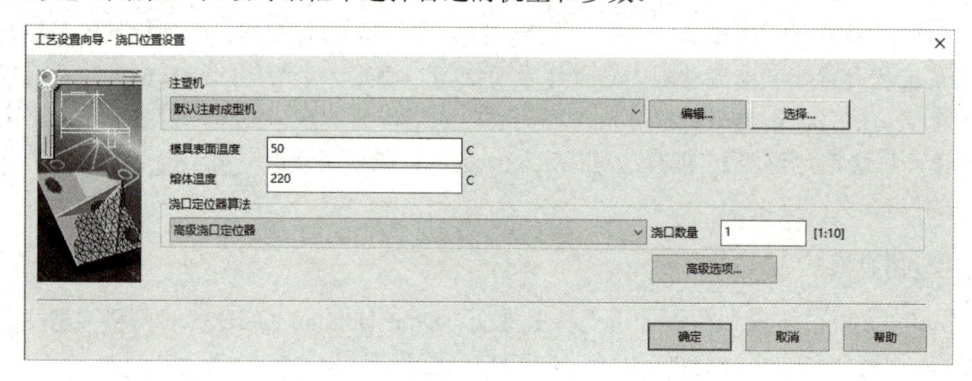

图 8.3 【工艺设置向导-浇口位置设置】对话框

图 8.4 【注塑机】对话框

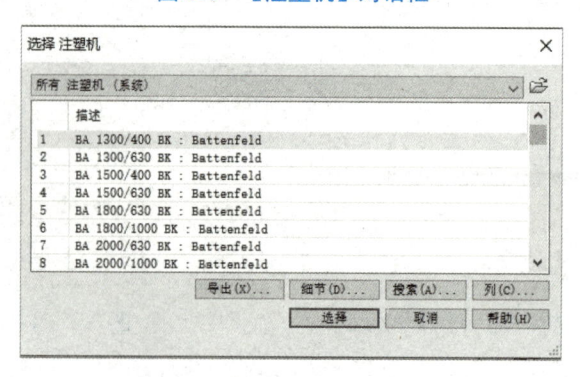

图 8.5 【选择 注塑机】对话框

【模具表面温度】【熔体温度】两个选项的参数是系统根据所选材料特性自动推荐的，通常使用系统默认值。

图 8.3 中的【浇口定位器算法】下拉列表中有【浇口区域定位器】与【高级浇口定位器】两个选项。【浇口区域定位器】表示可在已设有浇口位置的条件下考虑流动阻力再寻求一个新的浇口位置，以实现流动平衡；【高级浇口定位器】表示在指定浇口数量后，在一次分析中基于最小流动阻力确定这些浇口的位置。

单击【高级选项】按钮，弹出【浇口位置高级选项】对话框，如图 8.6 所示，其中包括【最小厚度比（仅高级浇口定位器）】【最大设计注射压力】【最大设计锁模力】三个选项。

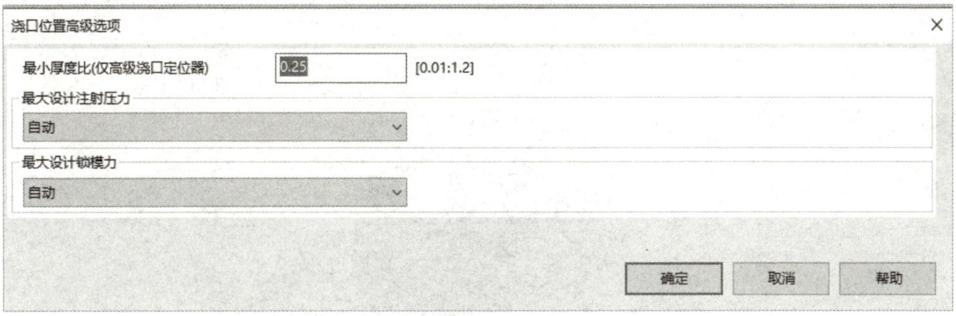

图 8.6 【浇口位置高级选项】对话框

对于【高级浇口定位器】算法，可设置【最小厚度比（仅高级浇口定位器）】。厚度与零件名义厚度之比小于最小厚度比的区域被视为极薄区域，将从注射位置分析中自动排除。默认厚度在零件名义厚度 0.25 以下的区域为极薄区域，可更改此默认值。

【最大设计注射压力】和【最大设计锁模力】可以选择【自动】或【指定】两种方式，若选择【自动】方式，则求解器按照注塑机设置中相应限制的 80%自动计算最大设计注射压力或最大设计锁模力；若选择【指定】方式，则直接输入指定的最大设计注射压力或最大设计锁模力。

工艺设置完成后双击任务视窗中的【开始分析】选项进行分析，得到分析结果。

4．结果查看

浇口位置分析的结果与所选择的浇口定位器算法有关。

当使用【浇口区域定位器】算法时，分析结果为【浇口位置分析结果】，也是早期版本的【最佳浇口位置】，以通过不同颜色表示模型上各位置作为注射位置的匹配性。

当使用【高级浇口定位器】算法时，分析结果有【流动阻力指示器结果】和【浇口匹配性结果】。【流动阻力指示器结果】显示来自浇口的流动前沿所受的阻力；【浇口匹配性结果】通过不同颜色表示模型各处的浇口位置匹配性，蓝色为佳，红色为差。

在【浇口位置分析日志】中最后给出了建议的浇口位置节点，可通过在【几何】或【网格】菜单中的【选择】子菜单中的选择输入框中输入节点号（加上前缀 N）查询最佳浇口节点以确定其位置。

在 Moldflow 2023 中，浇口位置分析结束后会生成一个新的方案，该方案已在分析所确定的最佳浇口位置处自动设置了注射位置，分析序列也已自动设置为【填充】（可将其更改为【快速填充】），可分析计算所确定的浇口位置的填充效果。

下面对【扶手箱堵盖】进行最佳浇口位置分析。图 8.7 所示为浇口位置分析结果。蓝色区域（软件中能显示颜色，此处未能显示）为最佳浇口位置，由此可见，分析得到的最佳浇口位置均在制品的中心位置。制品的分型面均在其最大投影面所在的壳体边缘。若按最佳浇口位置分析结果设置浇口位置，则制品要采用点浇口或潜伏式浇口。若采用点浇口，则模具类型为三板模，增加了模具成本且制品外观也受到影响。若采用潜伏式浇口，则模具结构更为复杂且加工成型过程中易出故障。因此，综合考虑制品分型面位置、型腔布局、制品外观要求、模具结构的简易可靠及最佳浇口位置分析结果，应采用侧浇口。

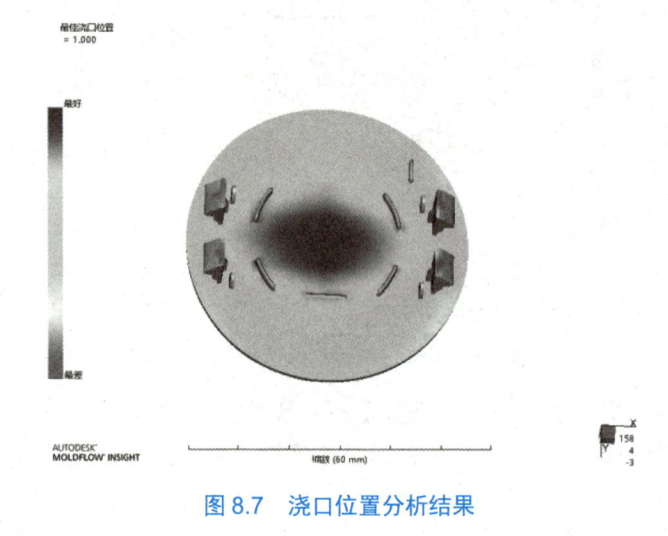

图 8.7 浇口位置分析结果

8.4 浇口位置填充效果评估

对于设定的浇口位置填充效果，有两种较快速的评估方法：填充预览和快速填充分析。可根据评估结果调整浇口位置，最终实现浇口位置的优化。

1. 填充预览

填充预览是零件填充方式的预分析表示。在模型上设置注射位置并在任务视窗中勾选【填充预览】复选框后，将显示【填充预览】结果。每次重新定位或添加注射位置后，【填充预览】结果都会更新，可添加和调整注射位置，还可对这些设置的影响进行实时评估，从而能够在启动分析前获得对熔接线位置和潜在过保压的快速反馈，大大缩短整体开发周期。

能进行填充预览的前提条件：以 Dual Domain 或 3D 网格形式对零件建模；成型工艺为【热塑性塑料注射成型】；已设置注射位置；已在任务视窗中勾选【填充预览】复选框；尚未进行方案分析；单腔且尚未建立浇注系统和冷却系统；制品任何部分的绝对厚度都大于 0.1mm。

填充预览步骤如下。

勾选【填充预览】复选框后，【填充预览】结果如图 8.8 所示，模型以绿色等高色带显示填充时间，颜色越浅的部位越晚填充，用小黑点表示熔接线。

熔接线位置不当可能会对零件的结构强度造成影响，因此可将其视为可见瑕疵。调整注射位置可将熔接线移至相对次要的位置。如果熔接线是考虑的重点，则可进行填充分析，从而更加准确地确定熔接线的质量。

要避免过保压及伴随的翘曲问题，零件所有末端应同时填充。同时应尽可能调整注射位置，以实现均匀填充。

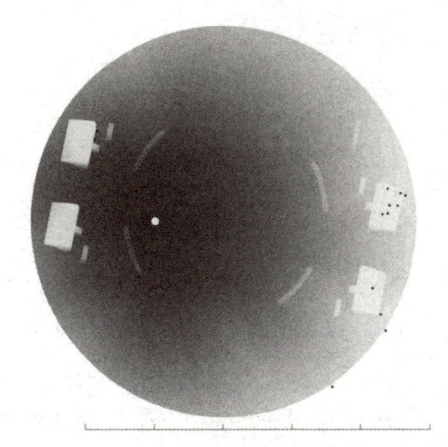

图 8.8 【填充预览】结果

2. 快速填充分析

快速填充分析是一种快速而简单的分析方法，可在精确度要求不高的情况下代替标准填充分析来观察成型时的填充方式，但只能得到标准填充分析的部分结果，主要用于对模型进行快速质量检查、优化浇口位置、进行工艺参数初始检查、测试阀浇口填充时间。

快速填充分析由于采用了不可压缩模型、更少的厚度层数、快速熔体前沿推进及宽松的计算收敛准则，因此比标准填充分析计算耗时少得多，当然精度也低。快速填充分析目前仅适用于中型面和 Dual Domain 网格模型。

通过快速填充分析，若发现设置的浇口位置不是最佳位置，则可调整浇口位置再次进行快速填充分析，直至满意为止，而后再通过标准填充分析进一步校验。

快速填充分析设置如下。

Step1：选择【主页】→【成型工艺设置】→【分析序列】选项，弹出【选择分析序列】对话框，如图 8.9 所示。在【选择分析序列】对话框的列表中选择【快速充填】选项，单击【确定】按钮，完成选择。

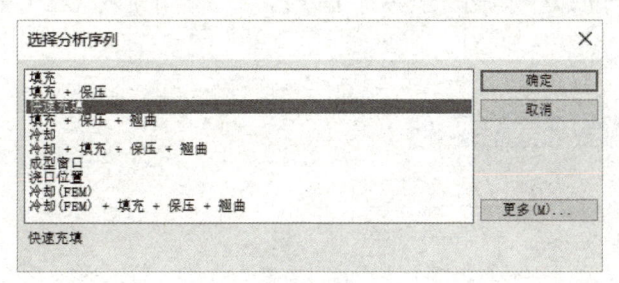

图 8.9 【选择分析序列】对话框

Step2：双击任务视窗中的【工艺设置】选项，弹出【工艺设置向导-快速填充设置】对话框，如图 8.10 所示。

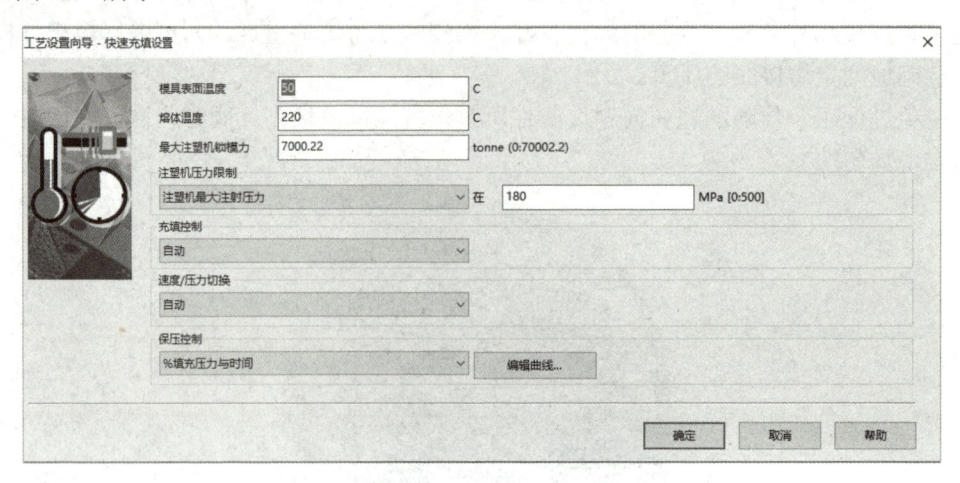

图 8.10 【工艺设置向导-快速填充设置】

在图 8.10 中，【模具表面温度】【熔体温度】【最大注塑机锁模力】【注塑机压力限制】这些选项的参数是系统根据所选材料特性自动推荐的，通常使用系统默认值。输入值不能超过材料允许最大值。【充填控制】【速度/压力切换】选项选择【自动】。【保压控制】选项选择【%填充压力与时间】，单击【编辑曲线】按钮，弹出【保压控制曲线设置】对话框，如图 8.11 所示。

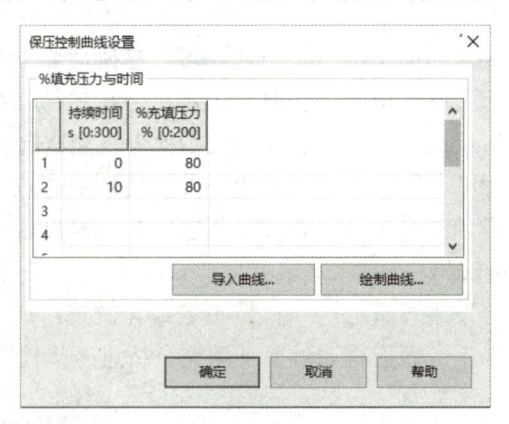

图 8.11 【保压控制曲线设置】对话框

快速填充分析得到的只有标准填充分析的部分结果，如【充填时间】【速度/压力切换时的压力】【流动前沿温度】【达到顶出温度的时间】【气穴】【填充末端压力】【熔接线】。

8.5 浇口位置设置实例

浇口位置设置

1. 分析准备

Step1：打开 Moldflow 2023，导入模型。选择【文件】→【新建工程】选项，弹出【创建新工程】对话框，如图 8.12 所示。在【工程名称】文本框中输入【ch801】，单击【确定】按钮。

图 8.12　【创建新工程】对话框

Step2：在工程管理视窗中选择【ch801】选项并右击，在弹出的快捷菜单中选择【导入】选项，或者选择【主页】→【导入】→【导入】选项，导入【第 8 章】文件夹中的【扶手箱堵盖.x_t】文件，将网格类型设置为【Dual Domain】，如图 8.13 所示。单击【确定】按钮，导入的模型如图 8.14 所示，该零件为对称结构，其外表面有一定的要求。

图 8.13　【导入】对话框　　　　　　　　　　图 8.14　导入的模型

Step3：选择任务视窗中的【创建网格】选项并右击，在弹出的快捷菜单中选择【生成网格】选项，或者选择【网格】→【网格】→【生成网格】选项，弹出【生成网格】对话框，如图 8.15 所示。在【全局边长】数值框中输入【0.56】，单击【创建网格】按钮，其他选项采用系统默认设置，生成的结果如图 8.16 所示。选择【网格】→【网格诊断】→【网格统计】选项，在弹出的【网格统计】对话框中单击【显示】按钮，得到网格统计结果，如图 8.17 所示，可见网格划分符合分析要求。

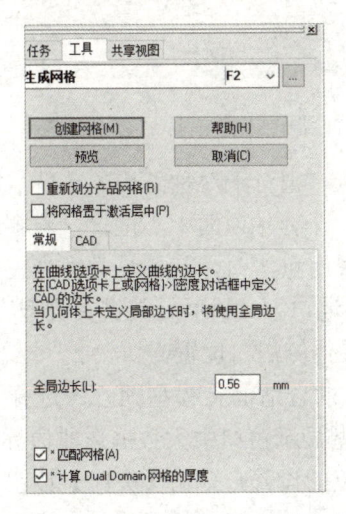

图 8.15　【生成网格】对话框　　　　　　　图 8.16　网格划分模型

Step4：双击任务视窗中的【填充】选项，弹出【选择分析序列】对话框，选择【浇口位置】选项，单击【确定】按钮。此时，任务视窗如图 8.18 所示。

图 8.17　网格统计结果　　　　　　　　　图 8.18　任务视窗

Step5：双击任务视窗中的【通用默认】选项，打开【选择材料】对话框，如图 8.19 所示。【制造商】选项选择【Sunlight】，【牌号】选项选择【TW3】，单击【详细信息】按钮，弹出【热塑性材料】对话框，如图 8.20 所示。

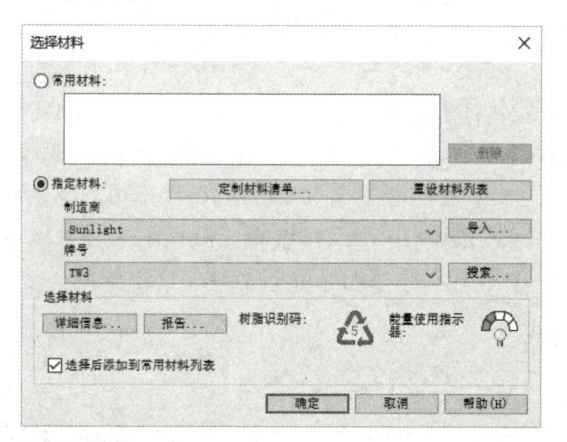

图 8.19　【选择材料】对话框

设置限制性浇口节点。如果不设定限制性浇口节点，则对于对称结构的零件，浇口位置分析得到的最佳浇口位置将在其几何中心对称面附近，即制品顶面中心位置。若零件有一定的外观要求，则在此位置进胶不能采用直浇口，只能采用点浇口，其模具类型为三板模，成本较高。若考虑零件形状，拟采用一模两腔，则采用侧浇口方式进胶，其模具类型为两板模。因此，要设置限制性浇口节点，使浇口位置分析找到最佳侧浇口位置。

Step6：通过单击模型显示窗口右上角 ViewCube 的合适面将模型摆正，选择【边界条件】→【注射位置】→【限制性浇口节点】选项，在模型显示窗口中大致框选非边界节点，如图 8.21 所示，单击【应用】按钮，完成限制性浇口节点的设置，单击【关闭】按钮，返回任务视窗。

图 8.20 【热塑性材料】对话框

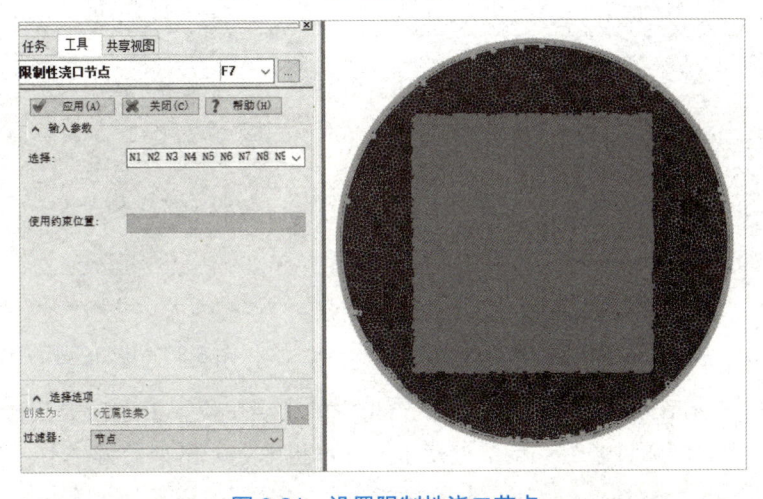

图 8.21 设置限制性浇口节点

Step7：双击任务视窗中的【工艺设置】选项，弹出【工艺设置向导-浇口位置设置】对话框，如图 8.22 所示，选择【高级浇口定位器】算法，其他参数默认。

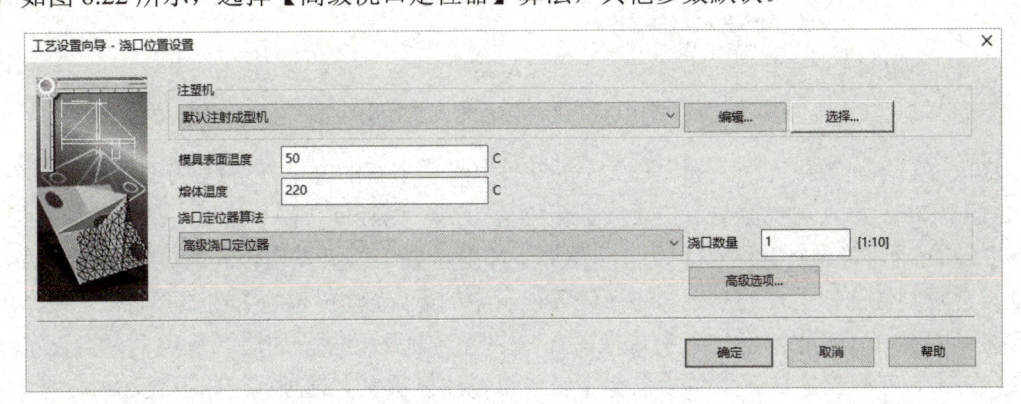

图 8.22 【工艺设置向导-浇口位置设置】对话框

Step8：双击任务视窗中的【开始分析】选项，求解器开始分析计算。

2. 结果分析

浇口位置分析结果如图 8.23 所示，其中包括流动阻力指示器、浇口匹配性。在层管理视窗中取消勾选【约束】层。在任务视窗中的【结果】选项下勾选【流动阻力指示器】复选框，查看分析所得浇口位置的填充流动前沿阻力大小，结果如图 8.24 所示。

浇口匹配性：由于把非边缘的节点都设置成了限制性浇口节点，因此只有边缘的节点有浇口匹配性值。选择【结果】→【检查】→【检查】选项，按住 Ctrl 键单击选择模型边缘几个位置进行查看，如图 8.25 所示，可以找出的最佳浇口位置在制品的侧面位置

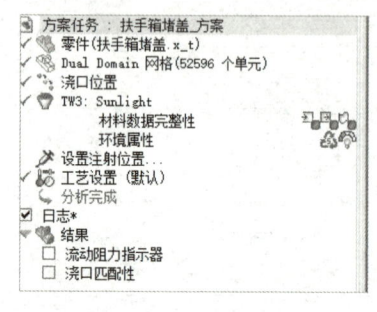

图 8.23　浇口位置分析结果

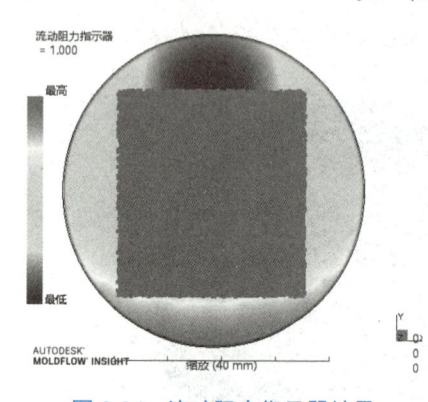

图 8.24　流动阻力指示器结果

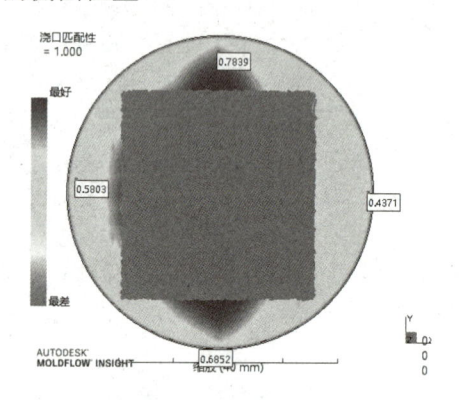

图 8.25　浇口匹配性结果

浇口位置的具体节点可以通过【日志】窗口中的【浇口位置】选项卡获悉，如图 8.26 所示，最佳浇口位置为【N11053】（该位置在不同计算机中划分出来的编号不一定一样）。

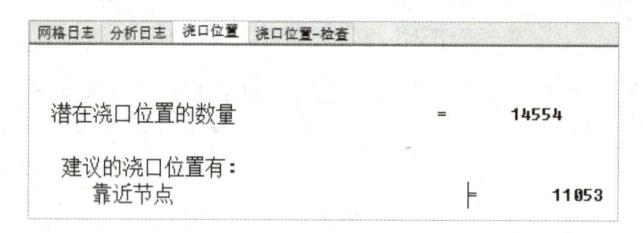

图 8.26　【浇口位置】选项卡

浇口位置填充效果评估。分析完成后会自动生成一个新的方案任务【扶手箱堵盖_方案（浇口位置）】，在工程管理视窗中双击【扶手箱堵盖_方案（浇口位置）】选项，激活该方案任务，如图 8.27 所示，可见在其图形上已自动添加了注射位置。放大发现该注射位置不在最边缘，这是设置限制性浇口节点的问题。选择任务视窗中的【1 个注射位置】选项并右击，在弹出的快捷菜单中选择【设置注射位置】选项，在最邻近当前注射位置的边缘节点上单击设定注射位置，右击，在弹出的快捷菜单中选择【完成设置注射位置】选项，退出设置注射位置状态，再单击原注射位置圆锥图标，按 Delete 键删除。

第 8 章 浇口位置设置

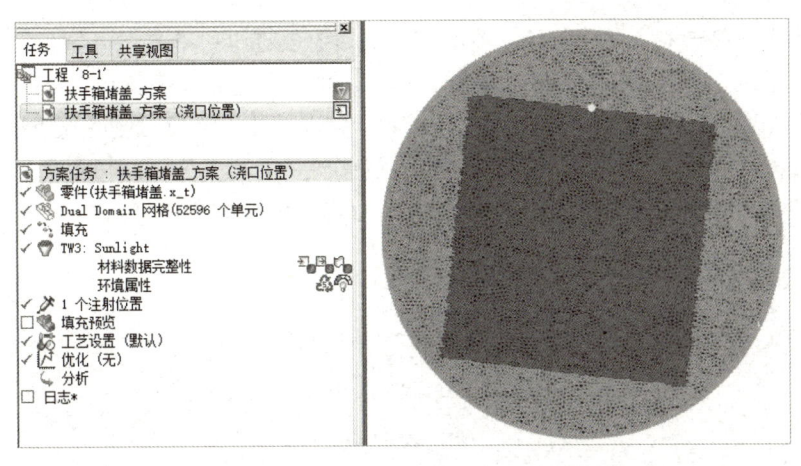

图 8.27 自动生成的新方案任务

在层管理视窗中取消勾选【约束】层，在任务视窗中勾选【填充预览】复选框，如图 8.28 所示。

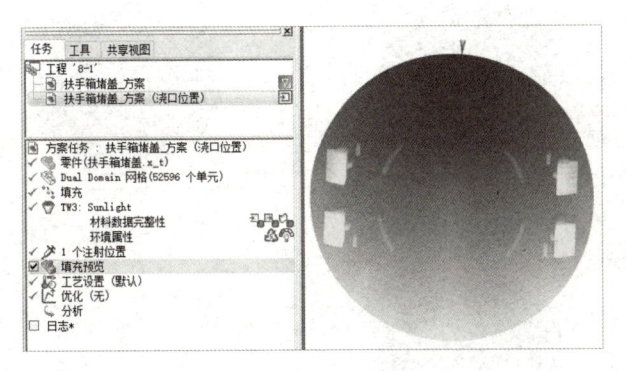

图 8.28 填充预览效果

双击任务视窗中的【填充】选项，弹出【选择分析序列】对话框，如图 8.29 所示。选择【快速充填】选项，单击【确定】按钮。此时，任务视窗如图 8.30 所示。

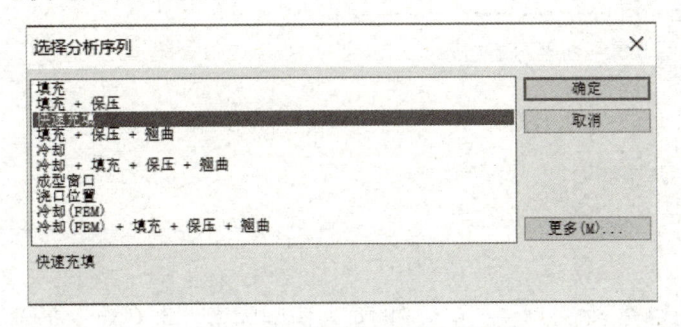

图 8.29 【选择分析序列】对话框　　　　图 8.30 任务视窗

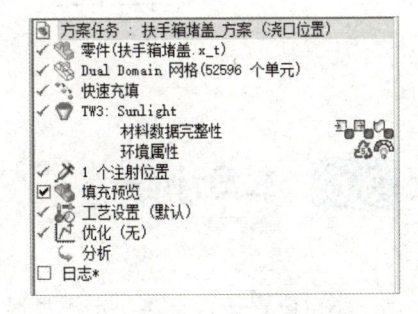

材料、工艺设置不变，进行分析计算。双击任务视窗中的【分析】选项，求解器开始分析计算。

快速充填结果。分析结束后，结果列表如图 8.31 所示。选择【结果】→【窗口】→【窗格切分】选项，在模型显示窗口中单击，将模型显示窗口切分为四块。单击左上区，勾选【充填时间】复选框；单击右上区，勾选【流动前沿温度】复选框；单击左下区，勾选【气穴】复选框；单击右下区，勾选【熔接线】复选框。单击【锁定所有视图】按钮，可同步旋转各视图查看各结果，如图 8.32 所示。由结果可知，1.168s 完成填充，浇口对侧的充填时间相差很小；流动前沿温度最大下降 9℃；气穴分布在边缘及倒扣处，可利用分型面与斜顶间隙排气；在背部位置有熔接线，在制品表面上无熔接线。总体而言，填充效果良好。

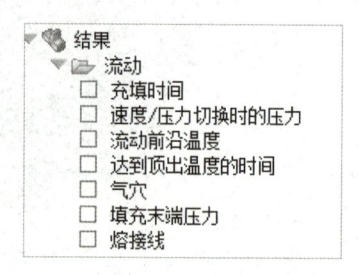

图 8.31 结果列表

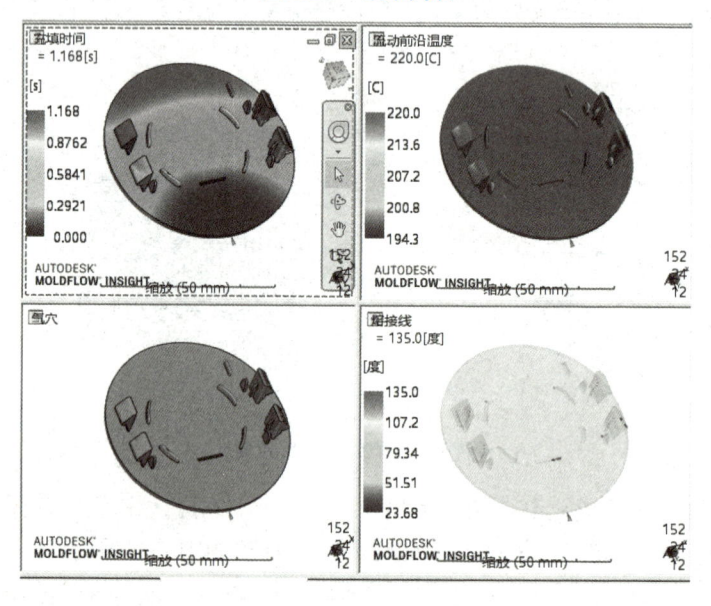

图 8.32 主要分析结果

8.6 本章小结

浇口位置设置直接决定了型腔的填充形态，是制品质量的重要影响因素。本章首先介绍了浇口的设置原则与要求；然后对 Moldflow 2023 中的浇口位置分析进行了详细介绍，并对浇口位置填充效果的评估方法——填充预览和快速填充分析进行了详细说明；最后通过一个实例具体说明了浇口位置设置过程。

第 9 章

Moldflow 2023 的成型窗口分析与填充分析

制品的质量除与其浇口位置密切相关以外，还受其成型工艺条件的直接影响。为此，在确定了制品成型的浇口位置后，需要确定能保证制品具有较高成型质量的成型工艺条件，还需要通过查看填充效果对给定的浇口位置和成型工艺条件进行评估。

9.1 成型窗口分析

1. 概述

注射成型中主要的工艺参数有模具温度、熔体温度和注射时间。借助 Moldflow 2023 中的成型窗口分析可找到制品的最优成型工艺条件和得到合格质量的最广成型范围，快速提供模具温度、熔体温度和注射时间的推荐值作为填充+保压分析的初始设置值。

成型窗口分析的主要作用如下。

（1）确定成型窗口的大小，成型窗口越大，成型问题越少。

（2）确定在选定的注塑机规格下制品能否顺利填充。

（3）快速分析、比较不同浇口位置对压力、剪切应力、温度等的影响，优化浇口数量与位置。

（4）快速评估不同材料对成型（压力、剪切应力）的影响，优选材料。

（5）快速评估制品壁厚对更大填充压力、更快注射时间、更高的模具温度和熔体温度的要求，从而优化制品壁厚。

（6）快速查看制品壁厚、材料、工艺条件对冷却时间的影响，确定制品冷却时间。

（7）成型窗口（模具温度、熔体温度和注射时间）分析应在填充和流动分析前进行，为填充和流动分析提供初始信息。

如果通过结果评估发现很难找到合适的工艺参数组合,则要在重新调整浇口位置或数量、材料、制品结构等后再进行分析。

2. 分析设置

(1)前期准备。

在进行成型窗口分析前,需要先建立 CAE 网格模型、选定成型材料、设置好浇口位置。需要注意的是,Moldflow 2023 中的成型窗口分析只支持中性面网格和双层面网格,并且 CAE 网格模型应仅为单腔模型,不包括流道系统。

选择【主页】→【成型工艺设置】→【分析序列】选项,弹出【选择分析序列】对话框,如图 9.1 所示。在【选择分析序列】对话框的列表中选择【成型窗口】选项,单击【确定】按钮,完成选择。

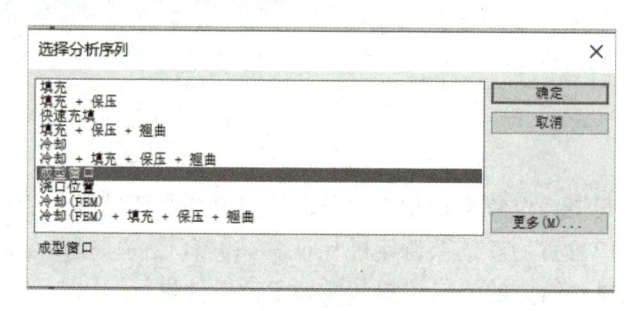

图 9.1 【选择分析序列】对话框

(2)工艺设置。

双击任务视窗中的【工艺设置】选项,弹出【工艺设置向导-成型窗口设置】对话框,如图 9.2 所示。一般采用默认工艺设置,若希望考虑方案的某些特性,则可以更改这些默认设置。

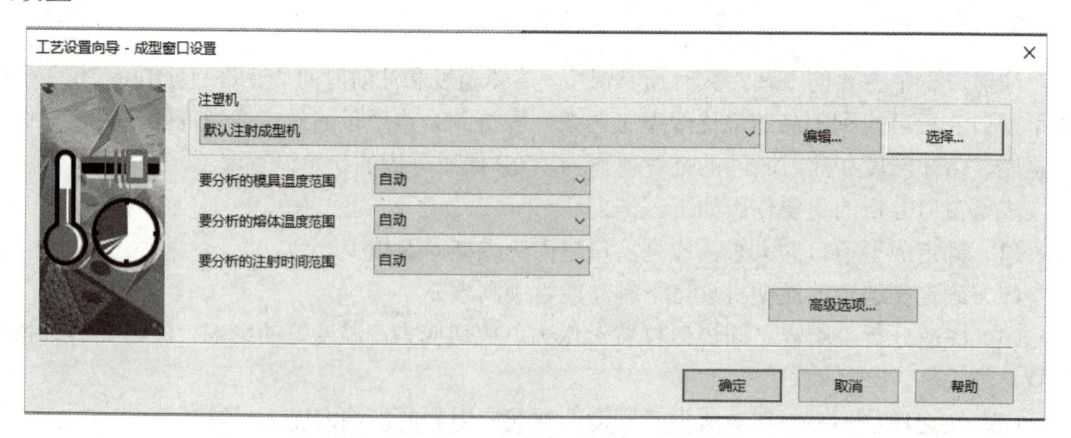

图 9.2 【工艺设置向导-成型窗口设置】对话框

注塑机的编辑/选择。在图 9.2 中,单击【注塑机】选区的【编辑】按钮,弹出如图 9.3 所示的【注塑机】对话框,其中包括四个选项卡:【描述】【注射单元】【液压单元】【锁模单元】。可根据实际情况对其进行编辑,也可根据实际情况单击【注塑机】选区中的【选择】按钮,弹出如图 9.4 所示的【选择 注塑机】对话框，选择合适的机型和参数。

图 9.3 【注塑机】对话框

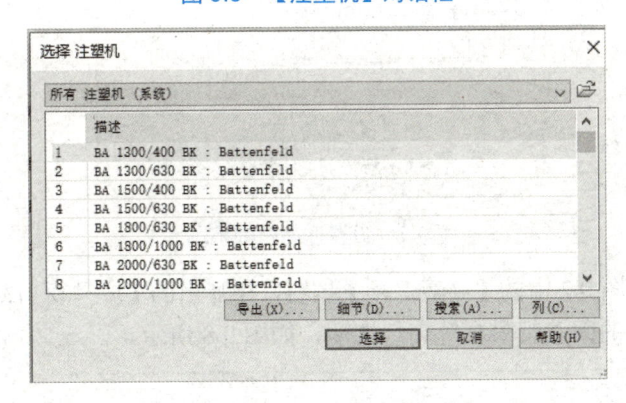

图 9.4 【选择 注塑机】对话框

模具温度范围。图 9.2 中的【要分析的模具温度范围】选项用于设置计算成型窗口时将使用的模具温度范围，其有两个选项：【自动】和【指定】。【自动】选项表示软件自动计算模具温度范围，一般为所选择材料的推荐模具温度范围。【指定】选项表示指定模具温度范围，该范围不应超出所选择材料的推荐模具温度范围。选择【指定】选项，单击【编辑范围】按钮，弹出如图 9.5 所示的【成型窗口输入范围】对话框。在【成型窗口输入范围】对话框中设置模具温度的最小值和最大值。

熔体温度范围。图 9.2 中的【要分析的熔体温度范围】选项用于设置计算成型窗口时将使用的熔体温度范围，其有两个选项：【自动】和【指定】。【自动】选项表示软件自动计算熔体温度范围，一般为所选择材料的推荐熔体温度范围。【指定】选项表示指定熔体温度范围，该范围不应超出所选择材料的推荐熔体温度范围。选择【指定】选项，单击【编辑范围】按钮，弹出如图 9.6 所示的【成型窗口输入范围】对话框。在【成型窗口输入范围】对话框中设置熔体温度的最小值和最大值。

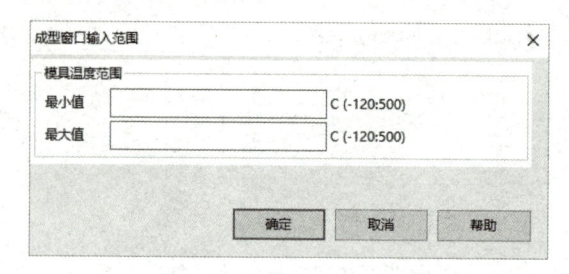

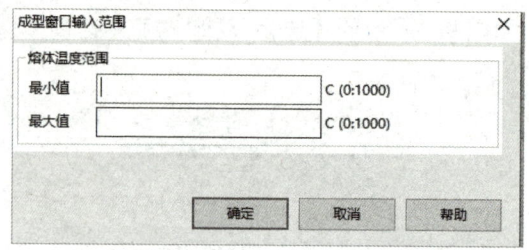

图 9.5 设置模具温度范围

图 9.6 设置熔体温度范围

注射时间范围。图 9.2 中的【要分析的注射时间范围】选项用于设置分析所要扫描的注射时间范围,其有四个选项:【自动】【宽】【精确的】【指定】。【自动】选项表示确定运行分析最合适的注射时间范围。【宽】选项表示在尽可能广的注射时间范围内运行分析。【精确的】选项表示将根据模具温度范围和熔体温度范围确定合适的注射时间范围,在该范围内运行分析。【指定】选项表示允许输入特定的注射时间范围。选择【指定】选项,单击【编辑范围】按钮,弹出如图 9.7 所示的【成型窗口输入范围】对话框。在【成型窗口输入范围】对话框中设置注射时间的上限和下限。

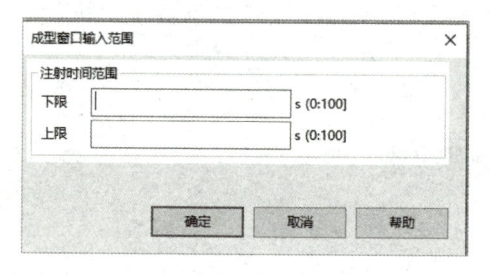

图 9.7 设置注射时间范围

高级选项。单击图 9.2 中的【高级选项】按钮,在弹出的【成型窗口高级选项】对话框中可设置分析需要考虑的因素及限制等高级选项,如图 9.8 所示。

图 9.8 【成型窗口高级选项】对话框

在【计算可行性成型窗口限制】选区中列出了计算可行性成型窗口时考虑的参数，并指定将应用于这些参数的上限。可行性成型窗口能够计算合格零件成型的工艺参数（注射时间、模具温度和熔体温度）的最大可能范围。

在【计算首选成型窗口的限制】选区中列出了计算首选成型窗口时考虑的参数，并指定将应用于这些参数的上限。首选成型窗口能够基于为确保生产优质零件而设置的一组限制条件计算高质量零件成型的注射时间、模具温度和熔体温度的范围。

一般会在【计算可行性成型窗口限制】选区中设置【注射压力限制】因子为0.8；在【计算首选成型窗口的限制】选区中设置【流动前沿温度】最大下降为20℃，最大上升为2℃，设置【注射压力限制】因子为0.5，其他参数采用默认设置。

3. 结果查看与工艺参数的确定

设置完成后双击【开始分析】选项，分析完成后在分析日志末尾给出分析推荐结果，并且在任务视窗中出现结果列表，如图9.9所示。

分析日志：单击模型显示窗口右下方的【日志】按钮，打开【日志】窗口，在分析日志末尾给出了成型窗口分析推荐的【模具温度】【熔体温度】【注射时间】。需要注意的是，推荐的工艺参数不能作为最后确定的工艺参数，仅作为参考，还需要根据其他分析结果综合确定。

【质量（成型窗口）:XY 图】：勾选该复选框可显示零件的总体质量如何随模具温度、熔体温度和注射时间等输入变量变化而变化。可查看不同的模具温度、熔体温度和注射时间组合对应的质量值。分析日志推荐的工艺参数对应的质量值最大。

【质量（成型窗口）:XY 图】以质量值为纵坐标，默认以模具温度为横坐标。可右击任务视窗中的【质量（成型窗口）:XY 图】选项，在弹出的快捷菜单中选择【属性】选项，弹出【探测解决空间-XY 图】对话框，如图9.10所示。在此对话框中勾选的变量为显示在 X 轴上的变量，该变量的滑块处于未激活状态，而另外两个变量的滑块处于活动状态，可以拖动它们来改变其变量值，同时可以在模型显示窗口中查看 XY 曲线的相应变化。

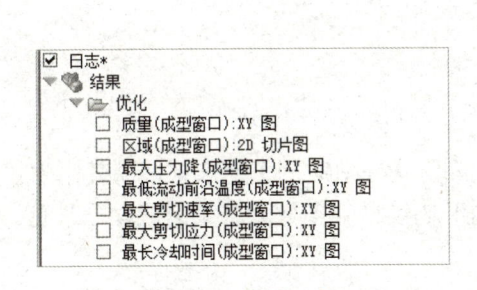

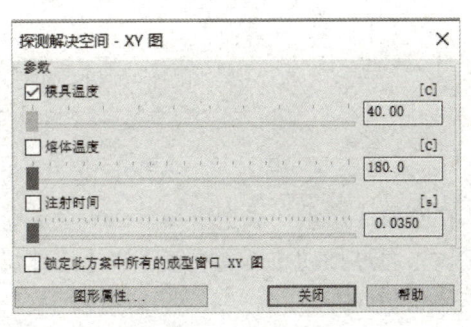

图 9.9　结果列表　　　　　　图 9.10　【探测解决空间-XY 图】对话框

单击图9.10中的【图形属性】按钮，弹出【图形属性】对话框，如图9.11所示。在此对话框中有三个选项卡：【XY 图形属性（1）】选项卡可设置 X 轴变量、特征的显示、图例的显示；【XY 图形属性（2）】选项卡可设置 X 轴、Y 轴坐标的范围是自动的还是指定范围；【网格显示】选项卡可设置未变形/变形零件上的边缘显示方式及曲面显示方式。

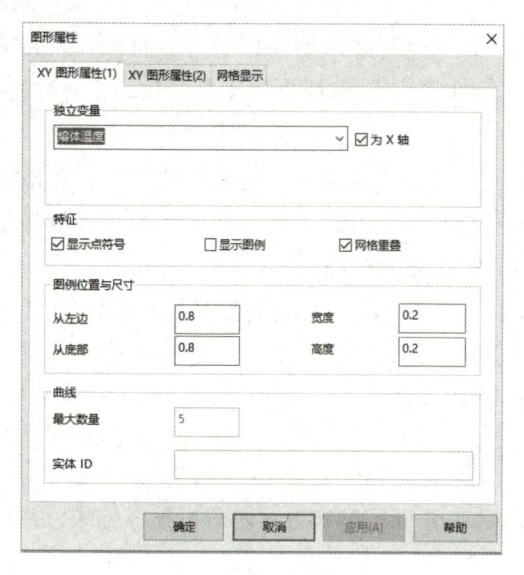

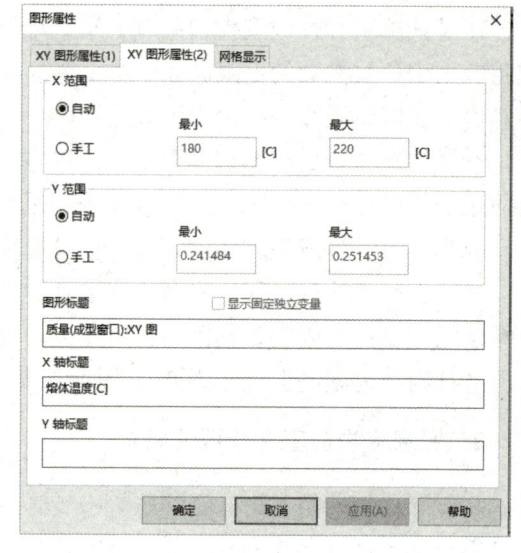

(a)【XY 图形属性（1）】选项卡

(b)【XY 图形属性（2）】选项卡

(c)【网格显示】选项卡

图 9.11　【质量（成型窗口):XY 图】的【图形属性】对话框

在查看【质量（成型窗口):XY 图】时，一般勾选【注射时间】复选框，以其作为 X 轴变量。先通过拖动【模具温度】和【熔体温度】的滑块设置其参数为推荐的成型条件值，查看其质量值。

然后选择【结果】→【检查】→【检查】选项，并在 XY 曲线上单击查看其质量值及对应的横坐标值，如图 9.12 所示。

若推荐的成型条件值接近材料允许的工艺参数范围边界，则以成型分析范围的中间值为起始值来调整模具温度、熔体温度，查看其对质量的影响。若影响较明显，则取质量高的模具温度和熔体温度组合，否则取中间值。当然也需要结合制品的大小及复杂程度来调整。如果制品大而复杂，则模具温度和熔体温度可取得高些。

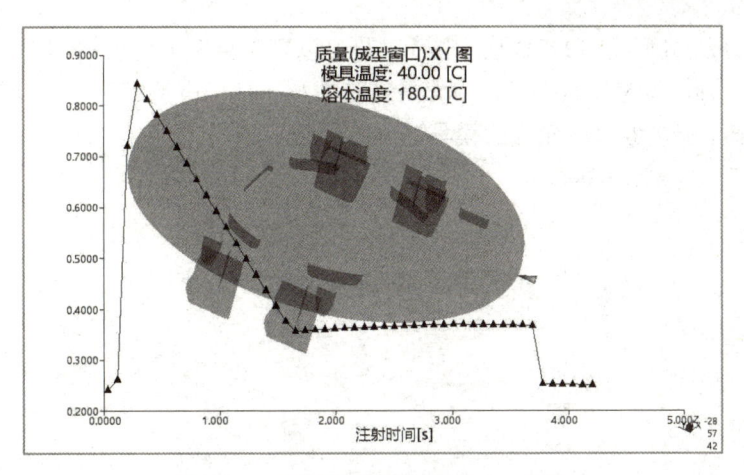

图 9.12　【质量（成型窗口):XY 图】

一般通过【质量（成型窗口):XY 图】确定模具温度和熔体温度，要求最佳质量值在 0.8 以上，并且模具温度和熔体温度在材料推荐成型范围内的合适位置。

【区域（成型窗口):2D 切片图】：勾选该复选框可显示对于在模具设计约束下的特定材料而言，生产合格零件所需的最佳模具温度、熔体温度和注射时间范围。

右击任务视窗中的【区域（成型窗口):2D 切片图】选项，在弹出的快捷菜单中选择【属性】选项，弹出【图形属性】对话框，如图 9.13 所示。将【切割轴】选项设置为在【区域（成型窗口):2D 切片图】中保持恒定的成型窗口变量，其他两个变量将作为【区域（成型窗口):2D 切片图】的 X 轴和 Y 轴变量。【切割位置】选项指定为切割轴变量的常数值。在模型显示窗口中，【区域（成型窗口):2D 切片图】上方显示切割轴变量名及其数值，如图 9.14 所示，可通过在【区域（成型窗口):2D 切片图】区域按住鼠标左键并上下移动鼠标动态调整该数值。

图 9.13　【区域（成型窗口):2D 切片图】的【图形属性】对话框

在【区域（成型窗口):2D 切片图】中，绿色区域为首选工艺参数范围区，在该范围内可获得较好的质量；黄色区域为可行工艺参数范围区，在该范围内可获得合格质量。

在查看【区域（成型窗口）:2D 切片图】时最好以模具温度为切割轴，以熔体温度为 X 轴，以注射时间为 Y 轴，调整模具温度，可查看首选成型窗口范围的宽窄，其越宽越好，当然必须保证模具温度不能接近材料允许的模具温度范围边界。

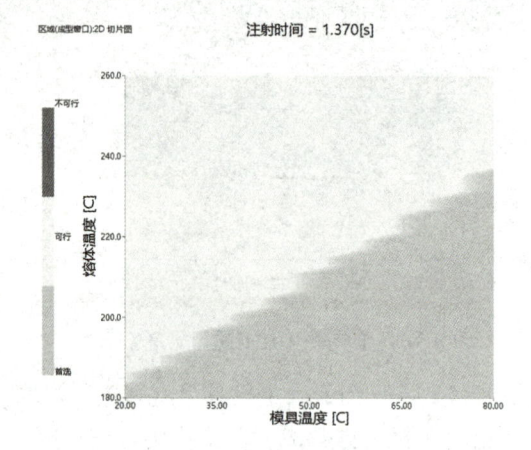

图 9.14 【区域（成型窗口）:2D 切片图】

理想的成型条件在首选区域的中间，可在确定模具温度和熔体温度后在此区域宽度方向中心确定注射时间（选择【结果】→【检查】→【检查】选项，在【区域（成型窗口）:2D 切片图】上单击查看 X 轴、Y 轴的坐标值）。

对于不同制品一模成型的情况，要分别进行成型窗口分析。取各自成型窗口首选区域重叠区的中间值。若已知注塑机压力规格，并且设置了限制因子，则成型窗口分析非常有意义。

注意：一般先通过上述分析结果确定工艺参数（模具温度、熔体温度和注射时间）组合，再利用后续结果检验采用该工艺参数组合时的各类填充结果，若超过设备或材料的允许值，则需要重新调整工艺参数组合。

【最大压力降（成型窗口）:XY 图】：勾选该复选框可显示注射压力如何随模具温度、熔体温度和注射时间变化而变化。由于注射时间与注射压力密切相关，因此该视图一般以【注射时间】为 X 轴变量，通过拖动【模具温度】和【熔体温度】的滑块设置其参数为前面确定的成型条件值，查看对应注射时间的最大压力降，如图 9.15 所示。应保证注射压力在注塑机注射压力规格的一半（一般要求为 70MPa）以下。若注射压力过高，则要调整注射时间。

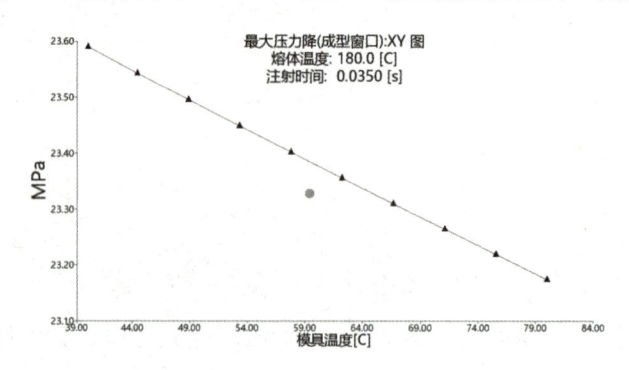

图 9.15 【最大压力降（成型窗口）:XY 图】

【最低流动前沿温度（成型窗口）:XY 图】：勾选该复选框可显示最低流动前沿温度如何随模具温度、熔体温度和注射时间变化而变化。一般以【注射时间】为 X 轴变量，通过拖动【模具温度】和【熔体温度】的滑块设置其参数为前面确定的成型条件值，查看对应注射时间的最低流动前沿温度。流动前沿温度越接近熔体温度，成型质量越好。流动前沿温度不应超过 20℃，否则注射时间应该取更小的值。

【最大剪切速率（成型窗口）:XY 图】：勾选该复选框可显示最大剪切速率如何随模具温度、熔体温度和注射时间变化而变化。由于注射时间与剪切速率密切相关，因此该视图一般以【注射时间】为 X 轴变量，通过拖动【模具温度】和【熔体温度】的滑块设置其参数为前面确定的成型条件值，查看对应注射时间的最大剪切速率。最大剪切速率不应超过所选材料的允许值。

【最大剪切应力（成型窗口）:XY 图】：勾选该复选框可显示最大剪切应力如何随模具温度、熔体温度和注射时间变化而变化。由于注射时间与剪切应力密切相关，因此该视图一般以【注射时间】为 X 轴变量，通过拖动【模具温度】和【熔体温度】的滑块设置其参数为前面确定的成型条件值，查看对应注射时间的最大剪切应力。最大剪切应力不应超过所选材料的允许值。

【最长冷却时间（成型窗口）:XY 图】：勾选该复选框可显示最长冷却时间如何随模具温度、熔体温度和注射时间变化而变化。其计算依据为所选材料的推荐顶出温度，由于模具温度对冷却时间的影响最大，因此该视图以【模具温度】为 X 轴变量。冷却时间不宜过长。当冷却时间较长时，可适当降低模具温度。

9.2 填充分析

在确定浇口位置和成型工艺条件后，还需要通过填充分析查看填充效果，并对给定的浇口位置和成型工艺条件进行评估。

1. 概述

与制品自身结构有关的填充分析是注塑模流分析的关键流程之一。填充分析及优化应该在模具设计之前进行。填充分析及优化是制品成型优化的第一步，也是后续其他分析的基础。前述浇口位置设置与成型窗口分析实际上就属于填充分析及优化的关键部分。

2. 分析设置

（1）前期准备。

在进行填充分析前，需要先建立 CAE 网格模型、选定成型材料、设置好浇口位置，Moldflow 2023 中的【填充】与【填充+保压】分析序列支持中性面网格、Dual Domain 网格和 3D 网格。

选择【主页】→【成型工艺设置】→【分析序列】选项，弹出【选择分析序列】对话框，如图 9.16 所示。在【选择分析序列】对话框的列表中选择【填充】或【填充+保压】选项，单击【确定】按钮，完成选择。

【填充】分析序列针对的是从熔体注射开始到整个型腔充满的这个过程；【填充+保压】分

析序列针对的是从熔体注射开始到保压结束的这个过程。

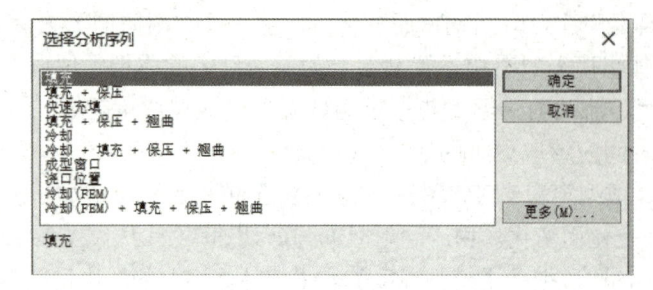

图 9.16 【选择分析序列】对话框

（2）工艺设置。

双击任务视窗中的【工艺设置】选项，对于【填充】分析序列和【填充+保压】分析序列，会弹出【工艺设置向导-充填设置】对话框和【工艺设置向导-填充+保压设置】对话框，分别如图 9.17 和图 9.18 所示。

图 9.17 【工艺设置向导-充填设置】对话框

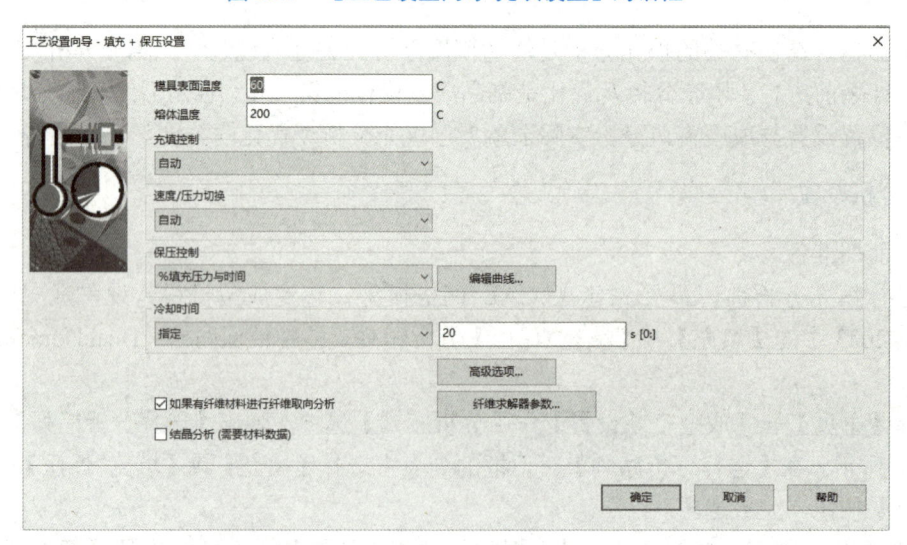

图 9.18 【工艺设置向导-填充+保压设置】对话框

这两种分析序列通常都包含三种控制：充填控制、速度/压力切换和保压控制。在速度阶段结束时进行速度/压力切换，此时型腔并未完全充满，剩余部分通过降低螺杆速度，应用保压压力完成填充，而保压压力通过保压控制来设置，这就是【填充】分析序列也存在保压控制的原因。

模具表面温度。【模具表面温度】选项表示型腔壁面温度，对熔体的冷却速率影响很大，一般默认为所选材料推荐的模具表面温度，也可输入所需的模具表面温度，注意输入的模具表面温度不得超出材料推荐的模具表面温度范围，不得高于顶出温度。在完成成型窗口分析后，可输入成型窗口分析所确定的模具表面温度。

熔体温度。【熔体温度】选项表示注射位置处的熔体温度。如果模型具有流道系统，则熔体温度是指熔体进入流道系统时的温度；如果模型没有流道系统，则熔体温度是指熔体进入型腔时的温度。熔体温度一般默认为所选材料推荐的熔体温度，也可输入所需的熔体温度，注意输入的熔体温度不得超出材料推荐的熔体温度范围，不得低于材料转变温度。在完成成型窗口分析后，可输入成型窗口分析所确定的熔体温度。但要注意，如果模型有浇注系统，则考虑到熔体在流道中流动的剪切热，设定的熔体温度应该略低于成型窗口分析所确定的熔体温度，以保证进入型腔的熔体温度与成型窗口分析所确定的熔体温度尽可能接近。

充填控制。【充填控制】选项用于指定填充阶段控制熔体注射的方法，有6个选择，如图9.19所示。

① 自动：类似于成型窗口分析，可快速确定合适的注射时间或速率，填充结束时具有很小的流动前沿温度降。由于流道中存在的高剪切热，因此该选项只适用于不带流道系统的制品分析。

图9.19 【充填控制】选项

② 注射时间：常用的充填控制方法，定义了充填所需时间，实际充填时间会略长于该时间。在完成成型窗口分析后，可输入成型窗口分析所确定的注射时间。但若模型有浇注系统，则需要根据型腔体积换算成所需的流动速率，采用流动速率控制，以保证型腔的充填时间和成型窗口分析所确定的注射时间尽可能接近。

③ 流动速率：常用的充填控制方法，定义了填充的流动速率。当模型有浇注系统时常采用该控制方法。

④ 相对/绝对/原有螺杆速度曲线：指定两个变量来控制螺杆速度曲线。先选择螺杆速度控制方法，然后单击【编辑曲线】按钮，输入螺杆速度曲线。在初始设计阶段不常使用该控制方法，可在分析完成后采用【分析日志】中所推荐的螺杆速度曲线（该螺杆速度曲线能尽可能保持型腔内熔体流动前沿恒速推进，以获得较高的成型质量）并进行分析。所有螺杆速度曲线在设置前必须设置螺杆直径，默认的注塑机没带螺杆直径值，要指定注塑机或设定该值。

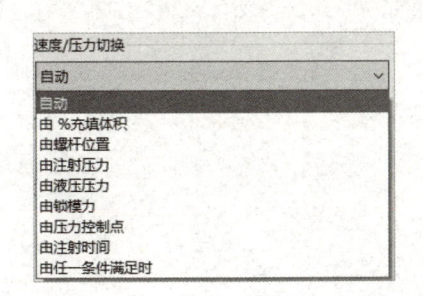

速度/压力切换。【速度/压力切换】选项用于指定从速度控制切换到压力控制时所依据的条件，有9个选择，如图9.20所示。先选择所需的切换方法，然后指定切换点。

图9.20 【速度/压力切换】选项

① 自动：最常用的切换方法，在典型的注塑机上，标

准设置是 99%充填体积，选择的切换点保证螺杆停止后仍有足够的熔体充满型腔。

② 由%充填体积：最常用的手动设置方法，采用螺杆速度曲线进行充填控制后常采用该设置方法。

③ 由螺杆位置：该选项指定速度/压力切换点为螺杆位置达到指定值。

④ 由注射压力：注射压力即螺杆直接作用在熔体上的压力，该选项指定速度/压力切换点为注射压力达到指定值

⑤ 由液压压力：液压压力与注射压力的差别在于增强比（液压缸后端面积与螺杆横截面积之比），增强比越大，注射压力越大，该选项指定速度/压力切换点为液压压力达到指定值。

⑥ 由锁模力：该选项指定速度/压力切换点为锁模力达到指定值。

⑦ 由压力控制点：在型腔内以选择压力控制点的方式指定速度/压力切换点。在所选节点处达到指定的压力后，程序会从速度控制变为压力控制，并且将应用压力曲线。单击【编辑设置】按钮，在弹出的【压力控制点设置】对话框中输入节点号和压力以指定压力控制点，如图 9.21 所示，用于模拟在模具中设置压力传感器来控制速度/压力切换的情形。

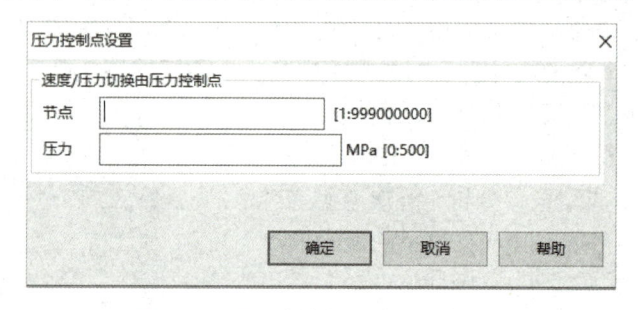

图 9.21 【压力控制点设置】对话框

⑧ 由注射时间：该选项指定速度/压力切换点为注射时间达到指定值，不推荐使用，只作为注塑机控制的备用方法。

⑨ 由任一条件满足时：通过设置多个可用的切换条件，只要满足其中一个指定条件就会进行速度/压力切换。单击【编辑切换设置】按钮，在弹出的【速度/压力切换设置】对话框中勾选切换条件，如图 9.22 所示。

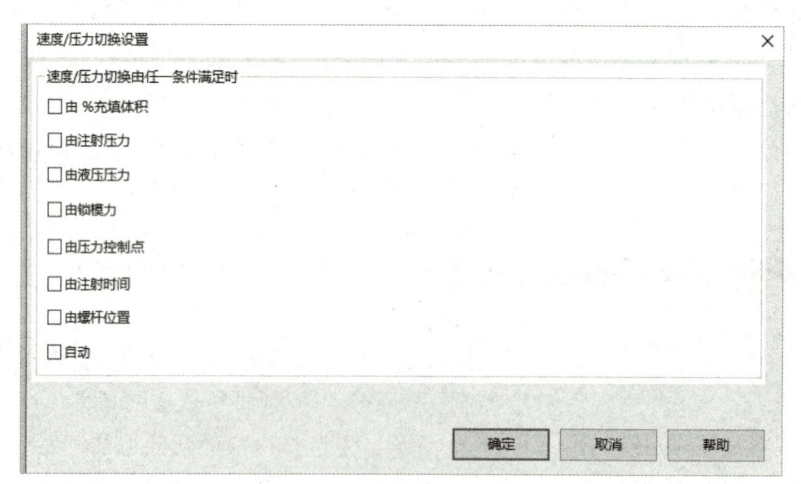

图 9.22 【速度/压力切换设置】对话框

保压控制。【保压控制】选项用于指定加压阶段的控制方法，有 4 个选择，如图 9.23 所示。选择所需的控制方法，单击【编辑曲线】按钮，在弹出的【保压控制曲线设置】对话框中输入压力曲线，如图 9.24 所示。设置完曲线后单击【绘制曲线】按钮，可查看保压曲线。

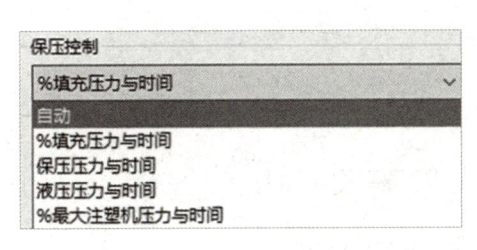

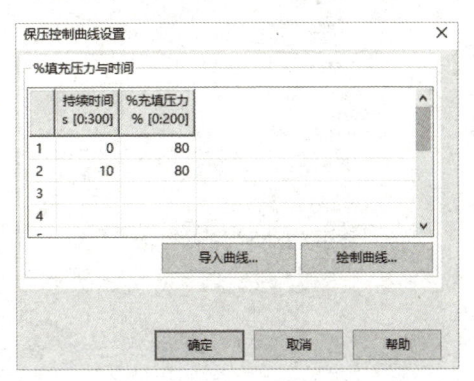

图 9.23　【保压控制】选项　　　　图 9.24　【保压控制曲线设置】对话框

① %填充压力与时间：默认选项，默认为 10s 的 80%填充压力保压，多数时候其作为起点是合理的。保压分析后可进行修改。注塑机控制器不用此方法进行控制，但这是一种好的控制方法。该选项以填充压力与时间的百分比函数形式控制成型周期的保压阶段。

② 保压压力与时间：若知道保压压力，则通常选择该选项。该选项以注射压力与时间的函数形式控制成型周期的保压阶段。

③ 液压压力与时间：该选项以液压压力与时间的函数形式控制成型周期的保压阶段，在模拟实际工艺时使用，要求正确设置增强比。

④ %最大注塑机压力与时间：该选项以最大注塑机压力与时间的百分比函数形式控制成型周期的保压阶段。对于采用此类控制方法的注塑机，需要知道最大注塑机压力。

冷却时间。【冷却时间】选项用于指定冷却时间或自动计算，有两个选择：【指定】和【自动】。

① 指定：指定在保压阶段后零件经过充分冻结可以从模具中顶出的时间。

② 自动：系统自动计算满足顶出条件所需的冷却时间。单击【编辑顶出条件】按钮，弹出如图 9.25 所示的【目标零件顶出条件】对话框，在该对话框中可编辑顶出条件。

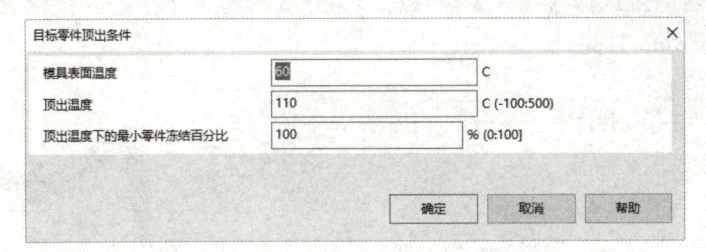

图 9.25　【目标零件顶出条件】对话框

高级选项。单击【高级选项】按钮，弹出【填充+保压分析高级选项】对话框，如图 9.26 所示。在此对话框中可进行成型材料、工艺控制器、注塑机、模具材料及求解器参数的编辑修改或重新选择。一般在此对话框中只根据实际情况编辑或选择注塑机及模具材料，其他选项采用默认设置。

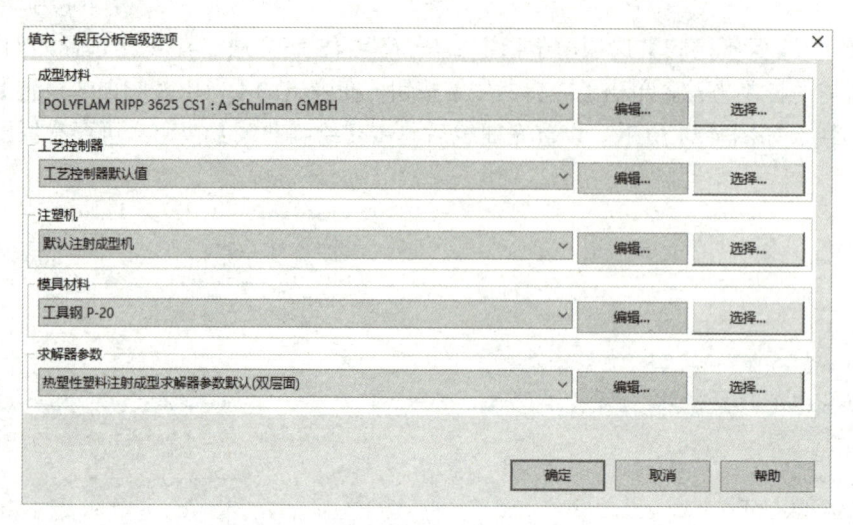

图 9.26 【填充+保压分析高级选项】对话框

【如果有纤维材料进行纤维取向分析】复选框用于在材料中包含纤维时启用纤维取向分析。

3. 结果查看

填充分析完成后需要对分析结果进行评估，依次发现潜在的充模问题和决定后续的处理方法。填充分析的主要结果及其描述如下。

（1）单击模型显示窗口右下方的【日志】按钮，打开【日志】窗口，在分析日志中可以查看分析所使用的所有输入、遇到的所有警告或错误，分析进度及填充、保压等各阶段结束时的结果摘要，包括所需的锁模力和推荐的螺杆速度曲线、总体温度、壁上剪切应力、冻结层因子、剪切速率、型腔温度结果和体积收缩率结果等。通过查看这些信息可以快速决定是否需要仔细查看个别结果以找出可能存在的问题。分析日志如图 9.27 所示。

（2）【充填时间】结果很重要。勾选【充填时间】复选框后可显示从熔体前沿到型腔各位置的时间分布，即型腔的填充过程，如图 9.28 所示。可通过【结果】菜单中的【动画】子菜单中的相关播放按钮以动画方式查看填充过程；可右击任务视窗中的【充填时间】选项，在弹出的快捷菜单中选择【属性】选项，在弹出的【图形属性】对话框中设置等值线显示方式，如图 9.29 所示；可通过选择【结果】→【检查】→【检查】选项，并在模型上单击查看熔体前沿到达单击位置处的时间。

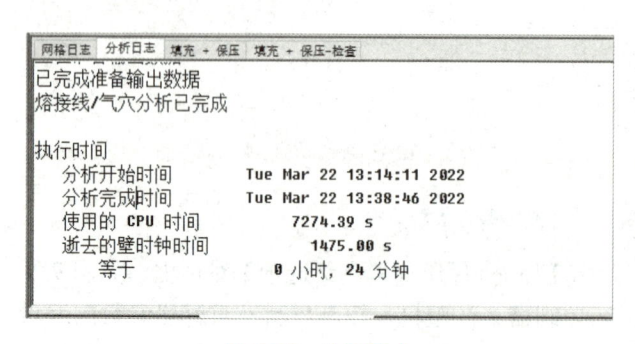

图 9.27 分析日志

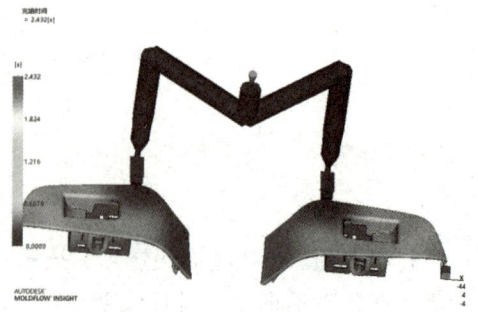

图 9.28 【充填时间】结果

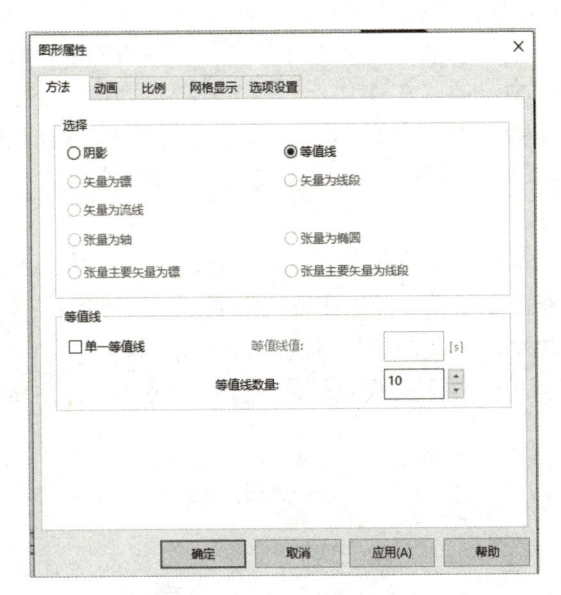

第 9 章 Moldflow 2023 的成型窗口分析与填充分析

图 9.29 【图形属性】对话框

通过【充填时间】结果除了能查看充填时间，还能查看流动是否平衡（各末端是否基本同时充满），填充是否平稳（等值线间距均匀就表明熔体前沿推进速度稳定），以及是否存在短射（未填充处以灰色显示）、滞流（等值线密集处）、过保压（末端充满时间差异较大）、熔接线/气穴（可同时选中这些结果重叠显示并结合填充过程验证这些缺陷是否真实形成）及跑道效应。

（3）勾选【速度/压力切换时的压力】复选框后可显示速度/压力切换时的压力分布，如图 9.30 所示。该选项主要用来查看压力是否平衡，可以看到最大压力的分布和数值（通常整个成型周期中的最大压力发生在该时刻）。

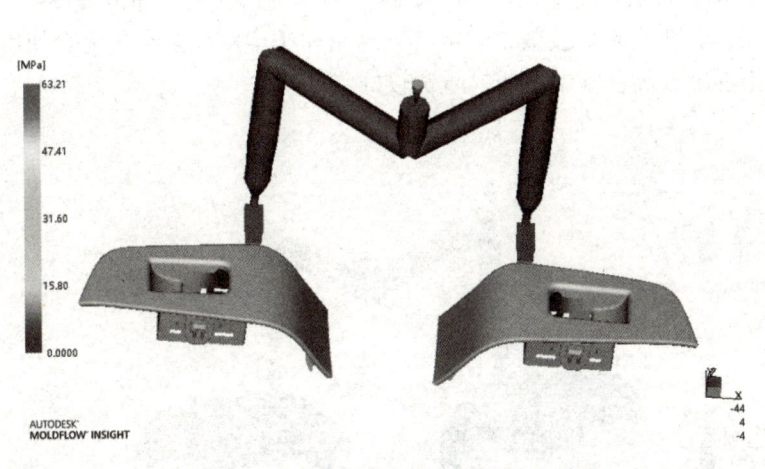

图 9.30 【速度/压力切换时的压力】结果

需要注意的是，在速度/压力切换时一般型腔尚未充满（具体见工艺设置中的速度/压力切换设置），未充满区域以灰色显示，不能就此说明填充存在短射问题。

（4）勾选【注射位置处压力:XY 图】复选框后可显示进胶处压力随时间的变化，可以查看填充所需的最大注射压力，如图 9.31 所示。最大注射压力应该小于注塑机的注射压力极限值，很多注塑机的注射压力极限值为 140MPa，最大注射压力一般应小于 100MPa，即注塑机注射压力极限值的 70%。如果模型没有浇注系统，则最大注射压力应小于注塑机注射压力极限值的 50%。

还可通过压力曲线判断填充是否平衡。在填充过程中，压力应该稳定地增大。【注射位置处压力:XY 图】上如果有激变（通常发生在填充末端），则表明制品的填充不是很平衡，或者料流前锋的尺寸突然急剧变小，从而导致料流前锋速度加快。

由【注射位置处压力:XY 图】结果获取最大注射压力，可为注塑机选择提供注射压力规格方面的参数依据。

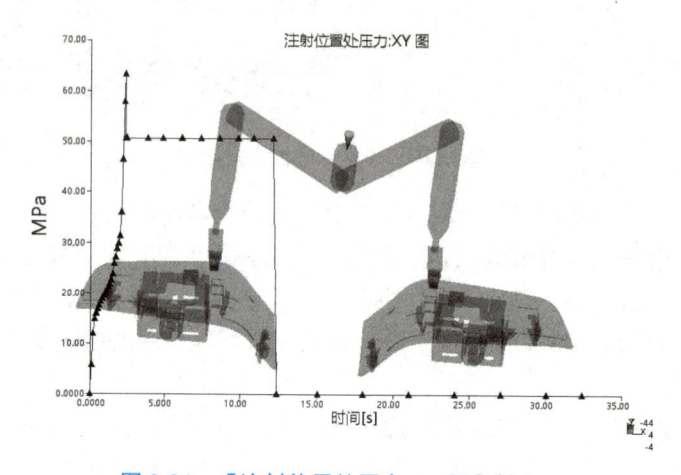

图 9.31　【注射位置处压力:XY 图】结果

（5）勾选【流动前沿温度】复选框后可显示熔体前沿在流经各个位置时在厚度中间的温度，如图 9.32 所示。要求温度变化在 20℃之内，温度过低易导致滞流、短射，温度过高易导致降解及表面缺陷。在判断熔接效果时可将该结果和【熔接线】结果配合使用，如果熔接线生成时流动前沿温度较高，则熔接线的质量较好。

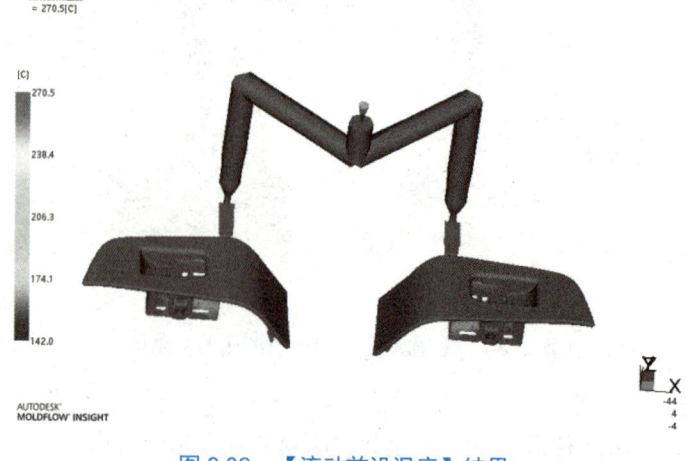

图 9.32　【流动前沿温度】结果

(6）勾选【压力】复选框后可显示型腔各处的压力随时间的变化，如图 9.33 所示。可采用动画方式查看变化过程，压力分布也应该像充填时间一样平衡，【压力】结果和【充填时间】结果应该看起来差不多，这样在零件中就没有或很少有潜流。最好不要出现过保压，在保压过程中压力分布也应该平衡，最好查看填充 98%时的压力分布而不是充满（填充 100%）时的压力，因为计算方法中是按逐个节点充满的方式来计算的，会导致最后填充时刻的计算结果不真实。要求填充结束时制品末端压力为 0，带流道系统的制品填充压力低于 100MPa，不带流道系统的制品填充压力低于 70MPa。

（7）勾选【锁模力:XY 图】复选框后可显示锁模力随时间的变化，如图 9.34 所示。由【锁模力:XY 图】结果获取最大锁模力，可为注塑机选择提供锁模力规格方面的参数依据。最大锁模力应不超过设备额定值的 80%。需要注意的是，Moldflow 2023 中锁模力是以 Z 轴方向为开模方向计算的，因此必须保证模型的开模方向为 Z 轴方向，否则该计算结果错误。如果模型的开模方向不为 Z 轴方向，则需要通过【几何】菜单中的【实用程序】子菜单中的【移动】选项下的【旋转】或【3 点旋转】操作实现模型的空间位置变换。

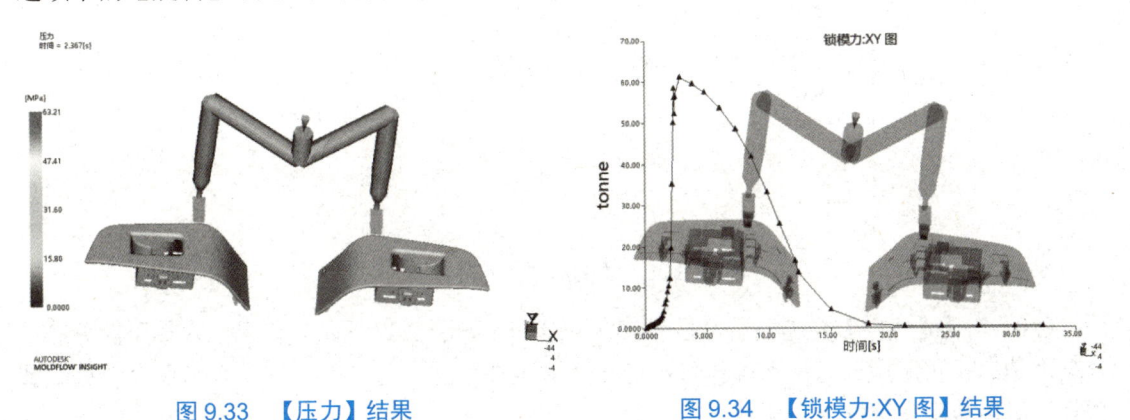

图 9.33 【压力】结果　　　　图 9.34 【锁模力:XY 图】结果

（8）勾选【锁模力中心】复选框后可显示锁模力达到最大值时锁模力中心的位置。【锁模力中心】结果在锁模力太小或接近极限值时很有用。如果锁模力中心不在模具的中心，那么注塑机将无法提供其最大锁模力。例如，注塑机能提供 1000t 的锁模力，每个锁模杆可以分到 250t 的锁模力，如果锁模力中心靠近某个锁模杆，远离锁模力中心的锁模杆所能提供的锁模力就会小于 250t，注塑机的效能就会降低。如果锁模力中心不在模具的中心，则要采取措施进行纠正。

（9）勾选【熔接线】复选框后可显示型腔填充过程中熔接线的位置、长度和汇合角度，如图 9.35 所示。熔接线是否存在应该结合【充填时间】结果判断，查看料流是否真的在熔接线位置处汇合；熔接线的质量应该结合【流动前沿温度】结果和【压力】结果评估，查看熔接线形成时的流动前沿温度是否够高，压力是否够大。可右击任务视窗中的【熔接线】选项，在弹出的快捷菜单中选择【属性】选项，弹出【图形属性】对话框，如图 9.36 所示。在【加亮】选项卡下，单击【数据设置】选项右边的矩形按钮，在弹出的对话框中选择要在【熔接线】结果上叠加其他结果，即可同步查看结果。

减少浇口的数量可以避免形成熔接线，改变浇口位置或改变产品的壁厚可以移动熔接线的位置。

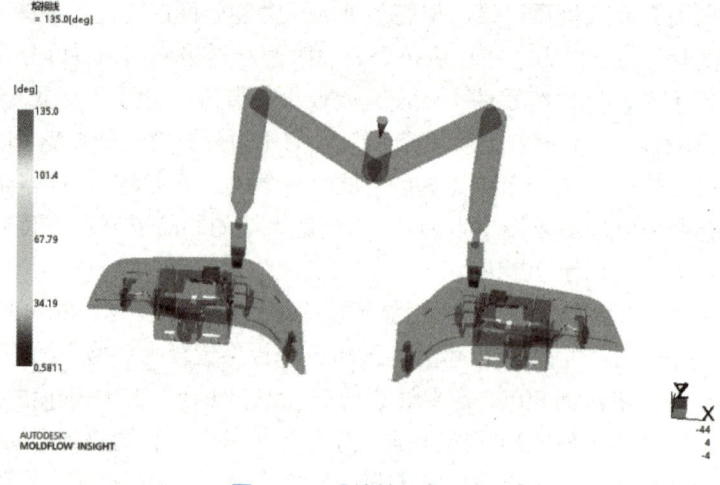

图 9.35 【熔接线】结果

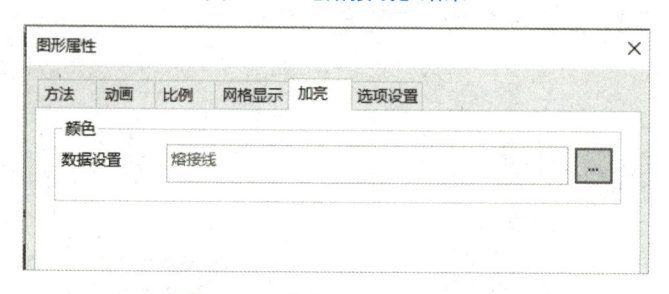

图 9.36 【图形属性】对话框

（10）勾选【气穴】复选框后可显示气穴的分布，如图 9.37 所示。要求气穴尽可能分布在分型面边缘，可利用分型面间隙排气；应尽量避免在零件内部产生气穴，否则要在该处设置顶杆，利用装配间隙排气。

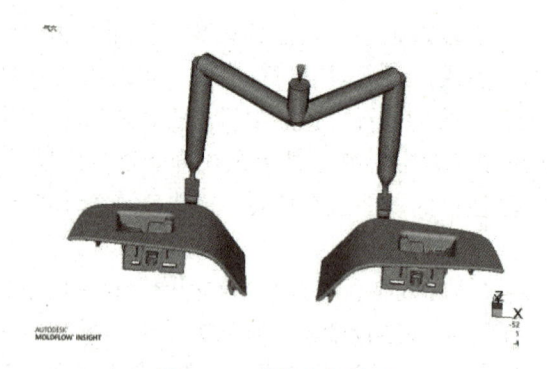

图 9.37 【气穴】结果

（11）【推荐的螺杆速度曲线:XY 图】结果给出了使流动前沿的速度保持恒定所需的螺杆速度。螺杆速度与实时计算的流动前沿面积成比例，流动前沿面积越大，保持恒定的流动前沿速度所需的螺杆速度就越快。

应力与压力降有关。对于给定面积的横截面，流动速率越大，对应的压力降越大，相应的应力也越大。要将应力减到最小，应该以较大的流动速率通过较小的横截面，而以较小的流动速率通过较大的横截面。通过更改闭环工艺控制器的螺杆速度保持恒定的流动前沿速度，有助于将工艺过程中的表面应力变化减到最小，从而减小零件发生翘曲的可能性。

分析日志中也列出了推荐的螺杆速度，用户可以在优化分析中通过【相对螺杆速度曲线】选项直接输入该曲线。

（12）勾选【壁上剪切应力】复选框后可显示型腔各处壁上剪切应力的分布随时间的变化，如图9.38所示。可采用动画方式查看变化过程。

要求成型过程中的最大剪切应力小于材料允许的最大剪切应力，否则会发生降解，影响制品质量。应该先从分析日志中获悉剪切应力最大值，若其超过材料允许的最大剪切应力，则再仔细查看【壁上剪切应力】结果，以获取其发生位置。为便于查看，可右击任务视窗中的【壁上剪切应力】选项，在弹出的快捷菜单中选择【属性】选项，弹出【图形属性】对话框，如图9.39所示。在【比例】选项卡下选中【指定】单选按钮，在【最小】数值框中输入材料允许的最大剪切应力，在【最大】数值框中输入一个大值，取消勾选【扩展颜色】复选框。这样设置可使当壁上剪切应力小于材料允许的最大剪切应力时该处显示为灰色。再以动画方式逐帧查看（重点查看分析日志中给出的剪切应力最大值发生时间前后），当模型上出现彩色时即表明该处发生最大剪切应力超过材料允许的最大剪切应力的情况。

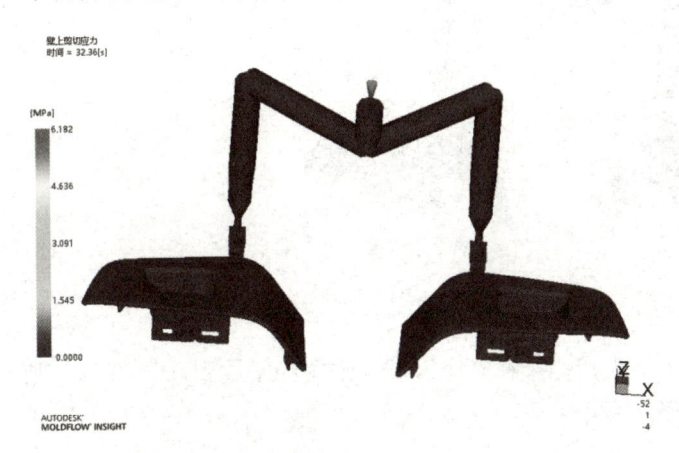

图9.38　【壁上剪切应力】结果　　　　图9.39　【图形属性】对话框

在壁厚较小或横截面尺寸较小（如浇口）处，壁上剪切应力往往较大，应保证发生壁上剪切应力超过材料允许的最大剪切应力的位置不在浇口处和制品的关键位置。

减小壁上剪切应力的措施：局部加厚流动末端区域薄壁区；增大浇口横截面尺寸；降低注射速度；升高熔体温度或采用低黏度材料。对浇口而言，增大其横截面尺寸对减小壁上剪切应力的效果最为显著。

（13）勾选【达到顶出温度的时间】复选框后可显示制品各处达到顶出温度的时间，如图9.40所示。【达到顶出温度的时间】结果可用来估计零件的成型时间。大多数制品在流道50%凝固、厚壁80%凝固时即可顶出。若制品和流道系统达到顶出温度的时间差异过大，则要考虑能否采用局部加强冷却或更改壁厚、减小横截面尺寸等手段缩短达到顶出温度的时间。

（14）【冻结层因子】结果为厚度方向上已凝固厚度与总厚度的比值。该值为1表示其在厚度方向上完全凝固。计算零件是否凝固的参考温度是材料的转换温度。勾选【冻结层因子】复选框后可显示型腔各位置冻结层因子随时间的变化，即凝固过程，如图9.41所示。可采用动画方式查看其凝固过程。

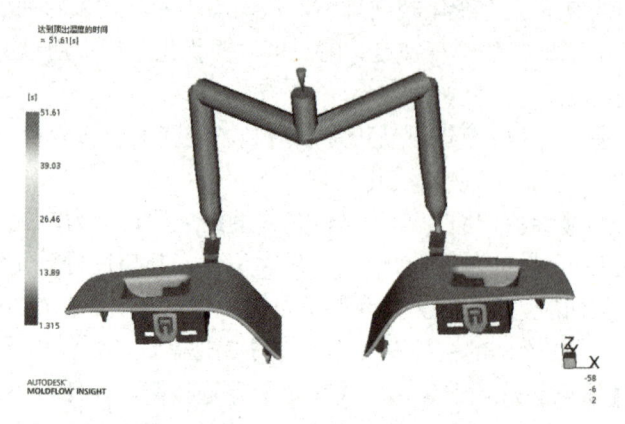

图 9.40 【达到顶出温度的时间】结果

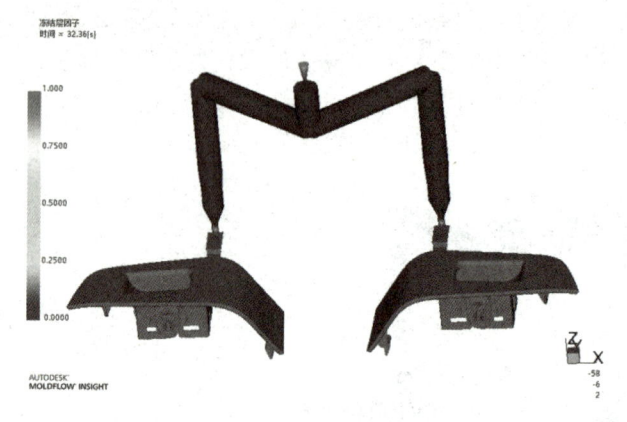

图 9.41 【冻结层因子】结果

在填充结束时，冻结层因子不应该很大，如果在某个区域冻结层因子达到 0.2～0.25，则说明保压会很困难，或者应该加快填充速度。

注意： 采用动画方式逐帧查看浇口位置的冻结情况，获悉其完全凝固的时间，浇口完全凝固也意味着保压的被迫终止。其凝固时间是保压设置的重要参数依据。若浇口凝固时制品尚未完全凝固，则会导致保压补缩不足，造成较大的收缩变形。

（15）【顶出时的体积收缩率】结果在【填充+保压】分析中才有，如图 9.42 所示。体积收缩率通过单元收缩的百分比表达零件在保压过程中体积的减小。材料的 PVT 属性决定了产品的体积收缩性能，保压压力越大，体积收缩率越小。勾选【顶出时的体积收缩率】复选框后可显示顶出时的体积收缩率。整个产品的体积收缩应该均匀一致，但通常体积收缩都是不一致的，可通过调整保压曲线使体积收缩更均匀一些。

（16）【缩痕，指数】结果在【填充+保压】分析中才有，如图 9.43 所示。勾选【缩痕，指数】复选框后可显示零件上可能存在的缩痕，该结果反映了零件上产生缩痕的相对可能性。该值越大，说明缩痕越有可能产生。缩痕的计算考虑了零件的体积收缩和厚度的影响。

消除缩痕的措施：更改制品设计，减小缩痕处壁厚或隐藏缩痕；增加保压压力/保压时间；将浇口移近厚壁区；增大浇口/流道横截面尺寸；降低熔体/模具温度；采用低黏度材料。

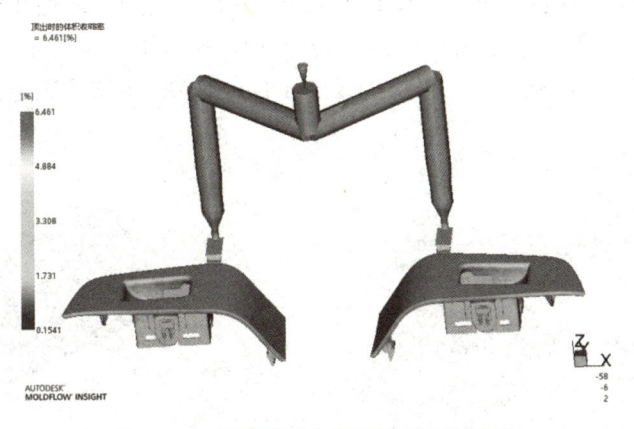

图 9.42 【顶出时的体积收缩率】结果

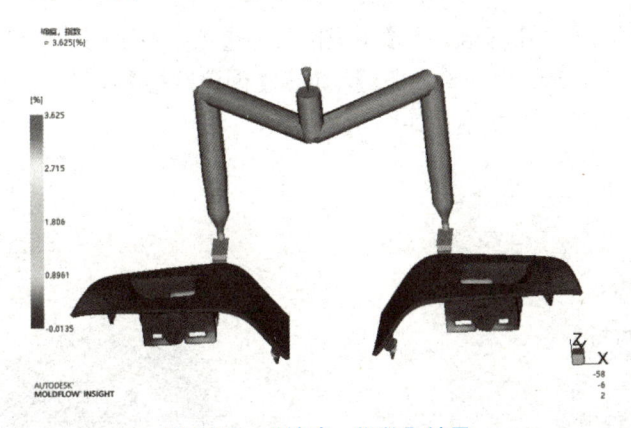

图 9.43 【缩痕，指数】结果

9.3 分析实例

成型窗口分析

1. 分析准备

Step1：打开 Moldflow 2023，导入模型。选择【文件】→【新建工程】选项，弹出【创建新工程】对话框，如图 9.44 所示。在【工程名称】文本框中输入【ch09】，单击【确定】按钮。

图 9.44 【创建新工程】对话框

Step2：在工程管理视窗中选择【ch09】选项并右击，在弹出的快捷菜单中选择【导入】选项，或者选择【主页】→【导入】→【导入】选项，弹出【导入】对话框，如图9.45所示。导入【盖子.x_t】模型，将网格类型设置为【Dual Domain】，单击【确定】按钮。导入的模型如图9.46所示。

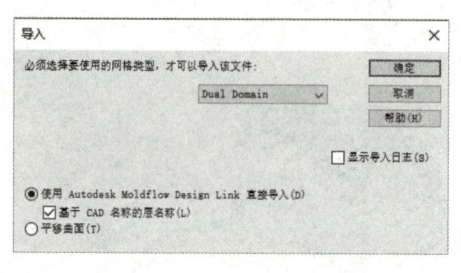

图9.45　【导入】对话框

图9.46　导入的模型

Step3：选择【网格】→【网格】→【生成网格】选项，弹出如图9.47所示的【生成网格】对话框。在【全局边长】数值框中输入【2】，单击【创建网格】按钮，其他选项都采用系统默认设置。网格划分完毕后，网格模型如图9.48所示。

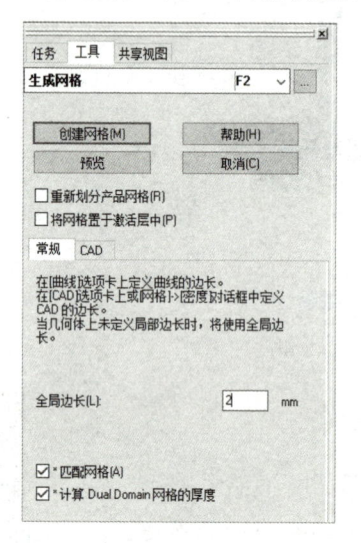

图9.47　【生成网格】对话框

图9.48　网格模型

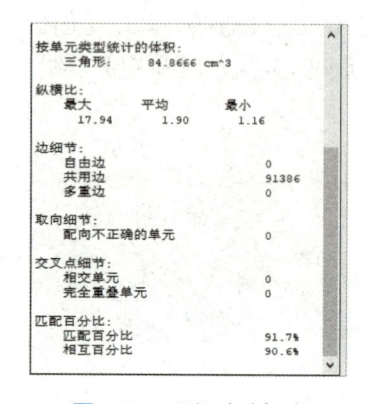

图9.49　网格统计报告

Step4：选择【网格】→【网格诊断】→【网格统计】选项，弹出【网格统计】对话框。单击【显示】按钮，得到网格统计报告，如图9.49所示。值得注意的是，若要进行冷却分析和翘曲分析，匹配百分比一般要达到90%以上，可通过减小全局边长、增加网格密度提升匹配百分比，也可先对CAD模型进行必要的小特征简化。

Step5：对网格模型进行厚度诊断，结果如图9.50所示。可发现模型主体厚度约为2.4mm，厚壁区厚度接近4.5mm，薄壁区厚度不足0.5mm。从该零件的功能分析来看，该厚壁区没必要存在。若有必要存在，则后续浇口位置应该设置在厚壁区中心，以便于保压补缩。厚度不足 0.5mm 的薄壁区处于流动末端，容易导致滞流、短射。在此将制品的壁厚统一设置为 2.5mm。在层管理视窗中只显示【网格单元】层，其他层隐藏，全部框选模型并右击，在弹出的快捷菜单中选择【属性】选项，弹出【选择属性】对话框，如图 9.51 所示。选择所有内容，单击【确定】按钮，弹出【零件表面（双层面）】对话框，如图 9.52 所示。将【厚度】设置为指定的 2.5mm。

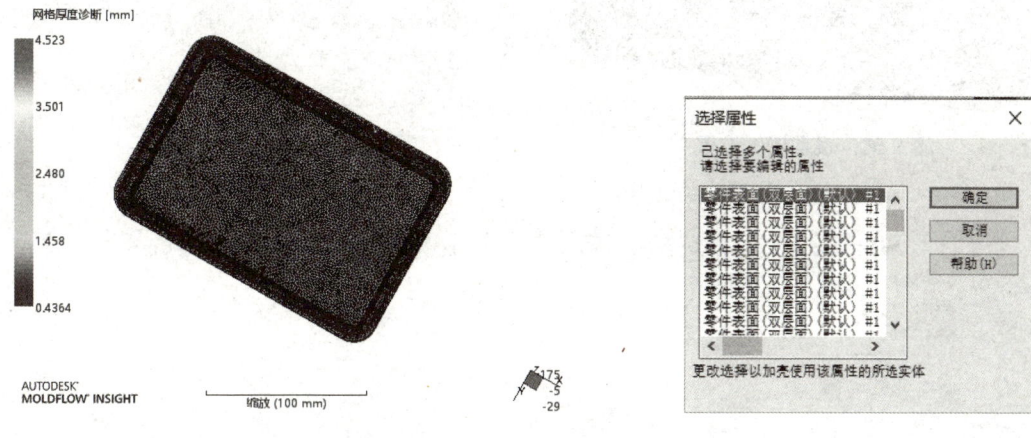

图 9.50　【网格厚度诊断】结果　　　　　图 9.51　【选择属性】对话框

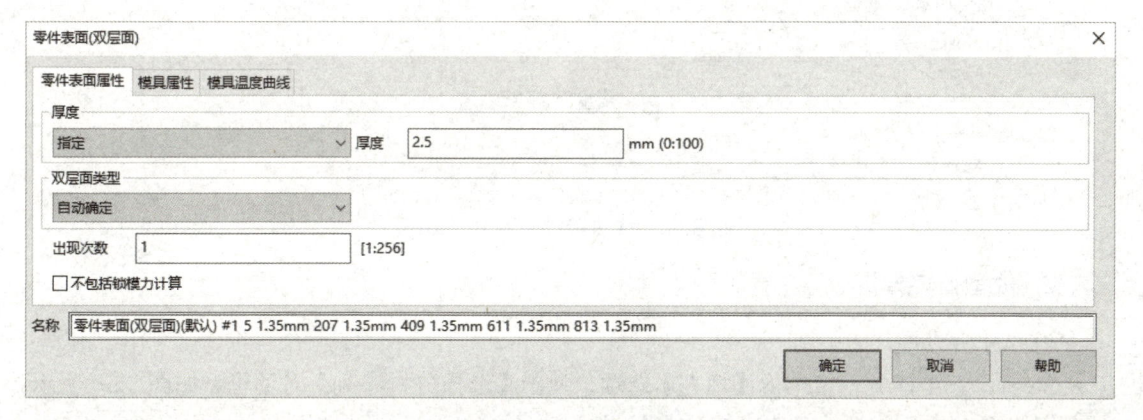

图 9.52　【零件表面（双层面）】对话框

提示：壁厚属性的更改对冷却分析和翘曲分析无效，进行冷却分析和翘曲分析需要更改 CAD 模型。

Step6：双击任务视窗中的【设置注射位置】选项，在网格模型中单击浇口点，完成注射位置的确定，如图 9.53 所示。

Step7：双击任务视窗中的【材料质量指示器】选项，弹出【选择材料】对话框，如图 9.54 所示。在【制造商】下拉列表中选择【INEOS ABS】选项，在【牌号】下拉列表中选择【Lustran ABS 1146】选项。单击【详细信息】按钮，在如图 9.55 所示的【热塑性材料】对话框中查看材料的推荐工艺细节信息，推荐的模具温度范围为 60～85℃，推荐的熔体温度范围为 220～280℃，最大剪切应力为 0.28MPa，最大剪切速率为 50000s^{-1}。

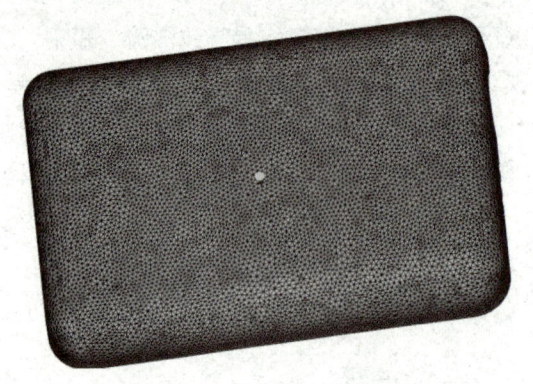

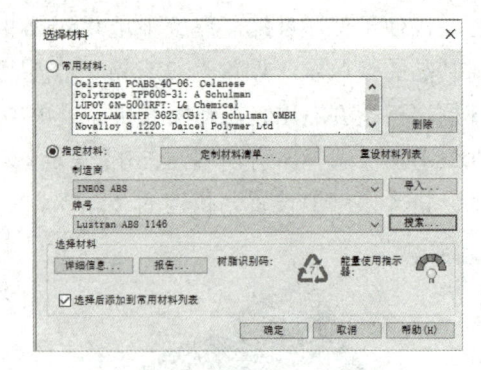

图 9.53　设置注射位置　　　　　　　　图 9.54　【选择材料】对话框

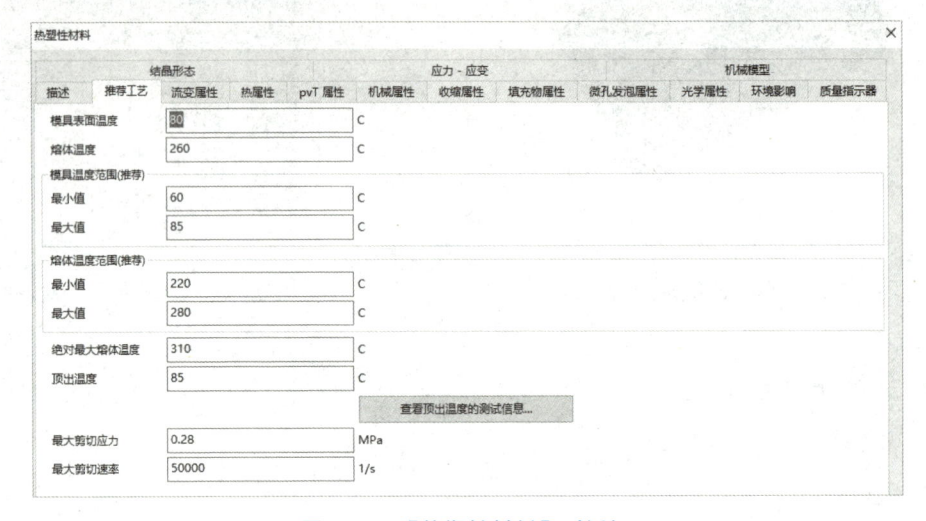

图 9.55　【热塑性材料】对话框

2. 成型窗口分析

（1）分析设置。

Step1：双击任务视窗中的【填充】选项，弹出【选择分析序列】对话框，如图 9.56 所示。选择【成型窗口】选项，单击【确定】按钮。

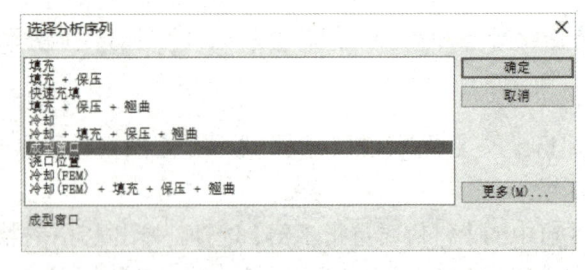

图 9.56　【选择分析序列】对话框

Step2：双击任务视窗中的【工艺设置】选项，弹出【工艺设置向导-成型窗口设置】对话框，如图 9.57 所示。单击【高级选项】按钮，按如图 9.58 所示的【成型窗口高级选项】对话框进行参数设置，其他参数均采用默认设置。单击【确定】按钮，完成工艺设置。

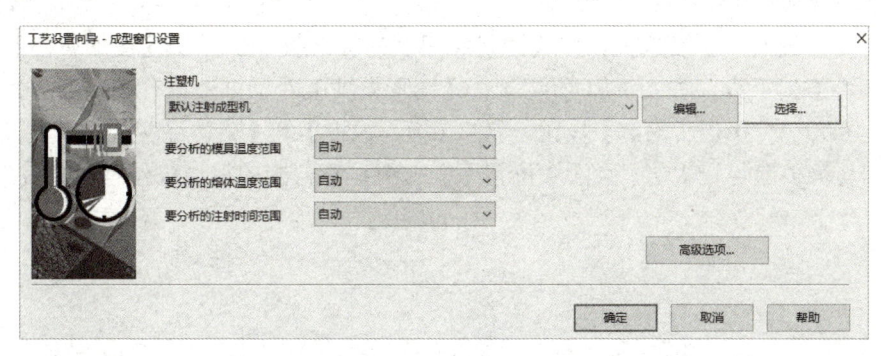

第 9 章　Moldflow 2023 的成型窗口分析与填充分析

图 9.57　【工艺设置向导-成型窗口设置】对话框

图 9.58　【成型窗口高级选项】对话框

Step3：工艺设置完毕后，双击任务视窗中的【开始分析】选项，求解器开始分析计算。

（2）结果查看与工艺参数的确定。

查看分析日志。在分析日志末尾可以查到分析推荐的模具温度为 57.78℃，推荐的熔体温度为 277.93℃，推荐的注射时间为 0.4759s，如图 9.59 所示。由图 9.59 可知，推荐的模具温度在材料推荐的成型温度范围内。

图 9.59　推荐的成型工艺参数

【质量（成型窗口）:XY 图】结果。勾选【质量（成型窗口）:XY 图】复选框，右击该选项，在弹出的快捷菜单中选择【属性】选项，弹出【探测解决空间-XY 图】对话框，如图 9.60

所示。勾选【注射时间】复选框，以【注射时间】为 X 轴变量。单击【图形属性】按钮，弹出【图形属性】对话框，如图9.61所示。在【图形属性】对话框中设置【Y 范围】为手工设定，范围为0.1~1，单击【确定】按钮。调节【模具温度】和【熔体温度】的滑块位置，观察视图，直到其峰值取得较大值，且滑块位置不在材料推荐范围的近边缘位置，如图9.62所示。

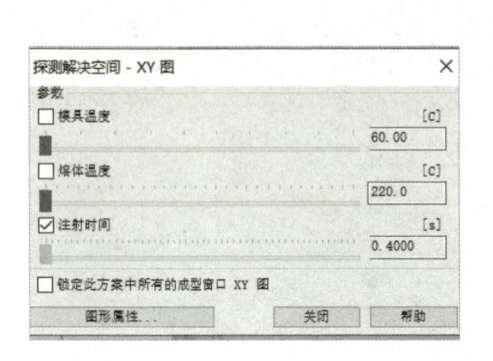

图9.60 【探测解决空间-XY 图】对话框   图9.61 【图形属性】对话框

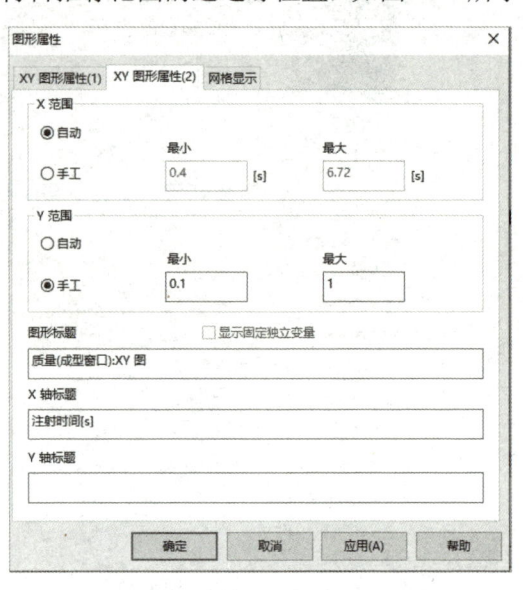

选择【结果】→【检查】→【检查】选项，并在 XY 曲线上单击峰值位置查看质量值及对应的横坐标值，如图9.62所示。由此可知，在模具温度为57.78℃、熔体温度为259.3℃、注射时间为0.6139s时，质量值为0.9326，质量值较大。

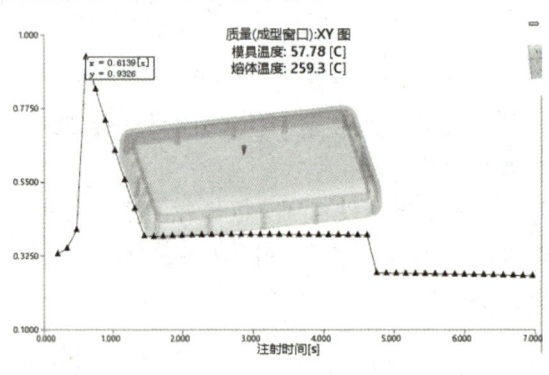

图9.62 【质量（成型窗口):XY 图】结果

【区域（成型窗口):2D 切片图】结果。勾选【区域（成型窗口):2D 切片图】复选框，右击该选项，在弹出的快捷菜单中选择【属性】选项，弹出【图形属性】对话框，如图9.63所示。设置【切割轴】为模具温度，值为60℃。【区域（成型窗口):2D 切片图】结果如图9.64所示，首选区很宽。在给定模具温度为60℃、熔体温度为245℃时，首选区的【注射时间】范围为0.75~2.32s。但注射时间也不能过长，从【质量（成型窗口):XY 图】结果中可以查出，当注射时间超过0.95s时其质量值将小于0.8。

图 9.63 【图形属性】对话框 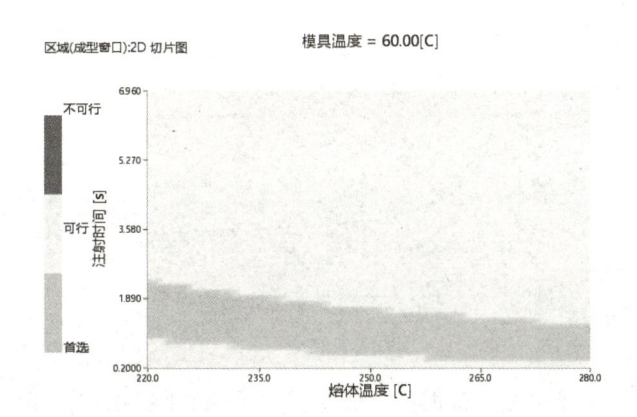   图 9.64 【区域（成型窗口）:2D 切片图】结果

【最大压力降（成型窗口）:XY 图】结果。以【模具温度】为 X 轴变量，在给定注射时间为 0.4759s、熔体温度为 220℃时，【最大压力降（成型窗口）:XY 图】结果如图 9.65 所示。由此可见，最大压力降很小。

【最低流动前沿温度（成型窗口）:XY 图】结果。以【注射时间】为 X 轴变量，在给定模具温度为 62.22℃、熔体温度为 220℃时，【最低流动前沿温度（成型窗口）:XY 图】结果如图 9.66 所示。由此可见，最低流动前沿温度随注射时间的延长而近似线性下降。

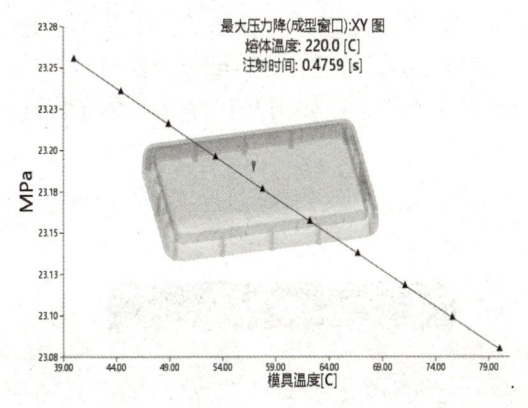

图 9.65 【最大压力降（成型窗口）:XY 图】结果

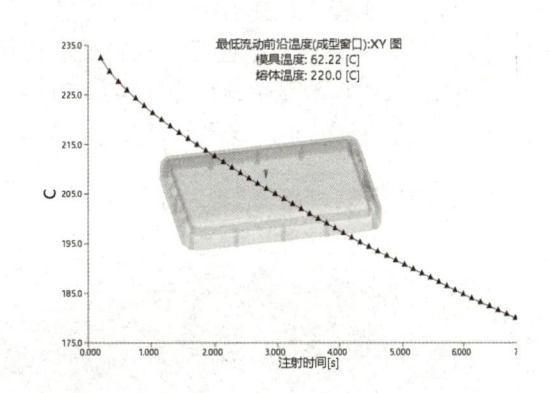

图 9.66 【最低流动前沿温度（成型窗口）:XY 图】结果

【最大剪切速率（成型窗口）:XY 图】结果。以【注射时间】为 X 轴变量，在给定模具温度为 62.22℃、熔体温度为 220℃时，【最大剪切速率（成型窗口）:XY 图】结果如图 9.67 所示。由此可见，在注射时间较短时，最大剪切速率随注射时间的延长而迅速下降。当注射时间为 0.9s 时，最大剪切速率小于 $1894s^{-1}$，远小于材料允许的 $50000s^{-1}$。

【最大剪切应力（成型窗口）:XY 图】结果。以【注射时间】为 X 轴变量，在给定模具温度为 62.22℃、熔体温度为 220℃时，【最大剪切应力（成型窗口）:XY 图】结果如图 9.68 所示。由此可见，在注射时间较短时，最大剪切应力随注射时间的延长而迅速下降。当注射时间为 0.65s 时，最大剪切应力小于 0.17MPa，小于材料允许的 0.25MPa。

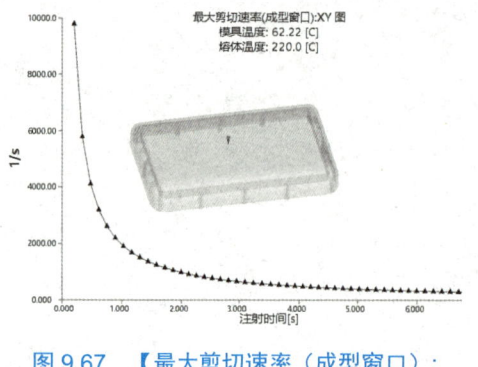

图9.67　【最大剪切速率（成型窗口）：XY 图】结果

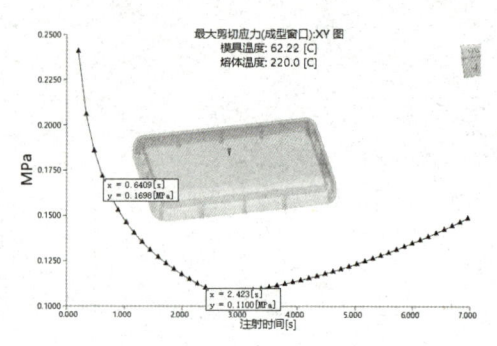

图9.68　【最大剪切应力（成型窗口）：XY 图】结果

【最长冷却时间（成型窗口):XY 图】结果。以【模具温度】为 X 轴变量，在给定注射时间为 0.4759s、熔体温度为 220℃时，【最长冷却时间（成型窗口):XY 图】结果如图 9.69 所示。由此可见，最长冷却时间基本随模具温度的升高而线性增长。

经过分析，可初步取模具温度为 60℃、熔体温度为 220℃、注射时间为 0.47s（由前面的分析确定在 0.4～0.9s 范围内，过短容易造成剪切过于剧烈，过长容易导致流动前沿凝固短射）作为后续分析的初始工艺参数。

3．填充分析

（1）分析设置。

Step1：在工程管理视窗中，在成型窗口分析方案任务中右击，在弹出的快捷菜单中选择【重复】选项，复制该方案任务，双击激活复制所得的方案任务【盖子_study（复制）】。

Step2：通过模型显示窗口右上角的 ViewCube 将模型摆正，如图 9.70 所示。为了保证有关锁模力计算的正确性，要保证开模方向为 Z 轴方向。

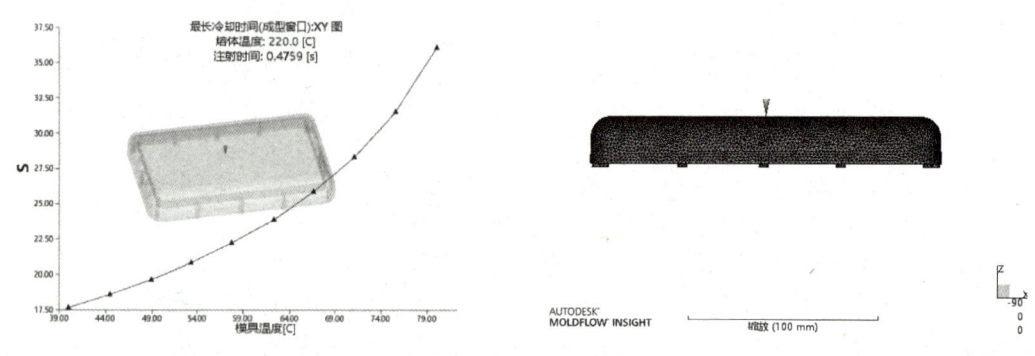

图9.69　【最长冷却时间（成型窗口):XY 图】结果

图9.70　模型分型面平行于 XY 平面

Step3：双击任务视窗中的【成型窗口分析】选项，弹出【选择分析序列】对话框，如图 9.71 所示。选择【填充+保压】选项，单击【确定】按钮。需要注意的是，如果选择了【填充】分析序列，那么在计算完成后，若将分析序列更改为【填充+保压】，则只要没有更改【填充】的有关设置，就可在原计算基础上继续计算，不必从头开始计算。

Step4：双击任务视窗中的【工艺设置】选项，打开【工艺设置向导-填充+保压设置】对话框，如图 9.72 所示。按照成型窗口分析确定的模具温度、熔体温度和注射时间进行设置。单击【确定】按钮，完成工艺设置。

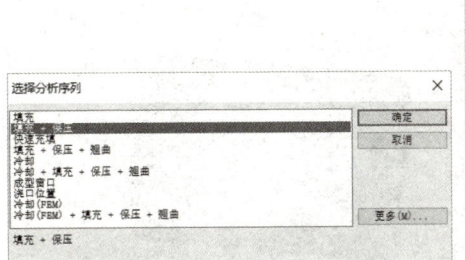

图 9.71 【选择分析序列】对话框　　图 9.72 【工艺设置向导-填充+保压设置】对话框

Step5 工艺设置完毕后，双击任务视窗中的【分析】选项，求解器开始分析计算。

（2）结果查看。

查看分析日志。浏览分析日志，可见型腔顺利完成填充，最大剪切应力为 0.2787MPa，最大剪切速率为 $16505s^{-1}$，如图 9.73 所示。

【充填时间】结果。勾选【充填时间】复选框，结果如图 9.74 所示。充填时间为 1.449s，比设定的注射时间 1s 略长（这是因为速度/压力切换后注射压力更小、注射速度更慢）。在长度方向两端的填充是不平衡的，图 9.74 中左端后充满，这与浇口位置有关。本例没有进行浇口位置分析，由此也说明浇口位置分析的必要性。

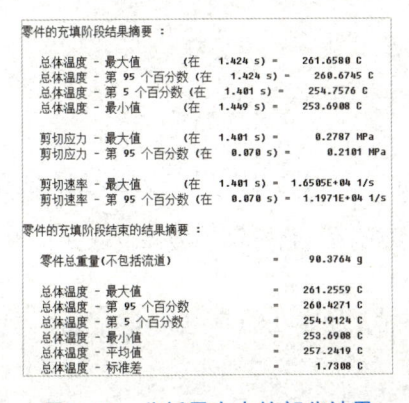

图 9.73 分析日志中的部分结果　　图 9.74 【充填时间】结果

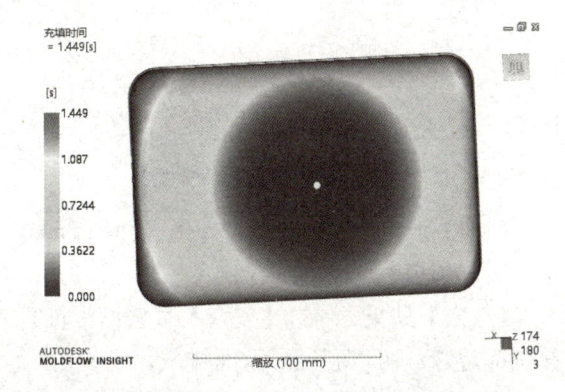

【速度/压力切换时的压力】结果。勾选【速度/压力切换时的压力】复选框，查看速度/压力切换时的压力分布，如图 9.75 所示。最大压力为 11.35MPa，发生在浇口区域。图 9.75 中右端先充满，此时压力为 8.789MPa，左端还在填充，流动前沿压力接近 0，右端存在过保压。

【流动前沿温度】结果。勾选【流动前沿温度】复选框，结果如图 9.76 所示。流动前沿温度为 260℃，可以看出其流动前沿温度比较恒定，能保持很好的填充状态。

【注射位置处压力:XY 图】结果。勾选【注射位置处压力:XY 图】复选框，右击该选项，在弹出的快捷菜单中选择【属性】选项，弹出【图形属性】对话框，如图 9.77 所示。设置【X 范围】为手工设定，范围为 0～2s（只关注其填充过程）。检查压力突变位置及其峰值，如图 9.78 所示，可以看出 1.332s 时注射压力开始剧增，结合【充填时间】结果可知，这是因为此时右端已充满，料流从左右两端可同时填充转为只有左端可填充，前沿流动横截面尺寸的锐减使其注射压力迅速增大。这种注射压力的剧增也反映了填充的不平衡。最大注射压力为 11.35MPa，为速度/压力切换时的最大压力。

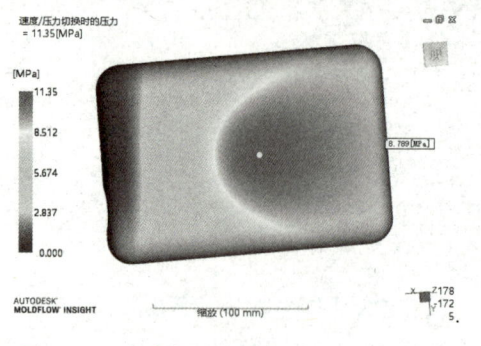

图 9.75　【速度/压力切换时的压力】结果

图 9.76　【流动前沿温度】结果

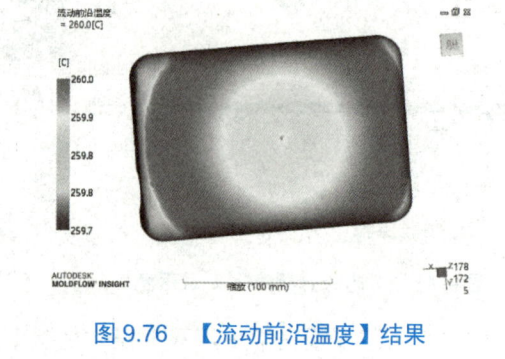

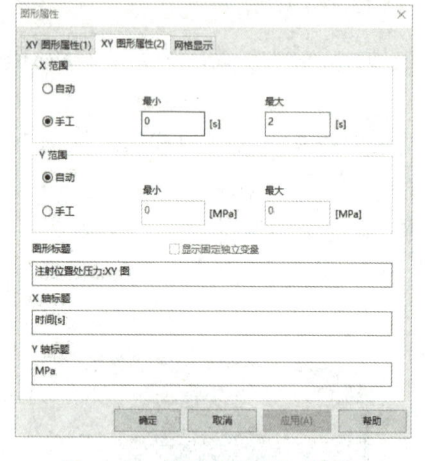

图 9.77　【图形属性】对话框

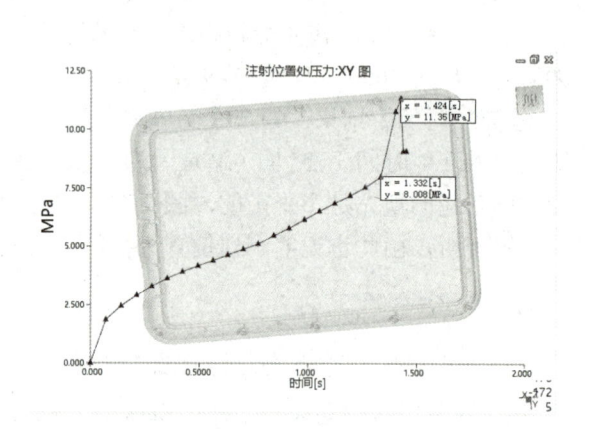

图 9.78　【注射位置处压力:XY 图】结果

【锁模力:XY 图】结果。勾选【锁模力:XY 图】复选框，查看锁模力峰值，如图 9.79 所示，可知锁模力峰值为 19.78t。

【气穴】结果。勾选【气穴】复选框，查看气穴分布，如图 9.80 所示，可知气穴主要分布在制品边缘，可以利用分型面排气。

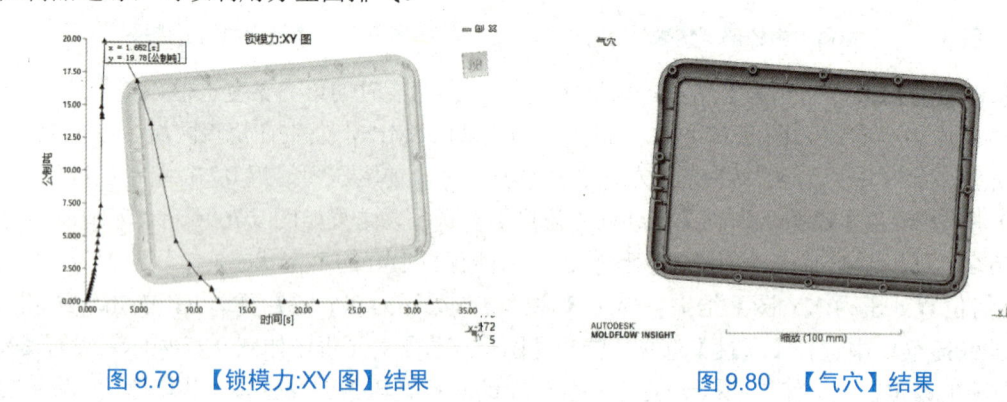

图 9.79　【锁模力:XY 图】结果

图 9.80　【气穴】结果

【熔接线】结果。勾选【熔接线】复选框，查看熔接线分布，如图 9.81 所示，可知熔接线主要分布在制品上孔的远离浇口侧，熔接线长度较小，对产品质量影响较小。

【推荐的螺杆速度:XY 图】结果。勾选【推荐的螺杆速度:XY 图】复选框，查看推荐的螺杆速度曲线（相对），如图 9.82 所示。从分析日志中查看推荐的螺杆速度曲线（相对），如图 9.83 所示，可以此作为优化的充填控制参数。

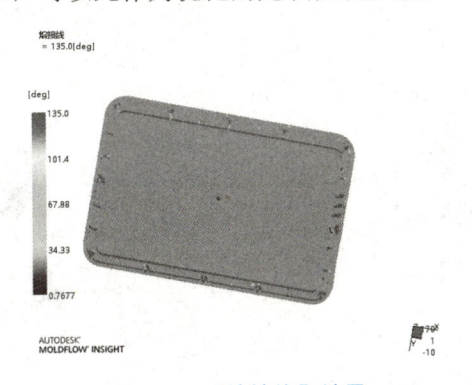

图 9.81 【熔接线】结果

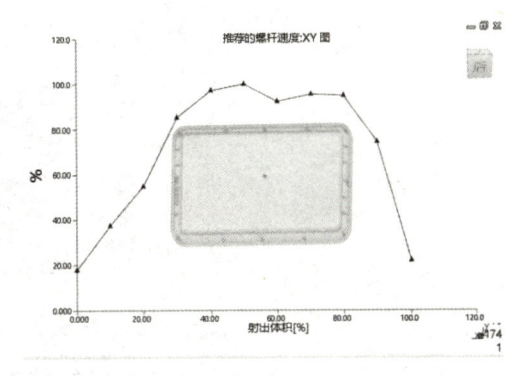

图 9.82 【推荐的螺杆速度:XY 图】结果

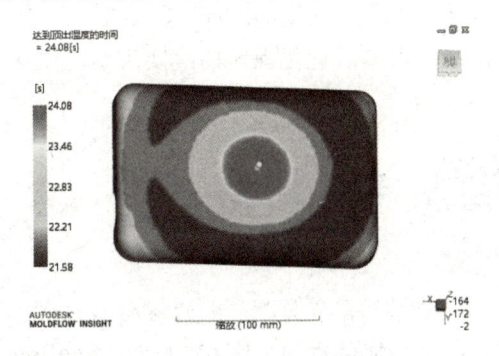

【达到顶出温度的时间】结果。勾选【达到顶出温度的时间】复选框，查看各处达到顶出温度的时间，如图 9.84 所示，可见大部分区域达到顶出温度的时间约为 24s。

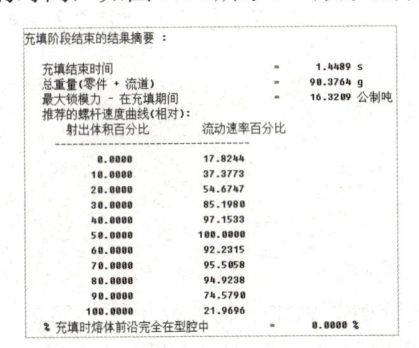

图 9.83 【推荐的螺杆速度:XY 图】日志数据

图 9.84 【达到顶出温度的时间】结果

【冻结层因子】结果。勾选【冻结层因子】复选框，查看不同时刻的冻结层因子分布，可采用动画方式查看制品冻结过程，如图 9.85 所示。在冷却结束时刻（31.42s），大部分区域已冻结。

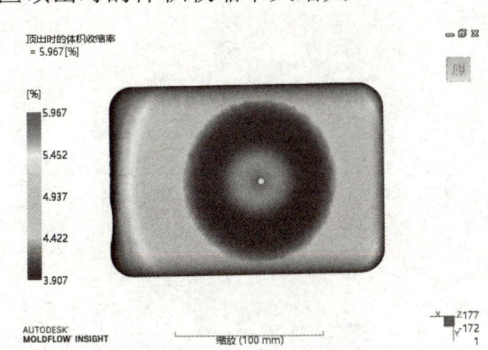

【顶出时的体积收缩率】结果。勾选【顶出时的体积收缩率】复选框，查看顶出时的体积收缩率分布，如图 9.86 所示，可见该制品最后填充区顶出时的体积收缩率约为 5.97%，中间填充区顶出时的体积收缩率约为 3.95%，近浇口区顶出时的体积收缩率又增大。

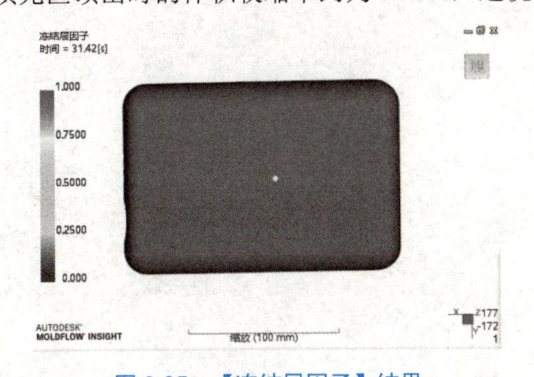

图 9.85 【冻结层因子】结果

图 9.86 【顶出时的体积收缩率】结果

【缩痕，指数】结果。勾选【缩痕，指数】复选框，查看缩痕指数分布，如图 9.87 所示，可知在近浇口区存在缩痕，该指数在远离浇口处最大约达到 3.8%。这与未能充分保压补缩有关。

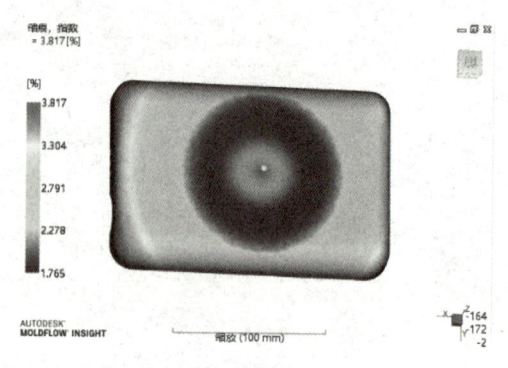

图 9.87　【缩痕，指数】结果

通过以上分析可知，由于前期缺少浇口位置分析环节，因此本例的浇口位置设置没能实现填充平衡，可在优化浇口位置后重新进行成型窗口分析和填充分析。本例中保压不充分，导致【达到顶出温度的时间】【冻结层因子】【顶出时的体积收缩率】【缩痕，指数】等结果存在问题，可通过优化保压曲线实现这些结果的优化。

9.4　本章小结

成型工艺参数对产品的质量有着直接影响，填充分析及优化是制品成型优化的第一步，也是后续其他分析的基础。本章对 Moldflow 2023 的成型窗口分析进行了详细的阐述，对填充分析和填充+保压分析进行了初步的介绍，并结合实例具体说明了借助 Moldflow 2023 进行成型窗口分析和填充+保压分析的完整过程。

第 10 章

填充+保压分析

流动分析用于预测热塑性高聚物在模具内的流动。AMS 模拟塑料熔体从注射点开始逐渐扩散到相邻点的流动,直到流动扩展并填充完制品上最后一个点,完成流动分析计算。流动分析是填充+保压分析的组合,其目的是得到最佳的保压设置,从而减少由保压引起的制品体积收缩不均匀、翘曲等缺陷。

进行流动分析工艺参数的设置,是指在填充分析的基础上,根据经验或实际情况需要,设置在熔体从开始注射到充满整个型腔的过程中,熔体、模具和注塑机等相关的工艺参数,再加上两个主要参数保压时间和保压压力,也就是需要设置保压曲线。

10.1 概述

在通过填充分析与优化确定了浇口位置和成型条件,通过流道平衡分析与优化确定了流道系统,通过冷却分析与优化确定了冷却系统后,就可以进行保压分析及保压曲线的优化。虽然在成型周期中保压阶段在冷却阶段之前,但实际成型时在保压的同时也在进行冷却,冷却会导致体积收缩,需要通过保压进行补缩。因此,先进行冷却分析及优化有助于提高保压分析的准确性。保压的目的是补充因冷却导致的体积收缩,体积收缩越均匀,制品的翘曲变形越小,质量越好。

产品上某处最后的体积收缩率与其在凝固时的压力有关,压力越大,体积收缩率越小。因为产品上的各处一般离浇口越远凝固得越早,所以一般产品填充末端的体积收缩率始终最大,靠近浇口的位置体积收缩率比较小。

保压时间过长或过短都对成型不利。保压时间过长会使保压不均匀,残余应力增大,塑件容易发生变形,甚至应力开裂;保压时间过短会使保压不充分,塑件体积收缩严重,表面质量差。

在 Moldflow 2023 中可以对保压过程进行分析,并通过对结果进行评估分析实现优化,获得小而均匀的体积收缩。保压优化的实质就是通过调整保压曲线（注射位置保压压力随时间的变化），使产品上的各处在凝固时的压力相近。

10.2 分析设置与结果查看

1. 分析设置

在注塑成型过程中，熔体充满型腔后就进入保压补缩状态，填充后熔体的温度、压力及模具温度等都直接影响着保压补缩的效果，因此不能孤立地对保压补缩阶段进行分析。

在 Moldflow 2023 中有两种保压分析方式：一种是连续分析，即填充+保压分析；另一种是先进行填充分析，分析完成后将分析序列由【填充】改为【填充+保压】，不对填充分析的设置进行任何修改，在填充分析的基础上继续进行保压分析。在填充+保压分析中，有对应保压分析的重要设置，如图 10.1 所示。保压分析设置如表 10.1 所示。

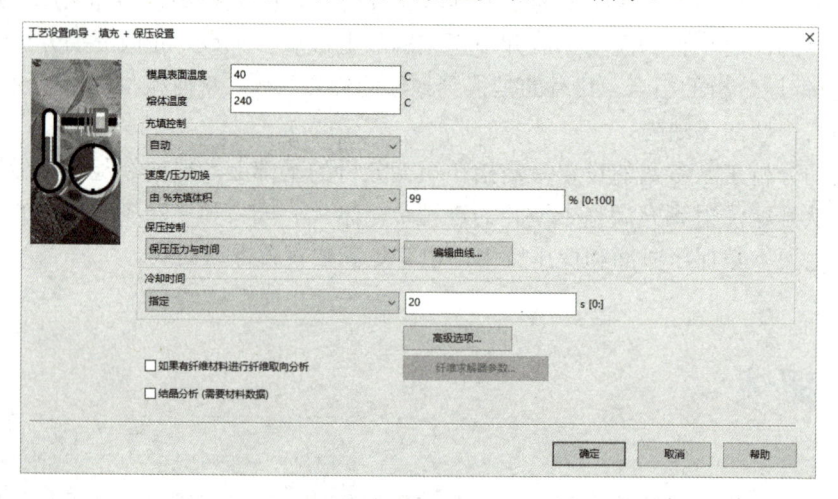

图 10.1　【工艺设置向导-填充+保压设置】对话框

表 10.1　保压分析设置

项目	描述
保压控制	控制不同时间保压压力的大小，即保压曲线。有以下 4 种保压控制方法。 （1）填充压力与时间：默认的控制方法，用速度/压力切换时的注射压力百分比设置保压压力，默认为 80%，保压时间为 10s。 （2）保压压力与时间：在进行保压曲线优化时常用。 （3）液压压力与时间：只在注塑机以液压压力作为输入时采用，并且还需要知道保压压力与液压压力的增强比。 （4）最大注塑机压力与时间：只在知道实际使用的注塑机型号参数时采用。 保压压力越大，制品的体积收缩率越小。但保压压力过大会产生过大的残余应力，导致产品易发生翘曲变形。 保压时间必须足够长，应持续保压到浇口凝固结束后，以防浇口处熔体倒流。保压时间可通过从冷却分析结果中查看浇口冻结层因子达到 1（完全凝固）的时间来确定
冷却时间	可直接指定让软件自动计算，自动计算所得到的冷却时间是产品完全凝固所需要的时间

2. 结果查看

保压的目的是补偿熔体的冷却收缩，减小成型后制品的收缩变形。因此，【顶出时的体积收缩率】结果是保压分析最重要的结果，【冻结层因子】结果和【压力:XY 图】结果主要用来辅助优化保压曲线。保压分析的主要结果如表 10.2 所示。

表 10.2 保压分析的主要结果

主要结果	描述
顶出时的体积收缩率	保压分析最重要的结果。 顶出时的体积收缩率应尽可能小且分布均匀。 顶出时的体积收缩率必须在材料的体积收缩率范围之内，制品允许的体积收缩率取决于其材料及厚度，从材料的收缩属性中可以查到材料在不同厚度、不同成型工艺条件下的体积收缩率。 由于制品不同区域的壁厚存在差异，尤其是一些细部特征的壁厚往往和制品主体壁厚存在差异，难以通过保压曲线调整实现均匀的体积收缩，所以一般要求制品主体区域的体积收缩均匀，尽量控制在 2%以内
冻结层因子	用于观测制品和浇口的冻结时间。冻结层因子为 1 表明该处整个横截面温度都在玻璃化温度（转化温度）以下，完全冻结。 如果近浇口区比远浇口区冻结早，则会使远浇口区得不到充分补缩，体积收缩率大，当压力移除后浇口或产品仍未凝固，需要延长保压时间重新进行保压分析
压力:XY 图	查看制品上各处的压力在成型过程中的变化。 制品上某处在凝固时的压力决定了该处的体积收缩率，压力越大，体积收缩率越小，所以一般制品填充末端的体积收缩率始终最大，靠近浇口的位置体积收缩率比较小。 该结果有助于用户理解体积收缩率的分布，可用来进行保压曲线的优化
缩痕，指数	该结果反映了塑件上产生缩痕的相对可能性，缩痕指数越大，产生缩痕或缩孔的可能性越大，可通过延长保压时间、增大保压压力、增加浇口数量、优化冷却系统、改变浇口位置、改善产品设计等方式进行改善

10.3 保压优化流程

保压优化主要是指通过调整保压曲线，使制品的体积收缩率尽可能小且分布均匀，从而尽可能减小由区域收缩差异引起的翘曲变形。要进行保压方案的优化，就要先确定保压优化目标，即可接受的体积收缩率范围及体积收缩率差异，然后进行初始保压分析，再基于分析结果不断调整保压曲线，以达到保压优化目标。保压优化流程如图 10.2 所示。

（1）保压优化目标的确定。保压优化目标是使制品在顶出时的体积收缩率小且分布均匀。由于制品不同区域的壁厚存在差异，尤其是一些细部特征的壁厚往往和制品主体壁厚存在差异，难以通过保压优化实现均匀的体积收缩，所以保压优化主要针对的是制品的主体区域。

要求制品主体在顶出时的体积收缩率必须在允许范围内，制品允许的体积收缩率取决于其材料及厚度。从材料的收缩属性中可以查到制品主体对应的厚度或最相近的厚度在不同工艺条件下的体积收缩率，找出其最大值和最小值，由此可以确定制品允许的体积收缩率范围，一般要求制品主体区域的体积收缩率差异尽量控制在 2%以内。

```
开始保压优化
   ↓
确定初始保压压力
   ↓
确定初始保压时间,以确保浇口凝固
   ↓
初始保压分析
   ↓
查看初始保压分析结果
   ↓
创建初始保压曲线
   ↓
二次保压分析
   ↓
查看保压分析结果          运行保压分析
   ↓                        ↑
体积收缩率是否可接受? —否→ 调整保压曲线
   ↓是
完成保压优化
```

图 10.2 保压优化流程

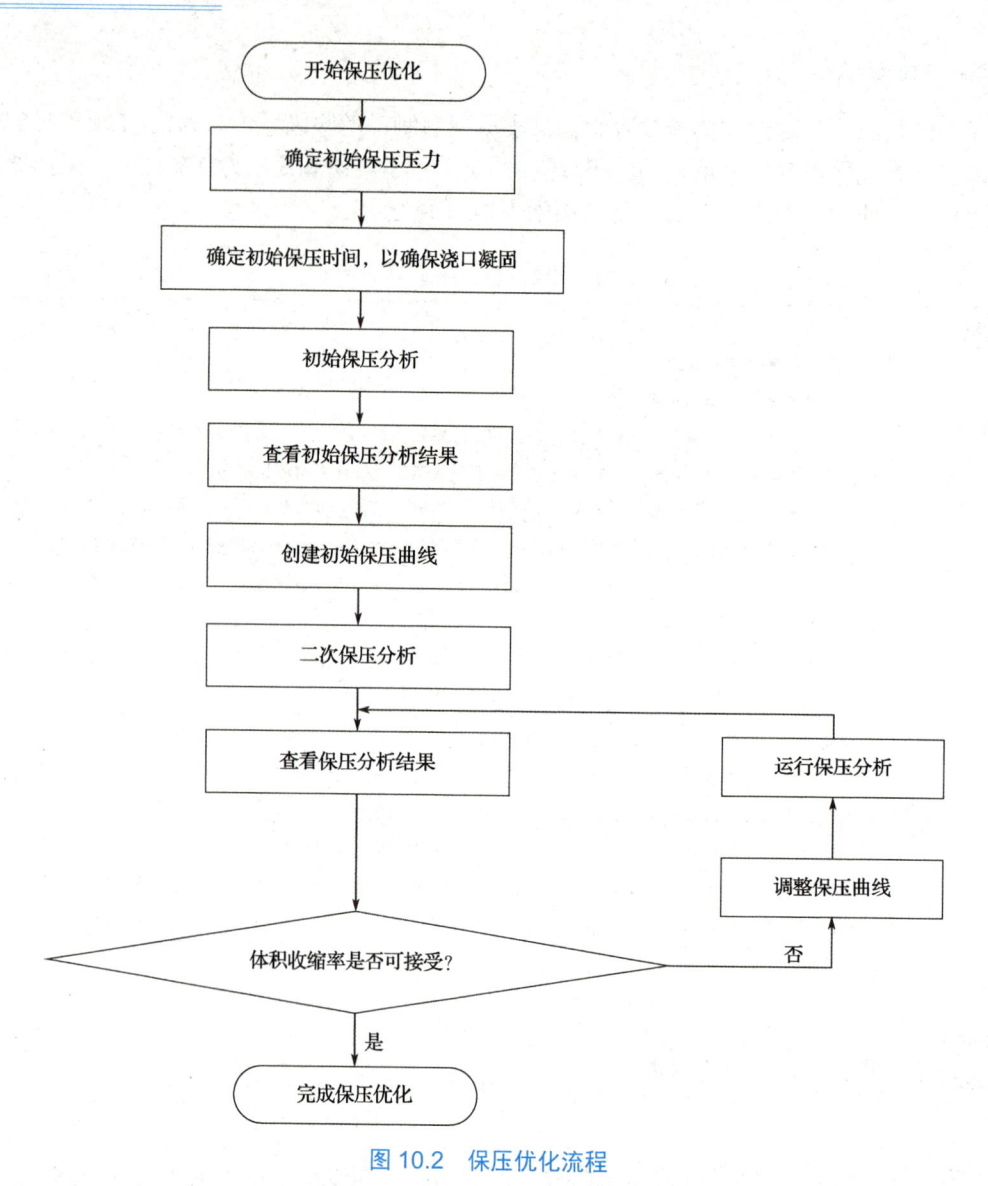

（2）初始保压压力和初始保压时间的确定。保压优化先进行恒压保压，需要设置初始保压压力和初始保压时间，具体如表 10.3 所示。

表 10.3 初始保压设置

参数	设置
初始保压压力	一般取熔体充模压力的 80%，当然也可以增大或减小，但不得超过最大保压压力 P_{max}（MPa）
初始保压时间	初始保压时间必须足够长，以保证浇口在保压结束前凝固。初始保压时间能够根据填充分析中【达到顶出温度的时间】结果计算出来。 对于初始保压分析，初始保压时间估算一个较大的值是比较好的，如达到顶出温度的时间为 5s，取初始保压时间为 15s。 如果已通过分析确定了 IPC 时间（注射+填充+保压时间，具体为分析确定的周期时间减去开模时间），则可将 IPC 时间减去填充时间后的时间作为初始保压时间，再以此分析结果为基础，在下一次保压分析时把保压时间设置为一个较合理的值

（3）恒压保压分析及调整。通过恒压保压分析及调整确定恒压保压压力及保压时间（浇口凝固时间 t_g），使顶出时的体积收缩率最大值控制在允许的体积收缩率范围内。恒压保压分析后主要查看【冻结层因子】结果和【顶出时的体积收缩率】结果，具体如表10.4所示。

表10.4　恒压保压结果分析及保压参数调整

主要结果	分析	调整
冻结层因子	查看浇口处冻结层因子随时间的变化，确定其冻结层因子达到1的时间，即浇口凝固时间 t_g	如果浇口凝固时间大于保压时间，则说明保压时间不够，需要延长保压时间至 t_g 再次进行保压分析
顶出时的体积收缩率	主要查看制品主体的体积收缩是否在允许的体积收缩率范围内。因为体积收缩率与熔体在冷却过程中所受压力有关。保压补缩的压力越大，体积收缩率越小。熔体的高黏度导致近浇口区和远浇口区存在较大的压力降，离浇口越远处压力越小，因此填充末端的体积收缩率一般比浇口附近的体积收缩率大	如果制品主体的最大体积收缩率超过允许的最大体积收缩率，在保压时间足够长的前提下一般可通过增大保压压力减小制品主体的最大体积收缩率，但要注意保压压力不能超过允许的最大保压压力

经过恒压保压分析及调整后，顶出时的体积收缩率最大值控制在允许的体积收缩率范围内。但近浇口区的体积收缩率往往小于允许的最小体积收缩率，为了过保压，还需要进行保压曲线的优化。

（4）保压曲线的初次优化。由于体积收缩率与熔体在冷却过程中所受压力有关，因此在保压阶段随时间逐步减小压力可控制不同位置体积收缩率的差异。在填充末端凝固或快要凝固时开始减小保压压力，此时近浇口区还在继续冷却，随着凝固前沿从填充末端向浇口推进，压力逐步减小，这样在近浇口区可以获得与填充末端相近的体积收缩率。保压曲线的优化就是基于此原理进行的。

通过保压曲线的初次优化确定恒压/卸压切换时刻。当恒压保压到恒压/卸压切换时刻后，保压压力线性下降，到浇口凝固时刻保压压力降至0，保压结束。恒压/卸压切换时刻通过填充末端压力的变化确定。填充末端压力达到最大值说明保压压力已充分传递到该处，填充末端压力降至0说明此时该处已经凝固，保压压力已无法传递到该处。为此，可先取填充末端压力达到最大值时刻与降至0时刻的中间值作为恒压/卸压切换时刻。由此进行保压曲线初次优化后的分析。

初始保压曲线如图10.3所示，初次优化保压曲线的设置如表10.5所示。

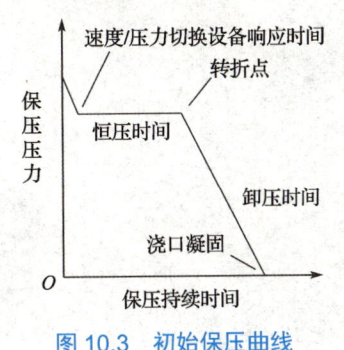

图10.3　初始保压曲线

表 10.5　初次优化保压曲线的设置

经历时间/s	压力/MPa	说明
t_1	P_1	填充结束后经过设备响应时间 t_1 浇口压力由填充结束时刻的压力调整到恒压保压压力 P_1
t_2	P_1	保压压力为 P_1、保压时间为 t_2 的恒压保压，$t_2=t_j-t_{v/p}-t_1$。式中，t_j 为恒压/卸压切换时刻，取填充末端的压力达到最大值时刻与降至 0 时刻的中间值；$t_{v/p}$ 为注塑机速度/压力切换时刻
t_3	0	经过 t_3，浇口压力由 P_1 线性降至 0。t_3 为线性降压时间

（5）保压曲线的进一步优化。保压曲线初次优化后如果制品主体顶出时的体积收缩率没达到优化目标，则根据制品主体各区域顶出时的体积收缩率分布结果逐步调整保压曲线，直到达到要求的顶出时的体积收缩率分布，具体调整措施如表 10.6 所示。

表 10.6　保压曲线调整措施

区域	措施	体积收缩率的相应变化	图示
填充末端	缩短恒压保压时间	增大	缩短——延长
	延长恒压保压时间	减小	
浇口附近	缩短卸压时间，快速卸压	增大	慢速卸压／快速卸压
	延长卸压时间，慢速卸压	减小	
中间区域	减小卸压转折点压力，卸压时先快后慢	增大	增大／减小
	增大卸压转折点压力，卸压时先慢后快	减小	

10.4　保压分析与优化实例

Step1：在 Moldflow 2023 中新建一个工程文件，将其命名为【ch10】，导入【第 10 章】文件夹中的【ch10.sdy】文件，如图 10.4 所示。导入的模型如图 10.5 所示。

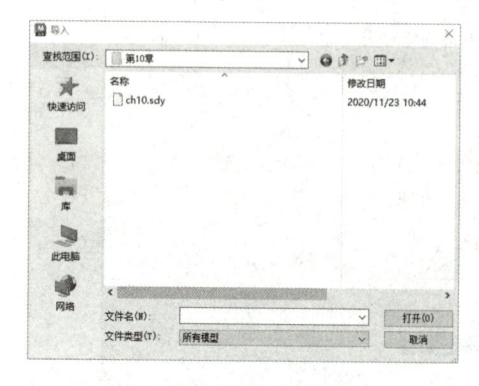

图 10.4　【导入】对话框　　　　图 10.5　导入的模型

Step2：保压优化目标的确定。双击打开任务，查看材料信息。在任务视窗中的材料行右击，在弹出的快捷菜单中选择【详细信息】选项，在弹出的【热塑性材料】对话框中查看材料的收缩属性，如图 10.6 所示。本例模型的壁厚主要为 2.3～2.5mm，在此材料的收缩成型摘要中最接近的壁厚为 2mm，其体积收缩率变化范围为 2.43%～3.94%，对应的保压压力分别为 64.4MPa 和 34MPa。本例模型为一模两腔模型，其填充分析的最大注射压力约为 40MPa。因此，该模型以 3.5%±1%的体积收缩率为保压优化目标，要求制品绝大部分区域的体积收缩率在 2.5%～4.5%范围内。

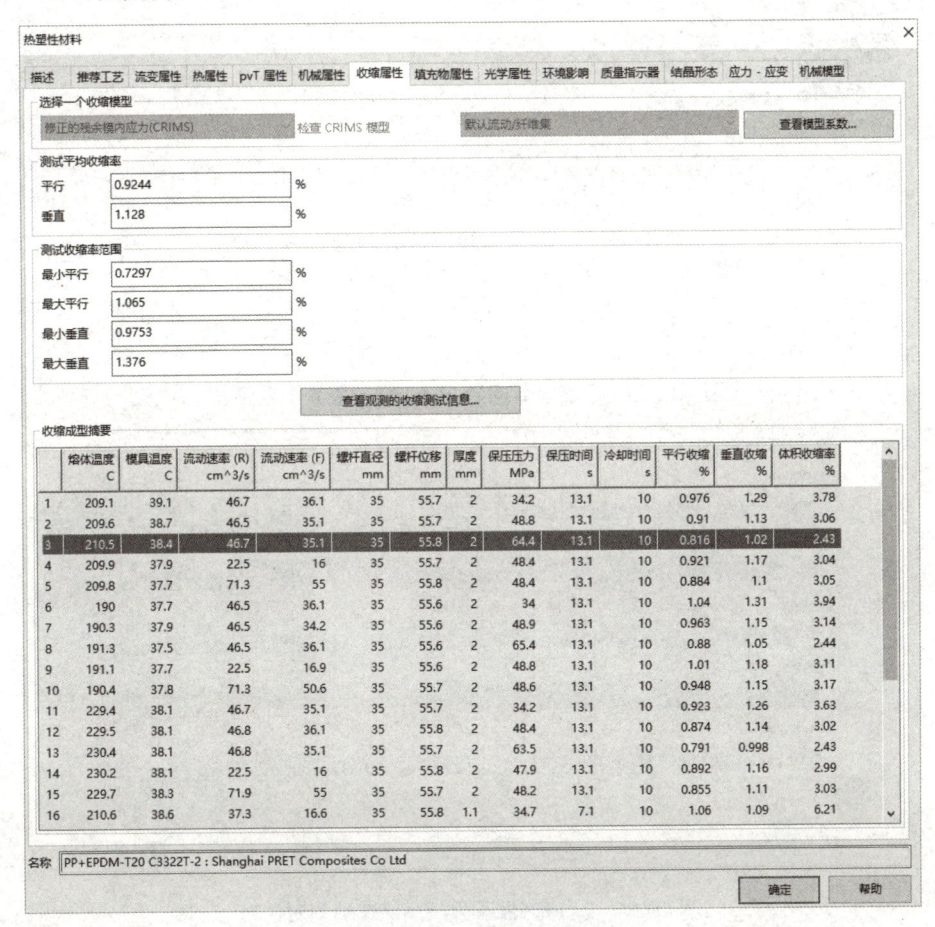

图 10.6 查看材料的收缩属性

Step3：在任务视窗中将分析序列改为【填充+保压】，双击【工艺设置（用户）】选项，弹出如图 10.7 所示的【工艺设置向导-填充+保压设置】对话框。单击【高级选项】按钮，弹出【填充+保压分析高级选项】对话框，如图 10.8 所示。单击【注塑机】选区中的【选择】按钮，弹出【选择 注塑机】对话框，如图 10.9 所示。选择第 953 个注塑机，单击【选择】按钮，返回【填充+保压分析高级选项】对话框。单击【工艺控制器】选区中的【编辑】按钮，弹出【工艺控制器】对话框，如图 10.10 所示，在【充填控制】下拉列表中选择【自动】选项，在【速度/压力切换】下拉列表中选择【由%充填体积】选项，并在其后的数值框中输入【99】。在图 10.7 中的【保压控制】选区中，单击【编辑曲线】按钮，弹出【保压控制曲线设置】对话框，如图 10.11 所示。保压方式采用压力/时间方式，分段保压，第一段 80%保压 4s，第二段 60%保压 2s，末段 2s，由 60%衰减到 0。连续单击【确定】按钮，完成流动分析工艺参数的设置。

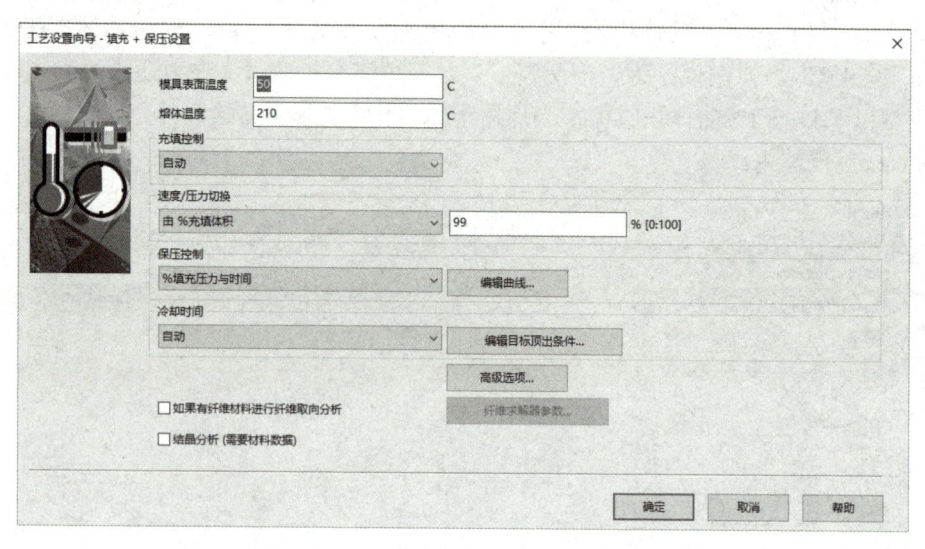

图 10.7 　【工艺设置向导-填充+保压设置】对话框

图 10.8 　【填充+保压分析高级选项】对话框

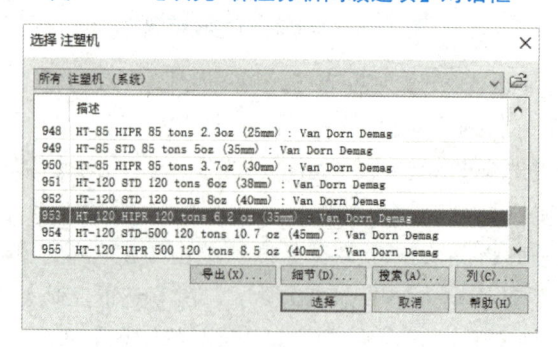

图 10.9 　【选择 注塑机】对话框

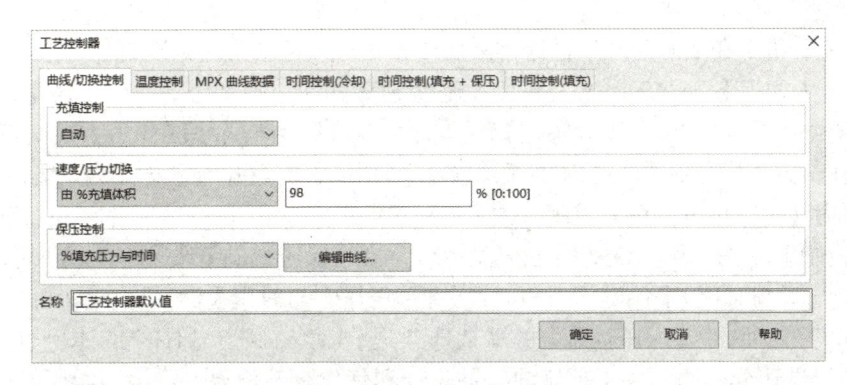

图 10.10 【工艺控制器】对话框

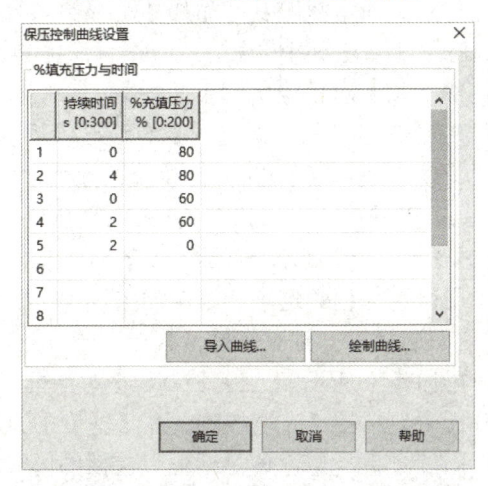

图 10.11 【保压控制曲线设置】对话框

填充分析类型涉及的工艺参数比较多。这些参数的设置主要集中在【工艺设置向导-填充+保压设置】对话框和【填充+保压分析高级选项】对话框中。下面依次介绍这些参数设置。

(1)【工艺设置向导-填充+保压设置】对话框中的工艺参数。

在【工艺设置向导-填充+保压设置】对话框中，可以设置模具表面温度、熔体温度，还可以进行充填控制方式、速度/压力转换方式、保压控制方式的选择。

下面分别介绍相关工艺参数。

【模具表面温度】：默认值是系统根据选择的材料特性参数推荐的，也可以按实际需求进行设置。

【熔体温度】：料温，默认值是系统根据选择的材料特性参数推荐的，也可以按实际需求进行设置。

【充填控制】：熔体从开始注射到充满整个型腔的过程的控制方式。在【充填控制】选区中，用户可以选择【自动】【注射时间】【流动速率】【相对螺杆速度曲线】【绝对螺杆速度曲线】【原有螺杆速度曲线（旧版本）】作为控制方式。例如，在如图 10.7 所示的【工艺设置向导-填充+保压设置】对话框中，如果选择【注射时间】作为控制方式，则其右侧会出现数值框，要求用户输入填充时间；如果选择【流动速率】作为控制方式，则其右侧会出现数值框，要求用户输入填充的体积流率进行控制。选择任意一种螺杆速度曲线作为控制方式，都还有很多子控制方式。如果在进行分析时对制品成型掌握的信息不够多，就按照 AMS 中【充填控制】的默认选项【自动】进行填充分析。在实际生产中，通常采用【相对螺杆速度曲线】控制方式。

【速度/压力切换】：AMS 提供了 9 种【速度/压力切换】控制方式。分别是【自动】【由%充填体积】【由螺杆位置】【由注射压力】【由液压压力】【由锁模力】【由压力控制点】【由注射时间】【由任一条件满足时】。AMS 中【速度/压力切换】的默认选项为【自动】。在实际生产中，通常采用【由%充填体积】控制方式。

【保压控制】：保压和冷却过程中的压力控制。在【保压控制】选区中，用户可以选择【自动】【%填充压力与时间】【保压压力与时间】【液压压力与时间】【%最大注塑机压力与时间】作为控制方式。AMS 中【保压控制】的默认选项是【%填充压力与时间】，本例也是采用这种控制方式进行设计分析的。关于保压曲线的设计和优化，不但要考虑浇口凝固时间和凝固层比例，而且要综合考虑产品外观、缩水状况及产品尺寸变形要求等。

【冷却时间】的设置将在第 11 章中详细介绍。

（2）【填充+保压分析高级选项】对话框中的工艺参数。

在如图 10.8 所示的【填充+保压分析高级选项】对话框中，可以设置相关工艺参数应用 AMS 指导实际生产，也可以输入实际生产中的工艺参数进行可行性分析。这个高级选项的设置在 AMS 中的常规分析中就可以进行，采用的是 AMS 的默认值。该对话框中包括【成型材料】【工艺控制器】【注塑机】【模具材料】【求解器参数】5 个选区，每个选区中都有【编辑】和【选择】两个按钮，分别用来选择相关选项和编辑相关选项下的参数。

【成型材料】的操作与前面选择材料时操作材料数据库的方法一样，这里不再赘述。

【工艺控制器】对话框如图 10.10 所示。【工艺控制器】对话框中包括相关分析中涉及的各个控制参数。例如，填充分析中包括的【充填控制】和【速度/压力切换】都可以在这个对话框中进行参数设置。对于不同的分析类型，该对话框中包括的内容也会发生相应的改变。

在【注塑机】选区中可以设置相关的注塑机参数。如果用户选择或创建与实际生产机械参数一致的机型，就可以获得更为准确的 CAE 模拟分析结果。AMS 中提供了相关的注塑机参数数据库。用户可以对该数据库中的数据进行添加、修改等操作。

【注塑机】对话框如图 10.12 所示。注塑机的机械参数分为 3 个部分，即注射单元、液压单元和锁模单元。该对话框中还有一个选项卡列出了注塑机的商业信息。

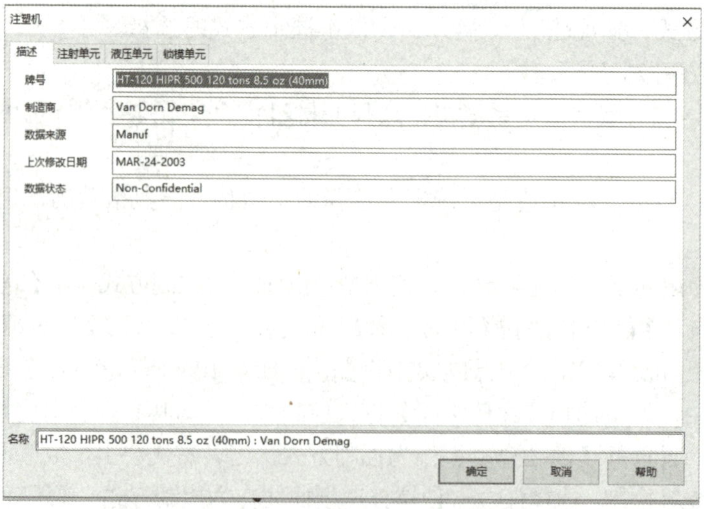

图 10.12 【注塑机】对话框

注塑机的大部分信息已经存在于 AMS 的注塑机参数数据库中，但是由于某些信息与 AMS 中的分析密切相关，因此必须根据实际的注塑机设置参数才能进行正确的分析计算，如流道平衡分析、应力分析等。

模具材料的大部分信息已经存在于 AMS 的模具材料数据库中，根据实际的成型模具材料设置参数才能进行准确的分析计算。用户可以对该数据库中的数据进行添加、修改等操作。单击【模具材料】选区中的【编辑】按钮，弹出【模具材料】对话框，如图 10.13 所示。模具材料参数是指模具实际采用材料的相关参数，如模具材料的密度、比热容、热传递性能和相关机械参数等。

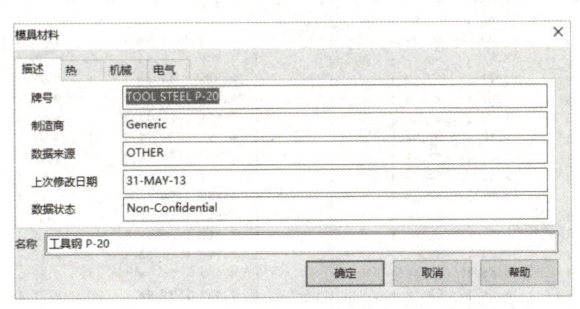

图 10.13　【模具材料】对话框

单击【求解器参数】选区中的【编辑】按钮，弹出【热塑性塑料注射成型求解器参数（双层面）】对话框，如图 10.14 所示，列出了详细的分析参数。从该对话框中可以看出，在进行分析时，将制品在厚度方向上分为 12 层。

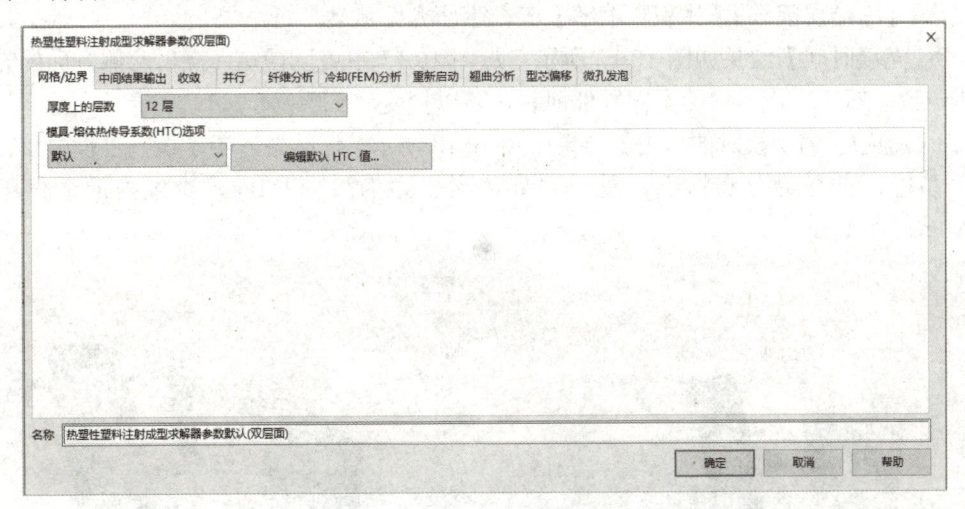

图 10.14　【热塑性塑料注射成型求解器参数（双层面）】对话框

10.5　流动分析结果

双击任务视窗中的【分析】选项，求解器开始分析计算。在分析计算过程中，分析日志中显示了时间、压力等信息。运行完成后，产生分析结果。流动分析结果主要用于得到最佳的保压设置。可以查看制品的填充行为是否合理、填充是否平衡、是否完成对制品的完全填充等。

屏幕输出是 Insight 进行任何分析都会出现的分析过程的屏幕显示。屏幕输出是随着分析过程的进行动态显示的。用户可以根据屏幕显示的信息，观察分析过程中各处参数的变化情况和分析中间结果。屏幕输出的填充信息和保压信息分别如图 10.15、图 10.16 所示。

时间 (s)	体积 (%)	压力 (MPa)	锁模力 (tonne)	流动速率 (cm^3/s)	状态
0.067	2.95	9.73	0.16	72.55	U
0.133	7.46	12.43	0.34	85.97	U
0.201	12.22	13.37	0.52	86.77	U
0.267	16.91	14.02	0.73	87.12	U
0.334	21.66	14.57	1.00	87.26	U
0.399	26.28	15.05	1.31	87.34	U
0.466	30.97	15.51	1.67	87.44	U
0.532	35.65	15.95	2.08	87.45	U
0.598	40.30	16.40	2.55	87.56	U
0.665	44.96	16.80	3.03	87.60	U
0.732	49.70	17.21	3.56	87.63	U
0.799	54.37	17.63	4.15	87.66	U
0.866	59.00	18.06	4.81	87.69	U
0.930	63.49	18.55	5.64	87.66	U
0.998	68.20	19.10	6.64	87.72	U
1.064	72.74	19.60	7.61	87.77	U
1.131	77.39	20.08	8.60	87.83	U
1.197	81.95	20.56	9.66	87.86	U
1.264	86.57	21.09	10.84	87.90	U

图 10.15 屏幕输出的填充信息

保压阶段：

时间 (s)	保压 (%)	压力 (MPa)	锁模力 (tonne)	状态
1.550	1.04	9.25	8.00	P
1.959	5.13	9.25	13.60	P
2.709	12.63	9.25	13.24	P
3.209	17.63	9.25	12.47	P
3.959	25.13	9.25	11.32	P
4.459	30.13	9.25	10.17	P
5.209	37.63	9.25	8.09	P
5.709	42.63	9.25	7.54	P
6.459	50.13	9.25	6.95	P
6.959	55.13	9.25	6.02	P
7.709	62.63	9.25	5.17	P
8.209	67.63	9.25	4.54	P
8.959	75.13	9.25	3.46	P
9.459	80.13	9.25	2.97	P
10.209	87.63	9.25	2.45	P
10.709	92.63	9.25	2.16	P
11.446	100.00	9.25	1.75	P
11.446				压力已释放

图 10.16 屏幕输出的保压信息

流动分析结果主要包括【充填时间】【速度/压力切换时的压力】【熔接线】【气穴】【流动前沿温度】【冻结层因子】【体积收缩率】等。下面介绍流动分析结果。

（1）【充填时间】结果如图 10.17 所示。从图 10.17 中可以得知，浇口两侧方向的充填时间基本一致，对于一模多穴的不同零件而言，可以接受。

（2）【速度/压力切换时的压力】结果如图 10.18 所示。该结果显示了填充过程中填充结束时模具型腔内的压力分布情况，进料口处最大压力为 23.12MPa，型腔内的最大压力为 13.75MPa。

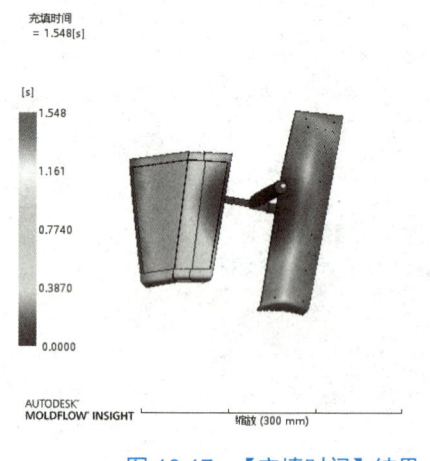

图 10.17 【充填时间】结果

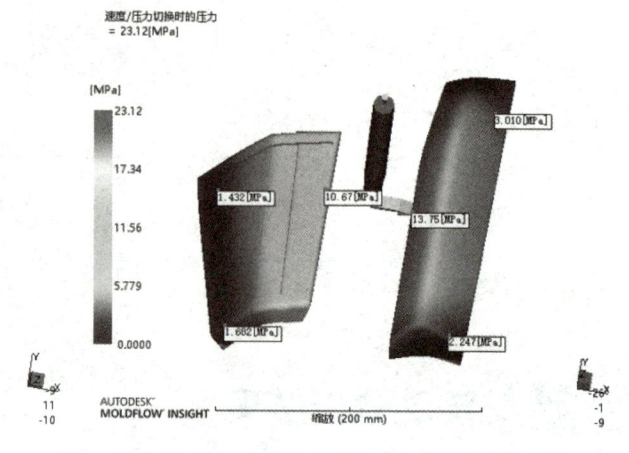

图 10.18 【速度/压力切换时的压力】结果

（3）【熔接线】结果如图 10.19 所示。该结果显示了熔接线在模具型腔内的分布情况。制品上应该避免或减少熔接线的存在。解决相关问题的方法有适当升高模具温度、适当升高熔体温度、修改浇口位置等。

（4）【气穴】结果如图 10.20 所示。该结果显示了气穴在模具型腔内的分布情况。气穴应该位于分型面上、筋骨末端或顶针处，这样气体容易从型腔内排出，否则制品上容易出现气泡、焦痕缺陷。解决相关问题的方法有修改浇口位置、改变模具结构、改变制品区域壁厚、修改制品结构等。

（5）【流动前沿温度】结果如图 10.21 所示。模型的温差不能太大，合理的温度分布应该是均匀的。

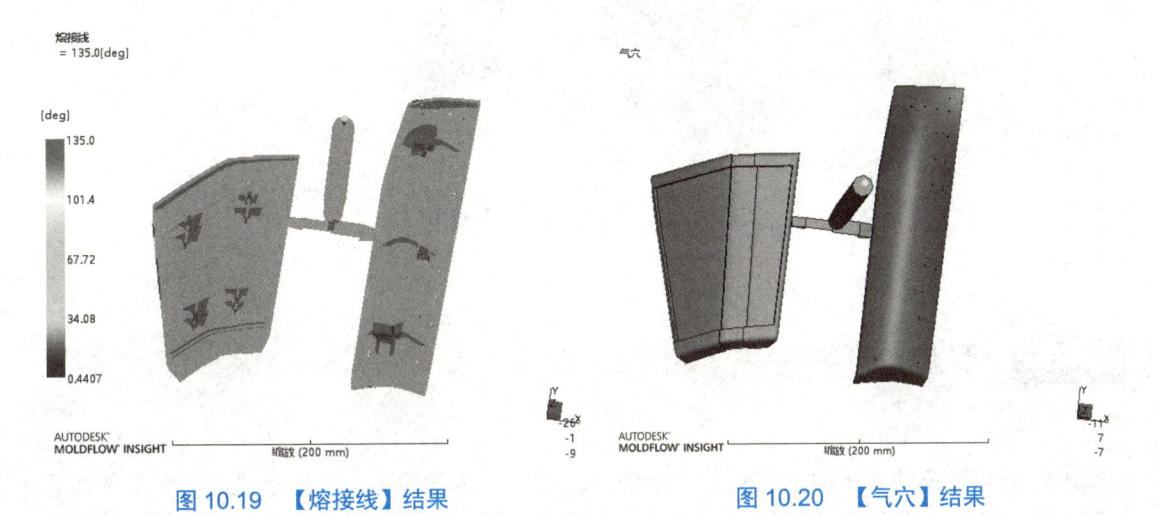

图 10.19　【熔接线】结果　　　　　　图 10.20　【气穴】结果

（6）【冻结层因子】结果如图 10.22 所示。该结果显示了在保压结束的这一时刻制品表面的冷却层的厚度情况。

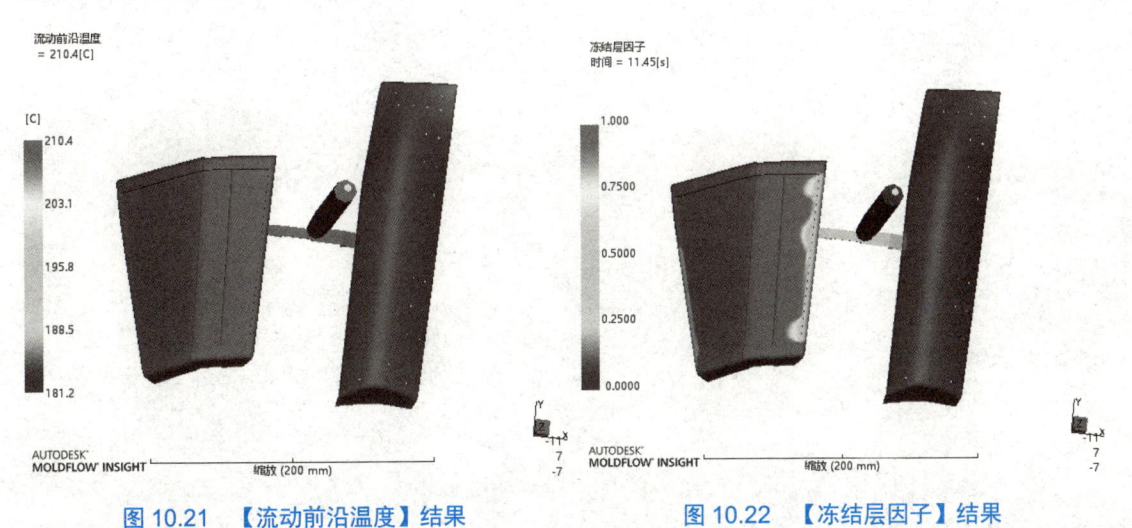

图 10.21　【流动前沿温度】结果　　　　图 10.22　【冻结层因子】结果

（7）【体积收缩率】结果如图 10.23 所示。从图 10.23 中可以得知，在保压结束的这一时刻，体积收缩率的最大值发生在流道中，制品表面颜色梯度很小，表面收缩均匀。体积收缩率分布越均匀越好。

图 10.23 【体积收缩率】结果

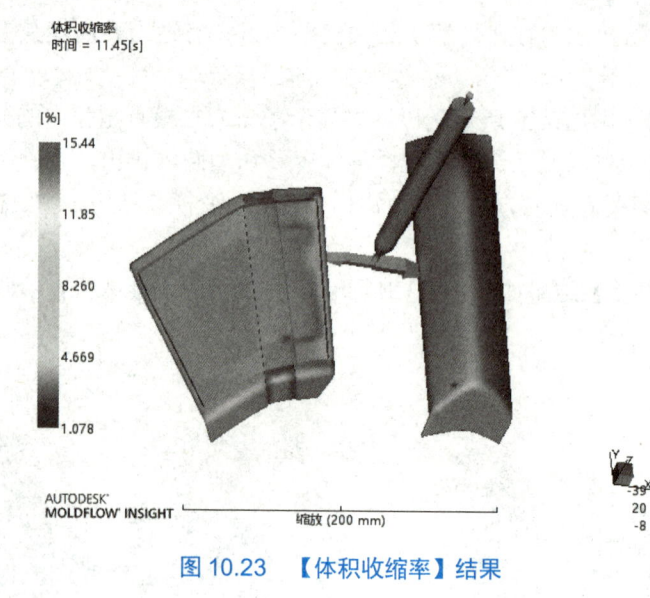

10.6 本章小结

本章介绍了流动分析的工艺设置和流动分析结果。本章的重点和难点是流动分析的工艺设置。流动分析的主要目的是得到最佳的保压设置，同时也可以查看制品的填充行为是否合理、填充是否平衡、是否完成对制品的完全填充等。

第 11 章 冷却分析

当浇口内的熔体冻结后,继续保压已不起作用,此时可以卸除柱塞或螺杆对料筒内熔体的压力,并为下一次注射重新进行塑化。同时通入冷却水、油或空气等冷却介质,对模具进行进一步的冷却,这个阶段称为浇口冻结后的冷却。实际上,冷却过程从将熔体注入型腔就开始了,它涵盖从充模、保压到脱模前的整个过程。

如果冷却过急或模具与熔体接触的各个部分温度不同或冷却不均匀,则会导致收缩不均匀,所得塑件就会产生内应力。即使冷却均匀,熔体在冷却过程中通过玻璃化温度的速率也可能大于分子构象转变的速率,因此塑件中可能出现由分子构象不均匀所引起的内应力。

11.1 概述

为了调节模具温度,需要在模具中设置冷却系统,通过模具温度控制机调整冷却介质的温度。在模具中设置冷却系统的目的是通过控制模具温度,使注塑成型具有良好的产品质量和较高的生产效率。模具温度的调节是指对模具进行冷却或加热,必要时两者兼有,从而达到控制模具温度的目的。

(1) 模具温度对塑料制品质量的影响。

模具温度及其波动对塑料制品的收缩率、尺寸稳定性、力学性能、变形、应力开裂和表面质量等均有影响。模具温度过低会导致熔体流动性差,制品轮廓不清晰,甚至充不满型腔或形成熔接线,制品表面不光滑、缺陷多、力学性能低。对于热固性塑料,模具温度过低会导致固化程度不足,从而降低塑件的物理、化学和力学性能;对于热塑性塑料,在模具温度过低且充模速度又不高的情况下,制品内应力大,易引起翘曲变形或应力开裂,尤其是黏度高的工程塑料。模具温度过高会导致体积收缩率大,脱模和脱模后制品变形大,易造成溢料和黏模。当模具温度波动较大时,型芯和型腔温差大,制品收缩不均匀,易导致制品翘曲变形,影响制品的形状及尺寸精度。

（2）模具温度对成型周期的影响。

缩短成型周期是提高生产效率的有效措施。缩短成型周期的关键在于缩短冷却时间，这可以通过调节熔体和模具的温差实现。因此，在保证制品质量和成型工艺顺利进行的前提下，降低模具温度有利于缩短冷却时间、提高生产效率。

模具冷却系统的设计与使用的冷却介质、冷却方法有关。模具可以用水、压缩空气和冷凝水冷却，其中用水冷却的方法应用最为普遍，因为水的热容量大、传热系数大且成本低廉。所谓水冷，是指在模具型腔周围和型芯内开设冷却回路，使水或冷凝水在其中循环，带走热量，维持所需的温度。冷却回路的设计应做到使在回路系统中流动的介质能充分吸收成型塑件所传导的热量，使模具成型表面的温度稳定地保持在所需的温度范围内，还应做到使冷却介质在回路系统中流动畅通，无滞留部位。

在进行模具冷却系统的设计时，需要确定设计参数，包括冷却管道的位置、尺寸、类型、布局与连接，以及冷却介质的流动速率等。

11.2 冷却分析工艺设置

冷却分析用来判断冷却系统的冷却效果，用户可根据模拟结果的冷却时间确定成型周期，也可通过冷却分析优化冷却管道的布局和冷却系统的设置，缩短成型周期，提高生产效率，降低生产成本。在进行冷却分析前，用户需要设置冷却分析工艺参数。对于冷却分析，除了需要设置模具表面温度和熔体温度，还需要设置开模时间等参数。

Step1：选择【主页】→【成型工艺设置】→【分析序列】选项，弹出【选择分析序列】对话框，如图 11.1 所示。选择【冷却】选项，单击【确定】按钮。

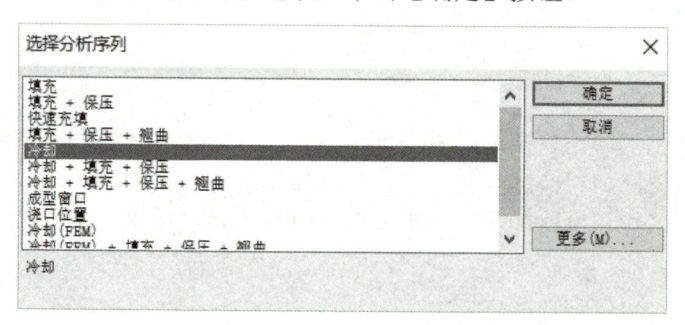

图 11.1 【选择分析序列】对话框

Step2：双击任务视窗中的【工艺设置】选项，弹出【工艺设置向导-冷却设置】对话框，如图 11.2 所示。该对话框中的【熔体温度】选项的设置方法与填充分析中一致。

【开模时间】是指从打开模具以顶出成型零件开始，到关闭模具以便螺杆能够开始前移进行注射的时间。在这段时间内，塑件和模具之间没有热传递，但是模具和冷却回路之间有热传递，通常采用默认设置。

冷却分析最重要的参数设置为【注射+保压+冷却时间】选项，冷却分析中使用这个参数定义模具和熔体的接触时间，以及塑件的成型周期减去开模时间所剩的时间。填充、保压和冷却的时间各为多少并不重要，冷却分析只需要用户定义这三个时间之和。在【注射+保压+冷却时间】下拉列表中共有两个选项：【指定】和【自动】。

图 11.2　【工艺设置向导-冷却设置】对话框

（1）【指定】选项。

若选择【指定】选项，则用户需要在右侧的数值框中设定时间值，冷却分析要根据这个时间值进行。

单击【冷却求解器参数】按钮，弹出如图 11.3 所示的【冷却求解器参数】对话框。

图 11.3　【冷却求解器参数】对话框

【模具温度收敛公差】：可用于表示从一次迭代到下一次迭代期间函数值变化的百分比，也可用于确定解的收敛时间。当此公差下降到收敛公差以下时，表示解已收敛。缩小模具温度收敛公差可以提高解的精度，但会增加分析时间，并且可能会导致出现收敛问题警告。如果出现收敛问题警告，则可尝试增大模具温度收敛公差以协助冷却求解器完成模拟。此选项通常不需要改变默认值。

【最大模温迭代次数】：系统求解模具温度联立方程需要的迭代次数。直到迭代次数超过设定值或系统计算出错时系统会停止迭代，否则系统会继续进行迭代。此选项通常不需要改变默认值。

（2）【自动】选项。

若选择【自动】选项，则系统自动计算注射+保压+冷却时间。单击右侧的【编辑顶出条件】按钮，弹出【目标零件顶出条件】对话框，如图 11.4 所示。该对话框中包含【模具表面温度】【顶出温度】【顶出温度下的最小零件冻结百分比】三个选项，在这些选项右侧相应的数值框中可以对参数进行设置。

在【工艺设置向导-冷却设置】对话框中单击【高级选项】按钮，弹出【冷却分析高级选项】对话框，如图 11.5 所示。该对话框中包括【成型材料】【工艺控制器】【模具材料】【求解器参数】四个选区，可对相关选项进行详细设置，相关内容与第 10 章中的内容一致，此处不再赘述。

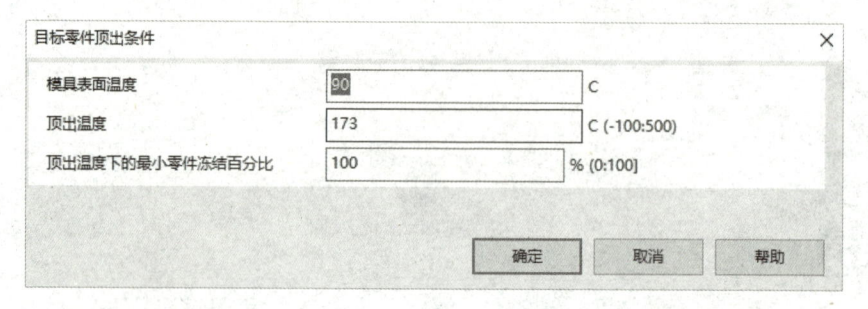

图 11.4 【目标零件顶出条件】对话框

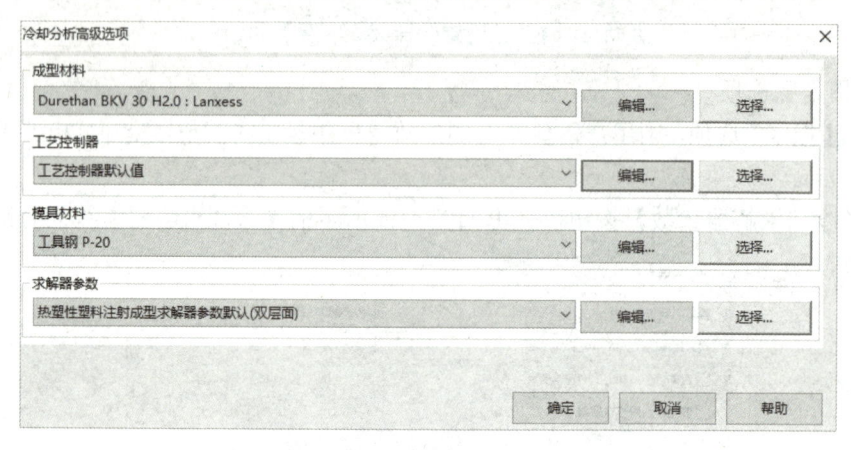

图 11.5 【冷却分析高级选项】对话框

11.3 冷却分析结果

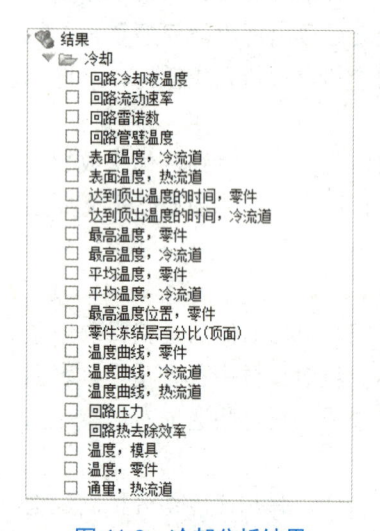

图 11.6 冷却分析结果

双击任务视窗中的【分析】选项，求解器开始分析计算。在分析计算过程中，分析日志中显示了时间、压力等信息。在完成冷却分析后，冷却分析结果会以文字、图形、动画等方式显示出来，同时在任务视窗中也会分类显示，如图 11.6 所示。

下面对冷却分析结果中常用的几个选项进行介绍。

（1）【回路冷却液温度】：显示冷却回路中冷却液的温度。这个结果显示了冷却液流经冷却管道时的温度变化，从入口到出口温升不应超过 2～3℃。如果该温度比较高，则表示模具表面温度范围可能更宽，这一点至关重要。

（2）【回路流动速率】：显示冷却回路中冷却液的流动速率。将此结果与【回路雷诺数】结果结合使用，可确定是否能达到获得湍流冷却液流动所需的流动速率。在排热时，流动速率本身并不是主要因素，但它应该是达到雷诺数所需的最小值。串联回路中冷却液的流动速率是恒定的，但并联回路中冷却液的流动速率不是恒定的。

（3）【回路雷诺数】：显示冷却回路中冷却液的雷诺数。达到湍流状态后，流动速率的增大对排热的速率影响甚微。因此，流动速率应该设置为以最小的变化达到理想状态的雷诺数。如果输入最小雷诺数，则使用 10000 作为最小值，并检查该结果以确保雷诺数变化最小。不要输入大于 10000 的雷诺数。如果冷却管道有并联回路，则在并联回路的所有分支中可能都很难实现最小的雷诺数变化。如果存在这种情况，则考虑更改回路布置。雷诺数小于 4000 的流动可能是层流，这对于排散型腔热量不太有效。如果冷却管道直径变化很大，则雷诺数可能会产生极度变化。在这种情况下，可以调整冷却管道直径或减小最小雷诺数（但要确保雷诺数始终大于 4000）。

（4）【回路管壁温度】：成型周期内的平均单元温度结果，它显示金属冷却回路的温度。在冷却回路上温度分布应该均匀。回路管壁温度将在接近零件处升高，并且这些较热区域也会加热冷却液。回路管壁温度不应超过入口温度 5℃。如果较热区域的回路管壁温度过高，则应考虑采取以下措施。

① 增大冷却液的流动速率。
② 增大冷却回路尺寸，并增大冷却液的流动速率来保持雷诺数。
③ 在过热区域增加冷却管道。

（5）【达到顶出温度的时间，零件】：通过冷却分析得到的达到顶出温度的时间和零件，它显示达到顶出温度所需的时间，此时间从成型周期起始时间开始测量。在测量开始时，假设材料在其熔体温度下填充到模具型腔中。根据模壁温度，为每个单元计算达到顶出温度所需的时间。如果特定单元的模壁温度高于顶出温度，则会在分析日志中发出警告，并且不会在这些单元上写入任何结果。

为了避免收到警告，可以采取以下措施。
① 延长成型周期，以便有更多时间进行冷却。
② 如果已设计冷却回路，则降低冷却液温度。
③ 将冷却回路放置在单元未冻结的区域。

（6）【最高温度，零件】：基于成型周期的平均模具表面温度（【温度，零件（顶面）】和【温度，零件（底面）】结果），在冷却时间结束时计算的【最高温度，零件】结果显示了零件中的最高温度。【最高温度，零件】结果用来检查冷却结束时聚合物熔体温度是否低于材料的顶出温度，只有这样零件才能被成功顶出。

（7）【平均温度，零件】：显示在冷却时间结束时计算的温度曲线在整个零件厚度中的平均温度，该曲线以成型周期（包括开模和合模时间）的平均模具表面温度为基础。平均温度应该大约为优化模具的目标模具温度和顶出温度的一半。零件不同区域的平均温度变化应很小。平均温度高的区域可能为零件的较厚区域或冷却效果不佳的区域。可以考虑在这些区域附近添加冷却管道。

（8）【温度曲线，零件】：在冷却分析结束时生成，它显示零件从顶面到底面的温度分布。该结果可与【填充末端冻结层因子】结果结合使用。选择【结果】→【图形】→【新建图形】

选项，以 XY 图形式创建【温度曲线，零件】结果。显示图形并在零件上单击后，将在图形上对所选单元曲线进行更新。当成型周期很长时，整个零件厚度的温度变化不大。当所选的单元位于零件的最热区域时，表明成型周期最佳。当 X 轴上零值处对应的温度最高时，曲线上的最高温度接近顶出温度。

11.4 冷却分析应用实例

冷却分析

本书以某个支架为例演示冷却分析过程，并对冷却分析结果进行解释。

1. 初始冷却分析方案

Step1：启动 Moldflow 2023，新建一个工程文件，将其命名为【ch11】，导入【第 11 章】文件夹中的【ch11.sdy】文件，如图 11.7 所示。导入的模型如图 11.8 所示。

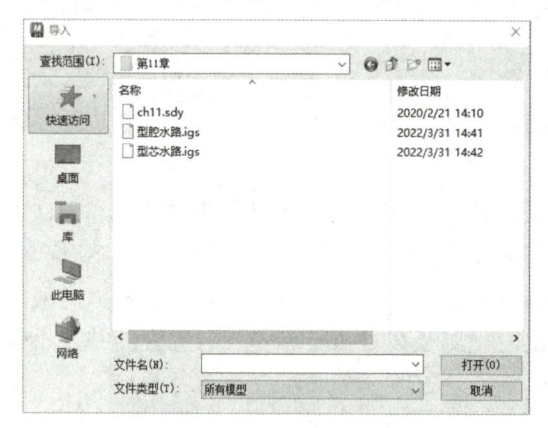

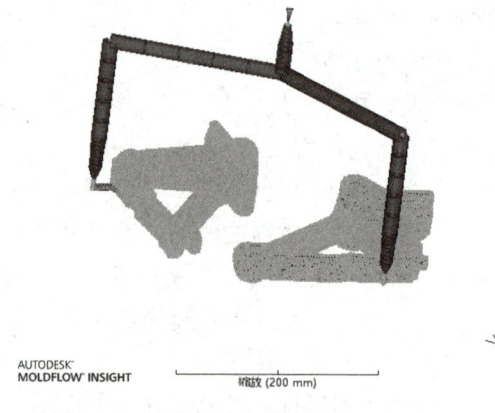

图 11.7　【导入】对话框　　　　　　图 11.8　导入的模型

Step2：选择【主页】→【成型工艺设置】→【分析序列】选项，在弹出的【选择分析序列】对话框中选择【冷却】选项，单击【确定】按钮。此时，任务视窗如图 11.9 所示。

Step3：添加与划分水路。在层管理视窗中，单击【新建图层】图标，新建【型腔水路】层及【型芯水路】层，如图 11.10 所示。

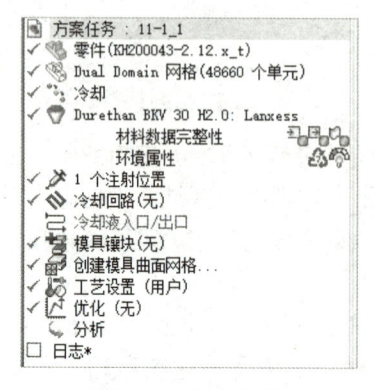

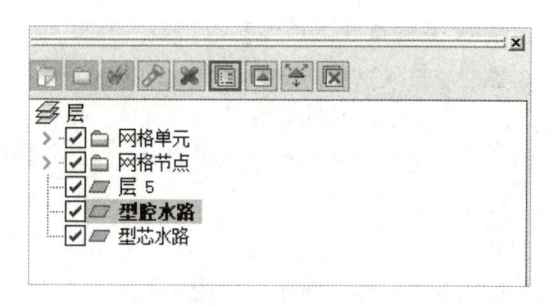

图 11.9　任务视窗　　　　　　图 11.10　层管理视窗

Step4：选择【主页】→【导入】→【添加】选项，弹出【选择要添加的模型】对话框，如图 11.11 所示，选择【第 11 章】文件夹中的【型腔水路.igs】文件，单击【确定】按钮。以同样的方法导入【型芯水路.igs】文件。水路导入的结果如图 11.12 所示。

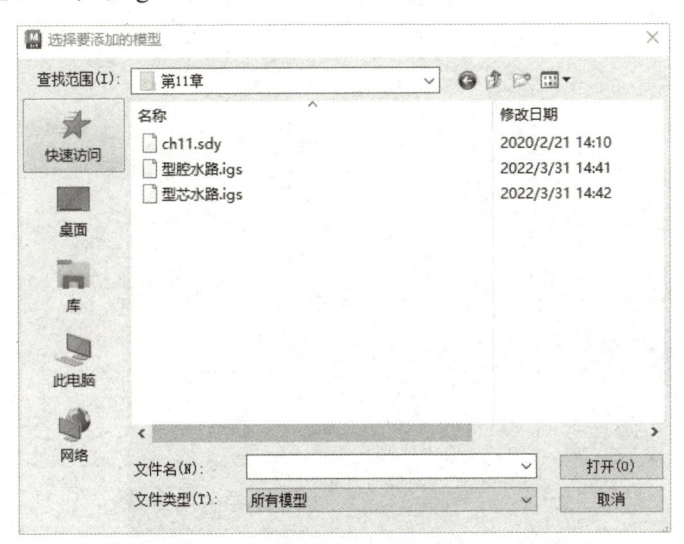

图 11.11　【选择要添加的模型】对话框

Step5：选择层管理视窗中的【型腔水路】层，单击【激活】图标，隐藏其他图层。选择模型显示窗口中的型腔水路几何模型，在层管理视窗中单击【指定层】图标，将水路移动到【型腔水路】层。以同样的方法将型芯水路几何模型移动到【型芯水路】层。

Step6：此时，模型显示窗口中的图形还没有水路的属性，选择所有的型腔水路几何模型并右击，在弹出的快捷菜单中选择【属性】选项，如图 11.13 所示，弹出【指定属性】对话框，如图 11.14 所示。单击【新建】下拉按钮，在下拉列表中选择【管道】选项，弹出【管道】对话框，如图 11.15 所示。在【截面形状是】下拉列表中选择【圆形】选项，在【直径】数值框中输入【8】。

以同样的方法设置【型芯水路】的直径为 11mm。设置完成之后，所有水路的几何模型都具有水路的属性。

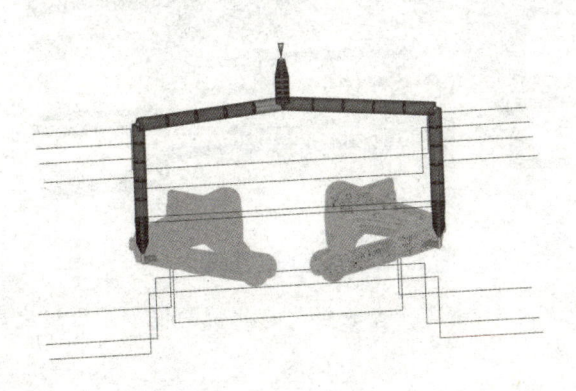

图 11.12　水路导入的结果

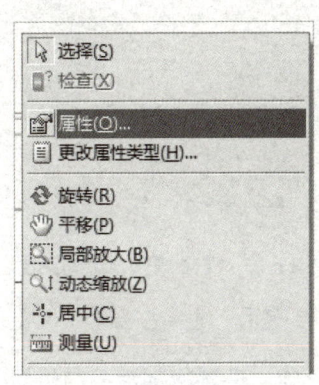

图 11.13　选择【属性】选项

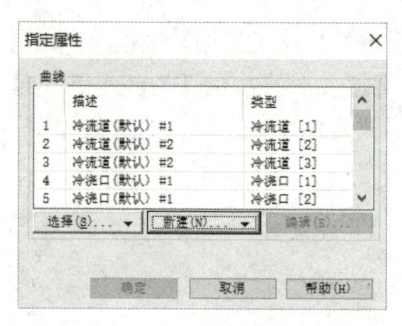

图 11.14 【指定属性】对话框

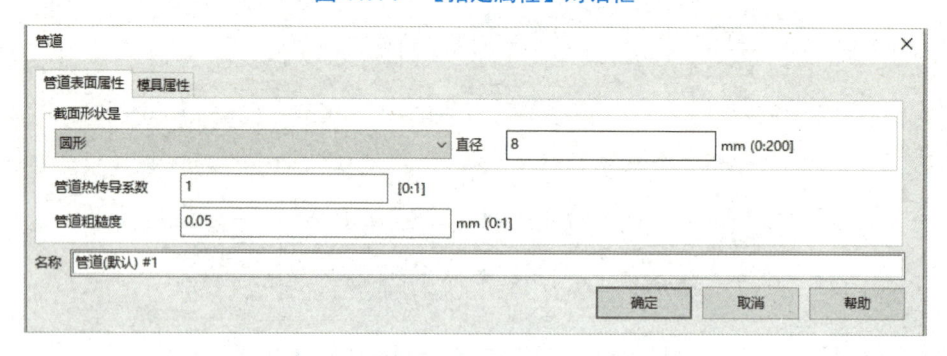

图 11.15 【管道】对话框

Step7：选择【网格】→【网格】→【生成网格】选项，弹出【生成网格】对话框，如图 11.16 所示。在【全局边长】数值框中输入【25】。单击【创建网格】按钮，结果如图 11.17 所示。

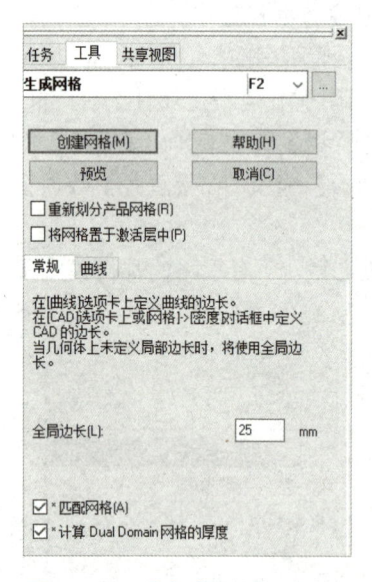

图 11.16 【生成网格】对话框　　　图 11.17 水路划分结果

提示：通常，冷却管道单元的最佳长径比是 2.5，应当检查长径比与此值的偏差是否过大。

2. 设置冷却液入口位置

右击任务视窗中的【冷却液入口/出口】选项，在弹出的快捷菜单中选择【设置冷却液入口】选项，如图 11.18 所示，弹出【设置冷却液入口】对话框，如图 11.19 所示。单击【新建】

按钮，弹出【冷却液入口】对话框，如图 11.20 所示。采用默认设置，单击【确定】按钮，在模型显示窗口中选择冷却液入口，结果如图 11.21 所示。

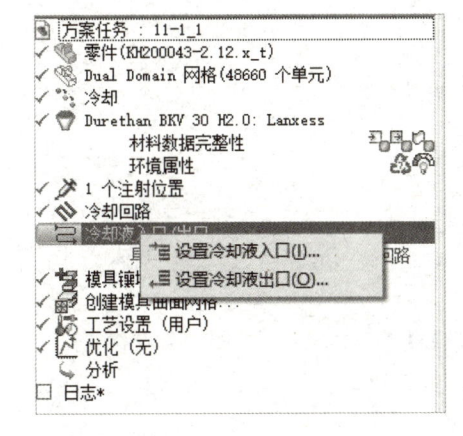

图 11.18　选择【设置冷却液入口】选项　　　　图 11.19　【设置冷却液入口】对话框

图 11.20　【冷却液入口】对话框

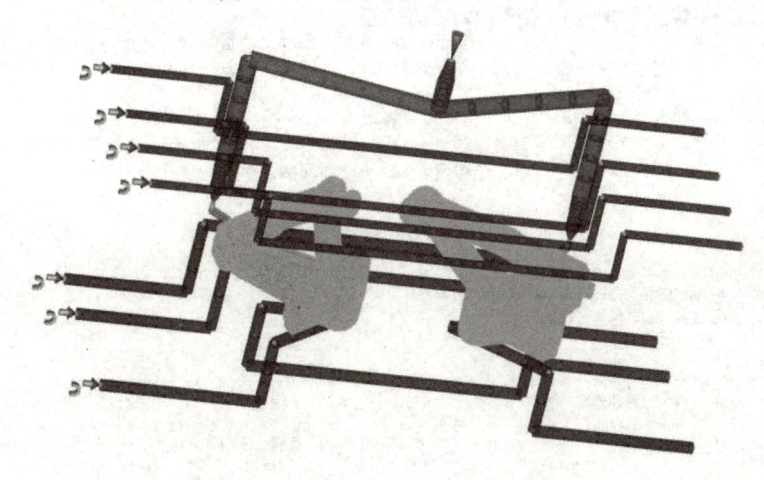

图 11.21　设置好的冷却液入口

3. 设置工艺参数

Step1：双击任务视窗中的【工艺设置（用户）】选项，弹出【工艺设置向导-冷却设置】对话框，如图 11.22 所示。

Step2：【熔体温度】采用默认值 290℃，【注射+保压+冷却时间】采用默认值 30s。单击【确定】按钮，完成冷却工艺参数的设置。

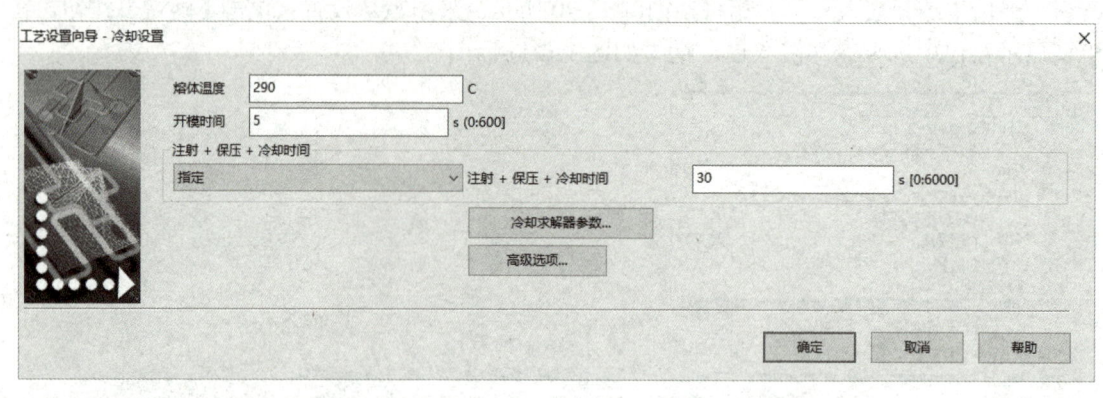

图 11.22 【工艺设置向导-冷却设置】对话框

4．分析计算

双击任务视窗中的【分析】选项，求解器开始分析计算。

通过分析计算的分析日志可以看到冷却分析过程信息，包括冷却管道温差、塑件温度、推荐冷却时间、警告信息等。

警告信息如图 11.23 所示，内容为【有两个单元过于靠近】。警告信息对冷却分析结果没有影响。

冷却过程信息如图 11.24 所示。

```
现在开始任务：边界集成
当前时间是： Fri Apr 01 14:23:52 2022

** 警告 700955 ** 有两个单元过于靠近
            第一个单元：id  =    13270，位置 = Part_model。
            第二个单元：id  =     8513，位置 = Part_model。

** 警告 700955 ** 有两个单元过于靠近
            第一个单元：id  =    37562，位置 = Part_model。
            第二个单元：id  =    32805，位置 = Part_model。
```

图 11.23　警告信息

```
现在开始任务：输入模具模型
当前时间是： Fri Apr 01 14:23:52 2022
正在执行冷却网格分析

+-------+----------+----------------+-------+-----------+
| 入口  | 流动速率 |     雷诺数     |压力降 |   泵送    |
| 节点  |  进/出   |     范围       |  超   | 功率超过  |
|       |          |                | 回路  |   回路    |
|       | (lit/min)|                | (MPa) |   (kW)    |
+-------+----------+----------------+-------+-----------+
| 24510 |   4.66   | 10000.0-10000.0| 0.0025| 1.956E-004|
| 24516 |   4.66   | 10000.0-10000.0| 0.0025| 1.952E-004|
| 24541 |   4.66   | 10000.0-10000.0| 0.0059| 4.569E-004|
| 24484 |   3.39   | 10000.0-10000.0| 0.0054| 3.055E-004|
| 24424 |   3.39   | 10000.0-10000.0| 0.0054| 3.073E-004|
| 24389 |   3.39   | 10000.0-10000.0| 0.0055| 3.125E-004|
| 24382 |   3.39   | 10000.0-10000.0| 0.0054| 3.073E-004|
+-------+----------+----------------+-------+-----------+
```

图 11.24　冷却过程信息

11.5 初始冷却分析结果

（1）【回路冷却液温度】结果。图 11.25 所示为【回路冷却液温度】结果。从图 11.25 中可以看出，冷却介质温差约为 2℃，符合要求。

（2）【回路流动速率】结果。图 11.26 所示为【回路流动速率】结果。从图 11.26 中可以看出，本例型腔回路流动速率约为 3.4L/min，型芯回路流动速率约为 4.6L/min。

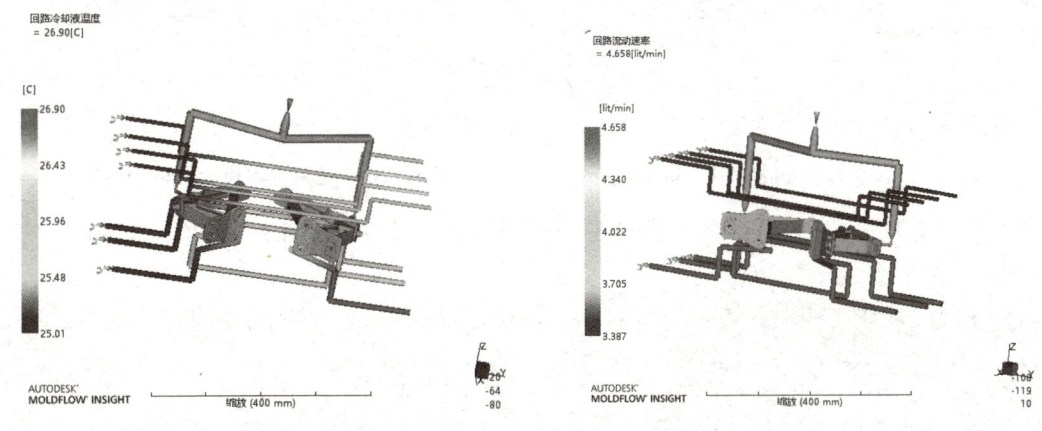

图 11.25　【回路冷却液温度】结果　　　　　图 11.26　【回路流动速率】结果

（3）【回路雷诺数】结果。图 11.27 所示为【回路雷诺数】结果。从图 11.27 中可以看出，回路雷诺数为 10000。

（4）【回路管壁温度】结果。图 11.28 所示为【回路管壁温度】结果。从图 11.28 中可以看出，回路管壁温度比冷却液入口温度高，平均温度在 30℃左右，符合要求。

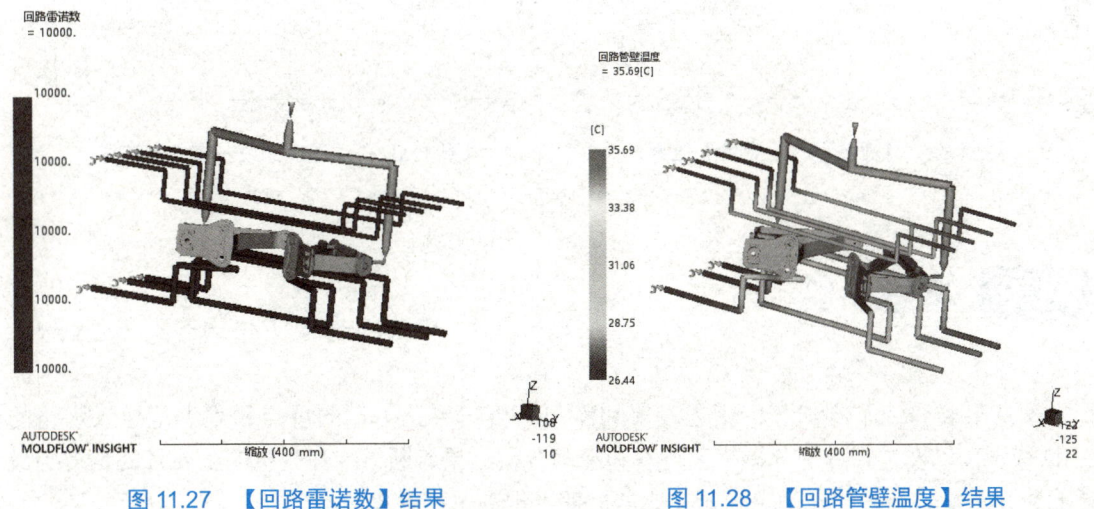

图 11.27　【回路雷诺数】结果　　　　　图 11.28　【回路管壁温度】结果

（5）【达到顶出温度的时间，零件】结果。图 11.29 所示为【达到顶出温度的时间，零件】

结果。从图 11.29 中可以看出，本例达到顶出温度的时间为 103.3s。

（6）【最高温度，零件】结果。图 11.30 所示为【最高温度，零件】结果。从图 11.30 中可以看出，塑件最高温度为 270.9℃。

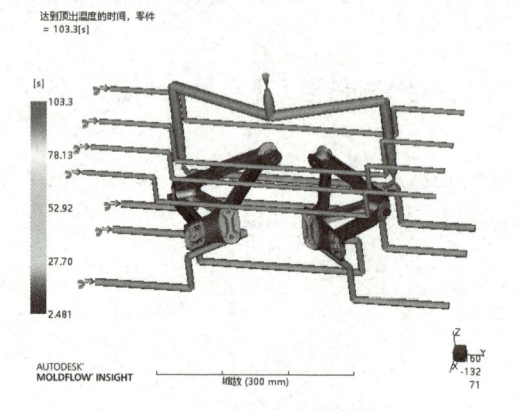

图 11.29　【达到顶出温度的时间，零件】结果 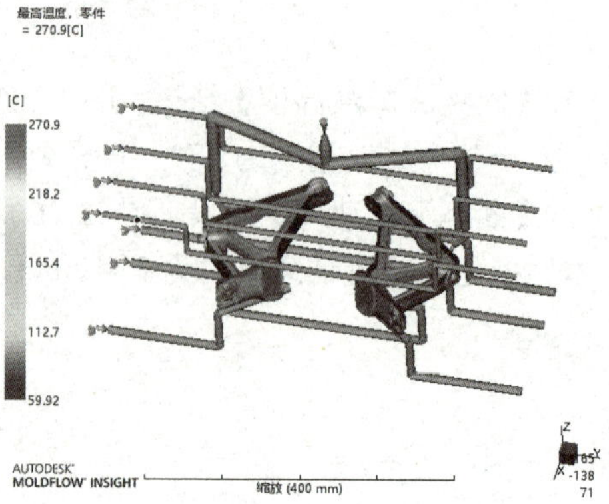　　　　图 11.30　【最高温度，零件】结果

（7）【平均温度，零件】结果。图 11.31 所示为【平均温度，零件】结果，从图 11.31 中可以看出，塑件平均温度为 205.7℃。

（8）【温度曲线，零件】结果。图 11.32 所示为【温度曲线，零件】结果。

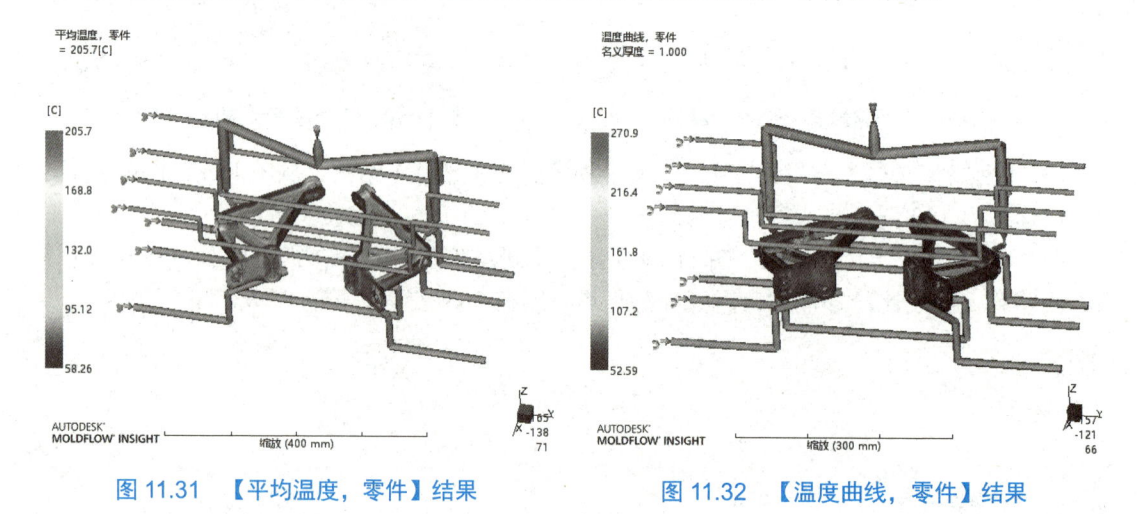

图 11.31　【平均温度，零件】结果　　　　图 11.32　【温度曲线，零件】结果

11.6　本章小结

本章主要介绍了冷却分析工艺设置和冷却分析结果。本章的重点和难点是导入水路的 CAD 模型，以及进行冷却分析工艺设置和冷却分析结果判断。冷却分析的主要目的是得到最佳的冷却系统设计，同时确定较好的成型周期以提高生产效率。

第12章

翘曲分析

12.1 概述

翘曲是指塑件没有按照设计的形状成型，发生了扭曲变形。翘曲是由成型时塑件的不均匀收缩导致的，是塑件比较常见的缺陷。如果整个塑件有均匀的收缩，塑件就不会发生翘曲变形，一般只会缩小尺寸。然而由于分子链或纤维的取向性、塑件设计、模具冷却、模具结构设计及注塑条件等各种因素的相互影响，要达到均匀收缩或较小收缩是相当困难的。

塑件是因为收缩不均匀而发生翘曲变形的，收缩率变化的原因主要包括以下5个方面。

（1）塑件内部温度不均匀，当塑件凝固时，沿着肉厚方向存在压力差异和冷却速率差异。

（2）塑件尚未完全冷却就被顶出，以及顶出变形、倒钩太深、顶出方式不当、脱模斜度不当等因素都可能使塑件发生翘曲变形。

（3）塑件具有弯曲或不对称的几何形状，塑件材料存在有无添加填充物的差异。

（4）流动方向和垂直于流动方向的分子链或纤维取向性存在差异，会造成不同的收缩率。

（5）保压压力存在差异（如浇口处过度保压，远离浇口处却保压不足）。

塑件材料添加填充物与否会造成收缩差异。当塑件具有收缩差异时，其肉厚方向与流动方向产生不等向收缩，造成的内应力可能会使塑件发生翘曲变形。由于强化纤维使塑件的热收缩变小和模数变大，所以添加纤维的热塑性塑料可以抑制收缩，其沿着添加纤维的排列方向（通常是流动方向）的收缩比横向收缩小。同样，添加粒状填充物的热塑性塑料比无添加物塑料的收缩小很多。

1. 影响塑件翘曲变形的主要因素

在模具方面，影响塑件翘曲变形的主要因素有浇注系统、冷却系统与顶出系统等的设计。

（1）浇注系统。

注塑成型模具浇口的位置、形式和数量将影响塑料在模具型腔内的填充状态，从而使塑件发生翘曲变形。

塑料流动距离越长，由冻结层与中心流动层之间的流动和补缩引起的内应力越大；塑料流动距离越短，从浇口到制品流动末端的流动时间越短，充模时冻结层厚度越小，内应力越小，翘曲变形也会因此大为减小。一些平板形塑件，若只使用一个中心浇口，则因直径方向的收缩率大于圆周方向的收缩率，成型后的塑件会发生翘曲变形；若改用多个点浇口或薄膜型浇口，则可有效地防止发生翘曲变形。当采用点浇口成型时，由于塑料收缩的异向性，浇口的位置、数量都对塑件的变形程度有很大的影响。

另外，多浇口的使用还能使塑料的流长比减小，从而使模具型腔内的熔体密度更均匀，收缩更均匀。同时，整个塑件能在较小的注射压力下充满。较小的注射压力可减小塑料的分子取向倾向，减小其内应力，因而可减小塑件的变形。

（2）冷却系统。

在注射过程中，塑件冷却速度不均匀也会导致塑件收缩不均匀，这种收缩差异导致了弯曲力矩的产生，从而使塑件发生翘曲变形。

如果在注射成型平板形塑件时所用的模具型腔、型芯的温度相差过大，则贴近冷模具型腔面的熔体很快冷却下来，而贴近热模具型腔面的料层会继续收缩，收缩不均匀将使塑件发生翘曲变形。因此，注塑模具的冷却应当注意使型腔、型芯的温度趋于一致，两者的温差不能太大。

除了要考虑使塑件内、外表面的温度趋于平衡，还要考虑使塑件各侧的温度一致，即模具冷却时要尽量保持型腔、型芯各处温度均匀一致，使塑件各处的冷却速度均匀，从而使各处的收缩更均匀，有效防止翘曲变形的发生。因此，模具上冷却水孔的布置至关重要。在管壁至型腔表面的距离确定后，应尽可能使冷却水孔之间的距离小，这样才能保证型腔壁面的温度均匀一致。同时，由于冷却介质的温度随冷却回路长度的增加而上升，使模具的型腔、型芯沿冷却回路产生温差。因此，要求每条冷却回路长度小于 2m。在大型模具中应设置数条冷却回路，一条冷却回路的进口位于另一条冷却回路的出口附近。对于长条形塑件，应采用直通型冷却回路。

（3）顶出系统。

顶出系统的设计也会直接影响塑件的翘曲变形。如果顶出系统布置得不平衡，则会造成顶出力的不平衡，从而使塑件发生翘曲变形。因此，在设计顶出系统时，要求顶出力与脱模阻力相平衡。另外，顶出杆的横截面积不能太小，以防塑件单位面积受力过大（尤其是在脱模温度太高时），从而使塑件发生翘曲变形。顶杆的布置应尽量靠近脱模阻力大的部位。在不影响塑件质量（包括使用要求、尺寸精度与外观等）的前提下，应尽可能多设顶杆，以减小塑件的总体变形。

在用软质塑料（如 TPU）生产深腔薄壁的塑件时，由于脱模阻力较大，而材料又较软，所以如果完全采用单一的机械顶出方式，则会使塑件发生翘曲变形，甚至顶穿或发生折叠，从而导致塑件报废。对此，改用多元件联合或气（液）压与机械式顶出相结合的方式效果会更好。

2. 塑化过程对塑件翘曲变形的影响

塑化过程是由玻璃态料粒转化为黏流态熔体的过程。在这个过程中，聚合物的温度在轴向、径向（相对螺杆而言）的温差会使塑料产生应力。另外，注塑机的注射压力、注射速率等参数会极大地影响填充时分子的取向程度，进而引起翘曲变形。

3. 填充及冷却过程对塑件翘曲变形的影响

填充及冷却过程是熔融态的塑料在注射压力的作用下充入模具型腔，并在型腔内冷却、凝固的过程。这个过程是注射成型的关键环节。在这个过程中，温度、压力、流速三者相互耦合作用，对塑件的质量和生产效率有极大的影响。较高的压力和流速会产生大剪切速率，从而引起平行于流动方向和垂直于流动方向的分子取向差异，同时产生冻结效应。冻结效应将产生冻结应力，形成塑件的内应力。温度对翘曲变形的影响体现在以下3个方面。

（1）塑件上、下表面温差会引起热应力和热变形。
（2）塑件不同区域之间的温差会引起不同区域之间的不均匀收缩。
（3）不同的温度状态会影响塑件的收缩率。

保压时间对翘曲变形的影响体现在：延长保压时间可以减小塑件的收缩。保压时间的长短应以凝固的时间为准，如果保压时间比浇口凝固的时间短，则型腔内的熔体向浇口回流，会出现保压不足现象，使塑件产生较大的收缩。

保压压力对翘曲变形的影响体现在：增大保压压力可以减小收缩严重的塑件的收缩。充足的保压压力是塑件收缩后有效补缩的关键。增大保压压力可以有效改善塑件收缩严重的问题。保压压力既不能太大也不能太小，保压压力太小会导致保压压力不足，使塑件出现短射和较大的收缩问题；保压压力太大会出现过保压的情况，使塑件脱模后的残余应力较大。

模具温度对翘曲变形的影响体现在：当模具温度过高时，成型收缩率较大，塑件脱模后变形较大，且容易出现溢料、黏模等现象；当模具温度过低时，模具型腔内熔体流动性差，容易使塑件出现短射、机械强度降低等问题。

4. 脱模过程对塑件翘曲变形的影响

塑件在脱离型腔并冷却至室温的过程中多为玻璃态聚合物。脱模力不平衡、推出机构运动不平稳或脱模顶出面积不当很容易使塑件发生翘曲变形。同时，在充模和冷却阶段冻结在塑件内的应力由于失去外界的约束，所以将会以变形的形式释放出来，从而导致塑件发生翘曲变形。

5. 塑件的收缩对翘曲变形的影响

塑件发生翘曲变形的直接原因在于塑件的不均匀收缩。如果在模具设计阶段不考虑填充过程中收缩的影响，则塑件的几何形状会与设计要求相差很大，严重的变形会使制品报废。除填充阶段会引起塑件的翘曲变形以外，模具上、下壁面的温差也会引起塑件上、下表面收缩的差异，从而使塑件发生翘曲变形。对翘曲分析而言，收缩本身并不重要，重要的是收缩的差异。在注塑成型过程中，在注射充模阶段，由于熔融塑料聚合物分子沿流动方向的排列使塑料在流动方向上的收缩率比在垂直方向上的收缩率大，所以会使塑件发生翘曲变形。一般均匀收缩只引起塑件在体积上的变化，只有不均匀收缩才会引起塑件的翘曲变形。结晶型塑料在流动方向与垂直方向上的收缩率之差较非结晶型塑料大，而且其收缩率也较非结晶型塑料大。结晶型塑料大的收缩率与其收缩的各向异性叠加后导致结晶型塑料制品发生翘曲变形的倾向较非结晶型塑料制品大得多。

6. 残余热应力对塑件翘曲变形的影响

在注射成型过程中，残余热应力是引起塑件翘曲变形的一个重要因素，而且对塑件的质量有较大的影响。

7. 金属嵌件对塑件翘曲变形的影响

对于有金属嵌件的塑件，由于塑料的收缩率远比金属的收缩率大，所以容易发生翘曲变形(有的甚至会开裂)。为了避免或减少发生这种情况，可先将金属件预热（一般不低于100℃），再投入生产。

8. 取向效应对塑件翘曲变形的影响

取向效应会导致材料在流动方向与垂直方向上的收缩量变化。该类型收缩引起的翘曲变形与收缩不均匀引起的翘曲变形相似。

12.2 翘曲分析工艺设置

翘曲分析的目的是预测产品成型后的翘曲变形程度、分析发生翘曲变形的原因。在Moldflow 2023的翘曲分析中，有多种包含翘曲的分析序列可供选择，常用的一般有以下3种。

（1）【填充+保压+翘曲】(Fill+Pack+Wrap)。
（2）【冷却+填充+保压+翘曲】(Cool+Fill+Pack+Wrap)。
（3）【填充+冷却+填充+保压+翘曲】(Fill+Cool+Fill+Pack+Wrap)。

通常在初始条件中假设塑料熔体温度是均匀的，模具温度是均匀的，能够做出更准确的翘曲预测。因此，首选的分析序列是【填充+保压+翘曲】。

进行翘曲分析工艺设置，要在填充、流动、冷却分析工艺参数的基础上，即用户根据经验或实际情况需要设置在熔体从开始注射到充满整个型腔的过程中熔体、模具和注塑机等相关的工艺参数。

双层面网格模型翘曲分析工艺设置界面如图12.1所示。

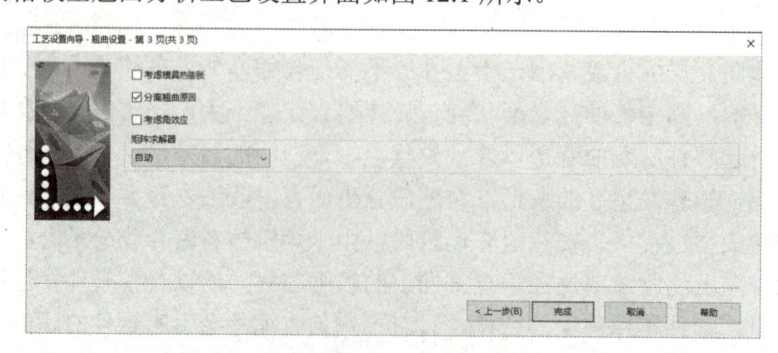

图12.1 双层面网格模型翘曲分析工艺设置界面

（1）【考虑模具热膨胀】：在注射成型期间，模具会随着温度的升高而膨胀，从而导致型腔变得大于初始尺寸。模具热膨胀有助于补偿冷却过程中的零件收缩，使实际收缩小于预期。如果希望在翘曲分析中考虑模具热膨胀对塑件翘曲和零件内应力产生的影响，则可勾选此复选框。

（2）【分离翘曲原因】：如果希望正在设置的翘曲分析输出有关引起翘曲变形的最主要原因的信息，则可勾选此复选框。如果正在设置翘曲分析并勾选了此复选框，则分析日志中将包含引起翘曲变形的各种可能原因（如冷却不均匀、收缩不均匀和取向效应）的灵敏度因子。

（3）【考虑角效应】：模具的限制会使塑件锐角区域厚度方向的收缩比平面方向的收缩大，如果希望在翘曲分析中计算并考虑由模具限制条件引起的收缩不均，则可勾选此复选框。

（4）【矩阵求解器】：选择翘曲分析中要使用的矩阵求解器。如图 12.2 所示，【矩阵求解器】下拉列表中包括四个选项：【自动】【直接求解器】【SSORCG 求解器】【AMG 求解器】。如果选择【自动】选项，则翘曲分析将自动使用适合模型大小的矩阵求解器。

对于中性面网格模型，应使用与所选翘曲分析类型相适应的矩阵求解器。

图 12.2　矩阵求解器

对于小型模型，可以选择【直接求解器】选项。直接求解器是适用于小型到中型模型的简单矩阵求解器。

对于大型模型，使用迭代矩阵求解器可减少分析时间、降低内存要求，从而提高求解器的性能。对此，【AMG 求解器】选项为首选项，除非内存要求变成限制因子，可以选择【自动】选项。对于大型模型，SSORCG 求解器（以前称为迭代求解器）比 AMG 求解器效率低，但需要的内存较小。

中性面网格模型翘曲分析工艺设置如图 12.3 所示。一般在实际工程项目中，很少用中性面网格模型进行翘曲分析。

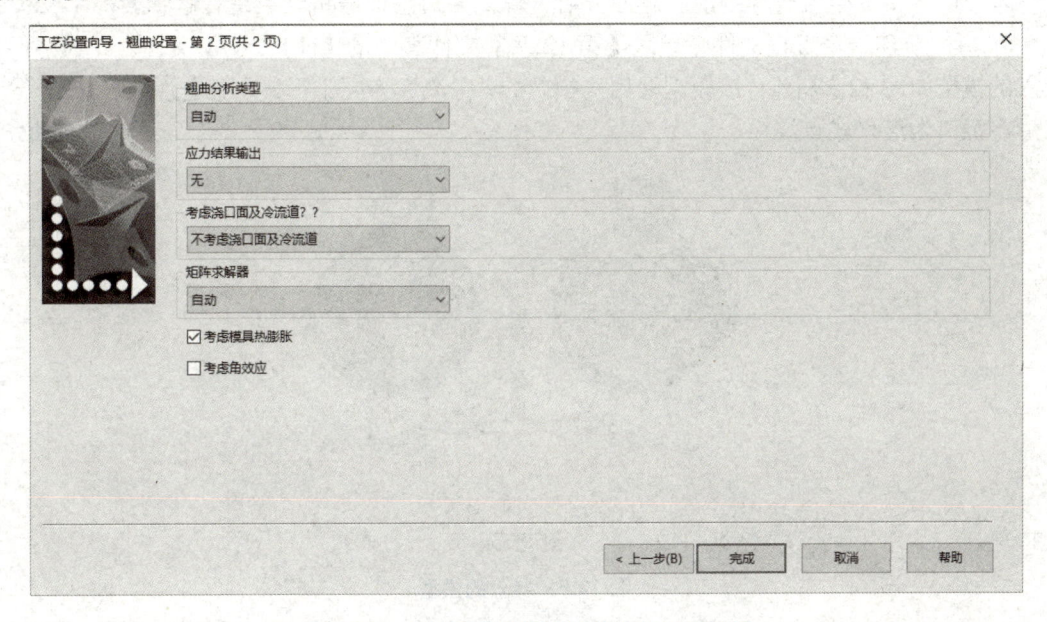

图 12.3　中性面网格模型翘曲分析工艺设置

Moldflow 2023 分析计算结束后,会生成相应的文字、图形和动画结果,这些结果将成为研究、模拟翘曲分析最主要的工具,如图 12.4 所示。

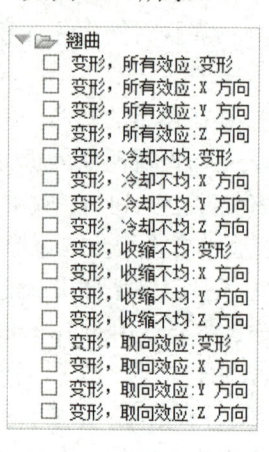

图 12.4 翘曲分析结果

Moldflow 2023 的翘曲分析结果分为 4 个方面,包括所有因素引起翘曲变形、冷却因素引起的翘曲变形、收缩因素引起的翘曲变形、取向因素引起的翘曲变形。每个方面又分为总变形量和 X 轴、Y 轴、Z 轴各个方向上的变形量,一般翘曲变形发生在 Z 轴方向,而 X 轴、Y 轴方向上的翘曲变形被视为收缩,故由 Z 轴方向上的变形量可以知道翘曲分析结果。

12.3 翘曲分析应用实例

本节以某个支架盖板为例演示翘曲分析过程,并对翘曲分析结果进行解释。

Step1:新建一个工程文件,导入【第 12 章】文件夹中的【ch12.sdy】文件。导入的模型如图 12.5 所示。该模型采用一模两腔,主流道为圆锥形,分流道为圆柱形,浇口为潜伏式点浇口。

翘曲分析

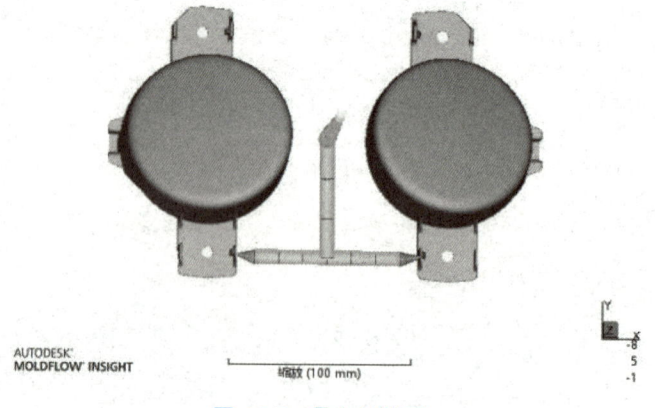

图 12.5 导入的模型

Step2:选择分析序列。在如图 12.6 所示的任务视窗中双击【填充】选项,弹出【选择分析序列】对话框,如图 12.7 所示。选择【填充+保压+翘曲】选项,单击【确定】按钮。

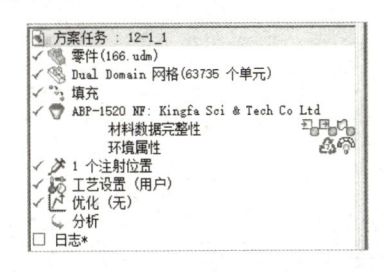

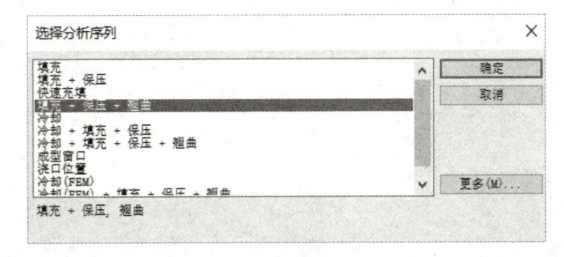

图 12.6　任务视窗

图 12.7　【选择分析序列】对话框

Step3:选择材料。选择制造商为【A Schulman】,牌号为【polyman HH 3】。

Step4:设置注射位置。先双击任务视窗中的【设置注射位置】选项,然后单击主流道的入口点,完成注射位置的设置,如图 12.8 所示。

Step5:设置工艺参数。双击任务视窗中的【工艺设置(默认)】选项,弹出【工艺设置向导-填充+保压设置】对话框,如图 12.9 所示。在【保压控制】选区中单击【编辑曲线】按钮,弹出【保压控制曲线设置】对话框,如图 12.10 所示。设置完成后单击【确定】按钮,返回【工艺设置向导-填充+保压设置】对话框。

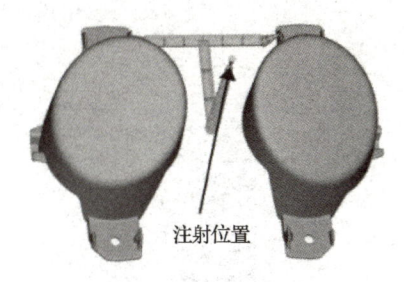

图 12.8　设置注射位置

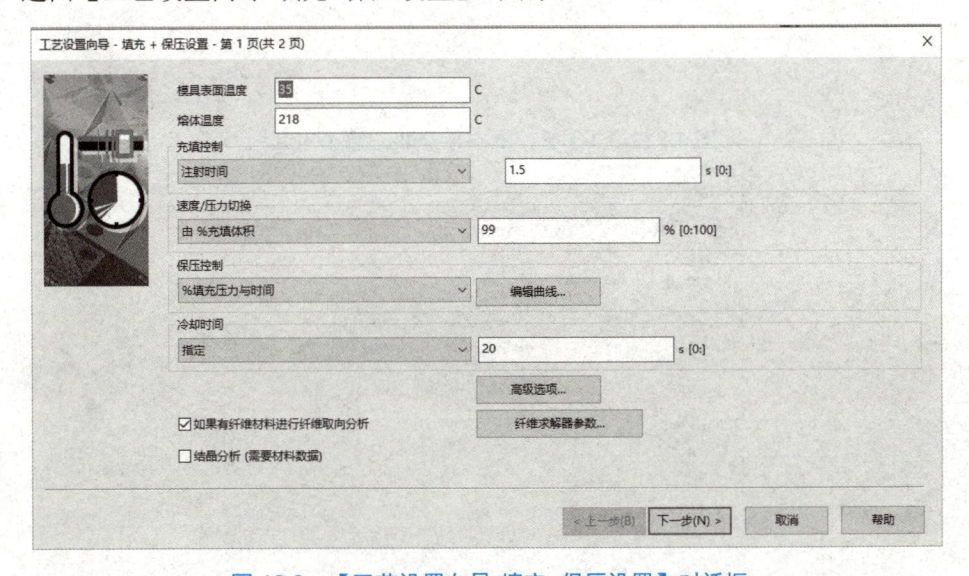

图 12.9　【工艺设置向导-填充+保压设置】对话框

Step6:单击【下一步】按钮,弹出【工艺设置向导-翘曲设置】对话框,如图 12.11 所示,单击【完成】按钮。

Step7:开始分析。双击任务视窗中的【分析】选项,求解器开始分析计算。

Step8:分析结束后,选择【结果】→【属性】→【图形属性】选项,弹出【图形属性】对话框,如图 12.12 所示。在【变形】选项卡下的【比例因子】选区中,在【值】数值框中输入【5】。单击【确定】按钮,图形放大完成。

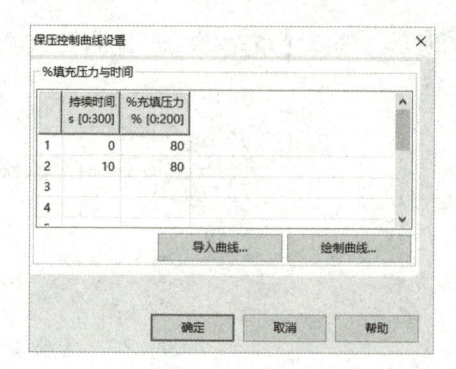

图 12.10 【保压控制曲线设置】对话框

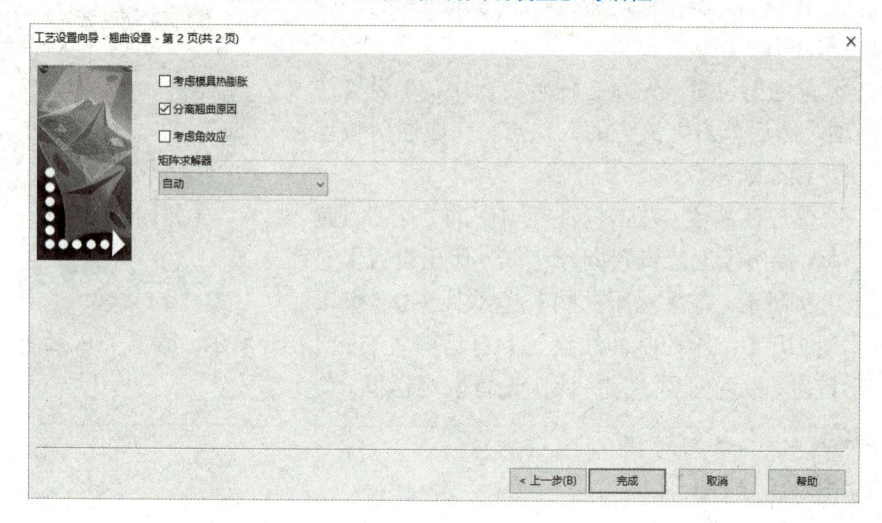

图 12.11 【工艺设置向导-翘曲设置】对话框

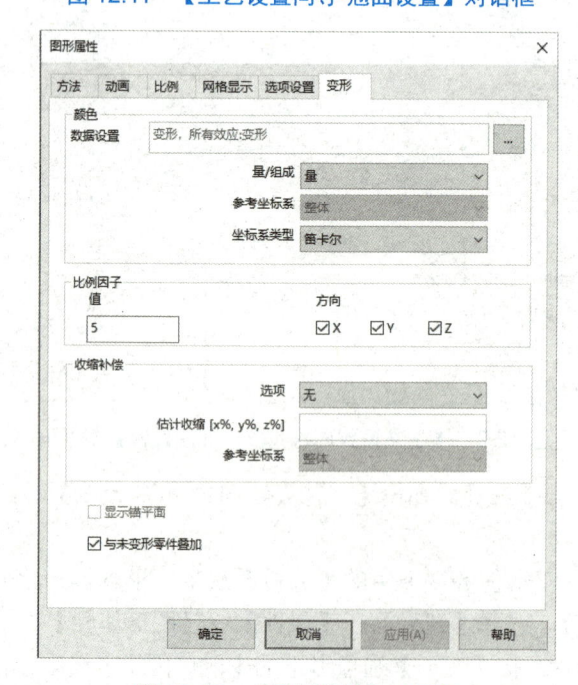

图 12.12 【图形属性】对话框

以下对翘曲分析结果进行具体分析。

（1）所有因素引起的翘曲变形。

所有因素引起的翘曲变形如图 12.13 所示。

由图 12.13 可知，在所有因素影响下塑件的总变形量为 0.6767mm，其中 X 轴、Y 轴、Z 轴三个方向上的变形量分别为 0.3862mm、0.4998mm、0.4128mm。

(a) 总变形

(b) X 轴方向上的变形

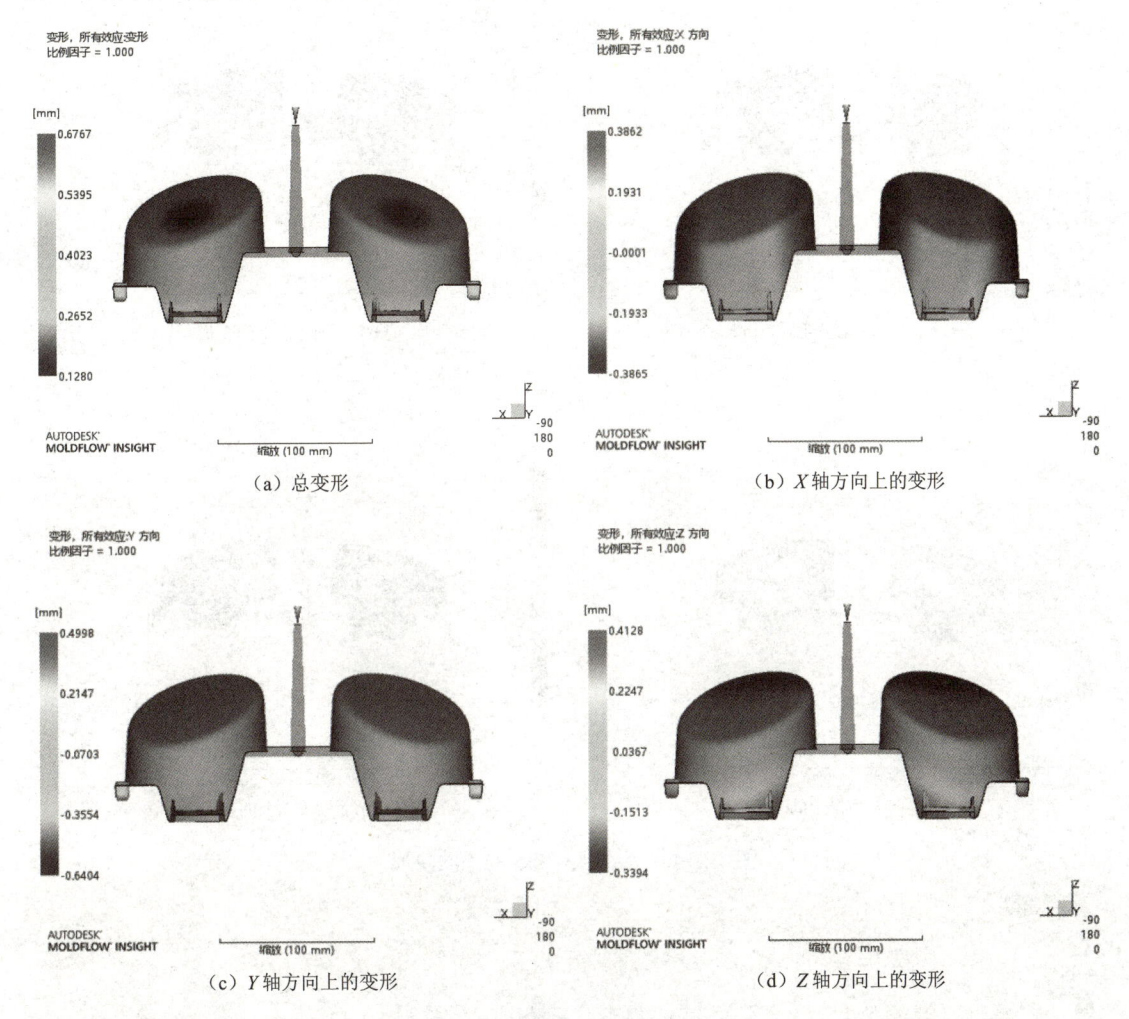

(c) Y 轴方向上的变形

(d) Z 轴方向上的变形

图 12.13　所有因素引起的翘曲变形

（2）冷却因素引起的翘曲变形。

冷却因素引起的翘曲变形如图 12.14 所示。

由图 12.14 可知，在冷却因素影响下塑件的总变形量为 8.33×10^{-6}mm，其中 X 轴、Y 轴、Z 轴三个方向上的变形量分别为 5.558×10^{-6}mm、3.725×10^{-6}mm、0mm，这表明冷却不均匀对该塑件的翘曲变形影响不大。

（3）收缩因素引起的翘曲变形。

收缩因素引起的翘曲变形如图 12.15 所示。

由图 12.15 可知，在收缩因素影响下塑件的总变形量为 0.7149mm，其中 X 轴、Y 轴、Z

轴三个方向上的变形量分别为 0.3935mm、0.5143mm、0.4381mm，这表明该塑件的翘曲变形主要是由收缩不均匀引起的。

（a）总变形

（b）X 轴方向上的变形

（c）Y 轴方向上的变形

（d）Z 轴方向上的变形

图 12.14　冷却因素引起的翘曲变形

（a）总变形

（b）X 轴方向上的变形

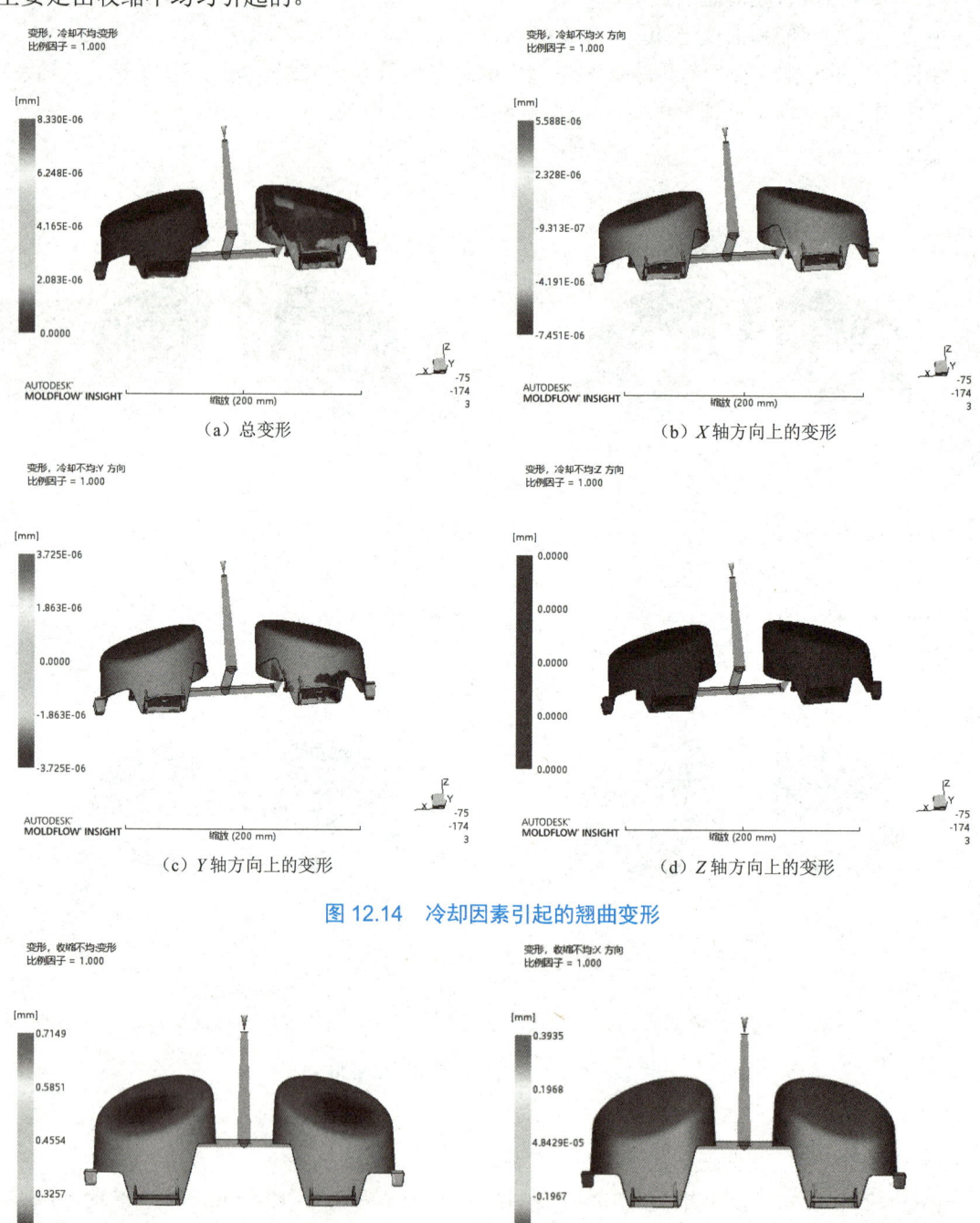

图 12.15　收缩因素引起的翘曲变形

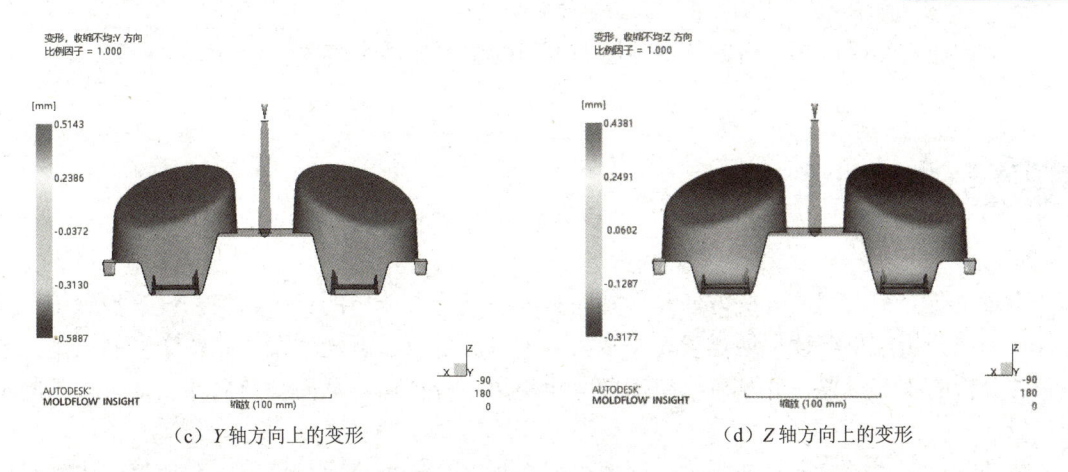

（c）Y 轴方向上的变形　　　　　　　　　　　　（d）Z 轴方向上的变形

图 12.15　收缩因素引起的翘曲变形（续）

（4）取向因素引起的翘曲变形。

取向因素引起的翘曲变形如图 12.16 所示。

由图 12.16 可知，在取向因素影响下塑件的总变形量为 0.2134mm，其中 X 轴、Y 轴、Z 轴三个方向上的变形量分别为 0.1218mm、0.0751mm、0.1256mm，这表明取向因素对该塑件翘曲变形产生一定的影响，但不是引起该塑件翘曲变形的主要原因。

（a）总变形　　　　　　　　　　　　（b）X 轴方向上的变形

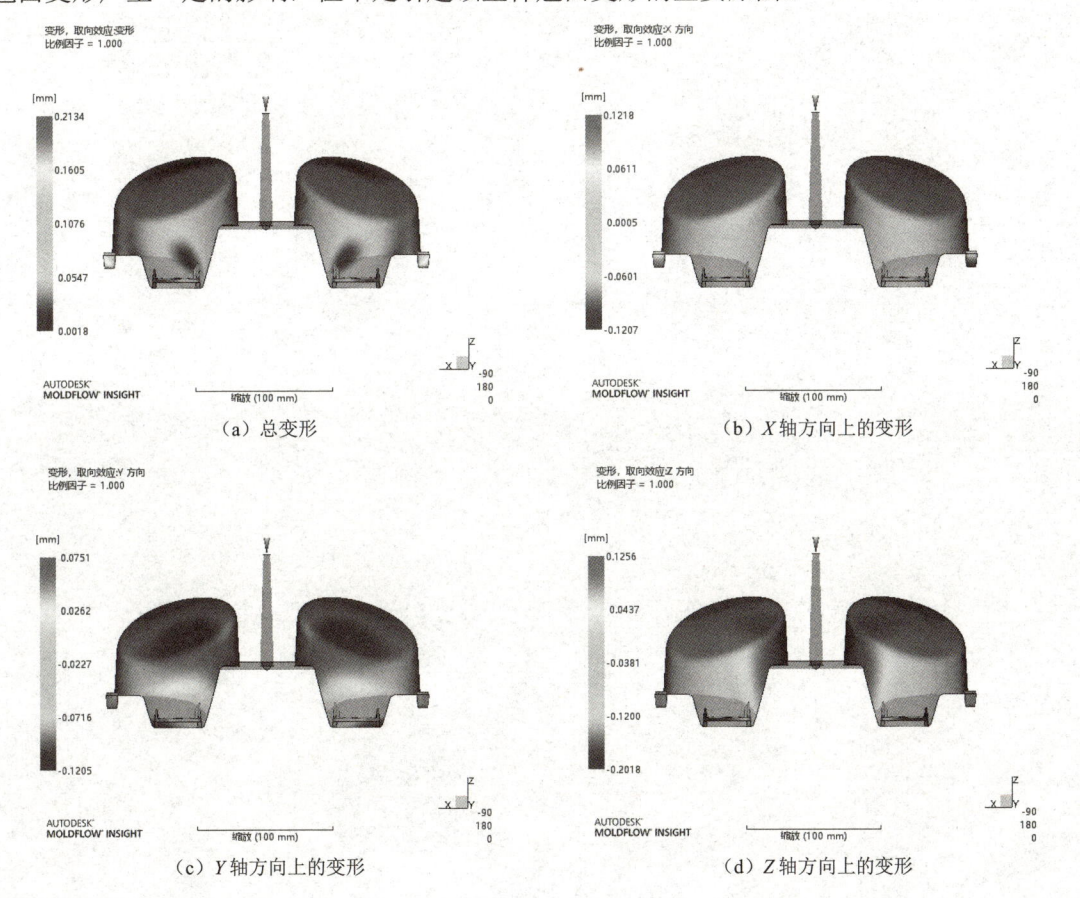

（c）Y 轴方向上的变形　　　　　　　　　　　　（d）Z 轴方向上的变形

图 12.16　取向因素引起的翘曲变形

由上述分析结果可知，引起该塑件翘曲变形的主要原因是熔体收缩不均匀。

12.4 本章小结

本章主要介绍了翘曲分析方法和步骤，其中包括翘曲分析的目的、工艺设置步骤等，还进行了翘曲分析结果解读。通过学习本章内容，读者可以了解塑件发生翘曲变形的原因，掌握翘曲分析的工艺设置，并且可以对翘曲分析结果进行评估，从而知道从什么地方入手减小变形量。

随着塑料工业的发展，产品的设计要求越来越高，通过翘曲分析可以有效地对成型结果的翘曲变形进行预测，从而制订正确的设计方案。

第 13 章

收缩分析

13.1 概述

收缩分析可以模拟熔体在型腔内流动的过程，以及保压和冷却阶段的成型收缩，从而计算塑件在注射成型过程的收缩变形参数，包括收缩率和收缩变形量。因此，通过分析流动分析结果中的收缩率和收缩变形量指导确定型腔的尺寸具有重要意义。

通过收缩分析，可以在较宽松的成型条件下及较小的尺寸公差范围内，使型腔的尺寸可以更准确地同产品的尺寸相匹配，从而使型腔修补加工及模具投入生产的时间大大缩短，并且大大改善产品组装时的相互配合，进一步降低废品率和提高产品质量。通过流动分析结果确定合理的收缩率，可以保证型腔的尺寸在允许的公差范围内。

1. 塑料收缩性

在将塑件从模具中取出并冷却到室温之后的 18～26h 内，塑件各部分尺寸都比原来在模具中的尺寸有所缩小，这种性能称为收缩性。因为这种收缩是在成型过程中受到各种因素的影响而造成的，所以又被称为成型收缩。

成型收缩主要有以下 4 种形式。

（1）塑件的线性尺寸收缩：受热胀冷缩、塑件脱模时的弹性恢复、塑件变形等因素的影响，塑件脱模冷却到室温后尺寸会缩小。因此，在进行模具设计时必须考虑相应的尺寸补偿。

（2）收缩的方向性：塑件在成型时，分子的取向作用会使塑件呈各向异性，沿着流动的方向收缩大，与之相垂直的方向收缩小。另外，在成型时由于塑件各部位密度和填料分布不均匀，因此收缩也会不均匀。由于收缩的方向性，塑件容易产生翘曲变形和裂纹。因此，当收缩的方向性明显时，就应该考虑根据塑件形状和料流的方向选择收缩率。

（3）后收缩：塑件成型后，由于成型压力、切应力、各向异性、密度和填料分布不均匀、模具温度与硬化不一致及塑件变形的影响，塑件内存在残余应力。塑件脱模后残余应力将导致塑件再次收缩，这种收缩称为后收缩。后收缩主要发生在塑件脱模后10h内，24h后基本稳定，但是最终稳定一般需要30~60d。一般热塑性塑料制品的后收缩大于热固性塑料制品的后收缩。

（4）后处理收缩：在某些情况下，根据材料性能和工艺要求，塑件在成型后要进行热处理（如退火），热处理也会导致塑件尺寸的变化，这种变化称为热处理收缩。因此，对于精度要求较高的模具，应该考虑到后收缩和后处理收缩，并进行相应的尺寸补偿。

2. 收缩率

塑件脱模冷却到室温后一般都会出现尺寸收缩的现象，这种塑件成型冷却后发生的体积收缩的特性被称为塑料的收缩性。

收缩性的大小常用实际收缩率 S_s 和计算收缩率 S_j 表征。

$$S_s=(a-b)/b\times100\%$$

式中，a——模具型腔在成型温度下的尺寸；
b——塑件在常温下的尺寸。

$$S_j=(c-b)/b\times100\%$$

式中，c——模具型腔在常温下的尺寸。

通常，实际收缩率表示成型塑件从成型温度下的尺寸到常温下的尺寸实际发生的收缩百分数，常用于大型及精密模具成型塑件的收缩率计算。计算收缩率常用于小型模具及普通模具成型塑件的收缩率计算，因为在这种情况下，实际收缩率和计算收缩率差别不大。

影响收缩率的因素有很多，如塑料品种、成型特征、成型条件及模具结构等。首先，不同种类的塑料，其收缩率不同，即使是同一种塑料，由于塑料的型号不同，其收缩率也会发生变化。其次，收缩率与成型塑件的形状、内部结构的复杂程度及是否有嵌件等都有很大关系。最后，成型工艺条件也会影响塑件的收缩率。例如，成型时如果熔体温度升高，则塑件的收缩率增大；如果成型压力增大，则塑件的收缩率减小。总之，影响塑料的收缩性的因素很复杂，要想改善塑料的收缩性，不但要慎重选择原材料，而且要认真考虑模具设计、成型工艺的确定等多个方面的因素，这样才能使生产出的产品质量更高、性能更好。

13.2 Moldflow 2023 收缩分析

在考虑使零件成型所用材料的收缩性及成型条件的情况下，通过收缩分析能够确定用于切割模具的合适的收缩容差。每个注射成型零件都需要选择必须将模具切割成的尺寸。过去，许多精密零件都需要对模具进行大量的修改，以满足容差要求。有时，在经过多次模具报废之后才能达到所需的尺寸，使成本大幅度增加，而且极大地延迟了产品上市的时间。收缩分析的主要功能如下。

（1）计算推荐使用的收缩容差。以图形显示的方式指示是否可以对整个零件应用这个推荐使用的收缩容差。

（2）定义关键尺寸及其关联容差（可选）。在确定关键尺寸时，通过收缩分析可以预测应用推荐使用的收缩容差是否可以满足指定的容差要求，还可以预测详细的 X 轴、Y 轴、Z 轴方向上的尺寸和容差信息。

材料收缩的定义：成型零件被顶出模具之后在任意方向上的尺寸减小。材料收缩与零件注射成型时的流动条件和冷却条件有关。收缩数据可以体现由各种不同工艺条件下的收缩而导致的零件尺寸的减小，可以对材料数据库中所有具有收缩性的材料应用进行分析。

1. 收缩分析所支持的网格类型

收缩分析所支持的网格类型有中性面网格和 Dual Domain 网格。网格质量与填充、保压、冷却等的要求相同。

2. 收缩分析所支持的分析类型

收缩分析提供了如下 3 种分析类型。
（1）【填充+保压+收缩】。
（2）【填充+冷却+保压+收缩】。
（3）【填充+冷却+填充+保压+收缩】。

其中，【填充+保压+收缩】较为常用，【填充+冷却+填充+保压+收缩】在进行冷却分析时假设熔体流动前沿温度不变，而【填充+冷却+保压+收缩】在进行流动分析时假设模壁温度不变。

13.3 收缩分析材料的选择

在进行收缩分析时，需要选择已进行收缩实验的材料，即材料属性中必须包含收缩属性，如图 13.1 所示。

Step1：双击任务视窗中的【选择材料】选项，或者选择【主页】→【成型工艺设置】→【选择材料】选项，弹出【选择材料】对话框，如图 13.2 所示。

Step2：单击【详细信息】按钮，弹出【热塑性材料】对话框，单击【收缩属性】选项卡，如图 13.3 所示。从图 13.3 中可以看出，收缩属性数据为空，说明此材料未进行过收缩实验，不能进行收缩分析。单击【确定】按钮，返回【选择材料】对话框。

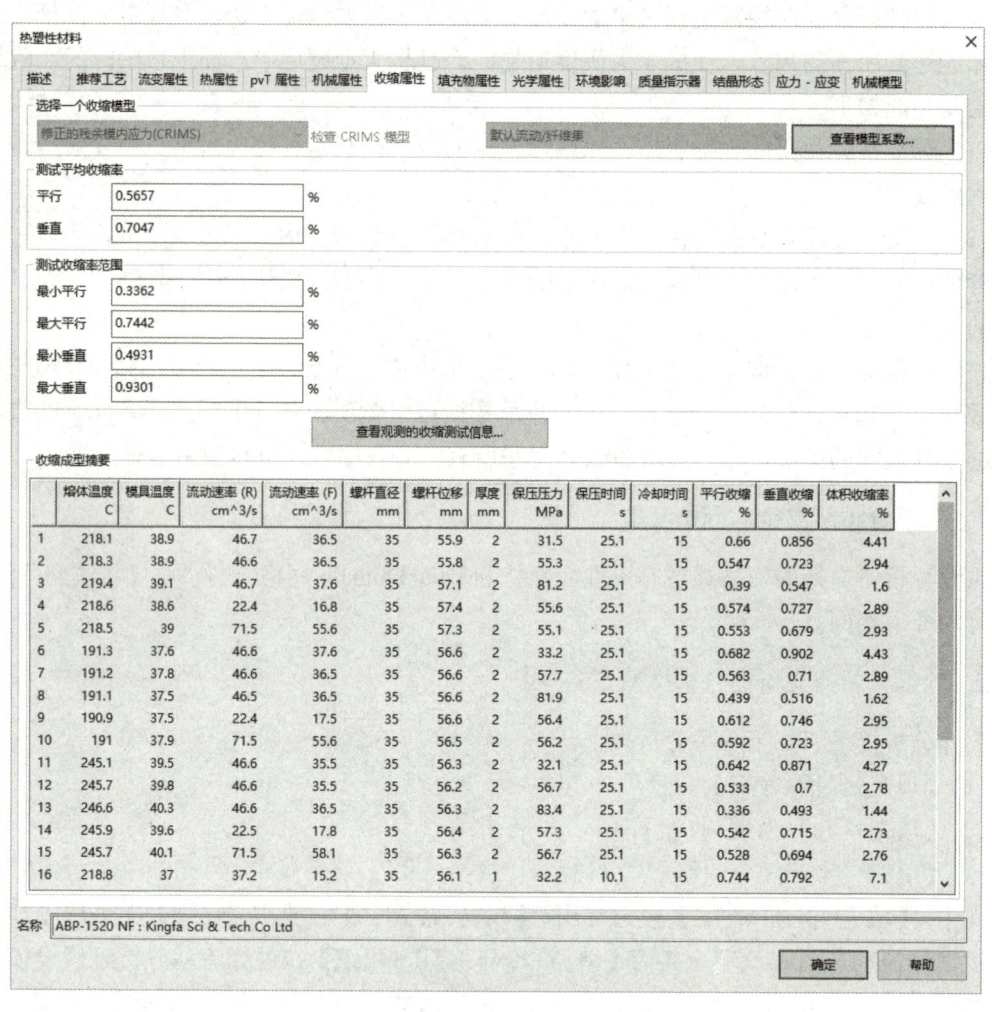

图 13.1　材料属性中包含收缩属性

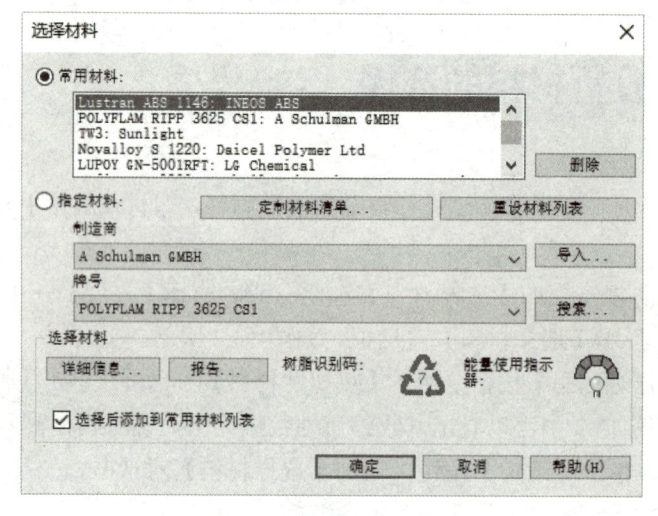

图 13.2　【选择材料】对话框

图 13.3 【收缩属性】选项卡

Step3：单击【搜索】按钮，弹出【搜索条件】对话框，如图 13.4 所示。单击【添加】按钮，弹出【增加搜索范围】对话框，如图 13.5 所示。选择【收缩成型摘要：体积收缩率】选项。

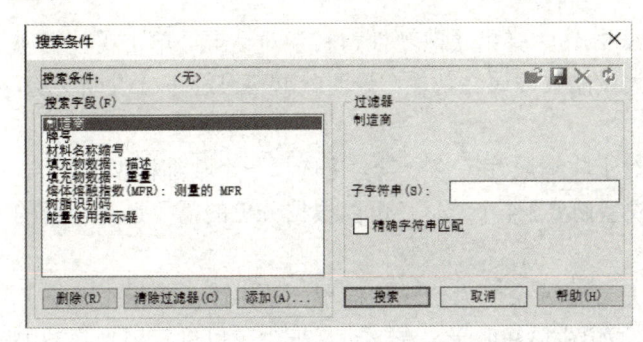

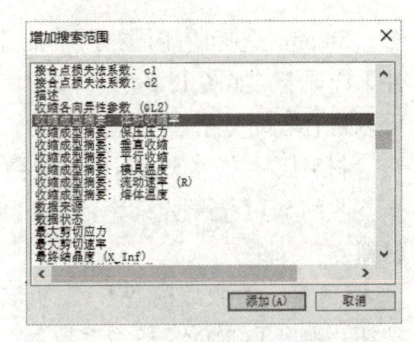

图 13.4 【搜索条件】对话框　　　　　　　图 13.5 【增加搜索范围】对话框

Step4：单击【添加】按钮，弹出【搜索条件】对话框，如图 13.6 所示。在【过滤器】选区中设置想要搜索的材料的最小和最大收缩率，单击【搜索】按钮，弹出如图 13.7 所示的【选择 热塑性材料】对话框，列表中的材料就是满足条件的材料。

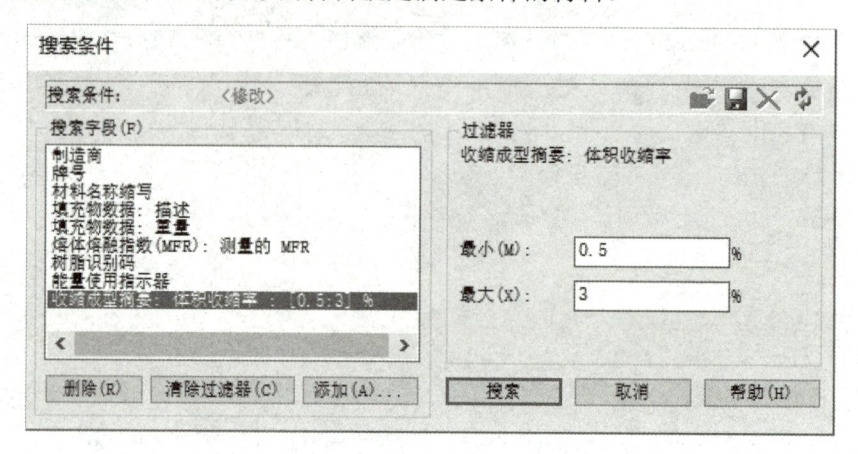

图 13.6 【搜索条件】对话框

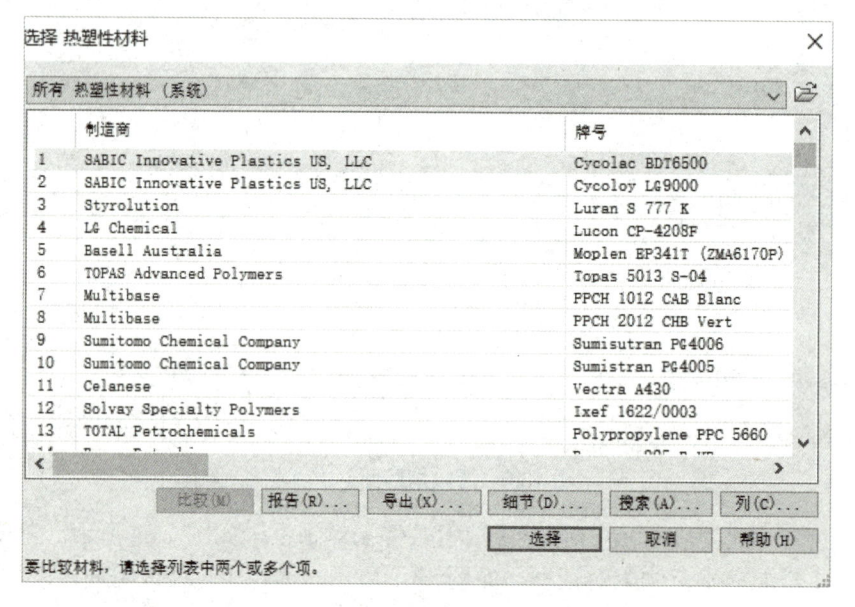

图 13.7 【选择 热塑性材料】对话框

Step5：选择所需材料，单击【细节】按钮，弹出【热塑性材料】对话框，单击【收缩属性】选项卡，如图 13.8 所示。其中包含大量的收缩属性数据，说明此材料已经进行收缩实验，可以进行收缩分析。

材料属性中包含大量的材料数据，对于收缩属性，其中包含【选择一个收缩模型】【测试平均收缩率】【测试收缩率范围】【收缩成型摘要】4 个选区，可以根据分析的需要选择合适的材料。

【选择一个收缩模型】：表明该材料是经过残余应力修正的模型。单击【查看模型系数】按钮，弹出【CRIMS 模型系数】对话框，如图 13.9 所示。在该对话框中可以进行模型系数的查询，了解经过残余应力修正的模型的各项系数。由于此模型是基于实验测试出来的收缩率和填充+保压分析预测的收缩率的相互关联获得的，因此它是最准确的。

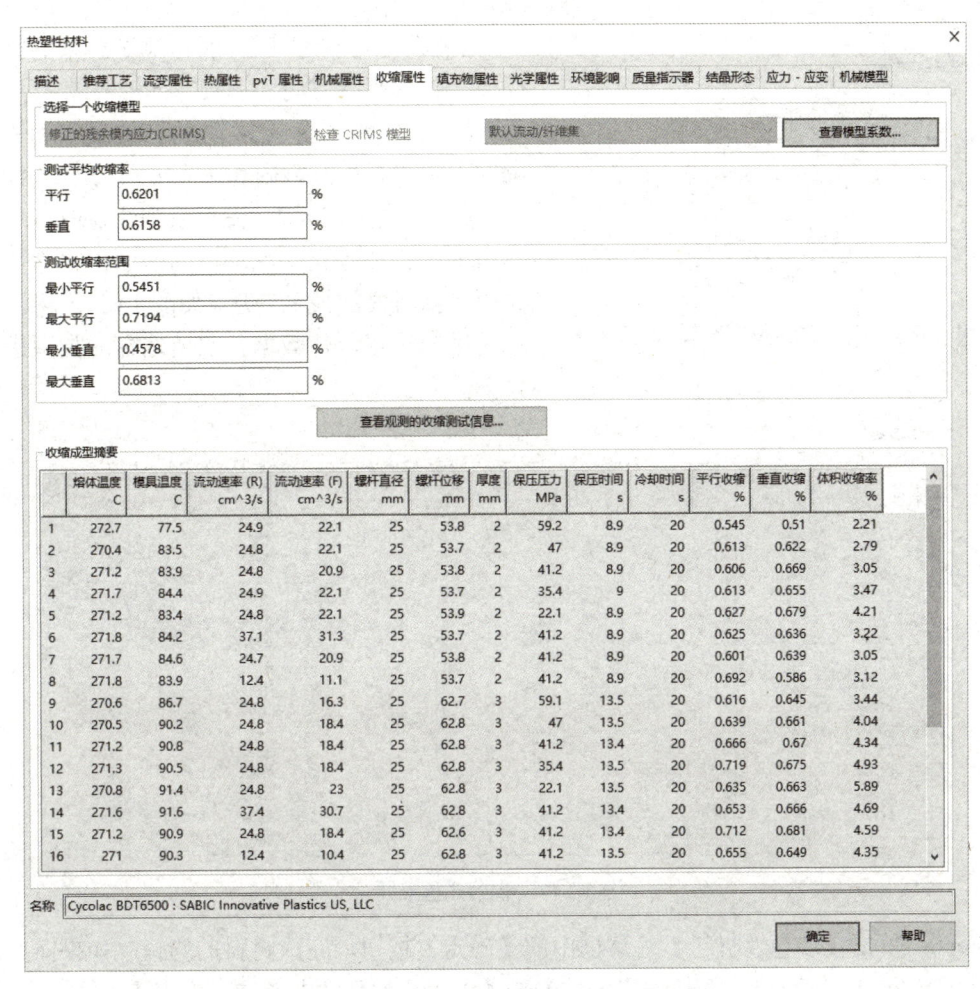

图 13.8 【收缩属性】选项卡

图 13.9 【CRIMS 模型系数】对话框

单击【查看应力测试信息】按钮,弹出【测试信息(残余应力数据)】对话框,如图 13.10 所示。在该对话框中可以了解实验的相关数据。

【测试平均收缩率】：实验测试出来的材料收缩率，包含平行方向和垂直方向的收缩率。

【测试收缩率范围】：此材料的最小和最大收缩率，也包含平行方向和垂直方向的收缩率。

【收缩成型摘要】：在一系列注射成型条件下测得的平行和垂直于流动方向的面内收缩数据，其中包括材料的很多信息，如图 13.11 所示，可以单击某一选项，使数据按照所选择的类型进行重排列。

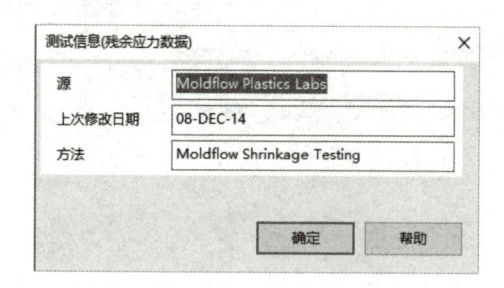

图 13.10 【测试信息（残余应力数据）】对话框

图 13.11 收缩成型摘要

Step6：单击【热塑性材料】对话框中的【确定】按钮，完成材料的选择。如果需要对某个尺寸定义公差，则可以选择【边界条件】→【设置关键尺寸】选项，弹出【收缩】对话框。先选择代表尺寸的两个节点，然后定义上、下偏差即可，如图 13.12 所示。

图 13.12 【收缩】对话框

13.4 收缩分析应用实例

本节主要介绍收缩分析过程,并进行收缩分析结果解读。

1. 分析前处理

Step1:启动 Moldflow 2023,选择【文件】→【新建工程】选项,新建工程项目,将其命名为【ch13】。

Step2:选择【文件】→【导入】选项,或者在工程管理视窗中右击【ch13】选项,在弹出的快捷菜单中选择【导入】选项,导入【第 13 章】文件夹中的【牌照框支架.x_t】文件。将网格类型设置为【Dual Domain】。导入的模型如图 13.13 所示。

Step3:在任务视窗中双击【创建网格】选项,弹出【生成网格】对话框,采用系统默认的网格属性。

Step4:单击【创建网格】按钮,生成网格模型。网格划分完毕后,选择【网格】→【网格诊断】→【网格统计】选项,弹出【网格统计】对话框,可以看到网格统计结果。

Step5:网格缺陷诊断和修复。修复完成后的网格模型如图 13.14 所示。

图 13.13　导入的模型　　　　　图 13.14　修复完成后的网格模型

Step6:选择【几何】→【创建】→【柱体】选项,弹出【创建柱体单元】对话框,如图 13.15 所示。在【第一】和【第二】数值框中输入相应的坐标,在【柱体数】数值框中输入【3】,在【创建为】下拉列表中选择【热浇口】选项。单击【创建为】选项右边的矩形按钮,弹出【热浇口】对话框,如图 13.16 所示。在【截面形状是】下拉列表中选择【圆形】选项,在【形状是】下拉列表中选择【锥体(由端部尺寸)】选项。

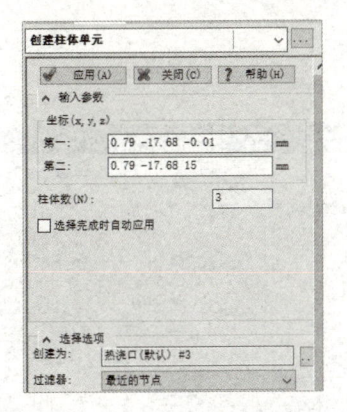

图 13.15　【创建柱体单元】对话框　　　　　图 13.16　【热浇口】对话框

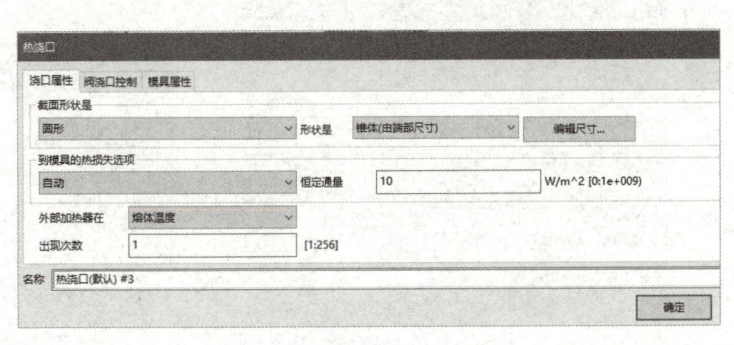

Step7：单击【编辑尺寸】按钮，弹出【横截面尺寸】对话框，参数设置如图13.17所示。以同样的方法创建长度为60mm、直径为12mm的热流道，结果如图13.18所示。

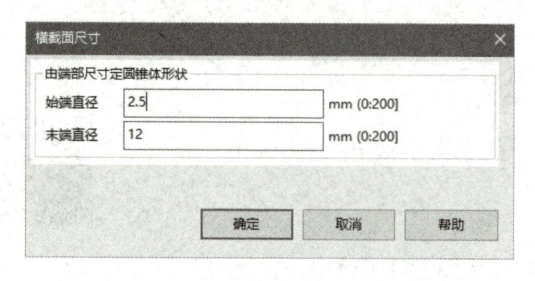

图13.17　【横截面尺寸】对话框

图13.18　热流道模型

Step8：在任务视窗中选择【设置注射位置命令】选项，选择热流道的顶点为注入位置。

2．选择分析类型

双击任务视窗中的【填充】选项，弹出【选择分析序列】对话框，如图13.19所示。选择【填充+保压+收缩】选项（本例要进行收缩分析），单击【确定】按钮，分析类型变为【填充+保压+收缩】。

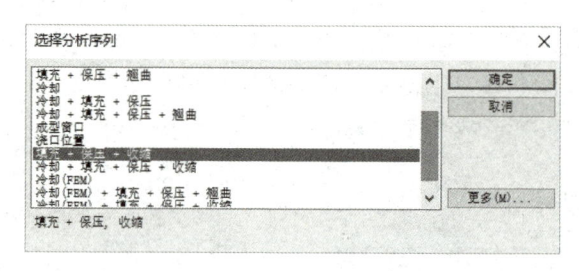

图13.19　【选择分析序列】对话框

3．选择材料

可以选择文件默认的材料，也可以通过搜索功能选择想要设置的材料，前提是要保证选择的材料属性中包含收缩属性，只有这样才可以进行收缩分析。

Step1：双击任务视窗中的【选择材料】选项，弹出【选择材料】对话框，如图13.20所示。

Step2：单击【搜索】按钮，弹出如图13.21所示的【搜索条件】对话框，其中【搜索字段】选区中包含很多类型，但没有收缩属性类型。

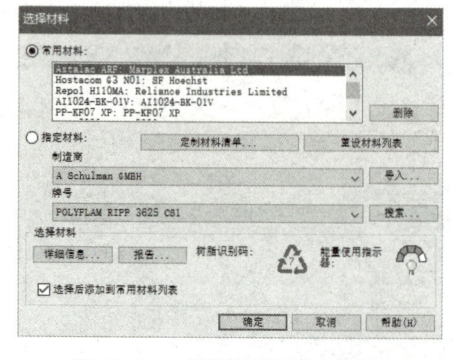

图13.20　【选择材料】对话框

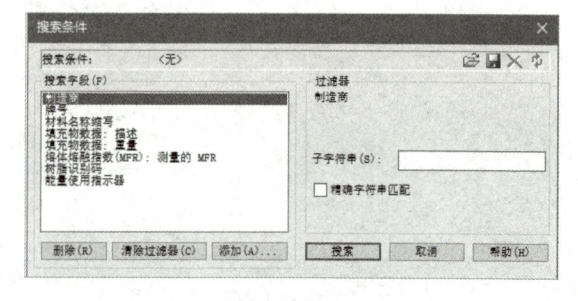

图13.21　【搜索条件】对话框

提示：为了快速搜索到材料属性中包含收缩属性的材料，可以单击【添加】按钮，弹出如图 13.22 所示的【增加搜索范围】对话框。在该对话框中寻找包括收缩属性的类型，单击【添加】按钮，弹出如图 13.23 所示的【搜索条件】对话框。

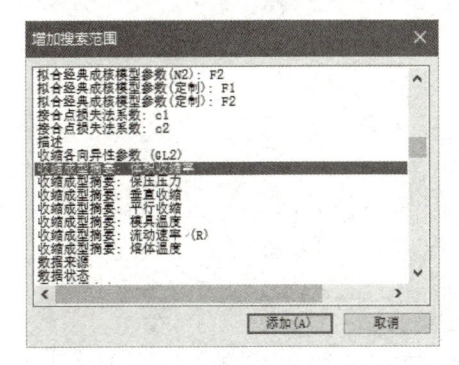

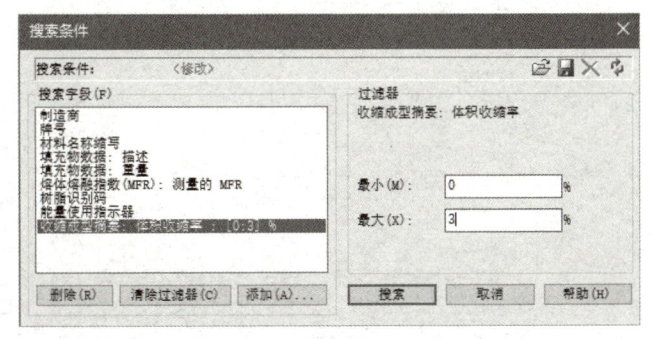

图 13.22 【增加搜索范围】对话框   图 13.23 【搜索条件】对话框

Step3：在【最小】数值框中输入【0】，在【最大】数值框中输入【3】，单击【搜索】按钮，弹出如图 13.24 所示的【选择 热塑性材料】对话框，出现在列表中的材料是满足所设置的收缩率范围要求的材料。

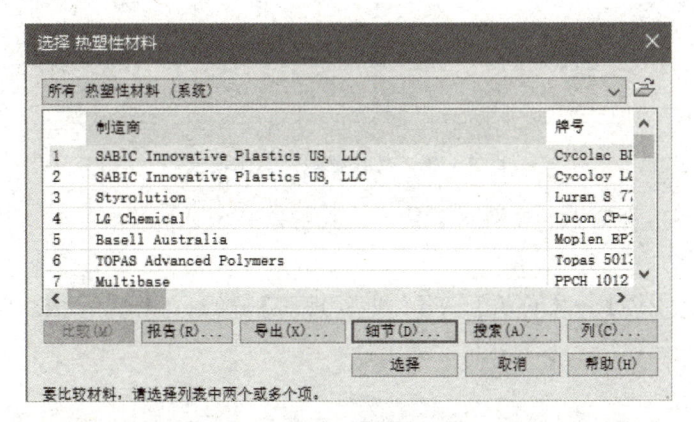

图 13.24 【选择 热塑性材料】对话框

Step4：选择第一个材料，单击【细节】按钮，弹出【热塑性材料】对话框，单击【收缩属性】选项卡，如图 13.25 所示。

说明：【收缩属性】选项卡中包含大量的收缩属性数据，说明此材料已进行收缩实验，可以进行收缩分析。

4．设置工艺参数

双击任务视窗中的【工艺设置（默认）】选项，弹出【工艺设置向导-填充+保压设置】对话框，所有参数均采用默认值。

5．分析计算

此时，任务视窗如图 13.26 所示，可开始进行分析计算。

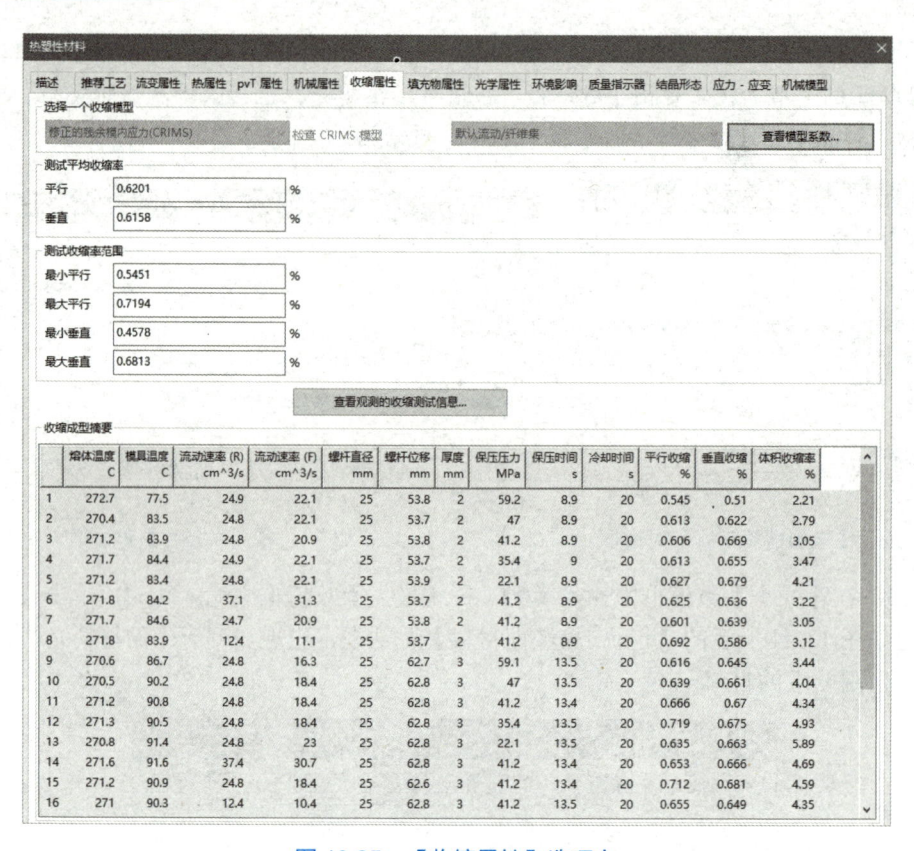

图 13.25 【收缩属性】选项卡

Step1：双击任务视窗中的【分析】选项，求解器开始分析计算，整个分析计算过程基本由系统自动完成。

Step2：选择【主页】→【分析】→【作业管理器】选项，弹出如图 13.27 所示的【作业管理器】对话框，可以看到任务队列及计算进程。

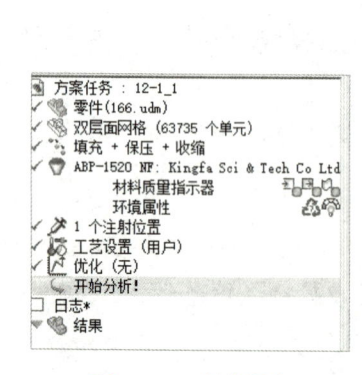

图 13.26 任务视窗

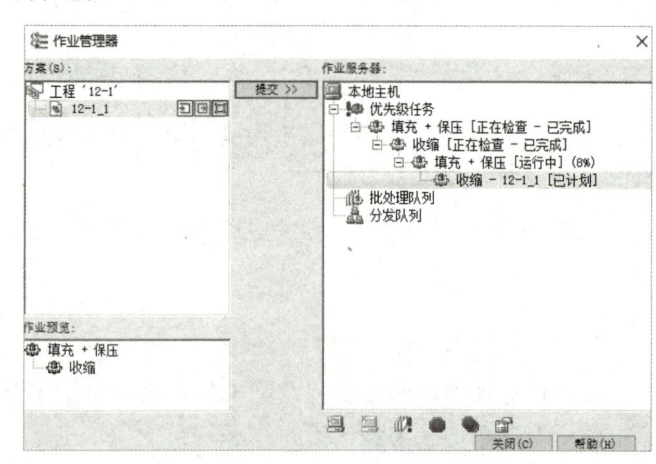

图 13.27 【作业管理器】对话框

6．收缩分析结果解读

收缩分析完成后，分析结果会以文字、图形、动画等方式显示出来，同时在任务视窗中也会分类显示，如图 13.28 所示。

图 13.28　收缩分析结果

（1）对分析日志中的结果进行解读。

分析日志中经常会出现网格模型或参数设置的【警告】和【错误】信息，用户可以根据这些信息对塑件模型及相关参数设置进行相应的修改和完善，从而使分析结果更可靠、更接近实际生产情况。

（2）对收缩分析结果进行解读。

下面只解读与塑件质量和收缩性有关的分析结果。

① 【充填时间】结果和【流动前沿温度】结果。

图 13.29 所示为【充填时间】结果。由图 13.29 及使用结果查询工具查询得到的结果可知，此塑件两边基本同时充满，结果比较理想。

图 13.30 所示为【流动前沿温度】结果。流动前沿温度与选择的材料相关。

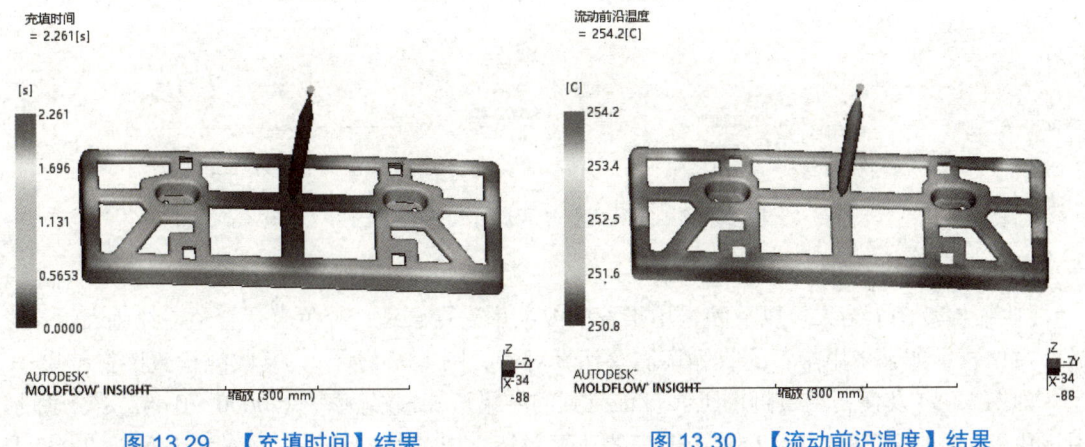

图 13.29　【充填时间】结果　　　　图 13.30　【流动前沿温度】结果

② 【体积收缩率】结果。

图 13.31 所示为【顶出时的体积收缩率】结果。由图 13.31 可以看到，该塑件顶出时体积

收缩率相差不大，接近 3.5%。

图 13.32 所示为【体积收缩率】结果。在 32.22s 时，该塑件各部分的体积收缩率相差不大，接近 3%。如果塑件各部分的体积收缩率相差太大，则会引起塑件的翘曲变形。体积收缩率相差太大会严重影响塑件的外观和尺寸。

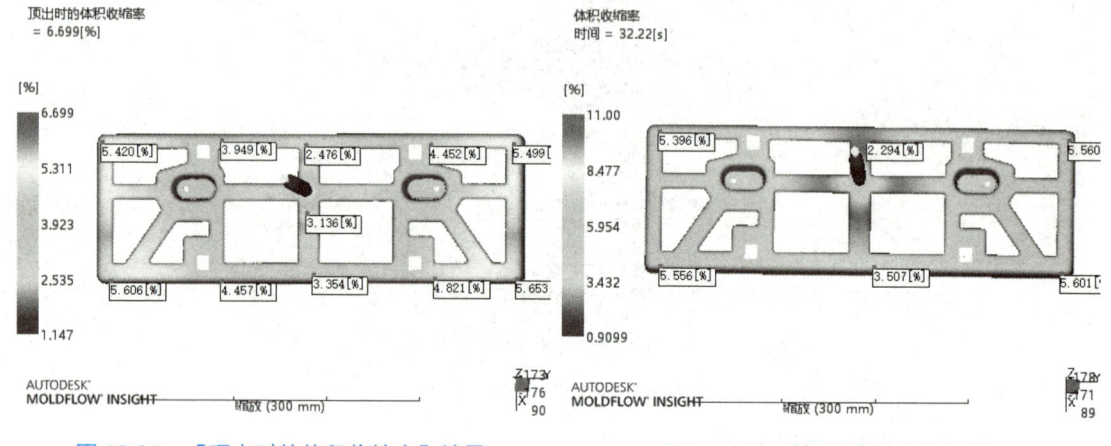

图 13.31　【顶出时的体积收缩率】结果　　　　图 13.32　【体积收缩率】结果

③【气穴】结果和【熔接线】结果。

图 13.33 所示为【气穴】结果和【熔接线】结果。

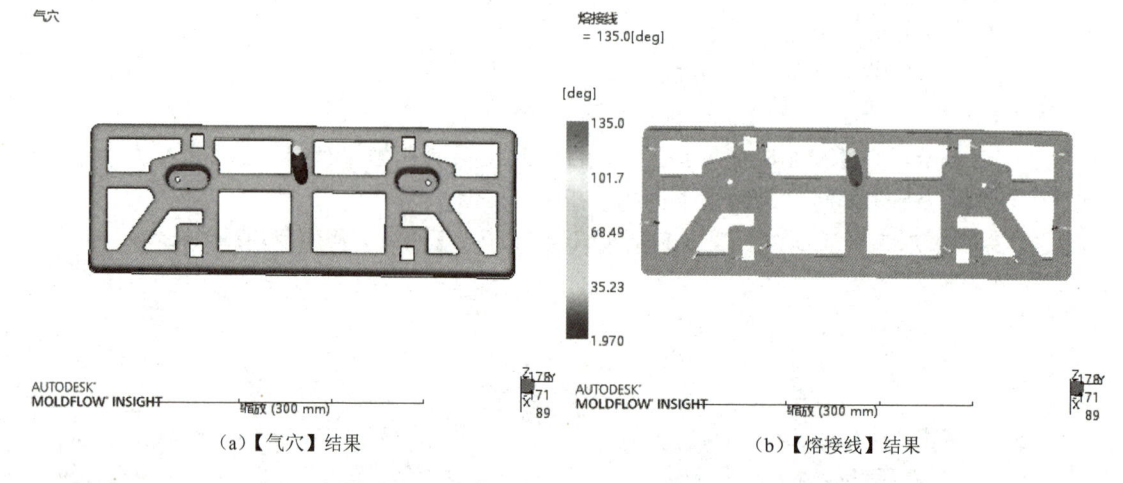

（a）【气穴】结果　　　　　　　　　　　（b）【熔接线】结果

图 13.33　【气穴】结果和【熔接线】结果

④【收缩检查图】结果。

【收缩检查图】结果可以反映采用推荐的收缩率是否合适。绿色表示合适，红色表示不合适，黄色表示如果采用推荐的收缩率需要认真对待。图 13.34 所示为【收缩检查图】结果。

由图 13.34 及使用结果查询工具查询得到的结果可知，收缩率为 0.0000～0.442 是合适的，用绿色表示；收缩率为 0.442～1.761 需要认真对待，用黄色表示；收缩率为 1.761～2.000 是不合适的，用红色表示。

由上述分析结果可知，该塑件注射成型之后的质量比较理想。

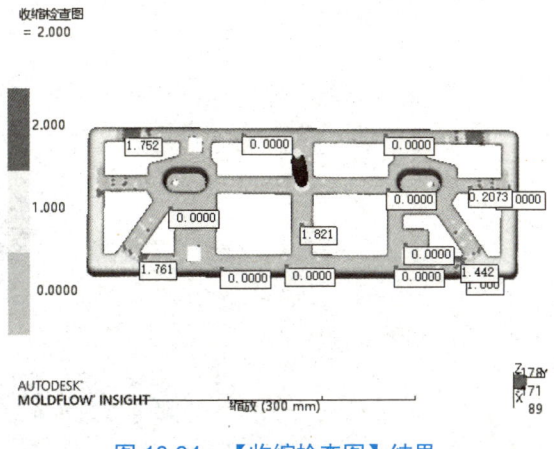

图 13.34 【收缩检查图】结果

13.5 本章小结

本章主要介绍了收缩分析方法和步骤，其中包括塑料收缩性的有关知识、分析前处理、分析计算等，还进行了收缩分析结果解读。

第 14 章

纤维取向分析

14.1 概述

当一个纤维取向分析结果被输入到翘曲分析过程中时，该纤维取向分析结果会自动地被使用。这样得到的翘曲分析结果会比只对材料进行收缩分析可靠。当纤维取向分析没有参与到流动分析中时，由 AMI 所得到的翘曲分析结果是不可靠的。对于含纤维塑件的翘曲问题，改变塑件的浇口位置通常能明显地改善塑件的翘曲。另外，改变注射速率也能在一定程度上改善塑件的翘曲。

纤维取向决定了塑件的性能，会影响到塑件及其模具设计、聚合物的力学性能和各向异性。纤维取向随流动方向、塑件的厚度和几何形状变化而变化。对于含纤维塑件，纤维取向通常是引起塑件翘曲变形的主要原因。因此，通过纤维取向分析预测纤维在材料中的填充取向有重要的意义。

1. 纤维

纤维是一种应用非常普遍的填充物。纤维的种类有很多，主要包括玻璃纤维、碳纤维、碳化硅纤维、合成纤维、硼纤维和 Kevlar 纤维等。

纤维可以改善聚合物的属性，具体作用如下。

（1）提高材料的弯曲强度（模量）。
（2）提高材料的拉伸强度。
（3）减小材料随时间而发生的塑性变形和应力松弛。
（4）提高材料的热变形温度。
（5）提高混合物的尺寸稳定性（减小翘曲变形）。

纤维和其他填充物的不同之处在于长径比。纤维的长径比远大于其他填充物，一般填充物的长径比小于或等于 1，而纤维的长径比一般为 25 左右，甚至可以达到 $5×10^6$。

只有长径比远大于 1 的纤维，才可以用于纤维取向分析。纤维取向分析是为短纤维填充物的流动分析而设计的。如果混合物中含有长纤维，那么在混合物通过料筒、喷嘴和浇注系统的过程中，长纤维会被打断，从而变短，所以适合用于纤维取向分析。

2. 纤维取向

聚合物中的纤维取向是非常复杂的，其取向有两个趋势。第一个趋势：在大剪切速率区域，纤维取向会与流动方向一致，在流动截面上有明显剪切应力产生的区域，纤维会由于剪切作用而发生取向，而剪切的方向就是流动方向。第二个趋势：拉伸流动会促使纤维与拉伸方向对齐，这通常发生在径向流动的前端。一旦纤维进入径向流动的前端，由于作用于径向的力很大，因此会促使纤维沿着径向或垂直于流动方向被拉伸。这种影响在流动截面的芯层尤为明显。当纤维靠近模壁时，剪切应力会增大。在流动截面上的某些位置处，剪切应力会大于拉伸力。因此，纤维会更多地在流动方向取向。在径向流动时，纤维取向会先从高度对齐流动方向转变到杂乱的状态，再转变到垂直对齐流动方向。

3. 工艺参数对纤维取向的影响

（1）充模速度对纤维取向的影响。

充模速度对纤维取向的影响很大，可分为快速充模和慢速充模两种情况。

① 在快速充模时，因流速较快，塑件表层的剪切作用比较强，塑件表层纤维取向程度较高，有将近一半的纤维取向与流动方向一致。由于充模速度较快，在充模结束之后的保压过程中塑件芯层熔体仍在流动，因此塑件芯层纤维取向比较复杂，既有与充模方向一致的纤维取向结构，又有垂直于充模方向的纤维取向结构。

② 在慢速充模时，因流速较慢，塑件表层的剪切作用不强，同时由于熔体与型腔表面接触时间较长，因此会有较多的热量被模具带走，使熔体温度下降而黏度升高，纤维被冻结在熔体中难以取向。在同样的注射温度下，与快速充模时相比，塑件表层纤维取向程度较低。由于充模速度较慢，在充模结束之后的保压过程中塑件芯层熔体基本不再流动，因此塑件芯层纤维取向与充模时的流动方向一致，即垂直于充模方向。

综合以上情况，可以得到结论：在相同的注射温度下，就塑件芯层纤维取向而言，慢速充模时取向程度较高；就塑件表层附近纤维取向而言，快速充模时取向程度较高。

（2）温度对纤维取向的影响。

熔体温度和模具温度的升高会使纤维取向程度下降。这是因为随着熔体温度和模具温度的升高，熔体的流动速度加快，这等效于提高了注射速度，使塑件表层纤维取向程度较高。塑件芯层纤维取向比较复杂，既有与充模方向一致的纤维取向结构，又有垂直于充模方向的纤维取向结构。同时由于模具温度的升高，层与层之间的剪切应力减小，最终导致了塑件整体纤维取向程度下降。

（3）压力对纤维取向的影响。

提高注射压力能增大熔体中的剪切应力和剪切速率，这就使塑件表层纤维取向程度较高。因为同时存在较强的剪切作用和喷泉流动，所以塑件芯层既有与充模方向一致的纤维取向结构，又有垂直于充模方向的纤维取向结构。由于剪切应力和剪切速率的增大可以加速取向过程，所以对整个塑件来讲，提高了纤维取向程度。

14.2　纤维取向分析结果

纤维取向分析完成后，分析结果会以文字、图形、动画等方式显示出来，同时在任务视窗中也会分类显示，如图 14.1 所示。

纤维取向分析结果是在标准的流动分析结果中加入与填充物有关的分析结果形成的。纤维取向分析结果如下。

【平均纤维取向】结果：显示单元厚度方向上的平均纤维取向随时间的变化情况。纤维取向是决定塑件力学性能的主要因素，影响纤维取向的因素较多。通过纤维取向分析可以预测在整个成型过程中纤维的运动及在塑件厚度方向上的平均纤维取向。通过优化填充形式和纤维取向减小收缩变形和翘曲变形，并尽可能使纤维沿塑件受力方向排列，可以提高塑件的强度。

【纤维取向张量】结果：显示成型结束时刻玻璃纤维在不同厚度层上的取向张量，是计算塑件在成型过程中热力学性能和塑件残余应力的重要依据。

【泊松比（平均）】结果：泊松比定义为由第一主要方向上的应力引起的第二主要方向上的应变。该结果有两种显示方式：一种是单元（纤维）的平均值；另一种是每个单元的值。

图 14.1　纤维取向分析结果

【剪切模量（平均）】结果：剪切模量定义为剪切应力与剪切应变的比值。该结果也有两种显示方式：一种是单元（纤维）的平均值；另一种是每个单元的值。

【第一主方向上的拉伸模量（平均）】结果：拉伸模量定义为拉伸应力与拉伸应变的比值。这里的第一主方向与纤维取向的第一主方向一致。在厚度方向的每一层上，结果都有所不同。

【第二主方向上的拉伸模量（平均）】结果：第二主方向垂直于纤维取向的第一主方向。

14.3　纤维取向分析实例

1. 导入模型、划分网格

Step1：启动 Moldflow 2023，选择【文件】→【新建工程】选项，弹出【创建新工程】对话框，如图 14.2 所示。在【工程名称】文本框中输入【ch14】，单击【确定】按钮。

纤维取向分析

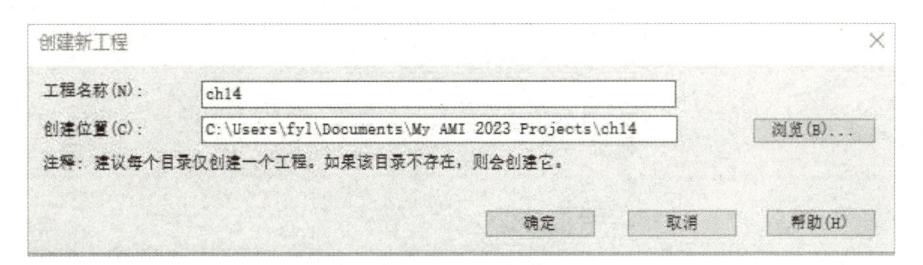

图 14.2 【创建新工程】对话框

Step2：在工程管理视窗中选择【ch14】选项并右击，在弹出的快捷菜单中选择【导入】选项，导入【盖子.x_t】文件，将网格类型设置为【Dual Domain】，如图 14.3 所示。单击【确定】按钮，导入的模型如图 14.4 所示。

图 14.3 【导入】对话框

图 14.4 导入的模型

Step3：选择任务视窗中的【Dual Domain 网格】选项并右击，在弹出的快捷菜单中选择【生成网格】选项，弹出【生成网格】对话框，如图 14.5 所示。

Step4：在【全局边长】数值框中输入【3】，单击【创建网格】按钮，其他选项都采用系统默认设置。网格划分完毕的模型如图 14.6 所示。选择【网格】→【网格诊断】→【网格统计】选项，在弹出的【网格统计】对话框中，单击【显示】按钮，得到网格部分统计报告，如图 14.7 所示。

图 14.5 【生成网格】对话框

图 14.6 网格划分完毕的模型

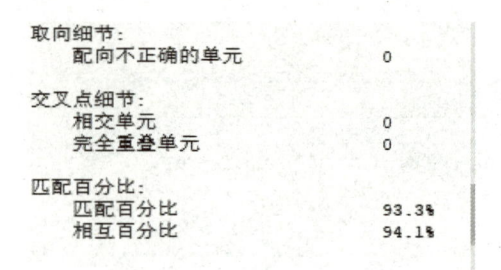

图 14.7　网格部分统计报告

2. 选择分析序列和材料

Step1：双击任务视窗中的【填充】选项，弹出【选择分析序列】对话框，如图 14.8 所示。选择【填充+保压】选项，单击【确定】按钮。此时，任务视窗如图 14.9 所示。

图 14.8　【选择分析序列】对话框

Step2：双击任务视窗中的【材料质量指示器】选项，弹出【选择材料】对话框，如图 14.10 所示。所需材料可以通过单击该对话框中的【搜索】按钮寻找。打开【搜索条件】对话框，选择【材料名称缩写】选项，在【子字符串】文本框中输入材料牌号【PP】；选择【填充物数据：重量】选项，在【最小】数值框中输入【25】，在【最大】数值框中输入【45】，如图 14.11 所示。

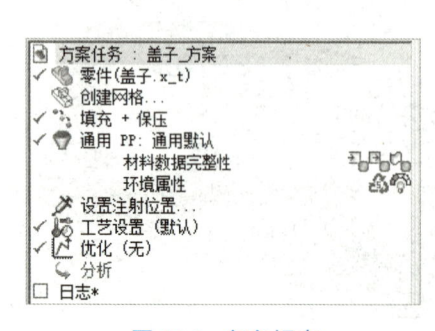

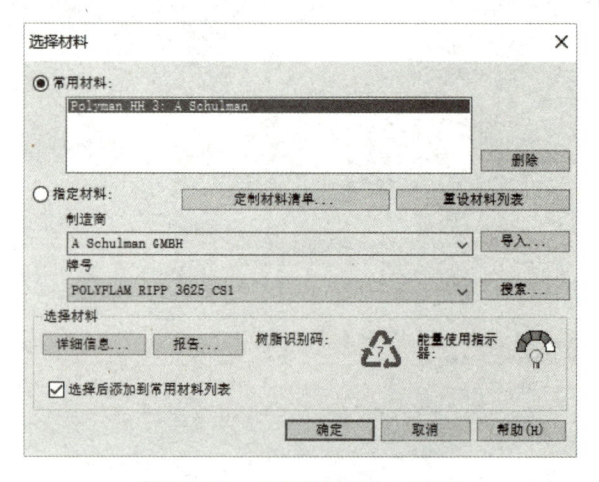

图 14.9　任务视窗　　　　　　　　图 14.10　【选择材料】对话框

Step3：单击【选择材料】对话框中的【搜索】按钮，弹出【选择 热塑性材料】对话框，如图 14.12 所示。选择牌号为【Hostacom G3 U01】的材料，单击【选择】按钮，完成选择。

图 14.11 【搜索条件】对话框

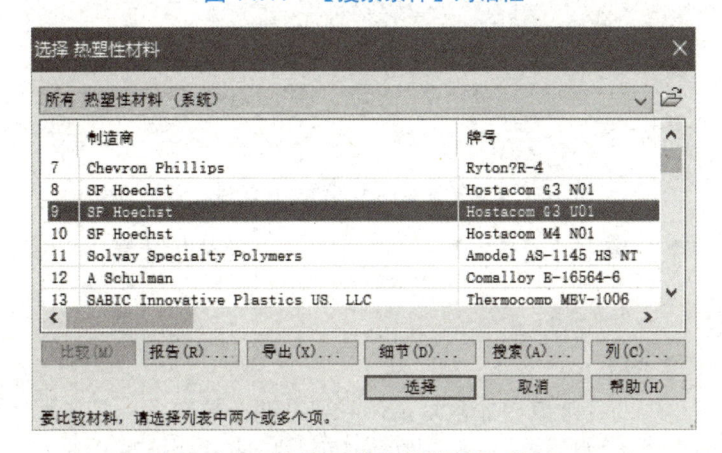

图 14.12 【选择 热塑性材料】对话框

3．选择注射位置、设置工艺参数

Step1：双击任务视窗中的【注射位置】选项，在网格中单击浇口点，完成注射位置的设置，如图 14.13 所示。

图 14.13 设置注射位置

Step2：双击任务视窗中的【工艺设置】选项，弹出【工艺设置向导-填充+保压设置】对话框，如图 14.14 所示。将【模具表面温度】设置为 50℃，将【熔体温度】设置为 230℃，在【充填控制】下拉列表中选择【自动】选项，在【速度/压力切换】下拉列表中选择【自动】选项，在【保压控制】下拉列表中选择【%填充压力与时间】选项，将【冷却时间】设置【指定】为 20s，勾选【如果有纤维材料进行纤维取向分析】复选框。设置完成后单击【确定】按钮，关闭该对话框。

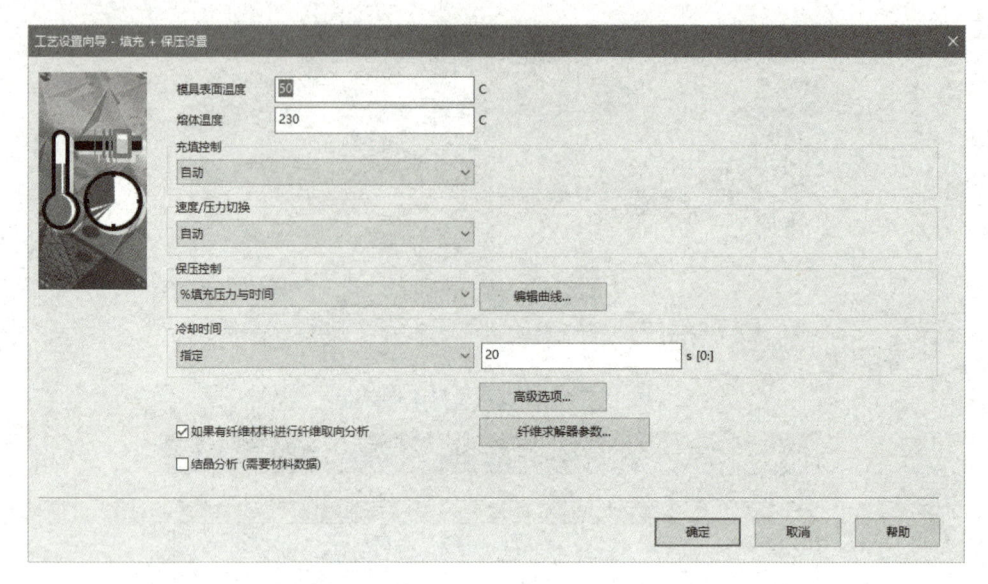

图 14.14 【工艺设置向导-填充+保压设置】对话框

Step3：双击任务视窗中的【分析】选项，求解器开始分析计算。

4．结果分析

（1）【纤维取向】结果。

塑件在成型过程中的纤维取向非常复杂，主要有两个趋势：一是在大剪切速率区域纤维取向会与流动方向一致；二是拉伸流动会促使纤维与拉伸方向对齐。

① 塑件表层【纤维取向】结果。图 14.15 所示为塑件表层【纤维取向】结果。从图 14.15 中可以看出，塑件表层的玻璃纤维在浇口区域形成扩散流动形式，玻璃纤维主要沿流动方向取向；在注射末端玻璃纤维也主要沿整体注射方向取向。由于壁面温度下降得较快，所以很快形成固化层，使玻璃纤维不再运动，最终沿剪切流动方向排列。

② 塑件芯层【纤维取向】结果。图 14.16 所示为塑件芯层【纤维取向】结果。从图 14.16 中可以看出，在塑件芯层，壁面与熔体的剪切作用较弱，剪切应力较小，拉伸流动占主要地位，熔体温度下降得较慢，玻璃纤维继续沿拉伸流动方向运动，故玻璃纤维主要沿拉伸流动方向排列。

图 14.15　塑件表层【纤维取向】结果 　　　　图 14.16　塑件芯层【纤维取向】结果

（2）【平均纤维取向】结果。

图 14.17 所示为【平均纤维取向】结果。从图 14.17 中可以看出，玻璃纤维在浇口附近取

向程度较低（蓝色部分），为 0.5049。在产品沿侧壁面处取向程度较高（红色部分），为 0.8871。高的取向程度可以保证玻璃纤维的排列方向，有利于增强制品的力学性能。由于产品沿侧壁面处主要受壁面剪切作用，剪切流动占主导地位。玻璃纤维的平均取向是沿着剪切流动方向排列的，即以整体注射方向排列，所以取向很好。这部分决定了制品的整体结构，也决定了制品的形状变化，对于制品的变形程度起到很大的控制作用。从放大部分来看，红色的玻璃纤维材料部分在取向方向上可以增大材料的支撑力度，保证制品的使用质量。

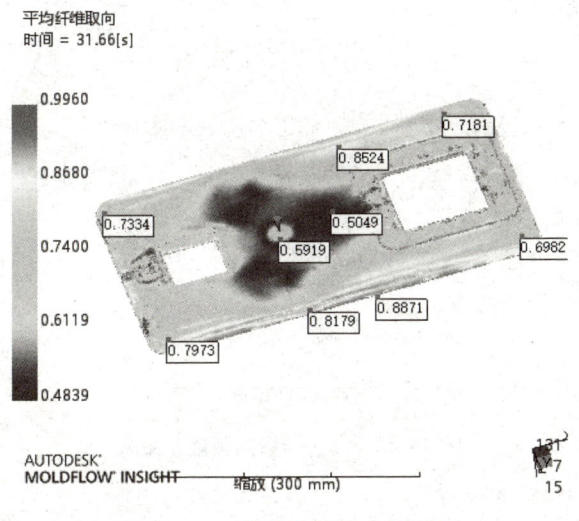

图 14.17　【平均纤维取向】结果

（3）【泊松比（平均）】结果。

图 14.18 所示为【泊松比（平均）】结果。选择【结果】→【检查】→【检查】选项，单击模型上的任意单元进行查看。图 14.18 中显示出了所选单元的泊松比，该值反映了玻璃纤维在流动方向上的取向。这种取向结构有效地保证了制品的使用要求，弹性模量分布符合制品的使用要求。

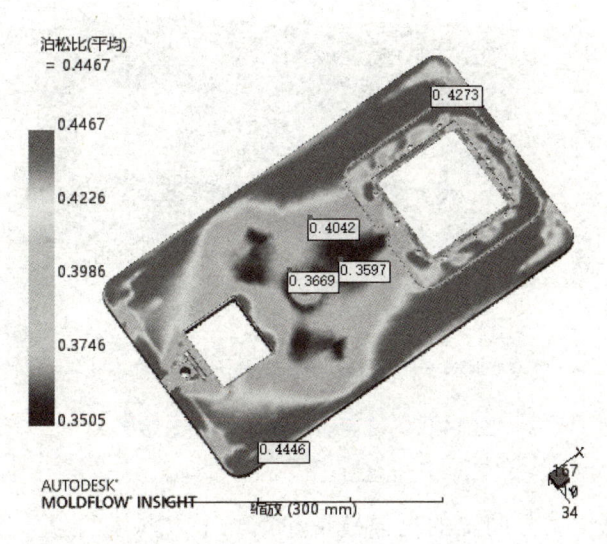

图 14.18　【泊松比（平均）】结果

(4)【纤维取向张量】结果。

图 14.19 所示为【纤维取向张量】结果。其纤维取向张量值为 0.9936。在【结果】菜单中的【动画】子菜单中，单击相应动画演示按钮可以查看纤维取向张量随时间的变化情况。

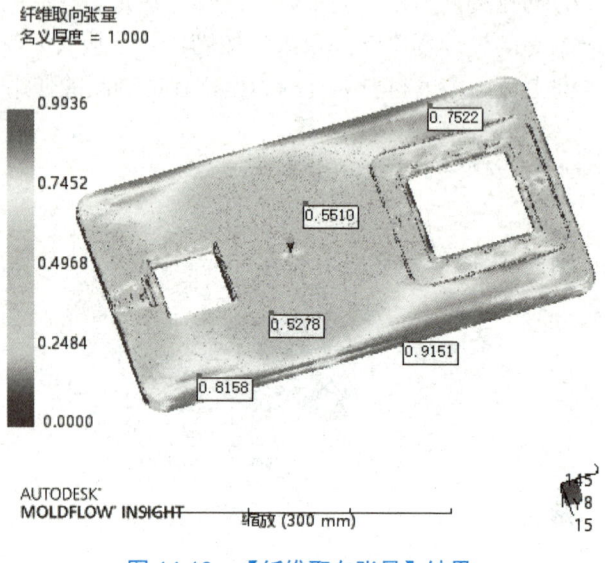

图 14.19　【纤维取向张量】结果

(5)【剪切模量（平均）】结果。

图 14.20 所示为【剪切模量（平均）结果】。从图 14.20 中可以看出，该制品的剪切模量为 1391.9MPa。选择【结果】→【检查】→【检查】选项，单击模型上的任意单元可进行查看。

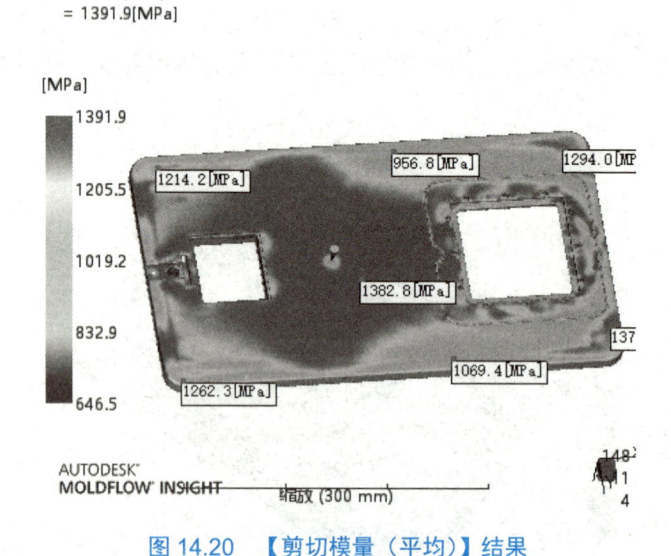

图 14.20　【剪切模量（平均）】结果

(6)拉伸模量。

拉伸模量包括第一主方向上的拉伸模量和第二主方向上的拉伸模量。通过分析，由图 14.21 可以看到第一主方向上绝大多数区域的拉伸模量为 7460.3MPa，由图 14.22 可以看到第二主方向上绝大多数区域的拉伸模量为 3743.8MPa。两者相差很大，说明玻璃纤维在此有一定的取向。

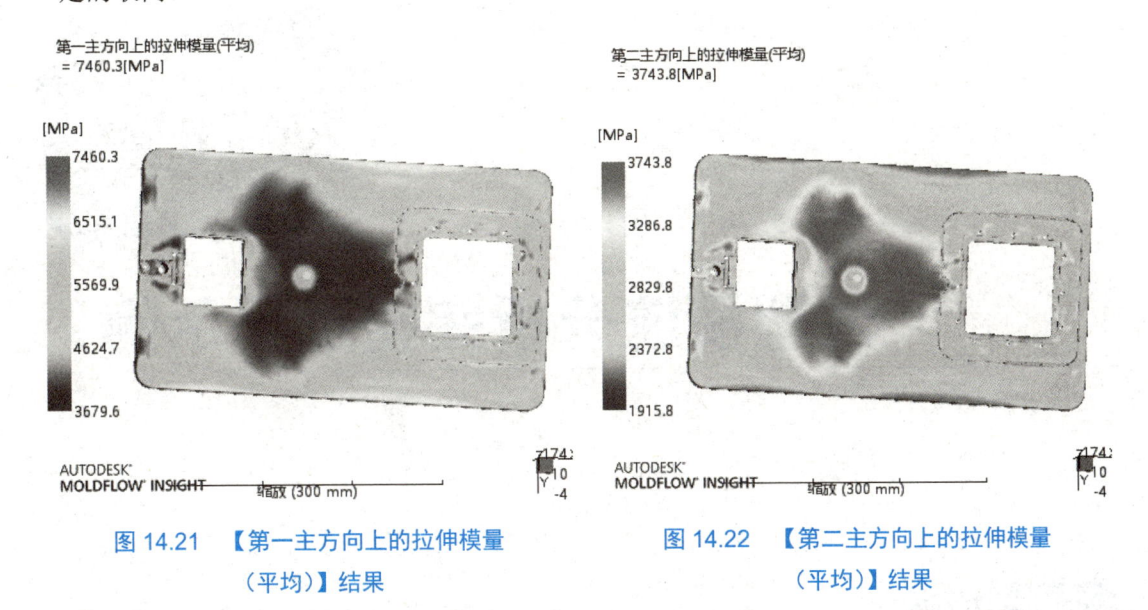

图 14.21 【第一主方向上的拉伸模量（平均）】结果

图 14.22 【第二主方向上的拉伸模量（平均）】结果

14.4 本章小结

本章主要介绍了纤维取向分析方法和步骤。纤维取向决定了材料性能，掌握纤维取向的原理，对解决由纤维取向引起的制品变形问题非常有帮助，良好的纤维取向有利于增强制品的力学性能，对于制品的变形程度起到很大的控制作用。

第 15 章

注塑模流分析完整过程示例

15.1 概述

前述各章节详细阐述了常规注塑模流分析的各个环节,并给出了多个案例贯穿始终。本章以某品牌汽车后视镜底座为例,详细阐述一般注塑模流分析完整过程,以期让读者对各个环节的前后关联有更真实的认识与更透彻的理解。本章不再对软件详细操作进行介绍,只阐述分析过程。本章的案例文档保存在随书资料【第 15 章】文件夹中。

15.2 分析前的准备

综合分析实例

1. CAD 模型准备

后视镜底座结构较为复杂,其造型及注塑成型模具设计均在 UG 软件中完成。该零件总体尺寸为 330mm×210mm×50mm(长×宽×高),总体壁厚为 2mm,有卡扣结构,还有较多筋位、小孔、圆角等特征,其 CAD 模型如图 15.1 所示。零件模型以【后视镜底座.x_t】导出。

2. CAE 网格模型的准备

网格模型是进行模流分析的前提,所以在正式进行模流分析前需要对 CAD 模型进行三角形网格的划分并保证其质量。

Step1:将【后视镜底座.x_t】CAD 模型导入 Moldflow 2023,选择双层面网格类型,全局边长一般设置为壁厚的 1.5 或 2 倍,或者采用软件的默认值,可以设为 3mm,对网格模型进行统计,纵横比最大为 27.72,网格的匹配百分比为 93.8%,相互百分比为 95%。

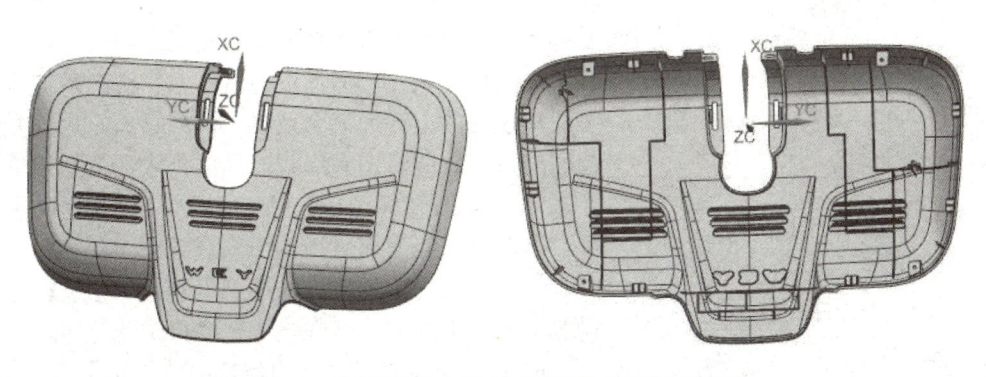

图 15.1 后视镜底座的 CAD 模型（外侧与内侧）

Step2：首先使用网格修复工具对网格进行自动修复，由于模型的曲面较多，所以自动修复时网格的纵横比控制在 15 左右。网格修复工具并不能修复所有的问题，接下来需要使用网格诊断工具逐项对网格中可能存在的问题进行诊断，并根据诊断结果对相应的网格问题使用网格修复工具进行修复。修复后再进行网格统计，纵横比最大为 27.72，相交单元为 0 个，匹配百分比为 93.8%，相互百分比为 95%，网格总数为 63054 个，节点数量为 31471 个。

划分后的网格厚度必须和模型的厚度一致，这样分析得到的结果才会准确，所以还需要对修复好的网格进行厚度诊断，如图 15.2 所示，厚度诊断结果与模型厚度是一致的。

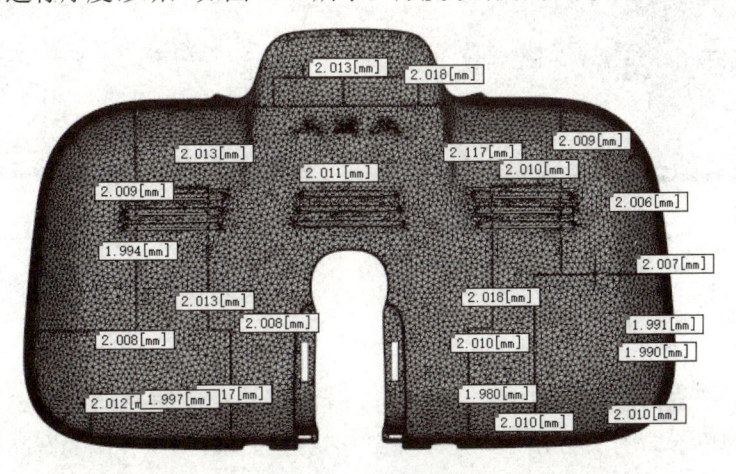

图 15.2 厚度诊断

15.3 填充分析及优化

1. 浇口位置选择

Step1：在软件的材料库中按照要求选择 Daicel Polymer Ltd 生产的 PC+ABS 材料，其牌号为 novalloy S 1220，其推荐工艺如图 15.3 所示。

对于一个塑件有多种浇口数量的选择方案，一个浇口填充采用的是点覆盖面的方式，两个浇口填充采用的是线覆盖面的方式，三个及以上浇口填充采用的是面覆盖面的方式。同时，考虑到产品的外表面有一定的外观要求及产品的具体结构，浇口位置只能设置在表面边缘，这样就只能考虑采用侧浇口进胶。

Step2：设置软件的分析序列为【浇口位置】，在工艺设置中设置不同的浇口数量进行浇口位置分析。

图 15.4 所示为一个浇口位置的分析结果，浇口位置差不多在产品的中间，可以接受，可以采用侧浇口或潜伏式浇口进胶。

图 15.5 所示为两个浇口位置的分析结果，浇口位置在产品的左、右外表面，会影响产品的外观，不太合理，因此两个浇口的方案不可取。

图 15.3 材料的推荐工艺

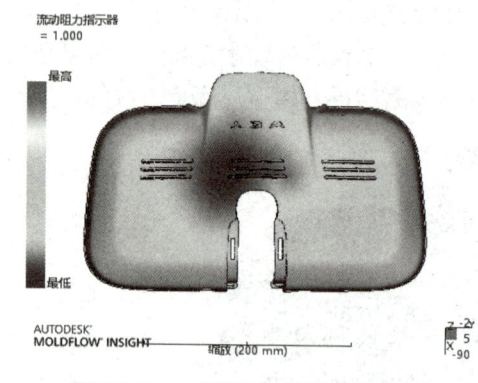

图 15.4 一个浇口位置的分析结果

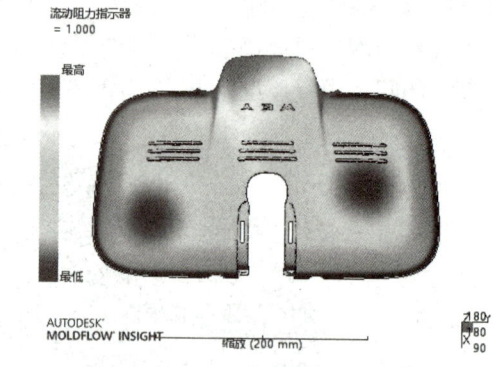

图 15.5 两个浇口位置的分析结果

2. 快速填充分析

接下来用一个浇口进行快速填充，进一步评价一个浇口的具体填充效果。快速填充后产品表面熔接线的位置如图 15.6 所示，可以看到熔接线的长度适中，因为产品外表面会进行皮纹处理，所以熔接线对产品的外观及力学性能影响不大。因此，通过一个浇口分析所确定的浇口位置是可以接受的。

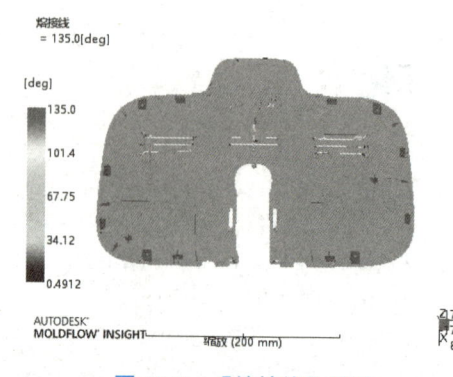

图 15.6 【熔接线】结果

3. 成型窗口分析

成型工艺参数会直接影响到产品的质量，成型窗口的范围越宽，越容易得到合格的产品。通过 Moldflow 2023 中的成型窗口分析可以确定能够生产出合格产品的工艺参数范围。成型窗口分析的参数设置：注射压力限制因子为 0.8，锁模力限制关闭，剪切速率限制因子为 1，剪切应力限制因子为 1，流动前沿温度下降限制最大为 20℃，上升限制最大为 2℃，注射压力限制因子为 0.8，锁模力限制因子为 0.8，其余参数默认，进行分析计算。

显示【质量（成型窗口）:XY 图】结果，如图 15.7 所示，将横坐标轴变量改为【注塑时间】，拖动【模具温度】和【熔体温度】的滑块，观察质量的变化，保证最大的质量大于 0.6 即可，从而确定模具温度为 50℃，熔体温度为 230℃。

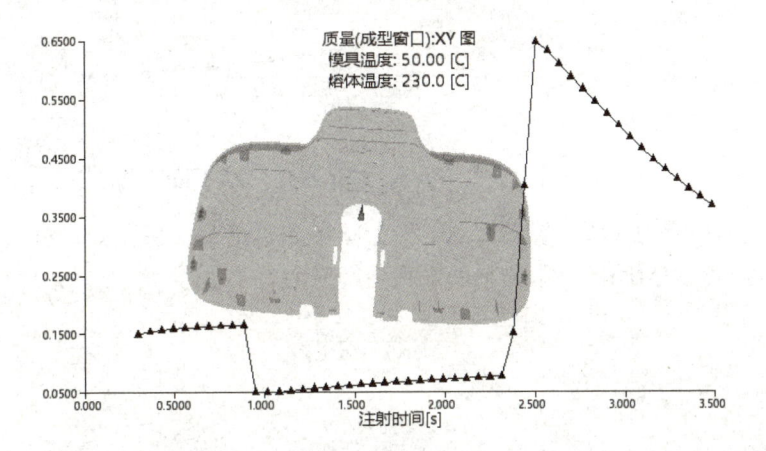

图 15.7 【质量（成型窗口）:XY 图】结果

显示【区域（成型窗口）:2D 切片图】结果，如图 15.8 所示，在成型窗口区域切片图中，在【首选】工艺参数范围区可以获得较好质量的产品，在【可行】工艺参数范围区可以获得合格质量的产品。将【切割轴】改为【模具温度】，设置模具温度为 50℃，通过检查结果工具，结合首选区域和通过【质量（成型窗口）:XY 图】结果分析出来的熔体温度，确定充填时间为 1.89s。

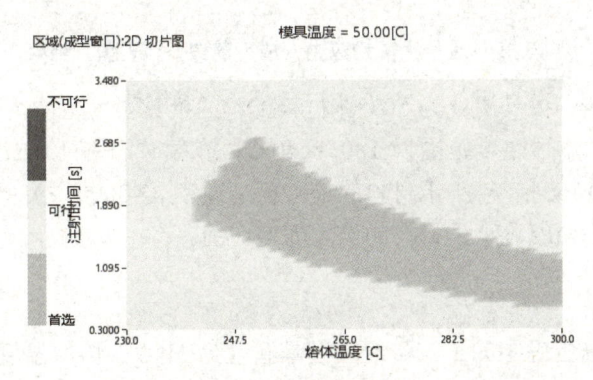

图 15.8 【区域（成型窗口）:2D 切片图】结果

显示【最大剪切速率（成型窗口）:XY 图】结果，如图 15.9 所示，在模具温度为 50℃、熔体温度为 236.2℃的成型条件下，熔体填充在 0.3007s 时，最大剪切速率为 15654s^{-1}，小于材料的最大剪切速率。

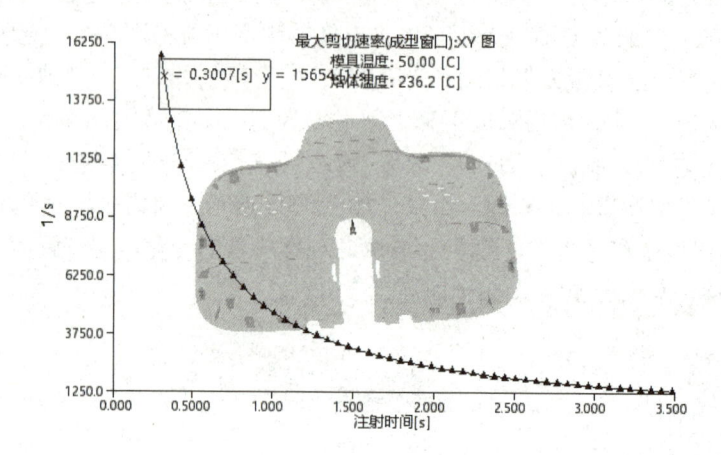

图 15.9 　【最大剪切速率（成型窗口）:XY 图】结果

显示【最大剪切应力（成型窗口）:XY 图】结果，如图 15.10 所示，熔体填充在 0.3s 时，最大剪切应力为 0.5283MPa，小于材料的最大剪切应力。

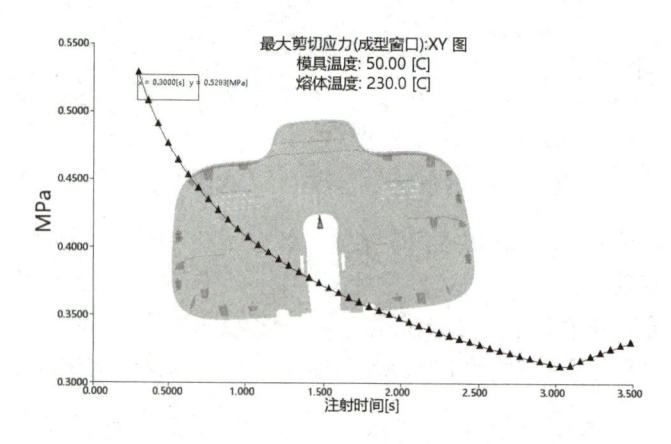

图 15.10 　【最大剪切应力（成型窗口）:XY 图】结果

成型窗口分析结论：模具温度为 50℃，材料推荐的模具温度范围为 20～60℃；熔体温度为 230℃，材料推荐的熔体温度范围为 180～240℃；充填时间为 1.89s；熔体填充在 0.3007s 时，最大剪切速率为 15654s^{-1}，小于材料的最大剪切速率（40000s^{-1}）；熔体填充在 0.3s 时，最大剪切应力为 0.5283MPa，小于材料的最大剪切应力。

4．填充分析

以通过成型窗口分析确定的工艺参数（模具温度为 50℃，熔体温度为 230℃，充填时间为 1.89s，其他参数采用默认设置）进行填充分析，可以比较全面地分析得到准确的充填时间、注射压力、流动前沿温度及壁面剪切应力等数据，还可以预测可能出现熔接线、气穴等缺陷的位置。

如图 15.11 所示，填充分析得出的充填时间为 2.44s。由【注射位置处压力:XY 图】结果（见图 15.12）和【锁模力:XY 图】结果（见图 15.13）可知，最大注射压力为 87.74MPa，最大的锁模力为 232.1t，均发生在 2.044s，这个时刻为速度/压力切换时刻。

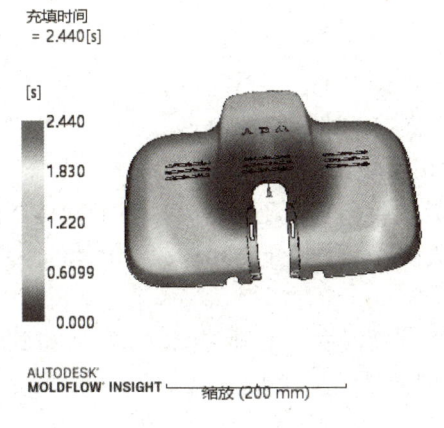

图 15.11　填充时间

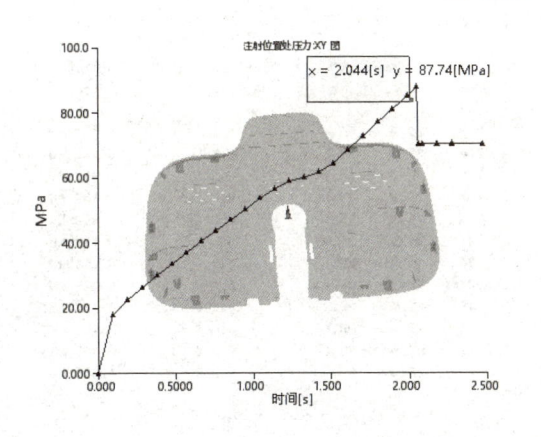

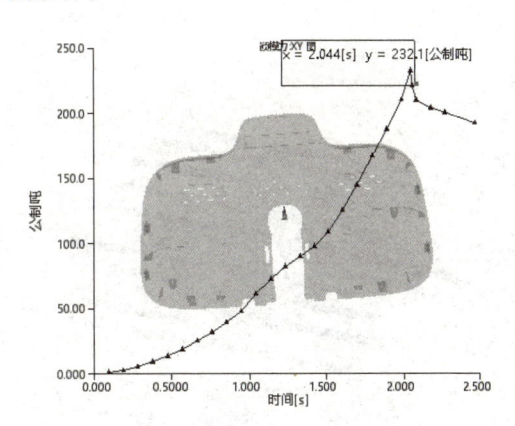

图 15.12　【注射位置处压力:XY 图】结果

图 15.13　【锁模力:XY 图】结果

查看【气穴】结果，如图 15.14 所示，可以看到气穴主要分布在产品的栅格中及产品前端，可以通过镶件的配合间隙和分型面排气，不会造成困气缺陷。

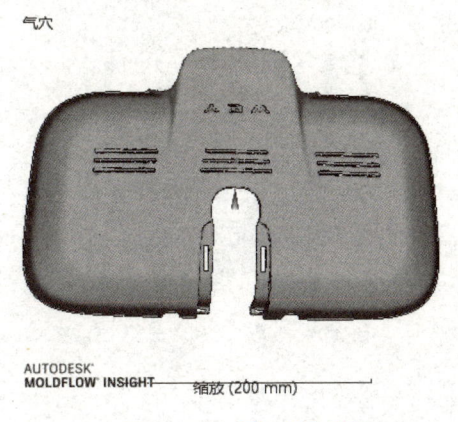

图 15.14　【气穴】结果

15.4 冷却分析

冷却系统的创建需要结合产品的顶出系统进行设计，可以先在 UG 软件中根据具体的顶出系统设计出水路路径，然后将其添加到 Moldflow 2023 中创建冷却系统，创建的冷却系统如图 15.15 所示，水路直径为 10mm，隔水片直径为 12mm。

冷却分析需要设置的参数主要有熔体温度和 IPC 时间，熔体温度通过成型窗口分析确定为 265℃，其他参数采用默认设置。冷却介质为水，入口处的水温使用默认的 25℃，冷却介质采用指定雷诺数控制。

查看分析日志中回路中冷却液温度的上升情况，水路入口到出口的冷却液温升应控制为小于 2~3℃。由分析日志中的分析结果（见图 15.16）可知，12 条水路中的冷却液温升都小于 2℃。

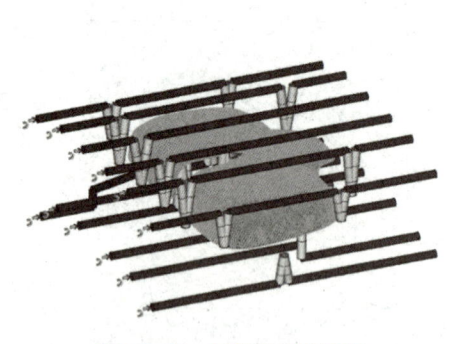

图 15.15　创建的冷却系统

图 15.16　分析日志

查看【回路管壁温度】结果，该温度与冷却液入口处的温差应在 9℃左右。从图 15.17 中可以看出，最高温度与水温之间的差值为 8.79℃，符合要求。查看温度最高的位置，如图 15.17 所示。

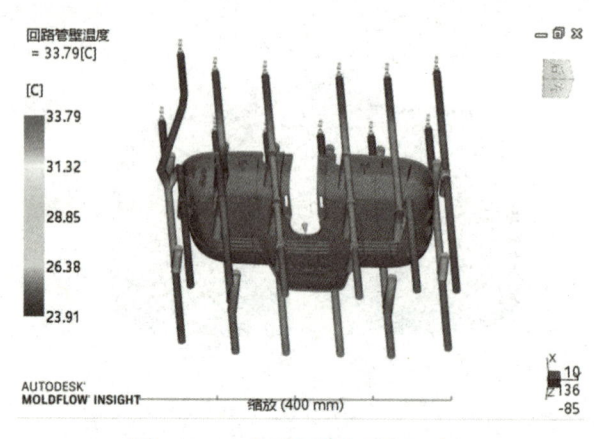

图 15.17　【回路管壁温度】结果

15.5 保压分析

查看填充分析的分析日志,可知:产品的投影面积为536.2011cm^2,最大填充压力90.07MPa发生在速度/压力切换时刻。通过计算得到允许的最大保压压力为97.2MPa,初始保压采用最大填充压力的80%作为初始保压压力。由前面的冷却分析可知,IPC时间为30s,用IPC时间减去充填时间作为初始保压时间。

将分析序列设置为【填充+保压+翘曲】,初始保压的工艺设置:模具温度为50℃,熔体温度为235℃,冷却时间为20s,充填时间为1.89s,速度/压力切换采取自动方式,以80%填充压力保压10s。

查看【顶出时的体积收缩率】结果,如图15.18所示。由图15.18可见,顶出时的体积收缩率从浇口附近的1.52%变化到填充末端附近的7.128%,差异达到5%以上。查看材料的收缩属性,相近厚度允许的体积收缩率为1.28%~6.86%。从图15.18中可以看出,产品主体部分的体积收缩率为1.47%~5.436%,相对所查到的材料相近厚度允许的体积收缩率范围而言,产品主体部分的体积收缩率在材料允许的体积收缩率范围内。

查看从浇口到填充末端多个位置的【压力:XY图】结果,如图15.19所示,其位置曲线相近,说明体积收缩较为均匀。

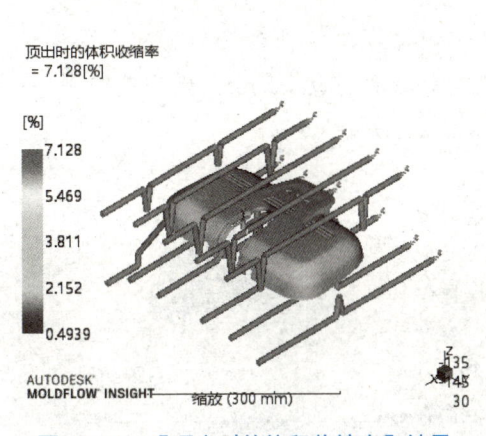

图15.18 【顶出时的体积收缩率】结果

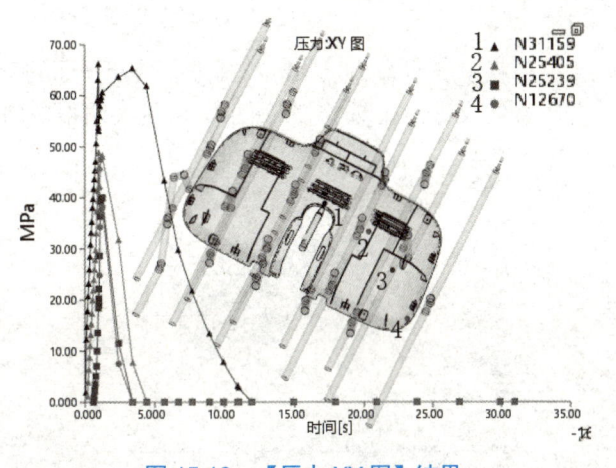

图15.19 【压力:XY图】结果

15.6 翘曲分析

翘曲分析工艺设置不变,勾选【分离翘曲原因】复选框,以便找到引起翘曲变形的主要原因。所有因素引起的翘曲变形如图15.20所示。从图15.20中可以看出,最大变形量为1.825mm;X轴方向上的变形量范围为-1.271~1.249mm,从宽度方向一侧过渡到另一侧,收缩变形量约为 2.5mm；Y 轴方向上的变形量范围为 $-1.501 \sim 1.555$mm，从长度方向一侧过渡到另一侧，收缩变形量约为 3mm。X 轴、Y 轴方向上的变形均属于自然内缩，在进行模具设计时应予以补偿。分型面法向 Z 轴方向上的变形量范围为 $-0.5917 \sim 0.6486$mm，中心外凸，长度方向两端向下弯。

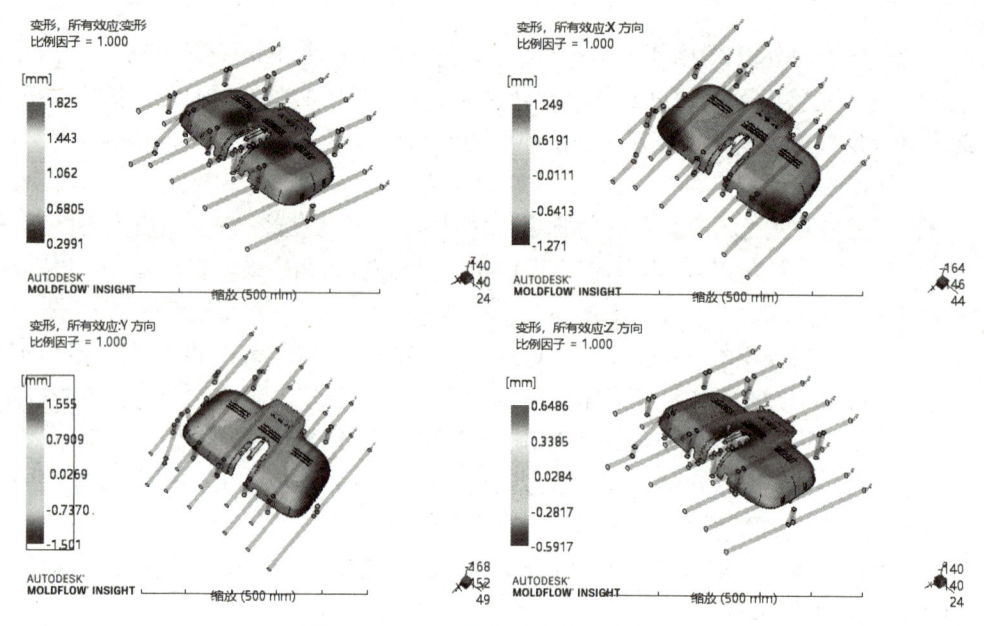

图 15.20　所有因素引起的翘曲变形

后视镜底座为装配件，Z 轴方向装配平面的变形应重点关注。查看 Z 轴方向上的变形及各因素的权重，如图 15.21 所示，可见收缩不均匀是引起 Z 轴方向上的变形的主要原因。

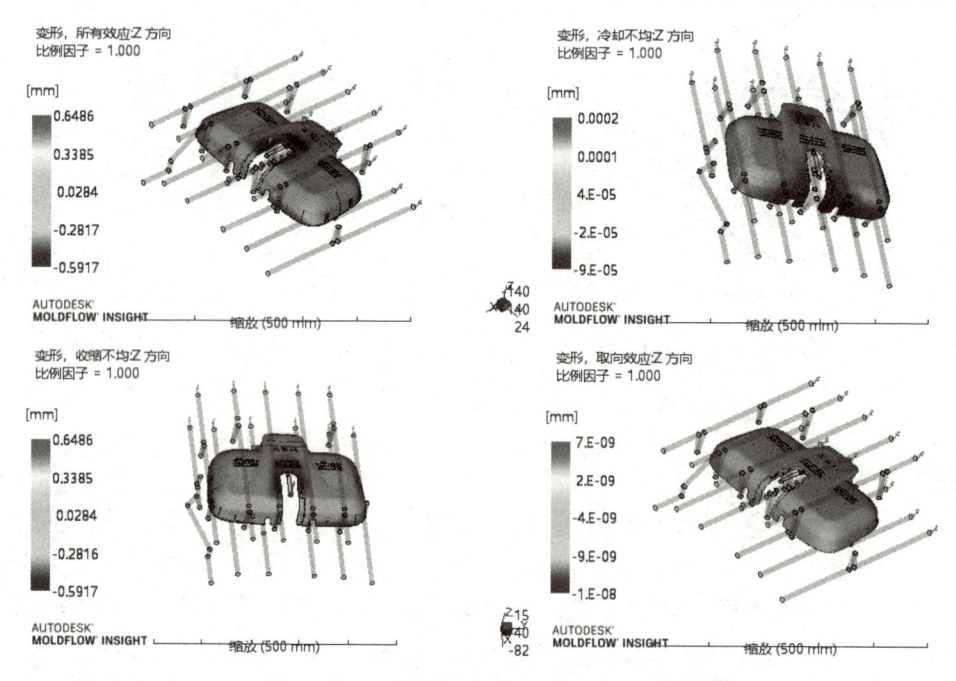

图 15.21　Z 轴方向上的变形及各因素的权重

15.7 本章小结

本章以某品牌汽车后视镜底座为例,详细阐述了其注塑模流分析完整过程。通过该例,将 Moldflow 2023 中各分析环节有机地串联起来,并与模具设计密切结合,实现了在模流分析过程中对模具设计、工艺设置的优化。

第 16 章

气体辅助注射成型分析

16.1 概述

气体辅助注射成型（Gas Assisted Injection Molding，GAIM）是 20 世纪 90 年代末兴起的一种新型塑料注射成型技术。其利用高压惰性气体（主要为 N_2）推动塑料熔体充满型腔，在塑件内部产生中空横截面，利用气体保压代替普通注塑保压，完成注射成型。气体辅助注射成型具有节省材料、降低注射压力、减小锁模力、消除制品缩痕、减小翘曲变形，以及使厚度不均匀、形状复杂制品一次成型等优点。气体辅助注射成型工艺与传统注射成型工艺相比，有着无可比拟的优势，被誉为注射成型工艺的一次革命，在汽车、家电、家具、日常用品等几乎所有塑料制品领域得到广泛应用。最近几年来，在生产、研究领域，人们对气体辅助注射成型的兴趣与日俱增。

气体辅助注射成型根据气体的作用方式可分为内部气体辅助注射成型和外部气体辅助注射成型。

（1）内部气体辅助注射成型的工艺过程是，先向模具型腔中注入经过准确计量的塑料熔体，再通过特殊的喷嘴向熔体中注入压缩气体，气体在熔体中沿阻力最小的方向扩散前进，推动熔体充满型腔并对熔体进行保压，待熔体冷却凝固后排出熔体中的气体，开模推出制品。

（2）外部气体辅助注射成型又称表面气体成型，它是在模具表面及塑件表面的特别封闭处注入高压气体，使加压区的塑料被排挤，从而使产品表面没有缩痕的一种工艺。其中的特别封闭处也可称为加压区，每个加压区被连接产品的密封件包围，以防气体泄漏。密封件的横截面形状可以是矩形，也可以是三角形，这样可以使产品的刚性提高。当然，采用外部气体辅助注射成型工艺会在加压区留下明显的痕迹，但是不会影响产品的表面质量。

以下未特别指明的气体辅助注射成型均指内部气体辅助注射成型。

1. 工艺过程

气体辅助注射成型方法根据其工艺特点可分为短射法、副腔法、网流法和活动型芯法四种。下面主要介绍短射法。

短射法也称标准成型法。短射法的成型过程：首先，往型腔中注入经过准确计量的熔体，如图 16.1（a）所示；其次，通过浇口和流道注入压缩气体，如图 16.1（b）所示；再次，气体在型腔中熔体的包围下沿阻力最小的方向扩散前进，对熔体进行穿透和排空，如图 16.1（c）所示；最后，熔体充满整个型腔并进行保压，待塑料冷却到具有一定刚度和强度后开模将其顶出，如图 16.1（d）所示。

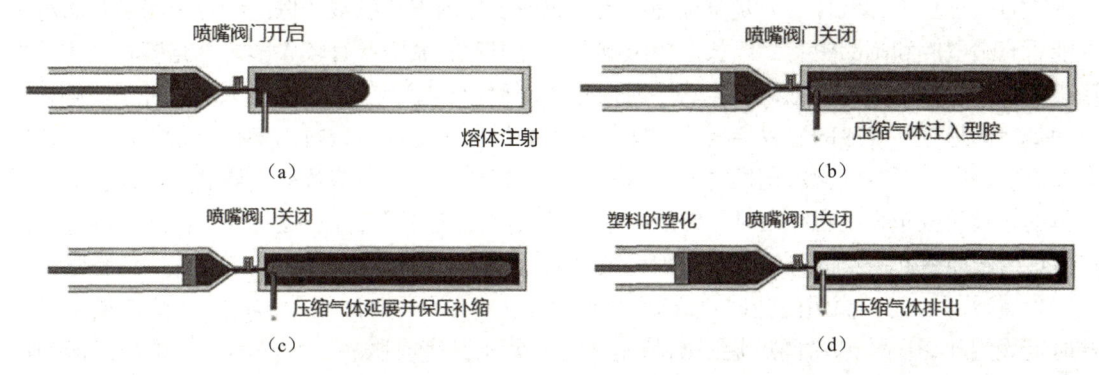

图 16.1 短射法成型过程示意图

2. 工艺特点

优点：对传统注塑模具进行少量修改（设置气道）即可实现该工艺。

缺点：熔体/气体的切换延迟会导致产品表面出现迟滞线，影响产品外观，当然也可通过后续的喷漆处理掩盖迟滞线。

3. 质量影响因素

（1）工艺参数对质量的影响。

气体辅助注射成型工艺与传统注塑成型工艺相比有许多优点，但新的工艺也引入了新的工艺参数，使成型过程变得复杂、困难。

物料选择。物料的流动性对气体辅助注射成型工艺影响很大，流动性好的聚合物易于进行气体辅助注射成型加工。因此，宜采用半结晶或增强的塑料进行气体辅助注射成型加工。

确定注射量。塑料熔体预注入量一般为型腔容积的 50%～80%，这要根据经验或通过软件模拟填充确定。当注射量较大时，制品实心段冷却缩痕严重。当注射量偏小时，易导致填充不足，甚至吹穿，且加工窗口较窄，废品率高。

确定熔体温度。气体辅助注射成型工艺对材料流动性要求较高，熔体温度是调节材料流动性的关键变量。在充气较理想的情况下，将熔体温度提高，并调节其他相关参数，制品表面橘皮纹质量明显提高。但熔体温度过高，加工周期会变长，并且会导致气体穿透长度过短和气道壁厚过小。因此，宜选用高熔融流动指数的材料进行气体辅助注射成型加工。

设置延迟时间。延迟时间是指从熔体注射结束到气体开始注射的间隔时间，它也是诸多气体辅助注射成型工艺参数中最敏感、最关键的参数。延迟时间通常取 0.5～2s，视具体塑料而定。延迟时间的设置对气体辅助注射成型制品的实心段位置及壁厚有很大影响。延迟时间越长，气体辅助注射成型制品的实心段就越短，气道壁厚越大，表面橘皮纹质量不佳，甚至会出现迟滞线。延迟时间越短，越容易造成较长的穿透长度，即实心段较短和气道壁厚较大，最终导致吹穿。在此期间，还应尽量避免熔体流动的较大变化，因为这种变化会在制品表面引起明显的模糊线条和光泽变化。

选择填充方向。在选择填充方向时必须尽量避免喷射，因为当发生喷射现象时熔体会发生叠合，气体在这样的非均匀腔体中穿透到第一个叠合处时就会吹穿熔体表面，导致成型失败。可以采用型腔按逆重力方向填充、在制品最薄处开始填充等方法避免喷射。

设置气体压力。气体压力是气体辅助注射成型工艺的重要参数。保压压力和保压时间对熔体能否充满型腔和制品中实心段长短的影响不大，但对制品壁厚有较大影响。充模时气体压力通常为2.5～3MPa，建议采用低压（当然必须大于熔体压力），保压时再增大压力补偿收缩，其原因是熔体与气体接触的边界会溶解一些气体。如果保压结束后塑料尚未完全固化，这时卸压会造成气道内表面有气泡。充模时气体压力越大，熔体边界层中溶解的气体越多，保压结束后气体的膨胀效应越强。在卸压时，卸压速率起着关键的作用。要注意避免卸压曲线太陡，以免在气道内表面引起广泛的气体膨胀，因为突然的卸压比分步卸压更易引起广泛的气体膨胀。

设置冷却时间。高温注塑时气体辅助注射成型工艺冷却时间设置与传统注塑成型工艺冷却时间设置相近。冷却时间过短，制品尤其是厚壁制品容易胀裂，废品率高。采用高流动性材料允许在较低温度下进行注塑，冷却时间大大缩短。

其他条件的影响。冷却水量、材料均匀性、模具温度等条件对气体辅助注射成型加工也有不同程度的影响。

气体辅助注射成型工艺对加工条件的变化十分敏感，某些加工条件的较小变化就会导致加工情况变化，需要现场调节、监控。

（2）结构对质量的影响。

一般情况下，控制气体通道的排布和范围可以通过适当修改零件几何尺寸实现。如果这样做控制情况不理想，则可通过溢料井增大气体的渗透能力或将气体引导到零件的特定区域实现。

溢料井可视为第二个型腔，气体可在其中推动聚合物进一步渗透到零件深处。溢料井所提供的路径可使气体行进时所受的阻力最小。在特定的时间使用阀浇口打开和关闭溢料井就可以进一步控制气体流动。也可以根据网格类型将阀浇口分配给具有【溢料井】类型属性的单元：三角形薄壳单元（仅限中性面网格）、柱体单元（中性面网格和3D网格）和四面体单元（仅限3D网格）。

16.2 分析设置与结果分析

1. 分析设置

在Moldflow 2023中进行气体辅助注射成型分析，选择【主页】→【成型工艺设置】→

【热塑性注塑成型】→【气体辅助注射成型】选项，如图 16.2 所示。

Step1：创建柱体单元。在【网格】菜单中单击【网格】下拉按钮，选择【创建柱体单元】选项，如图 16.3 所示，弹出【创建柱体单元】对话框，如图 16.4 所示。单击【创建为】选项右边的矩形按钮，弹出【指定属性】对话框。单击【新建】下拉按钮，在下拉列表中选择【零件柱体】选项，如图 16.5 所示，弹出【零件柱体】对话框，如图 16.6 所示，进行参数设置。

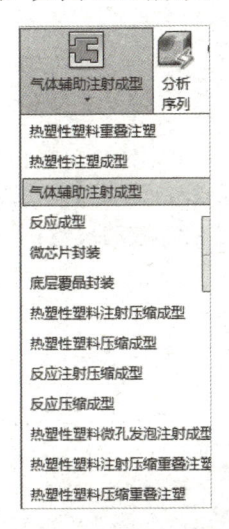

图 16.2　设置成型工艺的菜单

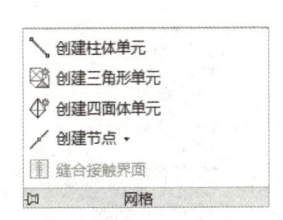

图 16.3　选择【创建柱体单元】选项

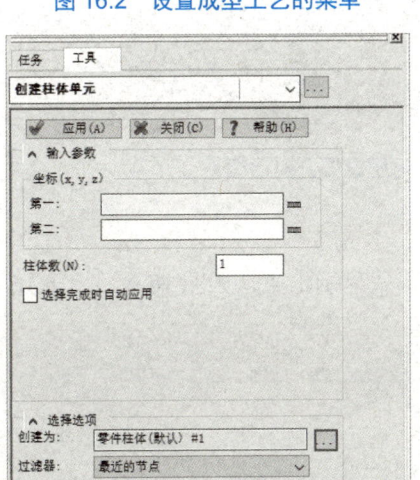

图 16.4　【创建柱体单元】对话框

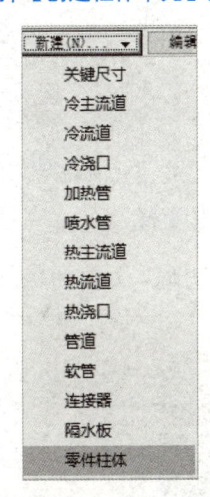

图 16.5　选择【零件柱体】选项

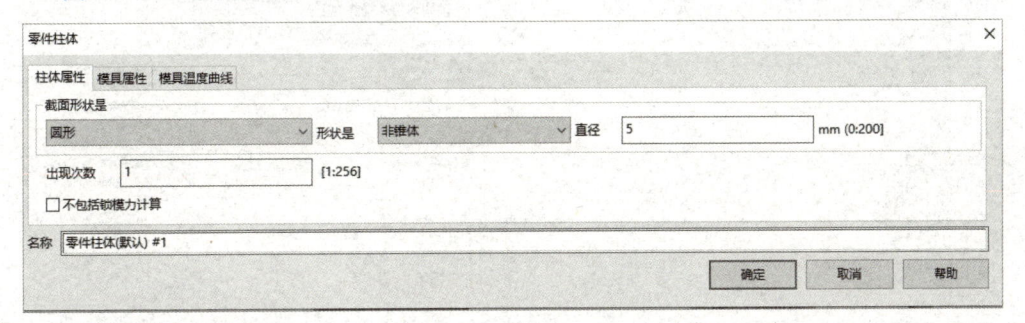

图 16.6　【零件柱体】对话框

Step2：设置气体入口。在任务视窗中选择【1 个气体入口】选项并右击，在弹出的快捷菜单中选择【设置气体入口】选项，弹出【设置气体入口】对话框，如图 16.7 所示。在该对话框中可以创建新的气体入口或编辑现有的气体入口。

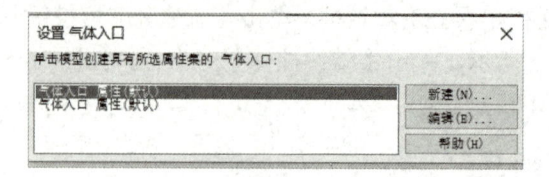

图 16.7　【设置气体入口】对话框

Step3：设置工艺参数。在任务视窗中双击【工艺设置】选项，弹出【工艺设置向导-填充+保压设置】对话框，如图 16.8 所示。在该对话框中可进行工艺参数的设置。

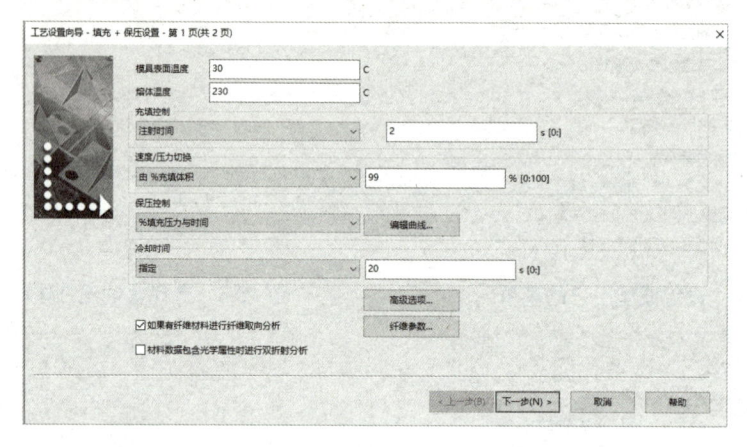

图 16.8　【工艺设置向导-填充+保压设置】对话框

2．结果查看

完成分析后，分析结果会以图形、动画、文字等形式显示出来，如图 16.9、图 16.10 所示。

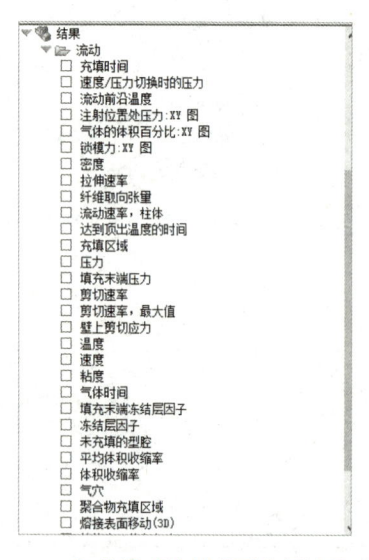

图 16.9　气体辅助注射成型分析结果列表

图 16.10　气体辅助注射成型分析文字结果

16.3 气体辅助注射成型分析应用实例

1. 分析前处理

Step1：启动 Moldflow 2023，选择【文件】→【新建工程】选项，弹出【创建新工程】对话框，如图 16.11 所示。在【工程名称】文本框中输入【ch16】，单击【确定】按钮。

图 16.11 【创建新工程】对话框

Step2：在工程管理视窗中选择【ch16】选项并右击，在弹出的快捷菜单中选择【导入】选项，或者选择【主页】→【导入】→【导入】选项，导入【门把手.stp】文件。将网格类型设置为【Dual Domain】，如图 16.12 所示（注意气体辅助注射成型只支持 3D 网格，一般先划分 Dual Domain 网格，再划分 3D 网格）。单击【确定】按钮，导入的模型如图 16.13 所示。

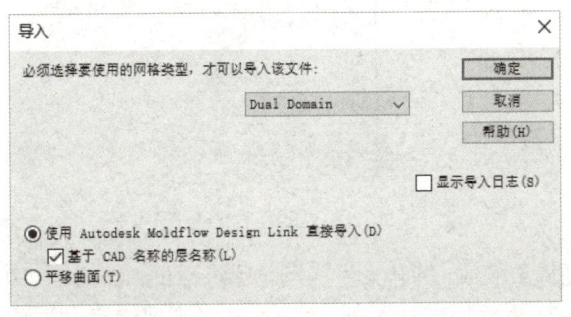

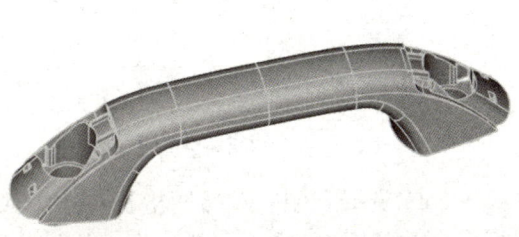

图 16.12 【导入】对话框　　　图 16.13 导入的模型

Step3：选择【主页】→【成型工艺设置】→【热塑性注塑成型】→【气体辅助注射成型】选项，如图 16.14 所示。选择【网格】→【网格】→【生成网格】选项，弹出如图 16.15 所示的【生成网格】对话框。在【全局边长】数值框中输入【2】，单击【创建网格】按钮，其他选项都采用系统默认设置。网格生成结果如图 16.16 所示。

Step4：选择【网格】→【网格诊断】→【网格统计】选项，弹出【网格统计】对话框。网格统计结果如图 16.17 所示，可以看出无自由边与多重边缺陷。选择【网格】→【网格】→【Dual Domain】→【3D】选项，如图 16.18 所示，切换为 3D 网格类型。

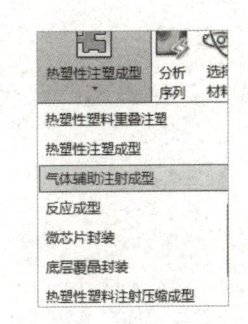

图 16.14 选择【气体辅助注射成型】选项

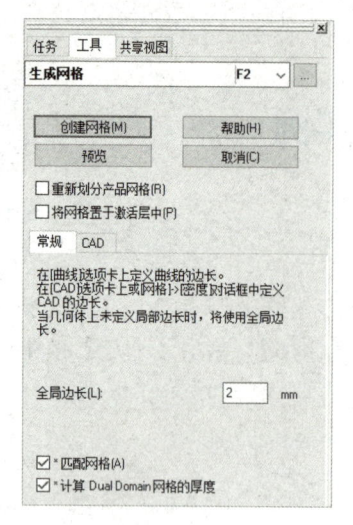

图 16.15 【生成网格】对话框　　　　图 16.16 网格生成结果

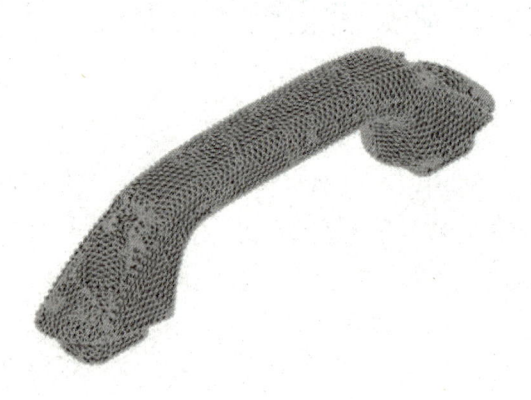

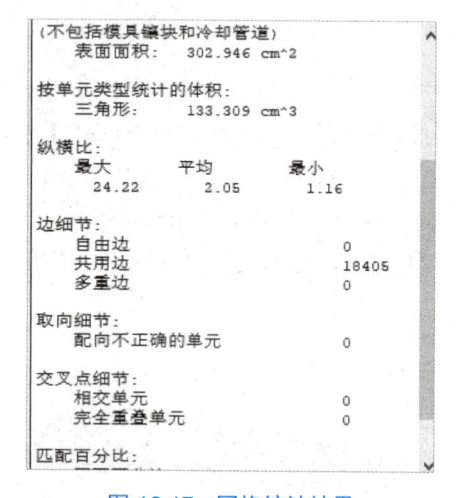

图 16.17 网格统计结果　　　　图 16.18 选择【3D】选项

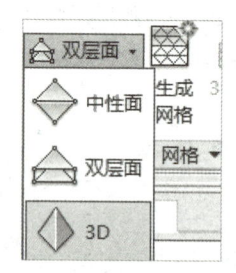

Step5：选择【网格】→【网格】→【生成网格】选项，弹出【生成网格】对话框，如图 16.19 所示。单击【四面体】选项卡，四面体的最小层数采用默认的数值 10。单击【创建网格】按钮，结果如图 16.20 所示。

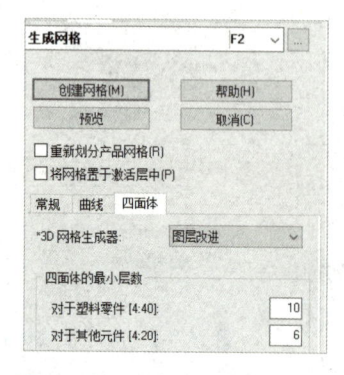

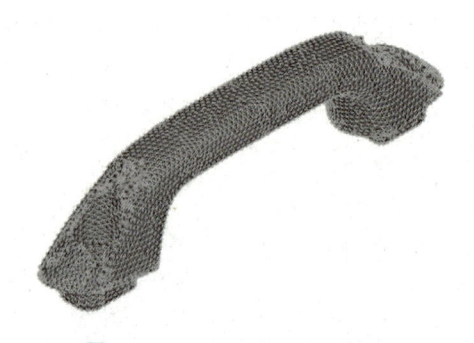

图 16.19 【生成网格】对话框　　　　图 16.20 3D 网格划分的结果

Step6：选择【几何】→【实用程序】→【移动】→【平移】选项，弹出如图 16.21 所示的【平移】对话框。选中要复制的节点，在【平移】对话框中的【矢量】数值框中输入【９００】，单击【应用】按钮，结果如图 16.22 所示。

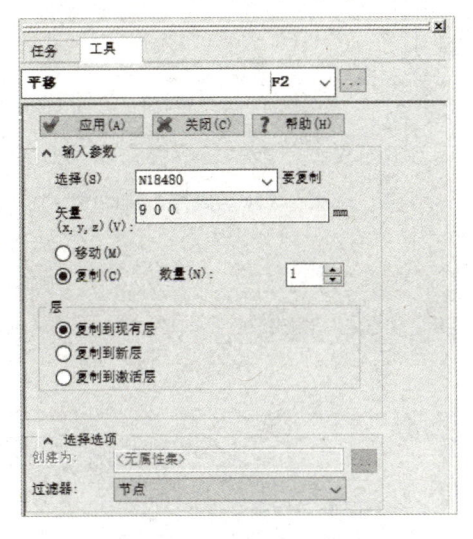

图 16.21　【移动】对话框

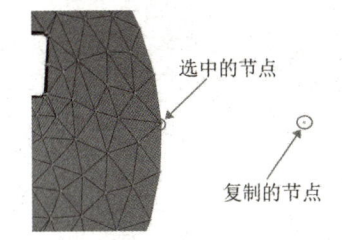

图 16.22　节点复制的结果

Step7：选择【几何】→【创建】→【曲线】→【创建直线】选项，弹出【创建直线】对话框，如图 16.23 所示。选中前面的两个节点，结果如图 16.24 所示。

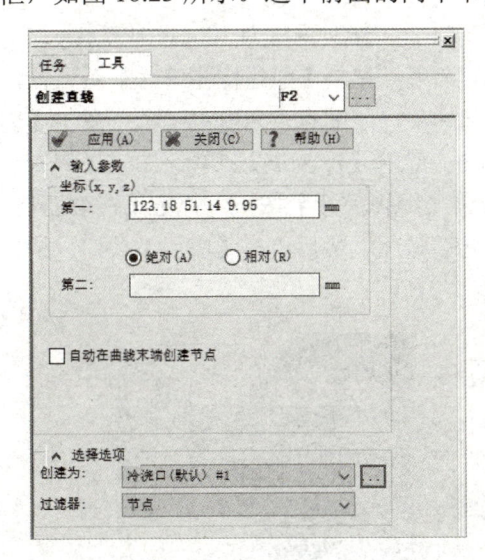

图 16.23　【创建直线】对话框

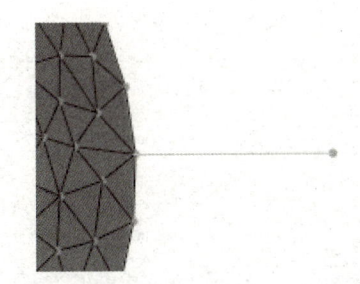

图 16.24　创建直线的结果

Step8：选中创建的直线并右击，在弹出的快捷菜单中选择【属性】选项，如图 16.25 所示，弹出【指定属性】对话框，如图 16.26 所示。单击【新建】下拉按钮，在下拉列表中选择【冷浇口】选项，如图 16.27 所示，弹出【冷浇口】对话框，如图 16.28 所示。在【截面形状是】下拉列表中选择【矩形】选项，在【形状是】下拉列表中选择【锥体（由端部尺寸）】选项，单击【编辑尺寸】按钮，弹出【横截面尺寸】对话框，参数设置如图 16.29 所示。

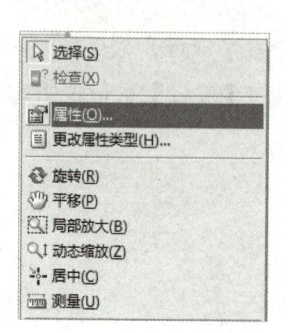

图 16.25　选择【属性】选项

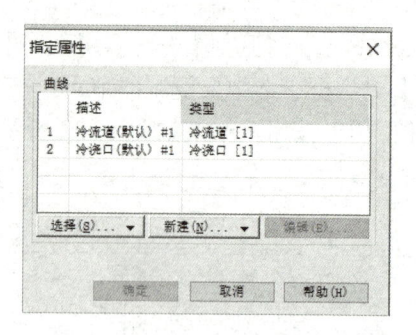

图 16.26　【指定属性】对话框

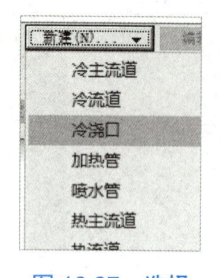

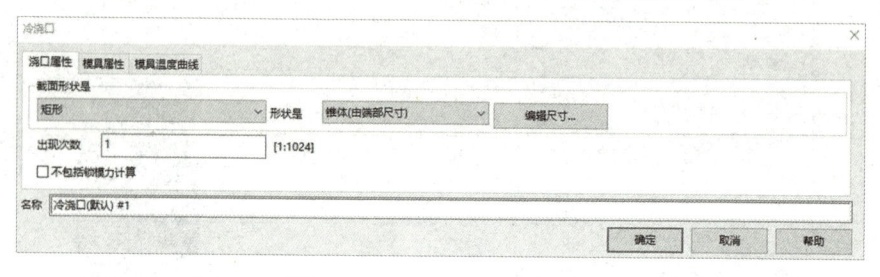

图 16.27　选择【冷浇口】选项

图 16.28　【冷浇口】对话框

Step9：选择【网格】→【网格】→【生成网格】选项，在弹出的【生成网格】对话框中单击【创建网格】按钮，结果如图 16.30 所示。

Step10：创建流道系统，首先沿着浇口直线的方向平移复制距离为 10mm 的节点（这里不再重复叙述）。选择【几何】→【创建】→【柱体】选项，弹出【创建柱体单元】对话框，如图 16.31 所示。在【柱体数】数值框中输入【3】，选择浇口的端点及复制的节点，单击【创建为】选项右边的矩形按钮，弹出【指定属性】对话框，选择【冷流道】选项，单击【编辑】按钮，弹出如图 16.32 所示的【冷流道】对话框。单击【编辑尺寸】按钮，弹出【横截面尺寸】对话框，参数设置如图 16.33 所示。连续单击【确定】按钮，最后单击【应用】按钮，结果如图 16.34 所示。

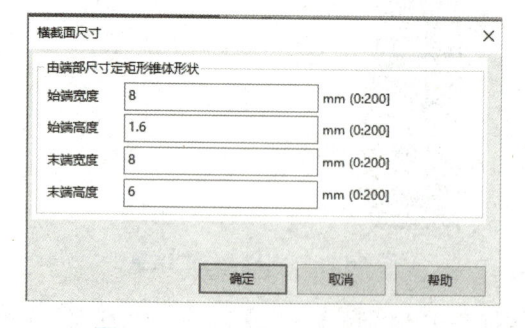

图 16.29　【横截面尺寸】对话框

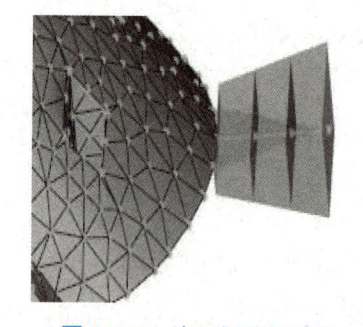

图 16.30　浇口划分的结果

Step11：重复以上步骤，创建如图 16.35 所示的分流道，其中 50mm 的部位【柱体数】设置为 5，135mm 的部位【柱体数】设置为 10。

Step12：创建主流道的【横截面尺寸】对话框中的参数设置如图 16.36 所示，在端部设置浇口位置，结果如图 16.37 所示。

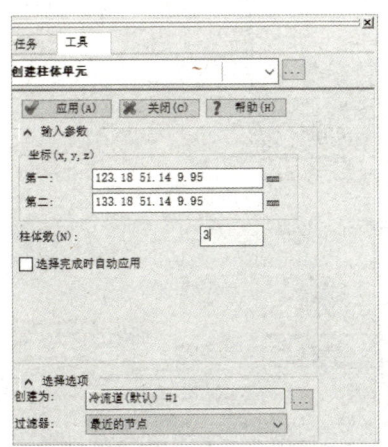

图 16.31　【创建柱体单元】对话框 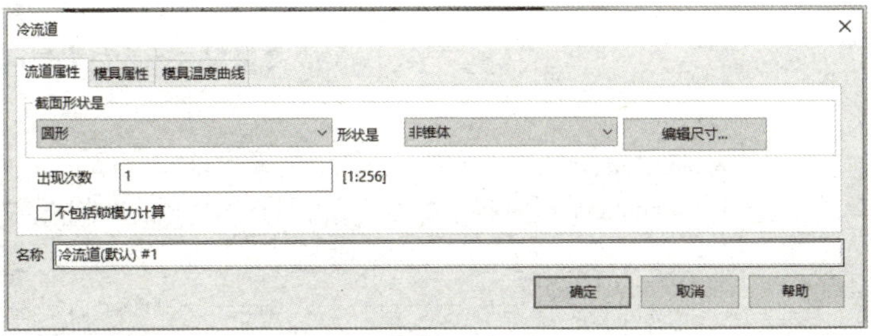　　　　图 16.32　【冷流道】对话框

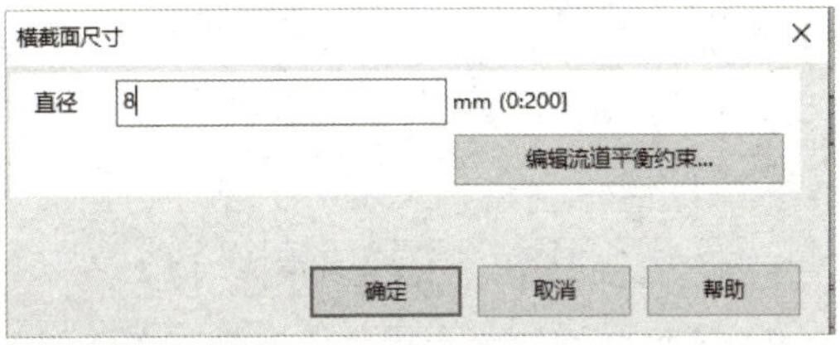

图 16.33　【横截面尺寸】对话框 　　　　图 16.34　创建第一条流道的结果

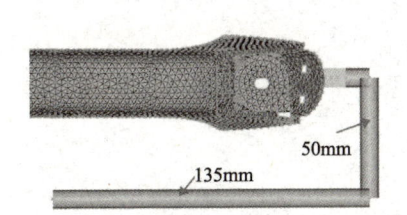

图 16.35　分流道 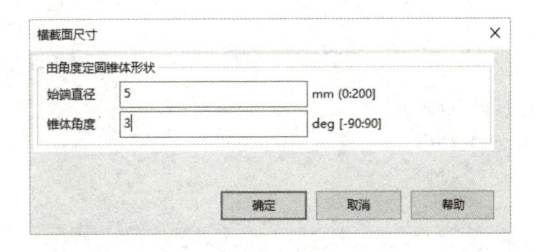　　　　图 16.36　创建主流道的【横截面尺寸】中的参数对话框设置

Step13：在任务视窗中选择【1个气体入口】选项并右击，在弹出的快捷菜单中选择【设置气体入口】选项，如图16.38所示，弹出【设置气体入口】对话框，如图16.39所示。单击【编辑】按钮，弹出【气体入口】对话框，如图16.40所示。单击【编辑】按钮，弹出【气体辅助注射控制器】对话框，如图16.41所示。在【气体延迟时间】数值框中输入【0.1】，在【气体注射控制】选区中选择【指定】选项，后面选择【气体压力控制器】选项，单击【编辑控制器设置】按钮，弹出【气体压力控制器设置】对话框，参数设置如图16.42所示。连续单击【确定】按钮，最后的结果如图16.43所示。

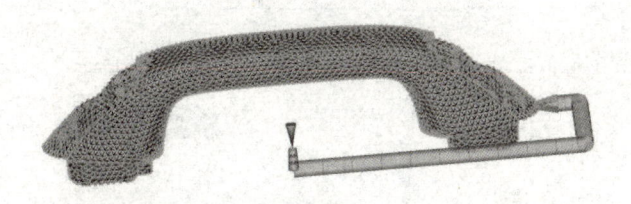

图 16.37　创建浇注系统的结果 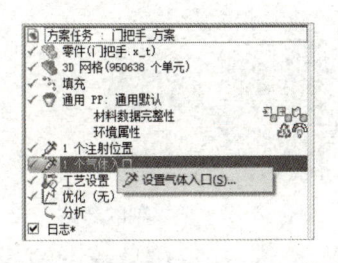　　　　图 16.38　选择【设置气体入口】选项

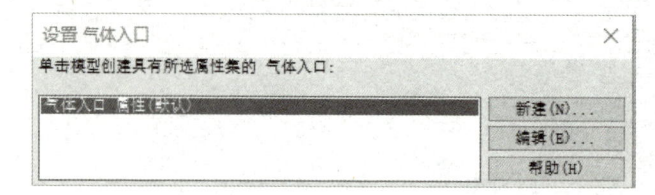

图 16.39 【设置气体入口】对话框

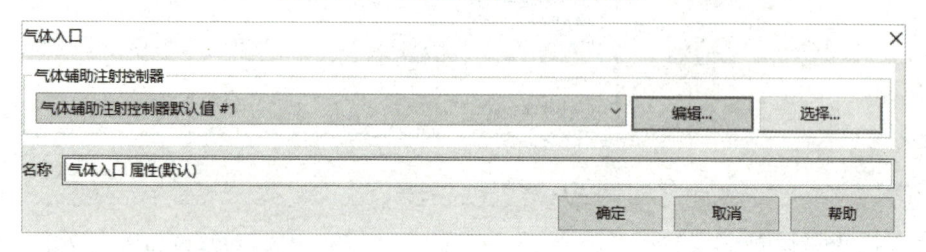

图 16.40 【气体入口】对话框

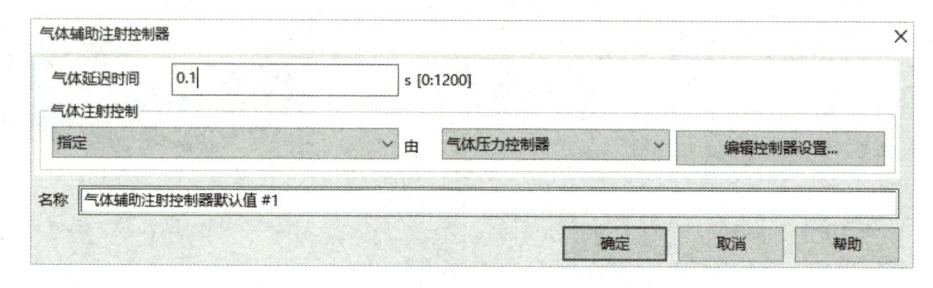

图 16.41 【气体辅助注射控制器】对话框

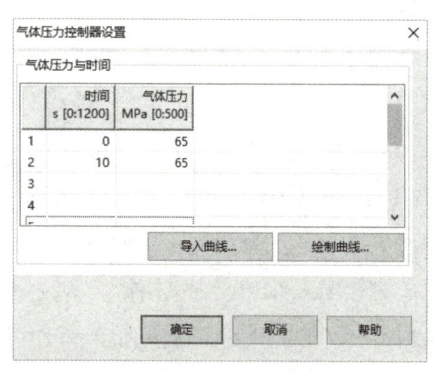

图 16.42 【气体压力控制器设置】对话框

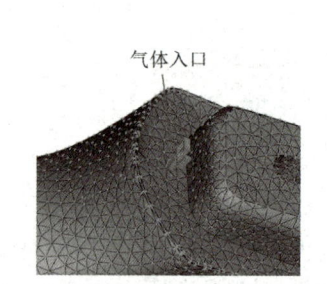

图 16.43 设置气体入口的结果

Step14：创建溢料井，使用【平移】命令，把如图 16.44 所示的要复制的节点按如图 16.45 所示的尺寸复制 3 个。

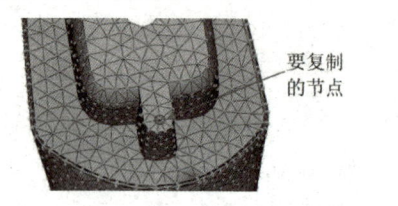

图 16.44 要复制的节点

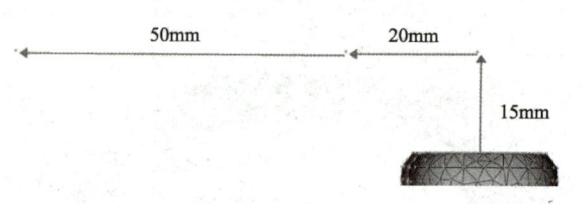

图 16.45 尺寸

Step15：选择【几何】→【创建】→【柱体】选项，弹出【创建柱体单元】对话框，如图 16.46

所示。在【柱体数】数值框中输入【5】，选择图 16.45 中相距 15mm 长的两个节点，单击【创建为】选项右边的矩形按钮，在弹出的【指定属性】对话框中单击【新建】下拉按钮，在下拉列表中选择【溢料井（柱体）】选项，如图 16.47 所示，弹出【溢料井（柱体）】对话框，参数设置如图 16.48 所示。

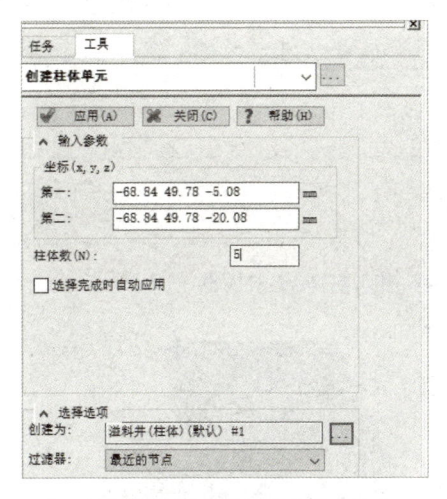

图 16.46 【创建柱体单元】对话框 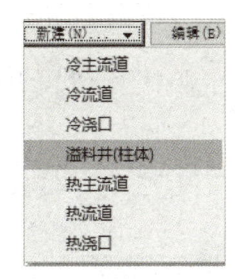　　　　　图 16.47 选择【溢料井（柱体）】选项

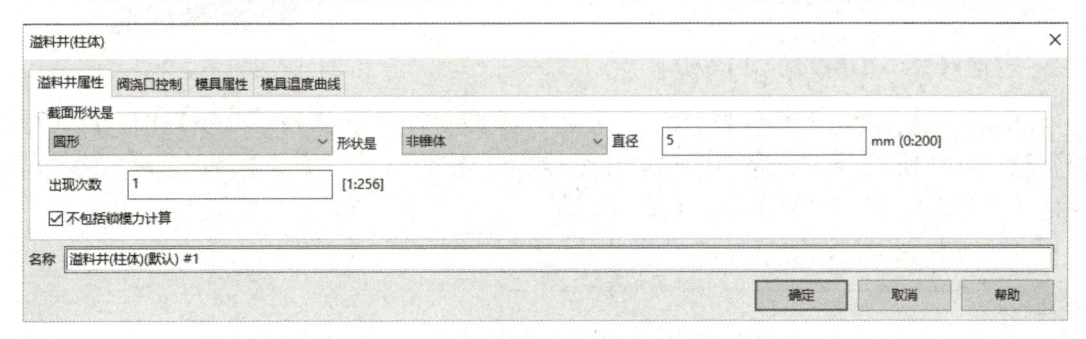

图 16.48 【溢料井（柱体）】对话框

Step16：连续单击【确定】按钮，最后单击【应用】按钮，结果如图 16.49 所示。以同样的方法创建长度为 20mm 的溢料井（柱体），【柱体数】设置为 8mm，结果如图 16.50 所示。

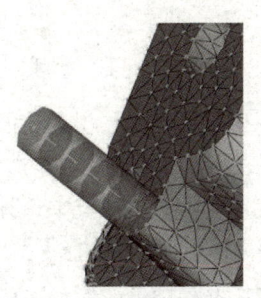

图 16.49 创建第一个溢料井的结果 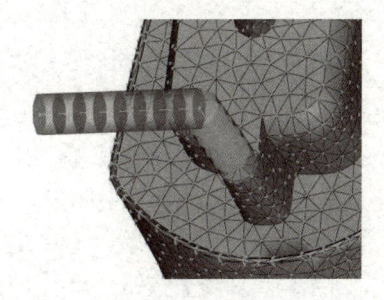　　　　　图 16.50 创建第二个溢料井的结果

Step17：创建第三个溢料井的【溢料井（柱体）】对话框如图 16.51 所示。在【截面形状是】下拉列表中选择【矩形】选项，在【形状是】下拉列表中选择【非锥体】选项，单击【编

辑尺寸】按钮，弹出【横截面尺寸】对话框，参数设置如图 16.52 所示。创建好的溢料井如图 16.53 所示。

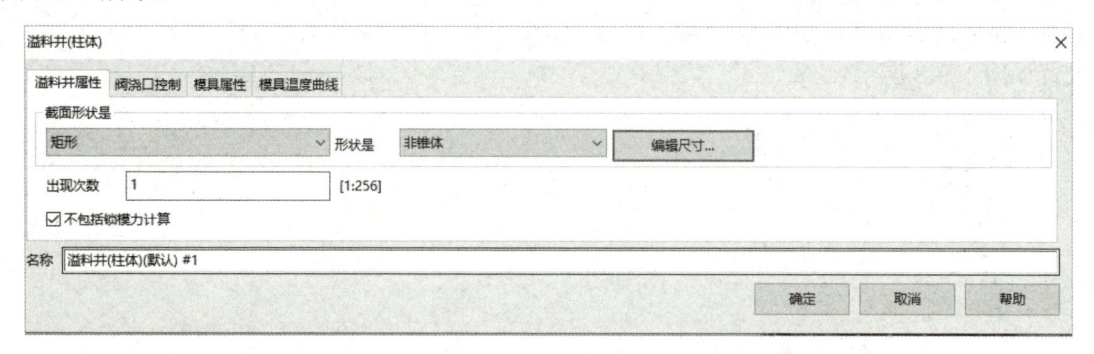

图 16.51　创建第三个溢料井的【溢料井（柱体）】对话框

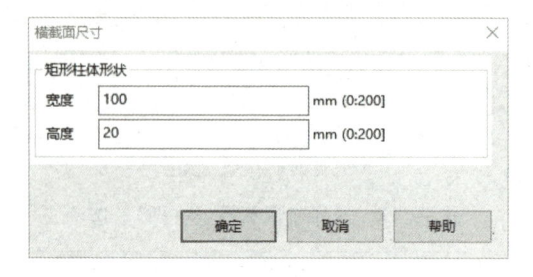

图 16.52　【横截面尺寸】对话框

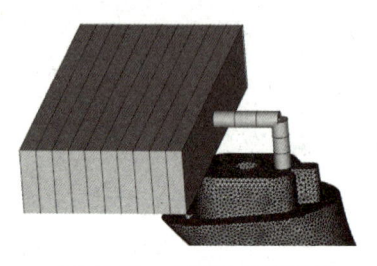

图 16.53　创建好的溢料井

Step18：选择【主页】→【成型工艺设置】→【分析序列】选项，弹出【选择分析序列】对话框，如图 16.54 所示。选择【填充+保压+翘曲】选项，单击【确定】按钮。双击任务视窗中的【工艺设置（用户）】选项，如图 16.55 所示，弹出【工艺设置向导-填充+保压设置】对话框，如图 16.56 所示。

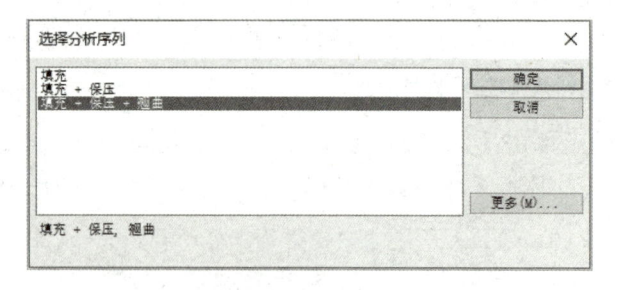

图 16.54　【选择分析序列】对话框

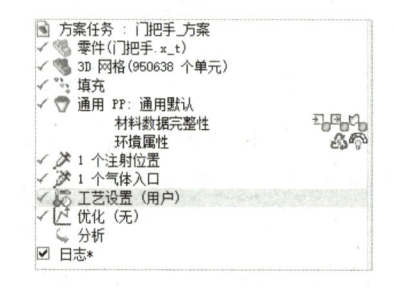

图 16.55　任务视窗

Step19：在【模具表面温度】数值框中输入【50】；在【熔体温度】数值框中输入【220】；在【填充控制】下拉列表中选择【注射时间】选项，并在后面的数值框中输入【1.2】（此时间可以根据【填充+保压】分析结果确定）；在【速度/压力切换】下拉列表中选择【由%充填体积】选项，并在后面的数值框中输入【99】；在【保压控制】下拉列表中选择【由%填充压力与时间】选项，单击【编辑曲线】按钮，弹出【保压控制曲线设置】对话框，如图 16.57 所示，把保压时间和保压压力设置为【0】，因为此时的保压压力不是由注塑机提供的，而是由后续注入的 N_2 提供的。单击【确定】按钮，返回【工艺设置向导-填充+保压设置】对话框，单击【下一步】按钮，弹出【工艺设置向导-翘曲设置】对话框，如图 16.58 所示，单击【完成】按钮。

第 16 章 气体辅助注射成型分析

Step20：在任务视窗中双击【分析】选项，求解器开始分析计算。

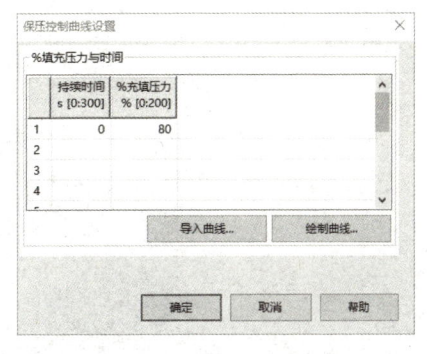

图 16.56　【工艺设置向导-填充+保压设置】对话框　　图 16.57　【保压控制曲线设置】对话框

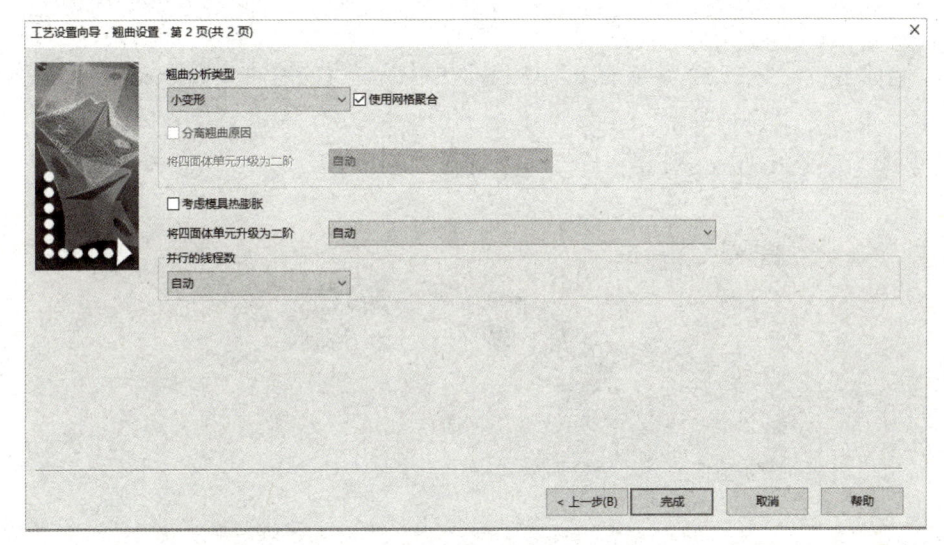

图 16.58　【工艺设置向导-翘曲设置】对话框

2. 分析结果解读

（1）【气体的体积百分比:XY 图】结果：从图 16.59 中可以看出，气体的体积百分比从 1.327s 开始到 2.329s 左右增大最大值，之后维持平稳。

（2）【气体时间】结果：从图 16.60 中可以看出，充气从 1.327s 开始到 2.33s 结束。

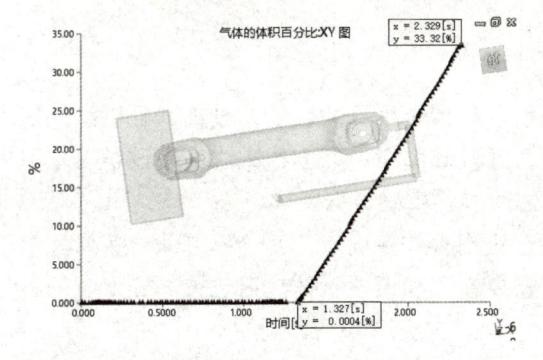

图 16.59　【气体的体积百分比:XY 图】结果　　图 16.60　【气体时间】结果

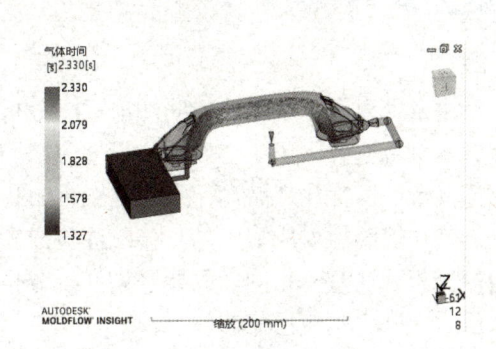

（3）【气体型芯】结果：从图 16.61 中可以看出，产品气体的穿透程度良好，几乎充满整个把手的厚壁部位。

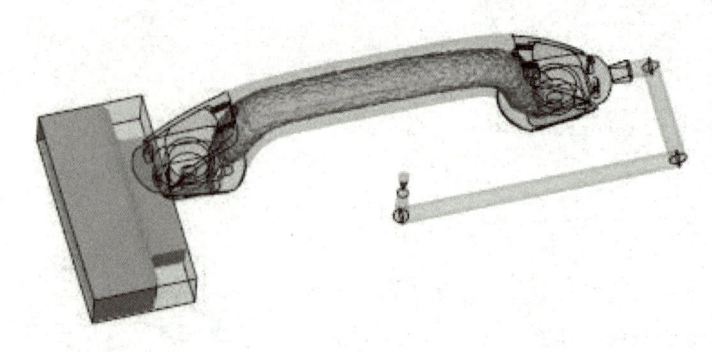

图 16.61　【气体型芯】结果

（4）翘曲分析：图 16.62 显示的是气体辅助注射成型后的翘曲分析结果，制品总变形量为 1.694mm。

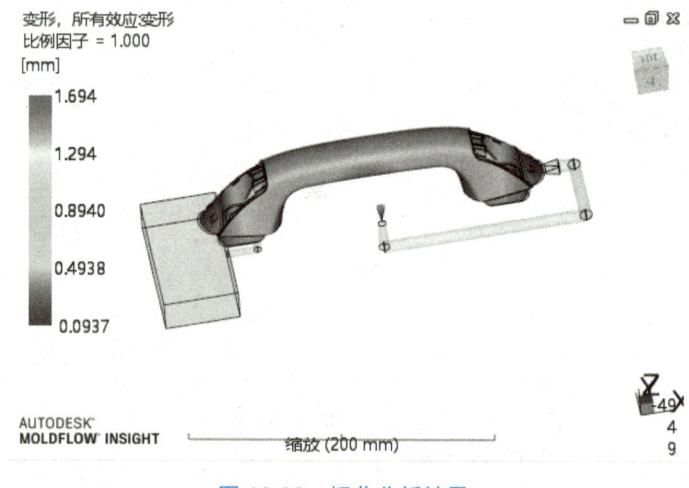

图 16.62　翘曲分析结果

16.4　本章小结

本章主要介绍了气体辅助注射成型分析过程，包括分析目的、工艺设置、分析结果等内容。本章着重介绍了工艺参数的设置方法和溢料井及其阀浇口的创建方法。通过学习本章内容，读者可以优化产品设计并确定聚合物和气体注射的精确数据。

气体辅助注射成型工艺与传统注塑成型工艺相比有许多优点，其分析方法与普通注射成型的分析方法基本相同，主要区别在于分析前需要设置和调整气体注射位置、延迟时间、气体压力，以达到最优化的效果。

第 17 章

双色注射成型分析

17.1 概述

双色注射成型是一种特殊的塑料注射成型方式，它通过两个独立的喷嘴将两种分离的材料注入同一个型腔，从而生产出结构简单的双色塑件。

1. 双色注射成型介绍

双色注射成型是指将两种分离的材料由两个不同的注射单元经过两个浇口注入同一个型腔，在一个塑件的成型周期中，两套注射装置分别有独立的注射循环过程。其中，两种材料先由注射单元 A、B 分别塑化，然后分别注入型腔。

材料 A 只填充型腔的一部分，其余空间由材料 B 填充。最后经过冷却固化的塑件被推出型腔，得到双色塑件。两种材料可以都出现在外层，在塑件之间两种材料具有比较平滑的接合面。

由于双色塑件是由两种材料构成的，因此如何防止不同材料的脱落和分层是一个关键问题。聚合物加工流变学的研究表明，两种材料界面的脱落和分层与它们之间的界面力有密切关系。因此，双色注射成型塑件材料的选择应注意以下 3 点。

（1）选择的材料之间黏合性要好，两种材料的黏合性越好，其界面之间的黏合力就越大，越不易脱落、分层。

（2）根据等黏度原则，选择的材料熔体黏度差异应尽可能小，否则会影响两种材料分布的均一性。

（3）若塑件通过结构的嵌接或夹心防止脱落和分层，则要注意材料的热收缩性不应相差太大，并尽可能做到收缩率完全匹配，一般情况下嵌入的材料收缩率较小。

2. AMI 在双色注射成型中的应用

【热塑性重叠注塑】模块可以实现双色或嵌件成型分析的模拟仿真，本章主要介绍该模块在双色注射成型中的应用，以及嵌件成型分析过程与双色注射成型分析序列。

【热塑性重叠注塑】模块提供了三种双色注射成型分析序列：【填充+保压+重叠注塑填充】、【填充+保压+重叠注塑填充+重叠注塑保压】和【填充+保压+重叠注塑填充+重叠注塑保压+翘曲】。其中，只有当网格类型为 3D 网格时，才能选择【填充+保压+重叠注塑填充+重叠注塑保压+翘曲】分析序列。

通过【热塑性重叠注塑】模块进行第一次注射与第二次注射的塑件成型分析得到的分析结果包括熔接线和气穴分布情况，成型过程所需的最大注射压力和最大锁模力，以及塑件表面温度分布情况等，基于这些结果可以检查塑件有无短射、收缩等潜在缺陷，并且可以判断保压效果等。

17.2 双色注射成型分析应用实例

双色注射分析分析

本节以一个操作实例演示双色注射成型分析的流程，并对分析结果进行解读。

本例对某电动工具外壳进行两次注射成型。首先，注射成型硬壳部分（第一次注射），材料为【PP+30%GF】，如图 17.1（a）所示；其次，注射成型软壳部分（第二次注射），材料为【TPE】，如图 17.1（b）所示。

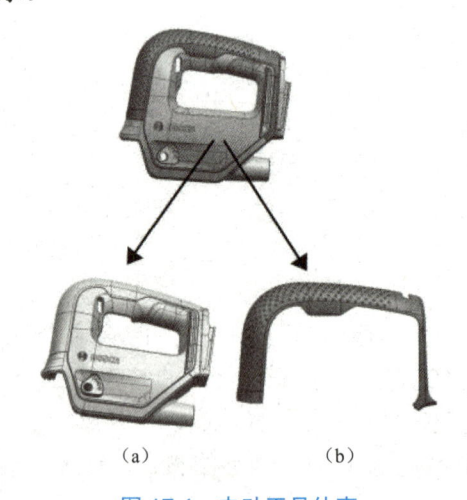

（a）　　　　（b）

图 17.1　电动工具外壳

原始模型是一个由两种不同颜色、不同材料的塑件模型组成的装配体，在进行双色注射成型分析前，需要先将其拆分成两个独立的实体模型。拆分实体模型是在 CAD 软件中完成的。本例将其拆分成【hard】和【soft】两个模型，并且另存为【.x_t】文件，其文件名分别为【hard.x_t】和【soft.x_t】。

本例的模型见【第 17 章双色注射成型分析】。

1. 导入硬壳模型

Step1：启动 Moldflow 2023，选择【文件】→【新建工程】选项，新建工程项目，将其命名为【ch17】。

Step2：选择【文件】→【导入】选项，或者在工程管理视窗中右击【ch17】选项，在弹出的快捷菜单中选择【导入】选项，弹出【导入】对话框，如图 17.2 所示。

Step3：在【导入】对话框中找到【hard.x_t】和【soft.x_t】两个文件所在的路径。

Step4：选择导入硬壳模型【hard.x_t】，单击【打开】按钮，弹出【导入】对话框，进行模型导入选项设置。

Step5：将网格类型设置为【Dual Domain】，单击【确定】按钮，完成设置。此时，模型显示窗口中会显示导入的硬壳模型，如图 17.3 所示。

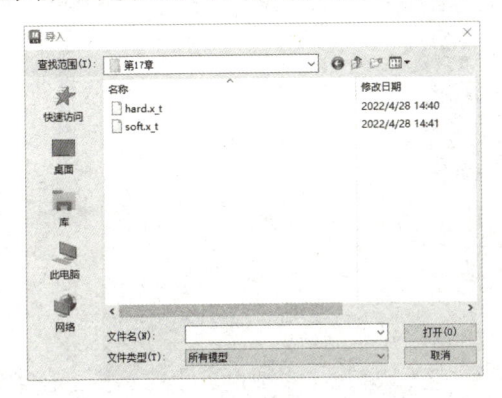

图 17.2 【导入】对话框

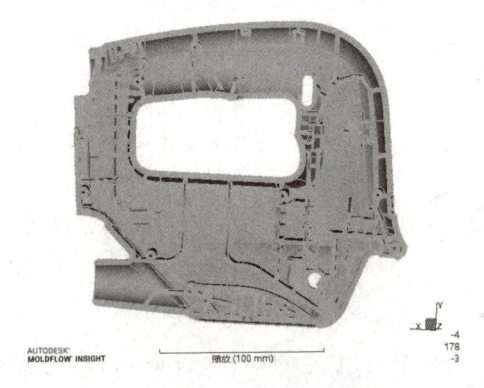

图 17.3 导入的硬壳模型

Step6：选择【网格】→【网格】→【生成网格】选项，弹出【生成网格】对话框，在【全局边长】数值框中输入【3】。

Step7：单击【创建网格】按钮，生成网格。诊断并修复网格，结果如图 17.4 所示。

Step8：单击【保存】按钮，保存文件。

2. 设置成型工艺

选择【主页】→【成型工艺设置】→【热塑性注塑成型】→【热塑性塑料重叠注塑】选项，如图 17.5 所示。

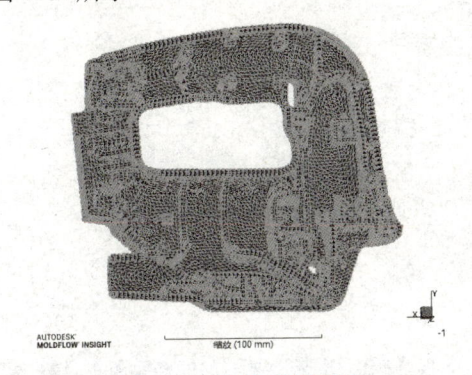

图 17.4 修复后的网格

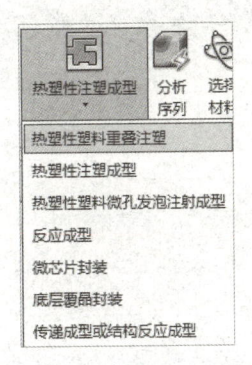

图 17.5 设置成型工艺的菜单

3. 导入软壳模型

Step1：选择【文件】→【导入】选项，或者在工程管理视窗中右击【ch17】选项，在弹出的快捷菜单中选择【导入】选项，弹出【导入】对话框，如图17.6所示。

Step2：在【导入】对话框中找到【hard.x_t】和【soft.x_t】两个文件所在的路径。

Step3：选择导入软壳模型【soft.x_t】，单击【打开】按钮，弹出【导入】对话框，进行模型导入选项设置。

Step4：将网格类型设置为【Dual Domain】，单击【确定】按钮，完成设置。此时，模型显示窗口中会显示导入的软壳模型，如图17.7所示。

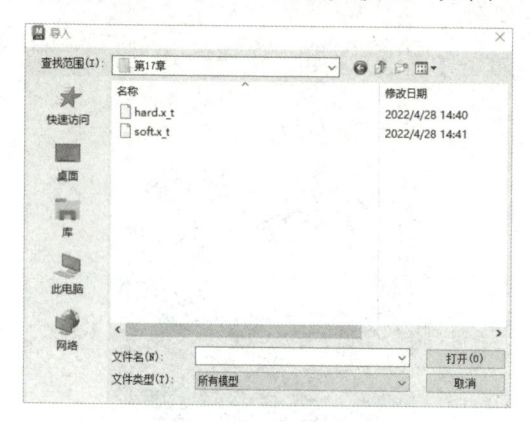

图17.6 【导入】对话框

图17.7 导入的软壳模型

Step5：选择【网格】→【网格】→【生成网格】选项，弹出【生成网格】对话框，在【全局边长】数值框中输入【1】。

Step6：单击【创建网格】按钮，生成网格。诊断并修复网格，结果如图17.8所示。

Step7：单击【保存】按钮，保存文件。

4. 将软壳网格模型添加到硬壳网格模型所在的窗口中

Step1：双击任务视窗中的【hard_方案】选项，打开硬壳网格模型所在的窗口。

Step2：选择【文件】→【添加】选项，弹出如图17.9所示的【选择要添加的模型】对话框。

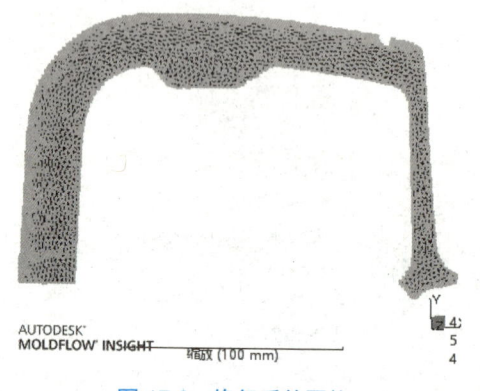

图17.8 修复后的网格

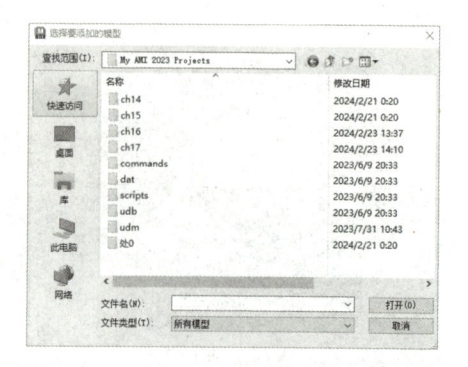

图17.9 【选择要添加的模型】对话框

Step3：双击【ch17】文件夹，切换到如图 17.10 所示的对话框，选中【soft___.sdy】文件，单击【打开】按钮，打开文件，软壳网格模型就会被添加到硬壳网格模型所在的窗口中，结果如图 17.11 所示。

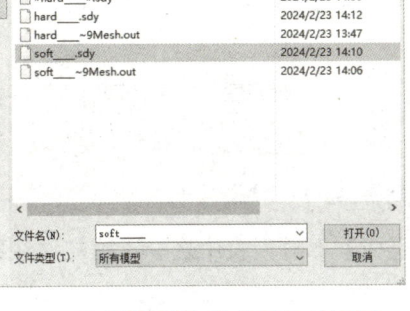

图 17.10 【选择要添加的模型】对话框

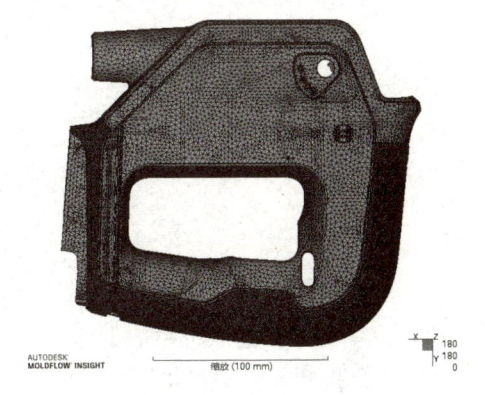

图 17.11 添加模型的结果

提示： 本例中的两个模型是通过在 CAD 软件中对装配体进行拆分而得到的，所以在将软壳网格模型添加到硬壳网格模型所在的窗口中后能够维持正确的位置关系，不需要进行另外的操作。但如果是两个独立的模型，则在进行 CAD 建模时，可以使两个模型维持装配后的坐标位置关系，这样在 Moldflow 2023 中添加模型时，两个模型就会自动装配在一起。如果添加模型后两个模型的相对位置关系不对，则可以先取消勾选第一个网格模型的所有图层，将其隐藏起来，再通过【建模】→【移动/复制】命令移动第二个模型，使其与第一个模型维持正确的相对位置关系。

5. 设置注射顺序

Step1：取消勾选硬壳网格模型的所有图层，这时模型显示窗口中仅显示软壳网格模型，如图 17.12 所示。

Step2：选择【几何】→【选择】→【全选】选项，选择所有的对象。

Step3：在空白处右击，在弹出的快捷菜单中选择【属性】选项，弹出如图 17.13 所示的【选择属性】对话框。全选后单击【确定】按钮，弹出【零件表面（双层面）】对话框如图 17.14 所示。

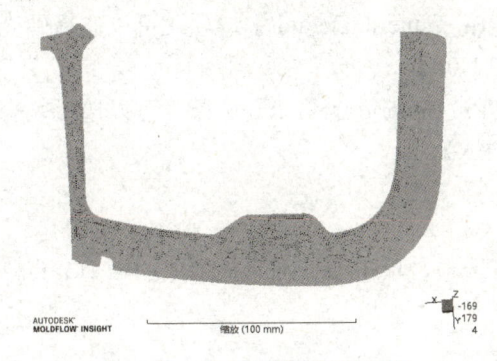

图 17.12 仅显示软壳网格模型

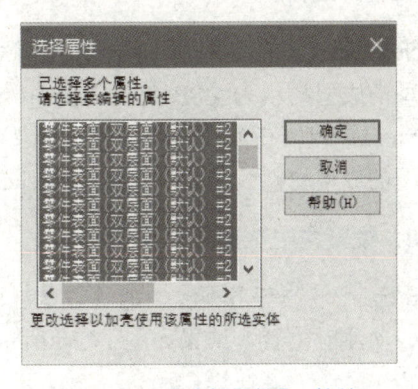

图 17.13 【选择属性】对话框

图 17.14　【零件表面（双层面）】对话框

Step4：单击【重叠注塑组成】选项卡，在【组成】下拉列表中选择【第二次注射】选项。单击【确定】按钮，完成设置。

Step5：选择硬壳网格模型和软壳网格模型的所有图层，在模型显示窗口中显示所有的模型，可以发现软壳网格模型的颜色已经改变，如图 17.15 所示。

6．选择分析序列

双击任务视窗中的【填充】选项，弹出【选择分析序列】对话框，如图 17.16 所示。选择【填充|保压+重叠注塑填充+重叠注塑保压】选项，单击【确定】按钮。此时，任务视窗如图 17.17 所示。

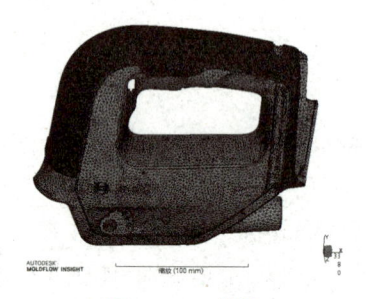

图 17.15　模型

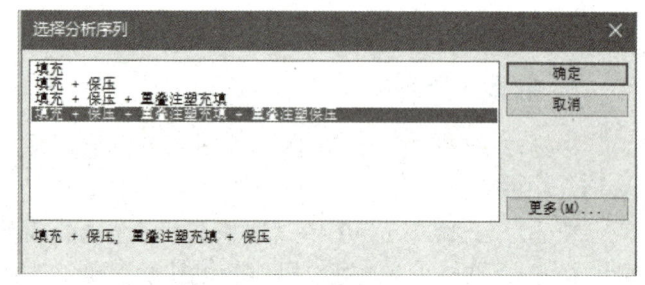

图 17.16　【选择分析序列】对话框

7．选择材料

Step1：双击任务视窗中的第一个【Generic PP：Generic Default】选项，可以选择硬壳网格模型的成型材料为【PP+30%GF：Hostacom G3 N01】。

Step2：双击任务视窗中的第二个【Generic PP：Generic Default】选项，可以选择软壳网格模型的成型材料为【TPE：Hercuprene 3996E-70A】。

8．设置注射位置

Step1：双击任务视窗中的【设置注射位置】选项，单击硬壳网格模型上的一个节点，设置第一次注射位置，结果如图 17.18 所示。

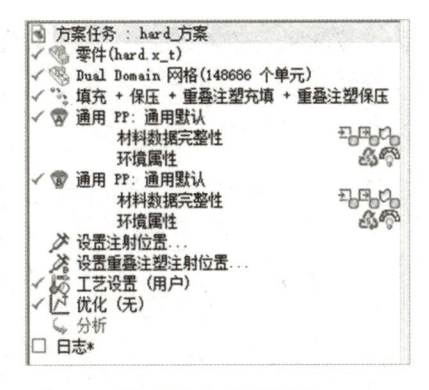

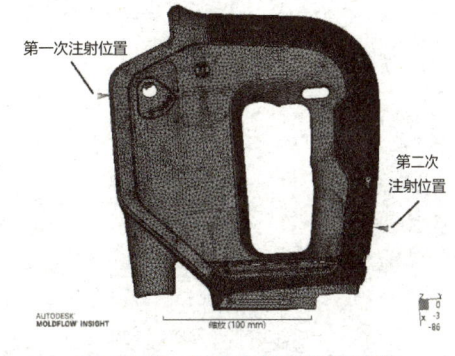

图 17.17　任务视窗

图 17.18　设置注射位置的结果

Step2：双击任务视窗中的【设置重叠注射位置】选项，单击软壳网格模型上的一个节点，设置第二次注射位置，结果如图 17.18 所示。

9. 设置工艺参数

Step1：双击任务视窗中的【工艺设置（默认）】选项，弹出【工艺设置向导-第一个组成阶段的填充+保压设置】对话框，如图 17.19 所示。

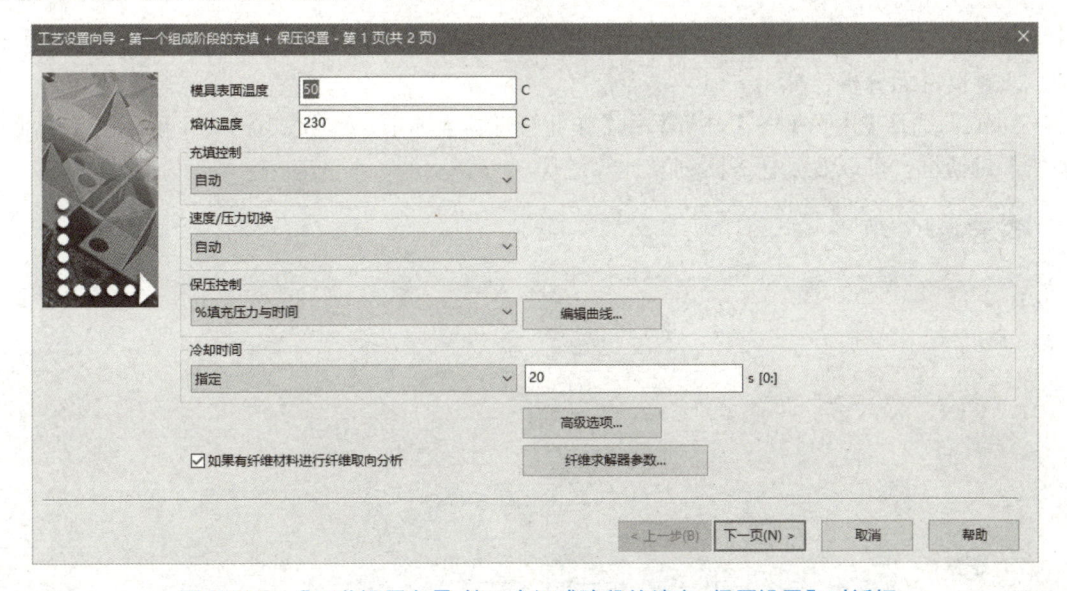

图 17.19　【工艺设置向导-第一个组成阶段的填充+保压设置】对话框

图 17.19 所示的对话框中的参数用于设置第一次注塑成型，即硬壳网格模型的成型工艺参数，各参数均采用默认设置。

Step2：单击【下一步】按钮，进入【工艺设置向导-重叠注塑阶段的填充+保压设置】对话框，如图 17.20 所示。

图 17.20 所示的对话框中的参数用于设置第二次注塑成型，即软壳网格模型的成型工艺参数，各参数均采用默认设置。

Step3：单击【完成】按钮，关闭对话框，完成工艺参数的设置。

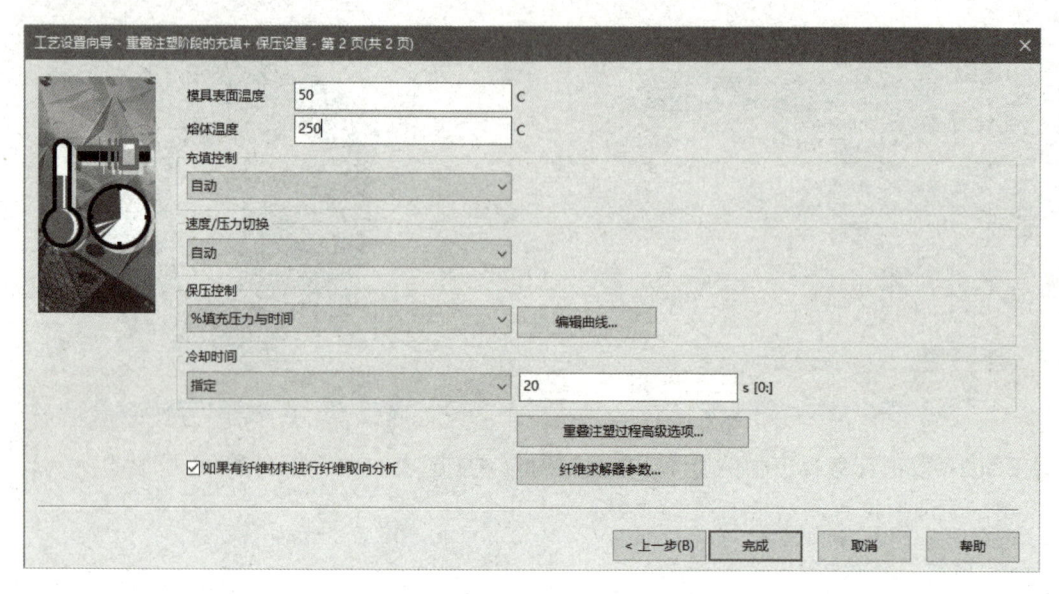

图 17.20　【工艺设置向导-重叠注塑阶段的填充+保压设置】对话框

10．进行分析

Step1：在完成工艺参数的设置之后，即可进行分析计算。双击任务视窗中的【分析】选项，求解器开始分析计算。

Step2：选择【主页】→【分析】→【作业管理器】选项，弹出如图 17.21 所示的【作业管理器】对话框，可以看到任务队列及计算进程。

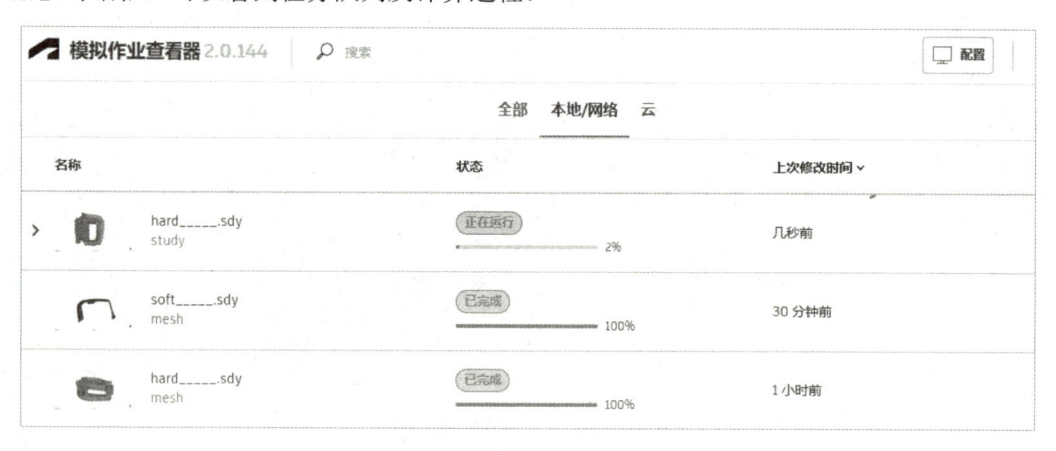

图 17.21　【作业管理器】对话框

通过分析计算的分析日志，可以实时监控分析的整个过程，输出的信息如下。

（1）第一次注射填充分析的进度和部分结果，如图 17.22 所示。

（2）第一次注射保压分析过程信息，如图 17.23 所示。

（3）第二次注射填充分析的进度和部分结果，如图 17.24 所示。

（4）第二次注射保压分析的过程信息，如图 17.25 所示。

第 17 章 双色注射成型分析

充填阶段： 状态：U = 速度控制
　　　　　　　　 P = 压力控制
　　　　　　　　 U/P= 速度/压力切换

时间(s)	体积(%)	压力(MPa)	锁模力(公制吨)	流动速率(cm^3/s)	状态
0.066	4.87	3.09	0.08	115.49	U
0.131	9.76	4.70	0.29	116.24	U
0.196	14.72	6.17	0.63	116.25	U
0.261	19.61	7.71	1.14	116.14	U
0.326	24.46	9.31	1.88	116.78	U
0.392	29.46	10.71	2.71	117.00	U
0.456	34.30	11.99	3.64	117.20	U
0.520	39.15	13.21	4.68	117.34	U
0.587	44.18	14.46	5.92	117.47	U
0.650	48.97	16.01	7.71	116.89	U
0.715	53.85	17.86	9.94	117.18	U
0.781	58.74	19.59	12.27	117.56	U
0.845	63.58	21.37	14.93	117.48	U
0.911	68.45	23.38	18.25	117.70	U
0.976	73.24	25.32	21.66	117.74	U
1.040	78.04	27.32	25.29	118.09	U
1.105	82.89	29.40	29.32	118.22	U
1.170	87.65	31.99	34.75	118.33	U
1.235	92.42	34.79	41.04	118.50	U
1.300	97.15	37.99	48.66	118.72	U

图 17.22　第一次注射填充分析的进度和部分结果

保压阶段：

时间(s)	保压(%)	压力(MPa)	锁模力(公制吨)	状态
1.398	0.26	31.29	47.10	P
2.307	3.29	31.29	51.23	P
3.557	7.45	31.29	38.81	P
4.557	10.79	31.29	29.93	P
5.807	14.95	31.29	23.26	P
6.807	18.29	31.29	18.64	P
8.057	22.45	31.29	12.37	P
9.057	25.79	31.29	8.51	P
10.307	29.95	31.29	5.76	P
11.307	33.29	31.29	4.43	P
11.321				压力已释放
11.333	33.38	0.00	2.60	P
11.980	35.53	0.00	0.80	P
14.980	45.53	0.00	0.06	P
17.980	55.53	0.00	0.02	P
20.980	65.53	0.00	0.01	P
23.980	75.53	0.00	0.01	P
26.980	85.53	0.00	0.00	P
29.980	95.53	0.00	0.00	P
31.321	100.00	0.00	0.00	P

图 17.23　第一次注射保压分析过程信息

充填阶段： 状态：U = 速度控制
　　　　　　　　 P = 压力控制
　　　　　　　　 U/P= 速度/压力切换

时间(s)	体积(%)	压力(MPa)	锁模力(公制吨)	流动速率(cm^3/s)	状态
0.066	4.62	2.84	0.03	10.99	U
0.132	9.23	4.18	0.08	11.02	U
0.195	13.65	6.25	0.22	10.82	U
0.262	18.22	8.41	0.40	10.98	U
0.326	22.65	10.33	0.60	11.02	U
0.391	27.07	13.27	1.00	10.75	U
0.456	31.44	16.68	1.54	10.89	U
0.521	35.82	19.96	2.15	10.94	U
0.586	40.16	23.12	2.82	10.97	U
0.651	44.53	26.62	3.69	10.95	U
0.715	48.78	30.60	4.77	10.98	U
0.781	53.14	34.96	6.07	11.00	U
0.846	57.45	39.44	7.49	11.04	U
0.911	61.75	43.98	9.02	11.08	U
0.975	66.04	48.49	10.62	11.12	U
1.041	70.40	53.00	12.34	11.16	U
1.106	74.79	57.42	14.10	11.19	U
1.170	79.09	61.79	15.93	11.22	U
1.236	83.50	66.21	17.88	11.26	U

图 17.24　第二次注射填充分析的进度和部分结果

保压阶段：

时间(s)	保压(%)	压力(MPa)	锁模力(公制吨)	状态
1.509	0.15	74.06	28.68	P
2.419	3.18	74.06	37.77	P
3.419	6.51	74.06	16.11	P
4.669	10.68	74.06	3.41	P
5.669	14.01	74.06	0.65	P
6.919	18.18	74.06	0.05	P
7.919	21.51	74.06	0.03	P
9.169	25.68	74.06	0.03	P
10.419	29.85	74.06	0.03	P
11.419	33.18	74.06	0.03	P
11.464				压力已释放
11.477	33.38	0.00	0.00	P
12.124	35.53	0.00	0.00	P
15.124	45.53	0.00	0.00	P
18.124	55.53	0.00	0.00	P
21.124	65.53	0.00	0.00	P
24.124	75.53	0.00	0.00	P
27.124	85.53	0.00	0.00	P
30.124	95.53	0.00	0.00	P
31.465	100.00	0.00	0.00	P

图 17.25　第二次注射保压分析过程信息

17.3　双色注射成型分析结果

　　双色注射成型分析完成后，分析结果会以文字、图形、动画等方式显示出来，同时在任务视窗中也会分类显示，如图 17.26 所示。热塑性重叠注射成型分析结果分为两栏显示在任务视窗的【结果】面板中，其分析结果和普通注射成型分析结果相差不大。

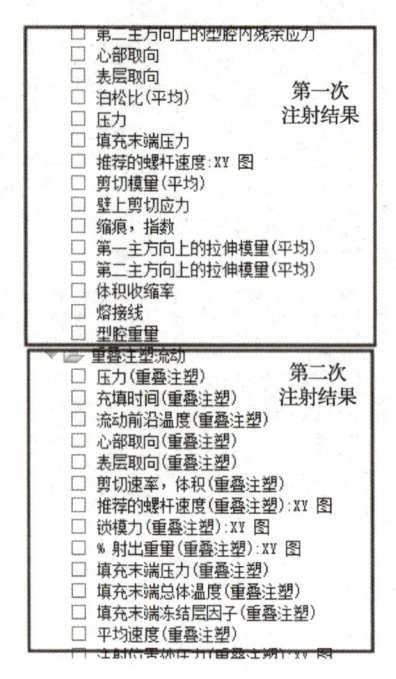

图 17.26　双色注射成型分析结果列表

1．填充时间

图 17.27 所示为硬壳【充填时间】结果。从图 17.27 中可以看出，在成型硬壳时，熔体的充填时间为 1.397s。

图 17.28 所示为软壳【充填时间（重叠注塑）】结果。从图 17.28 中可以看出，在成型软壳时，熔体的充填时间为 1.509s。

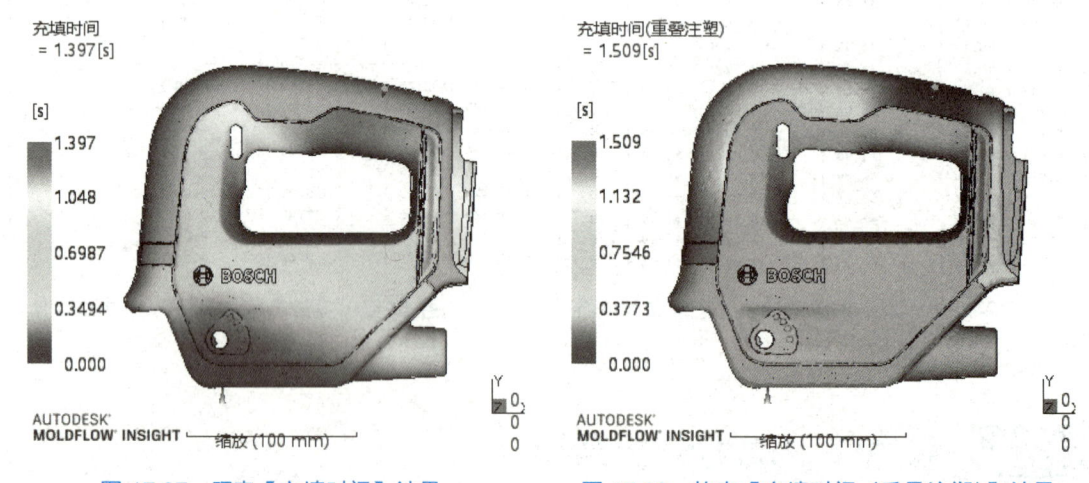

图 17.27　硬壳【充填时间】结果　　　　图 17.28　软壳【充填时间（重叠注塑）】结果

比较硬壳和软壳的充填时间，可以看出两个模型的充填时间相差较大，可以通过调整成型工艺参数使两次注射成型的充填时间尽量接近。

2．顶出时的体积收缩率

图 17.29 所示为硬壳【顶出时的体积收缩率】结果。从图 17.29 中可以看出，硬壳顶出时

的体积收缩率为 9.05%，且在与软壳交接的部位达到最大值，这是因为与软壳交接的部位厚度较大。

图 17.30 所示为软壳【顶出时的体积收缩率】结果。从图 17.30 中可以看出，软壳顶出时的体积收缩率为 6.626%，且在下端达到最大值。

比较硬壳和软壳顶出时的体积收缩率，可以看出两个模型顶出时的体积收缩率相差较大，且收缩率最大的区域不在同一位置，这会影响两个模型的熔接性。

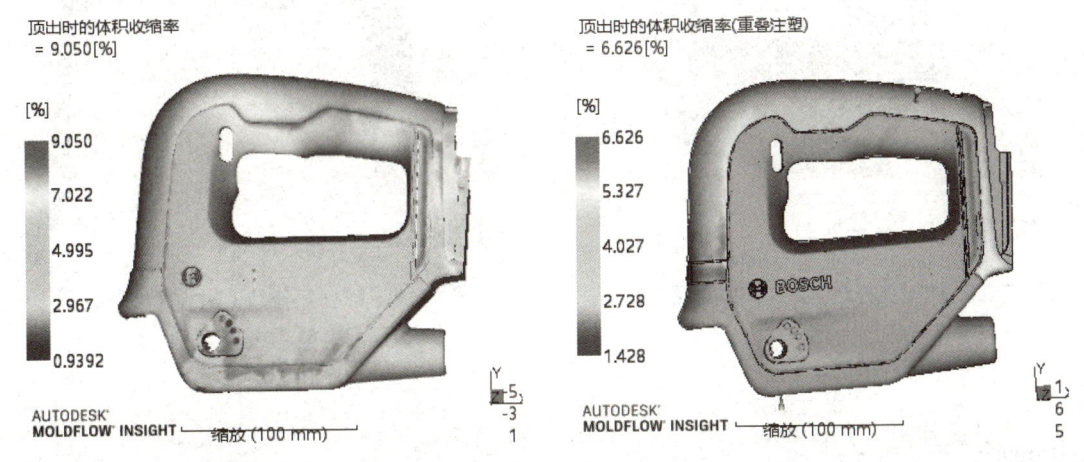

图 17.29　硬壳【顶出时的体积收缩率】结果　　　图 17.30　软壳【顶出时的体积收缩率】结果

3. 填充结束时的总体温度

图 17.31 所示为硬壳【总体温度（重叠注塑）】结果。从图 17.31 中可以看出，硬壳的平均温度分布均匀，且温度比较接近。

图 17.32 所示为软壳【总体温度（重叠注塑）】结果。从图 17.32 中可以看出，软壳的平均温度分布均匀，且温度比较接近，说明硬壳温度对软壳温度基本没有影响。

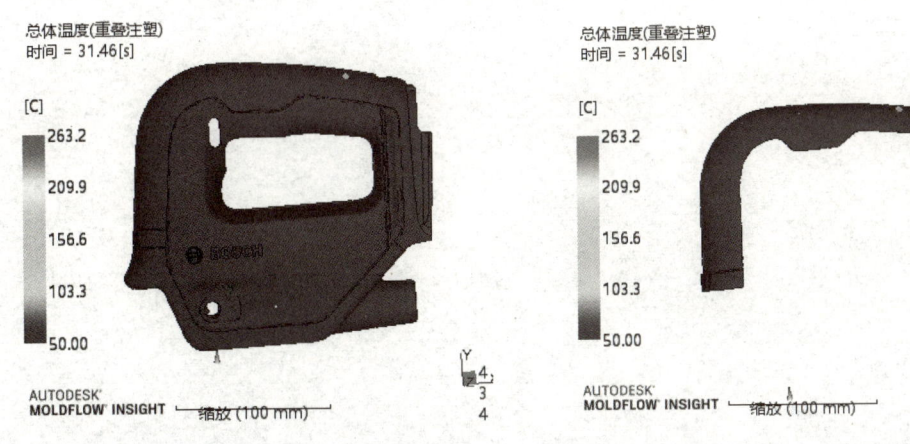

图 17.31　硬壳【总体温度（重叠注塑）】结果　　　图 17.32　软壳【总体温度（重叠注塑）】结果

4. 填充结束时的冻结层因子

图 17.33 所示为硬壳填充结束时【冻结层因子】结果。从图 17.33 中可以看出，硬壳的冷却均匀，温度均匀。

图 17.34 所示为软壳填充结束时【冻结层因子（重叠注塑）】结果。从图 17.34 中可以看出，软壳的冷却均匀，温度均匀。

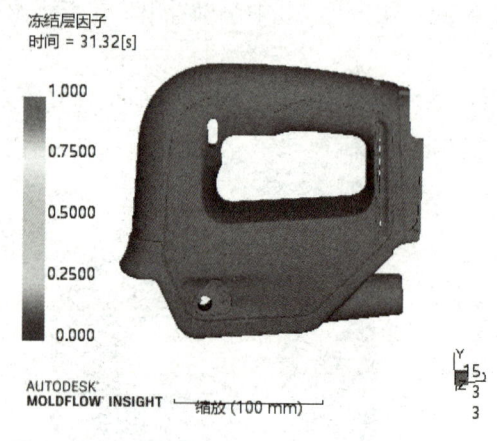

图 17.33　硬壳填充结束时【冻结层因子】结果

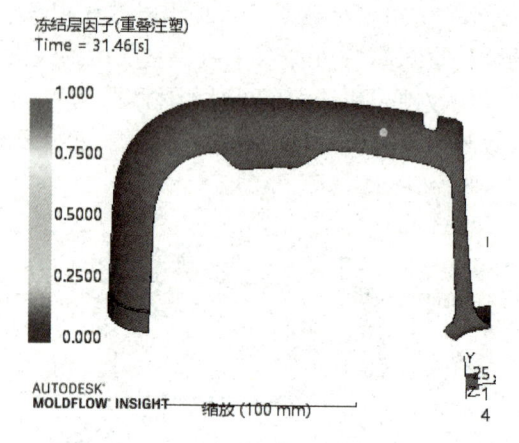

图 17.34　软壳填充结束时【冻结层因子（重叠注塑）】结果

17.4　本章小结

本章主要介绍了双色注射成型分析流程，包括模型处理、成型工艺设置、注射顺序设置、工艺参数设置和分析结果解读等内容。本章的重点是双色注射成型的基本原理和分析方法。

当需要对双色塑件进行分析时，分析前处理是一个难点，需要将两种不同颜色塑件接合部位的网格完全匹配，否则分析就会出现错误，其分析方法和普通注塑成型分析没有太大区别。

第 18 章

嵌件注射成型分析

18.1 概述

嵌件注射成型是指在模具内装入预先准备好的异材质嵌件后注入树脂,熔融的材料与嵌件接合固化,从而制成一体化产品。

1. 嵌件注射成型介绍

嵌件注射成型在注射加工中应用比较广泛,如笔记本电脑的塑料底座、手机塑料底座的连接部位一般都植入了铜螺母,这些铜螺母一般都是采用嵌件注射成型的方式植入的。

嵌件材料不限于金属,还包括布、纸、塑料、玻璃、木材等多种材料。在进行嵌件注射成型时需要注意,由于金属和塑料收缩率的显著不同,嵌件周围通常会产生很大的内应力。这种内应力的存在会使嵌件周围出现裂纹,导致塑件的使用性能大大降低。为了解决该问题,可以选用热膨胀系数大的金属(如铝、钢等)作为嵌件材料,以及对嵌件(尤其是大的金属嵌件)进行预热。同时,设计塑件时在嵌件周围设置较大的厚壁等措施,也可以有效地减小应力带来的影响。

2. AMI 在嵌件注射成型中的应用

【热塑性注塑成型】模块可以实现嵌件或嵌件注射成型分析的模拟仿真,本章主要介绍该模块在嵌件注射成型中的应用。

通过【热塑性注塑成型】模块进行嵌件注射成型分析得到的分析结果包括熔接线和气穴分布情况,成型过程所需的最大注射压力和最大锁模力,以及塑件表面温度分布情况等,基于这些结果可以检查塑件有无短射、收缩等潜在缺陷。

18.2 嵌件注射成型分析应用实例

嵌件注射成型分析

本节以一个操作实例演示嵌件注射成型分析的流程,并对分析结果进行解读。

本例对某个带金属嵌件的支架进行嵌件注射成型。图 18.1 所示为支架的原始模型。该支架是由塑料底座和金属嵌件组成的,成型时将塑料熔体注射到型腔中,使塑料熔体和金属嵌件固定在一起,并且保持很好的熔接。

原始模型是一个由两种不同材料的塑件模型组成的装配体,在进行嵌件注射成型分析前,需要先将其拆分成两个独立的实体模型。拆分实体模型是在 CAD 软件中完成的。本例将其拆分成【base】和【insert】两个模型,并且另存为【.x_t】文件,其文件名分别为【base.x_t】和【insert.x_t】。本例的模型见【第 18 章嵌件注射成型分析】。

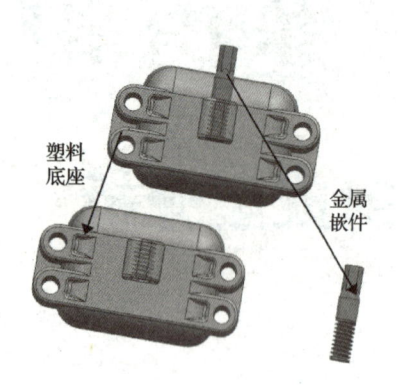

图 18.1 支架的原始模型

1. 导入塑料底座模型

Step1:启动 Moldflow 2023,选择【文件】→【新建工程】选项,新建工程项目,将其命名为【ch18】。

Step2:选择【文件】→【导入】选项,或者在工程管理视窗中右击【ch18】选项,在弹出的快捷菜单中选择【导入】选项,弹出【导入】对话框,如图 18.2 所示。

Step3:选择导入塑料底座模型【base.x_t】,单击【打开】按钮,弹出【导入】对话框,进行模型导入选项设置,如图 18.3 所示。将网格类型设置为【Dual Domain】,单击【确定】按钮,完成设置。

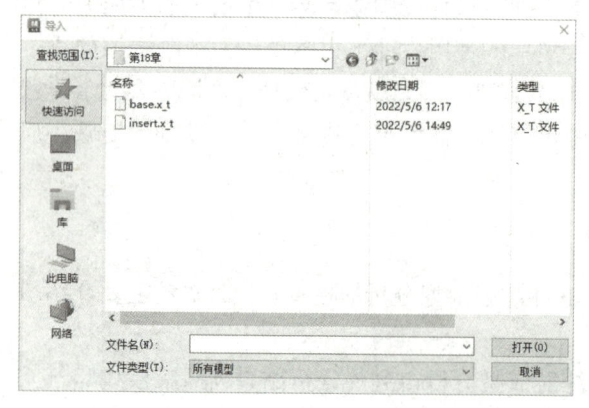

图 18.2 【导入】对话框

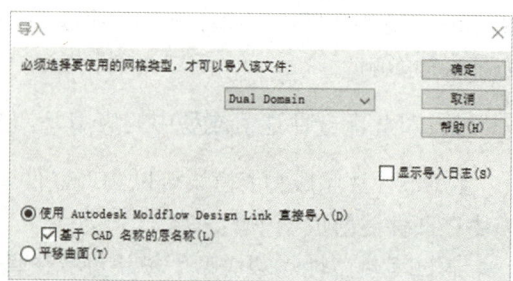

图 18.3 进行模型导入选项设置

Step4:此时,模型显示窗口中会显示导入的塑料底座模型,如图 18.4 所示。

Step5:选择【网格】→【网格】→【生成网格】按钮,弹出【生成网格】对话框。在【全局边长】数值框中输入【1】。单击【创建网格】按钮,生成网格。诊断并修复网格,结果如图 18.5 所示。

图 18.4　导入的塑料底座模型

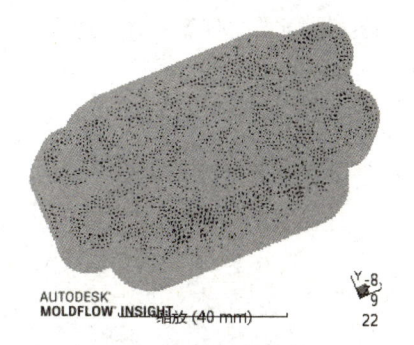

图 18.5　修复后的网格

2. 导入金属嵌件模型

Step1:选择【文件】→【导入】选项,或者在工程管理视窗中右击【ch18】选项,在弹出的快捷菜单中选择【导入】选项,弹出【导入】对话框,如图 18.6 所示。

Step2:选择导入金属嵌件模型【insert.x_t】,单击【打开】按钮,弹出【导入】对话框,进行模型导入选项设置,如图 18.7 所示。将网格类型设置为【Dual Domain】,单击【确定】按钮,完成设置。

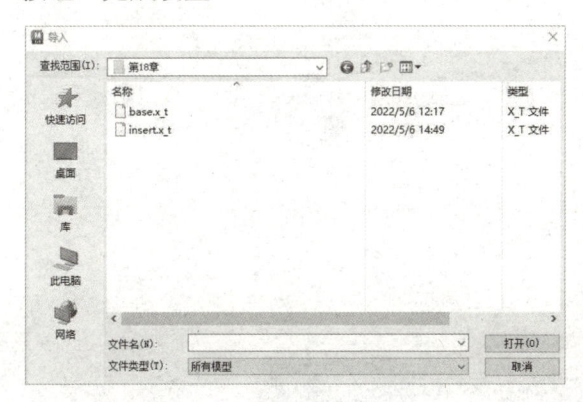

图 18.6　【导入】对话框

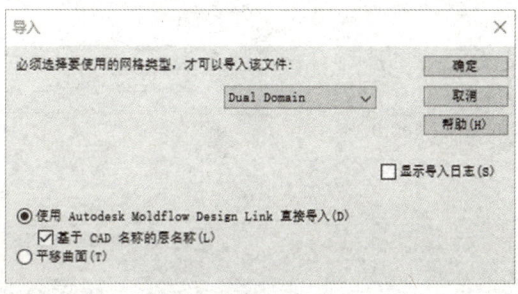

图 18.7　进行模型导入选项设置

Step3:此时,模型显示窗口中会显示导入的金属嵌件模型,如图 18.8 所示。

Step4:选择【网格】→【网格】→【生成网格】按钮,弹出【生成网格】对话框。在【全局边长】数值框中输入【0.5】。单击【创建网格】按钮,生成网格。诊断并修复网格,结果如图 18.9 所示。

Step5:单击【保存】按钮,保存文件。

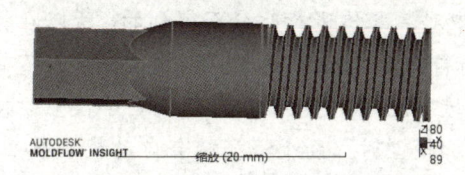

图 18.8　导入的金属嵌件模型

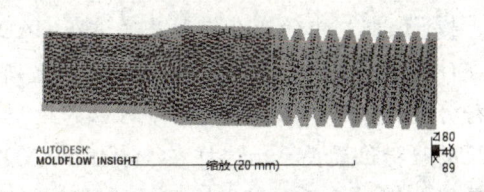

图 18.9　修复的网格

3．将金属嵌件网格模型添加到塑料底座网格模型所在的窗口中

Step1：双击任务视窗中的【base_方案】选项，打开塑料底座网格模型所在的窗口。

Step2：选择【文件】→【添加】选项，弹出如图18.10所示的【选择要添加的模型】对话框。

图18.10　【选择要添加的模型】对话框

Step3：双击【ch18】文件夹，切换到如图18.11所示的对话框。

图18.11　【选择要添加的模型】对话框

Step4：选中【insert＿＿.sdy】文件，单击【打开】按钮，打开文件，金属嵌件网格模型就会被添加到塑料底座网格模型所在的窗口中，如图18.12所示。添加金属嵌件网格模型后，塑料底座网格模型原有的图层会和金属嵌件网格模型的图层显示在同一个图层面板中，如图18.13所示。

提示：本例中的两个模型是通过在CAD软件中对装配体进行拆分而得到的，所以在将金属嵌件网格模型添加到塑料底座网格模型所在的窗口中后能够维持正确的位置关系，不需要进行另外的操作。但如果是两个独立的模型，则在进行CAD建模时，可以使两个模型维持装配后的坐标位置关系，这样在Moldflow 2023中添加模型时，两个模型就会自动装配在一起。如果添加模型后两个模型的相对位置关系不对，则可以先取消勾选第一个网格模型的所有图

层，将其隐藏起来，再通过【建模】→【移动/复制】命令移动第二个模型，使其与第一个模型维持正确的相对位置关系。

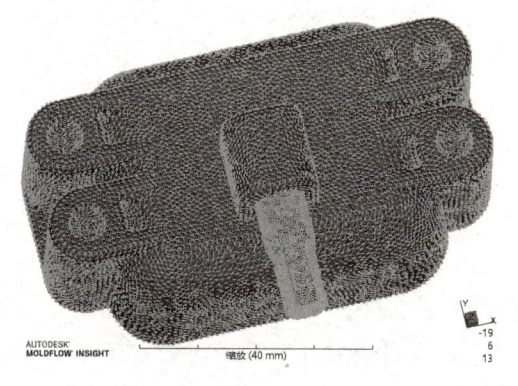

图 18.12　添加模型的结果

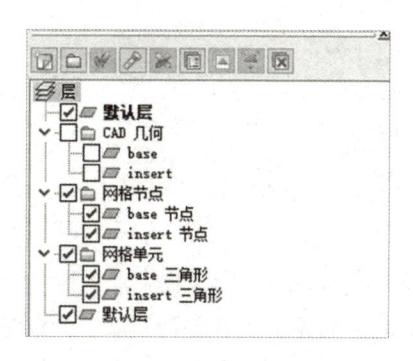

图 18.13　图层面板

4．设置注射顺序

Step1：取消勾选塑料底座网格模型的所有图层，这时模型显示窗口中仅显示金属嵌件网格模型，如图 18.9 所示。

Step2：框选图 18.9 中的所有对象并右击，在弹出的快捷菜单中选择【更改属性类型】选项，弹出如图 18.14 所示的【将属性类型更改为】对话框。选择【零件镶件表面（Dual Domain）】选项，单击【确定】按钮，弹出更改成功的对话框如图 18.15 所示。

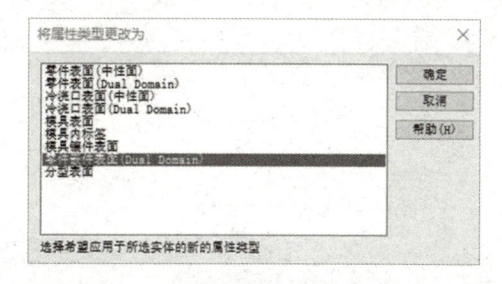

图 18.14　【将属性类型更改为】对话框

图 18.15　更改成功的对话框

Step3：再次框选金属嵌件的所有对象并右击，在弹出的快捷菜单中选择【属性】选项，弹出如图 18.16 所示的【选择属性】对话框。单击【确定】按钮，弹出【零件镶件表面（Dual Domain）】对话框，如图 18.17 所示，可以选择对应的金属种类。

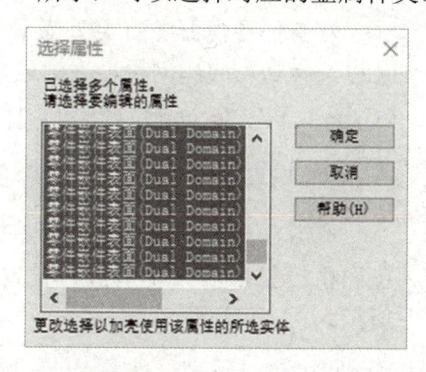

图 18.16　【选择属性】对话框

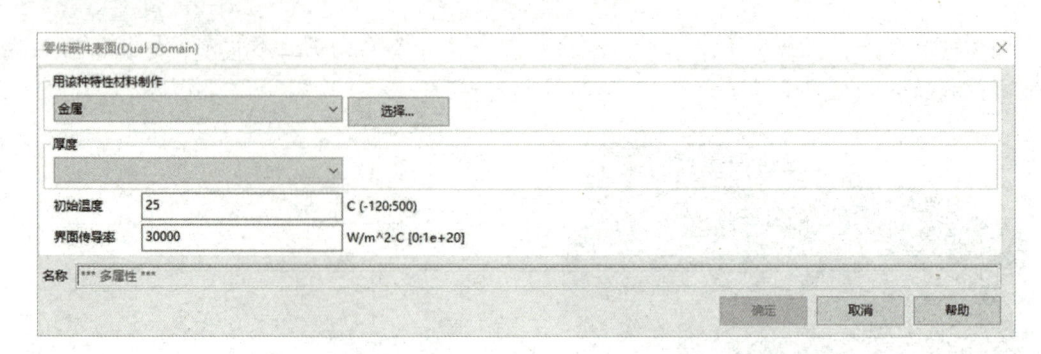

图 18.17 【零件镶件表面（Dual Domain）】对话框

提示：【用该种特性材料制作】下拉列表中有两个选项，分别为【金属】和【聚合物】，因为本例定义的是金属嵌件的属性，所以选择【金属】选项。【厚度】下拉列表中也有两个选项，分别为【自动确定】和【指定】。如果选择【指定】选项，则需要在右侧的数值框中输入指定的厚度值。

Step4：单击【确定】按钮，关闭该对话框。

Step5：选择塑料底座网格模型和金属嵌件网格模型的所有图层，使塑料底座网格模型和金属嵌件网格模型同时显示在模型显示窗口中。

5．选择分析序列

双击任务视窗中的【填充】选项，弹出【选择分析序列】对话框，如图 18.18 所示。选择【填充+保压+翘曲】选项，单击【确定】按钮。此时，任务视窗如图 18.19 所示

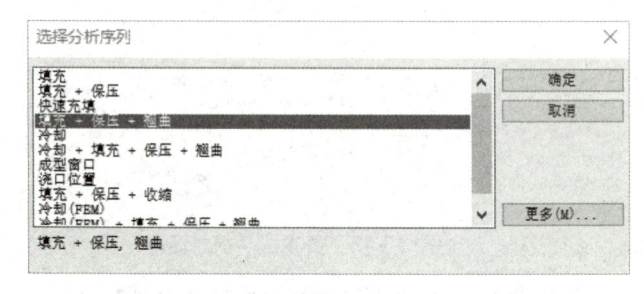

图 18.18 【选择分析序列】对话框　　　　图 18.19 任务视窗

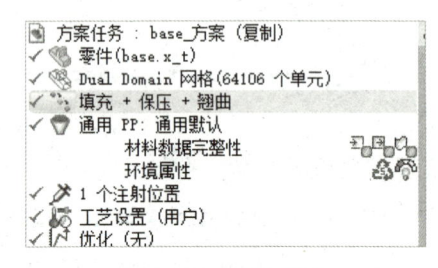

6．选择材料

双击任务视窗中的【Generic PP：Generic Default】选项，可以选择塑料底座网格模型的成型材料。本例采用系统默认的【Generic PP：Generic Default】材料。

7．设置注射位置

双击任务视窗中的【设置注射位置】选项，单击塑料底座网格模型上的一个节点，设置注射位置，结果如图 18.20 所示。

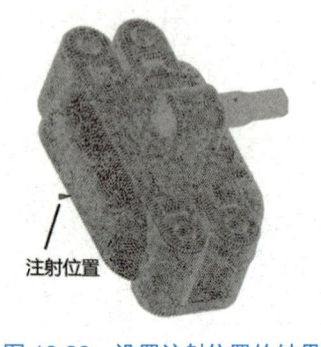

图 18.20　设置注射位置的结果

8．设置工艺参数

Step1：双击任务视窗中的【工艺设置（默认）】选项，弹出【工艺设置向导-填充+保压设置】对话框，如图 18.21 所示。

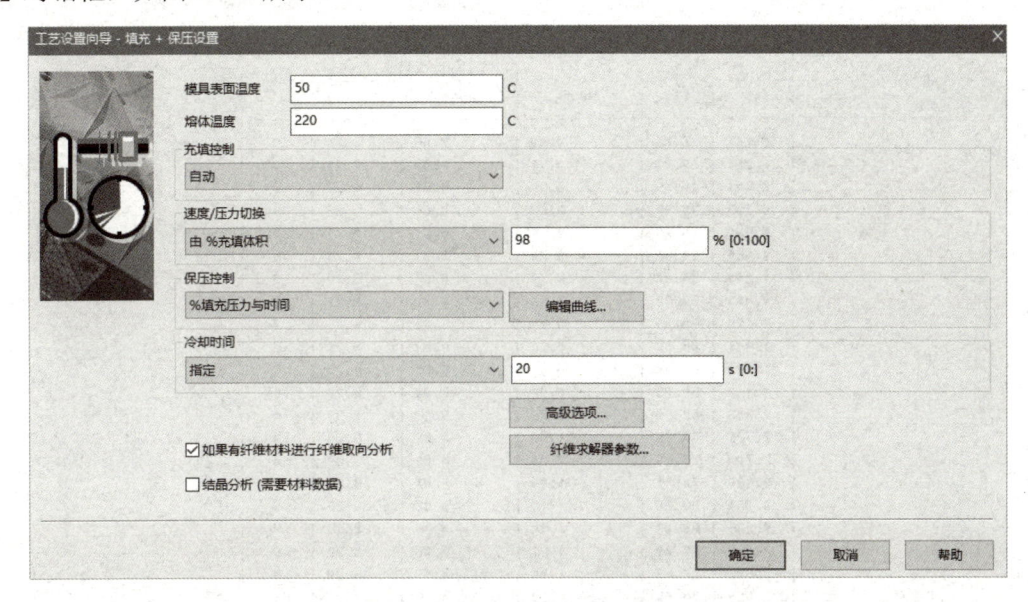

图 18.21　【工艺设置向导-填充+保压设置】对话框

Step2：在【速度/压力切换】下拉列表中选择【由%充填体积】选项，并将其参数值设置为 98%，表示当型腔填充到 98%时，开始切换到保压状态。其余选项采用系统默认设置。

Step3：单击【确定】按钮，关闭该对话框，完成工艺参数的设置。

9．进行分析

在完成工艺参数的设置之后，即可进行分析计算。双击任务视窗中的【开始分析】选项，求解器开始分析计算。

选择【主页】→【分析】→【作业管理器】选项，弹出如图 18.22 所示的【作业管理器】对话框，可以看到任务队列及计算进程。

图 18.22　【作业管理器】对话框

通过分析计算的分析日志，可以实时监控分析的整个过程，输出的信息如下。

（1）填充分析的进度和部分结果，如图18.23所示。

（2）保压分析的过程信息，如图18.24所示。

```
充填阶段：              状态： U  = 速度控制
                              P  = 压力控制
                              U/P= 速度/压力切换
|------------------------------------------------------------------|
| 时间    | 体积   | 压力    | 锁模力   | 流动速率   | 状态 |
| (s)    | (%)    | (MPa)   | (tonne)  | (cm^3/s)  |      |
|------------------------------------------------------------------|
| 0.182  | 5.06   | 0.40    | 0.00     | 8.26      | U   |
| 0.361  | 9.99   | 0.51    | 0.00     | 8.28      | U   |
| 0.541  | 14.95  | 0.59    | 0.01     | 8.27      | U   |
| 0.725  | 19.99  | 0.66    | 0.01     | 8.28      | U   |
| 0.900  | 24.79  | 0.71    | 0.01     | 8.29      | U   |
| 1.086  | 29.86  | 0.74    | 0.01     | 8.29      | U   |
| 1.263  | 34.67  | 0.78    | 0.02     | 8.29      | U   |
| 1.441  | 39.52  | 0.80    | 0.02     | 8.29      | U   |
| 1.621  | 44.41  | 0.84    | 0.02     | 8.29      | U   |
| 1.805  | 49.38  | 0.86    | 0.03     | 8.29      | U   |
| 1.980  | 54.14  | 0.89    | 0.03     | 8.29      | U   |
| 2.162  | 59.03  | 0.92    | 0.03     | 8.29      | U   |
| 2.343  | 63.90  | 0.96    | 0.04     | 8.29      | U   |
| 2.525  | 68.78  | 1.00    | 0.05     | 8.29      | U   |
| 2.700  | 73.48  | 1.04    | 0.06     | 8.29      | U   |
| 2.885  | 78.41  | 1.08    | 0.07     | 8.29      | U   |
| 3.064  | 83.20  | 1.11    | 0.07     | 8.29      | U   |
| 3.245  | 88.03  | 1.14    | 0.08     | 8.29      | U   |
| 3.422  | 92.70  | 1.22    | 0.10     | 8.29      | U   |
| 3.602  | 97.43  | 1.40    | 0.15     | 8.30      | U   |
| 3.625  | 98.03  | 1.43    | 0.16     | 8.25      | U/P |
```

图18.23 填充分析的进度和部分结果

10．嵌件注射成型分析结果

嵌件注射成型分析完成后，分析结果会以文字、图形、动画等方式显示出来，同时在任务视窗中也会分类显示，如图18.25所示。其分析结果的解读方法与普通注射成型分析结果的解读方法一致，这里不再赘述。

```
保压阶段：
|------------------------------------------------------|
| 时间   | 保压   | 压力   | 锁模力   | 状态 |
| (s)   | (%)    | (MPa)  | (tonne) |      |
|------------------------------------------------------|
| 3.767 | 0.47   | 1.15   | 0.17    | P   |
| 4.176 | 1.84   | 1.15   | 0.31    | P   |
| 5.676 | 6.84   | 1.15   | 0.31    | P   |
| 6.926 | 11.00  | 1.15   | 0.29    | P   |
| 8.176 | 15.17  | 1.15   | 0.28    | P   |
| 9.676 | 20.17  | 1.15   | 0.26    | P   |
| 10.926| 24.34  | 1.15   | 0.24    | P   |
| 12.426| 29.34  | 1.15   | 0.22    | P   |
| 13.625| 33.33  | 1.15   | 0.18    | P   |
| 13.625|        |        | 压力已释放        |
| 13.638| 33.38  | 0.00   | 0.15    | P   |
| 15.034| 38.03  | 0.00   | 0.00    | P   |
| 18.034| 48.03  | 0.00   | 0.00    | P   |
| 21.034| 58.03  | 0.00   | 0.00    | P   |
| 24.034| 68.03  | 0.00   | 0.00    | P   |
| 27.034| 78.03  | 0.00   | 0.00    | P   |
| 30.034| 88.03  | 0.00   | 0.00    | P   |
| 33.034| 98.03  | 0.00   | 0.00    | P   |
| 33.625|100.00  | 0.00   | 0.00    | P   |
```

图18.24 保压分析的过程信息

结果
└ 流动
  ├ 充填时间
  ├ 速度/压力切换时的压力
  ├ 流动前沿温度
  ├ 总体温度
  ├ 剪切速率，体积
  ├ 注射位置处压力:XY 图
  ├ 顶出时的体积收缩率
  ├ 达到顶出温度的时间
  ├ 冻结层因子
  ├ % 射出重量:XY 图
  ├ 气穴
  ├ 平均速度
  ├ 填充末端总体温度
  ├ 锁模力质心
  ├ 锁模力:XY 图
  └ 填充末端冻结层因子

图18.25 嵌件注射成型分析结果列表

18.3 本章小结

本章主要介绍了嵌件注射成型分析的流程，包括模型处理、成型工艺设置、注射顺序设置、工艺参数设置和分析结果解读等内容。本章的重点是嵌件注射成型的基本原理和分析方法。

在实际生产中，可以将嵌件注射成型看作双色注塑成型的一个分支，只是其中一个颜色的产品为嵌件，其材料有所不同，在分析中要考虑到嵌件材料的温度和收缩。